U0181347

巨型滑坡演化机制与防治

魏永幸 李天斌 等 著

科学出版社

北京

内 容 简 介

巨型滑坡，因其形成与演化机制复杂，且治理工程实施困难，一直存在治理工程"设计难""评估难""决策难"的问题。本书基于国内外 300 余例巨（大）型滑坡资料的系统分析，以及数值模拟、模型试验等手段，对巨型滑坡分类与特征、致灾机理、破坏模式与风险评估、治理模式、防治原则等进行了系统的研究，提出了基于滑坡防治设计的巨型滑坡定义、分类及划分标准，以及 6 种巨型岩质滑坡、5 种巨型土质滑坡破坏模式及演化机制；提出了巨型滑坡"分区、分级、分期治理"与"排水优先，排水与抗滑锚固并重"的防治理念，以及巨型滑坡防治工程设计原则与防治模式。

本书可供滑坡灾害防治的教学、研究、设计及管理人员借鉴与参考。

图书在版编目（CIP）数据

巨型滑坡演化机制与防治 / 魏永幸等著. —北京：科学出版社，2021.3
ISBN 978-7-03-064726-9

Ⅰ. ①巨…　Ⅱ. ①魏…　Ⅲ. ①滑坡—研究　Ⅳ. ①P642.22

中国版本图书馆 CIP 数据核字（2020）第 047162 号

责任编辑：朱小刚 / 责任校对：杨聪敏
责任印制：罗　科 / 封面设计：陈　敬

科 学 出 版 社 出版
北京东黄城根北街 16 号
邮政编码：100717
http://www.sciencep.com
四川煤田地质制图印刷厂印刷
科学出版社发行　各地新华书店经销

*

2021 年 3 月第 一 版　开本：787×1092　1/16
2021 年 3 月第一次印刷　印张：25
字数：590 000
定价：298.00 元

作 者 简 介

魏永幸，1964 年出生，教授级高工、注册土木工程师（岩土），中铁二院工程集团有限责任公司副总工程师、技术中心主任，兼《高速铁路技术》主编。

1985 年 7 月毕业于西南交通大学（本科，铁道工程），2003 年 9 月毕业于四川省工商管理学院（研究生，工商管理）。一直从事铁路（公路）路基及岩土工程、地质灾害防治的研究与设计，以及技术管理工作。先后主持内昆铁路（水富至梅花山段）、水柏铁路、绵广高速公路（江油至剑阁段）、粤赣高速公路（粤境北段）、遂渝铁路、福厦高速铁路、武广高速铁路（韶关至花都段）等铁路（公路）路基设计，主持完成达成铁路金堂滑坡、南昆铁路八渡滑坡、内昆铁路滩头滑坡等滑坡灾害治理工程设计，主持"渝怀铁路斜坡软弱地基填方工程特性及工程技术研究""西南山区铁路路基工程设计风险识别与防范对策研究""西南地区巨型滑坡演化机制及防治对策研究""高寒山区铁路沟谷灾害链危险性评估与风险调控研究"等课题研究。获国家科学技术进步奖一等奖 1 项、全国优秀工程勘察设计铜奖 1 项、中国专利优秀奖 1 项，省部级科技进步奖及优秀工程设计奖 30 余项。公开发表学术论文 100 余篇，以第一作者出版学术专著 4 部；主持编写行业技术标准 5 项；作为第一发明人，获发明专利授权 5 项，实用新型专利授权 12 项。

李天斌，1964 年生，教授，博士生导师，成都理工大学环境与土木工程学院院长、注册土木工程师（岩土）、国务院政府津贴专家、新世纪百千万人才工程国家级人选、自然资源部优秀创新人才、四川省学术技术带头人、天府万人计划教学名师。《岩石力学与工程学报》《岩土工程学报》《工程地质学报》、*Engineering Geology*、*Rock Mechanics and Rock Engineering*、*Tunnelling and Underground Space Technology* 等国内外 18 个著名期刊审稿人。

长期从事地质工程、岩土工程和隧道工程领域的研究和教学工作，主要研究方向为：隧道及地下工程稳定性与灾害防治、斜坡地质灾害防治与工程高边坡稳定性控制。在岩体力学、巨型滑坡防治、工程边坡加固及生态防护、岩体浅表生改造理论与工程应用、隧道与地下工程超前地质预报、岩爆与大变形灾害防治等方面具有极大研究兴趣和显著研究特色。获得国家科学技术进步奖一等奖 1 项、二等奖 1 项，省部级科技成果奖一等奖 5 项；授权国家发明专利 15 项；合作出版专著 6 部，发表学术论文 300 余篇。

前　言

滑坡灾害，尤其是规模较大的滑坡灾害，一旦发生，往往给当地居民的生命财产造成极大损失，有的还能摧毁工厂或矿山，严重影响铁路、公路、水运及水电站等基础设施的安全运营。大型滑坡和巨型滑坡，因其形成与演化机理复杂，治理技术难度大，其治理工程一直存在"设计难""评估难""决策难"的问题。随着基础设施建设区域向更为复杂的艰险山区不断拓展，研究大型滑坡、巨型滑坡灾害致灾机理以及防治技术，已成为重大工程建设领域的重要现实需求和迫切需要。

长期从事复杂艰险山区铁路、公路勘察设计的中铁二院工程集团有限责任公司（简称中铁二院），联合成都理工大学，自 2010 年起，历时 7 年，连续开展了"西南地区巨型滑坡演化机制及防治对策研究"。在调研、搜集国内外 300 余例巨（大）型滑坡资料的基础上，围绕巨大型滑坡演化机制及防治对策，采用理论分析、数值模拟、模型试验等手段方法，对巨（大）型滑坡分类与特征、致灾机理、破坏模式，以及防治模式、防治原则、防治技术等进行了系统的研究；提出了基于滑坡防治设计的巨型滑坡定义、分类及划分标准，系统总结、归纳和揭示了 6 种巨型岩质滑坡、5 种巨型土质滑坡破坏模式及演化机制，建立了巨型滑坡危险性评价方法以及风险等级、风险接受准则，提出了巨型滑坡"分区、分级、分期治理"与"排水优先，排水与抗滑锚固并重"的防治理念，总结提出了巨型滑坡防治工程设计 7 大原则以及"抗滑锚固＋地表排水""抗滑锚固＋滑带排水＋地表排水""减载反压＋抗滑锚固＋地表排水""减载反压＋抗滑锚固＋滑带排水＋地表排水" 4 种防治模式。

上述研究成果，指导了铁路、公路、机场、水电等领域多个巨型滑坡的治理，为国家重大工程建设提供了技术支撑。同时，也丰富、完善了滑坡灾害防治的理论与技术。为进一步促进研究成果的推广应用，我们在上述研究成果的基础上，撰写了《巨型滑坡演化机制与防治》一书。

本书由魏永幸、李天斌共同策划并统稿。李天斌负责全书构架和内容安排，参与本书编著的有魏永幸、李天斌、薛德敏、李育枢、薛小强，成都理工大学博士研究生薛德敏协助完成书稿整理。本书创作主要参考了"西南地区巨型滑坡演化机制及防治对策研究"成果，在此，对课题组成员做出的贡献表示感谢！项目研究过程中，研究生任洋、田晓丽、徐峰、仵拨云、潘皇宋、王祥等结合学位论文工作做出了实质性贡献；何勇、马春驰参与了研究工作，吴君艳、何怡帆等研究生协助整理了书稿附录中的滑坡案例，在此一并致谢！同时，书中引用了相关文献，已注明出处，但难免遗漏，在此谨向有关文献作者表示感谢！

限于作者水平，书中或存在不妥之处，敬请读者批评指正。

作　者

2020 年 8 月

目　　录

第1章 绪　　论

1.1　巨型滑坡及其危害

20 世纪中期以来，随着世界人口的不断增长、人类活动空间的逐渐扩展，以技术和经济条件为支撑的工程活动对地质环境的扰动程度不断加大，加之受到全球气候变化等因素的影响，滑坡灾害，尤其是大型滑坡、巨型滑坡灾害发生频率越来越高，所造成的经济损失和人员伤亡也不断加大。巨型滑坡不仅给当地居民的生命财产造成极大损失，还摧毁了相当数量的工厂和矿山，并严重影响铁路、公路、水运及水电站等基础设施的安全运营，如 1950 年 9 月瑞典色尔特土质滑坡（体积 $400 \times 10^4 \mathrm{m}^3$，40 余栋房屋被毁，交通中断）；1963 年 10 月意大利瓦依昂（Vaiont）水库滑坡（体积 $27000 \times 10^4 \mathrm{m}^3$，2500～2600 人死亡）；1980 年 5 月美国华盛顿州海伦斯火山爆发，引发体积高达 $2.8 \mathrm{km}^3$ 的特大"崩→滑→流"灾害；1998 年 8 月飓风米歇尔带来的强降雨在洪都拉斯诱发了体积达 $600 \times 10^4 \mathrm{m}^3$ 的厄尔百林彻深层滑坡；2001 年 1～2 月萨尔瓦多群发性地震滑坡（体积约 $75 \times 10^4 \mathrm{m}^3$ 的 Santa Tecla 滑坡造成 500 多人死亡）等[1-5]。20 世纪以来，我国西部地区也先后发生了一系列大型滑坡和巨型滑坡，如 1920 年的宁夏海原地震滑坡、1933 年的四川岷江叠溪滑坡、1965 年云南禄功大滑坡等特大型滑坡灾害事件。尤其是 20 世纪 80 年代以来，中国大型滑坡和巨型滑坡伴随社会经济活动的迅速发展而进入一个新的活跃期，相继发生于 1982 年 7 月的长江鸡扒子滑坡、1983 年 3 月的甘肃洒勒山滑坡、1989 年 7 月的四川华蓥山溪口滑坡、1991 年 6 月的川藏公路 102 段滑坡、1991 年 9 月的云南昭通头寨沟滑坡、1996 年 6 月的云南元阳县老金山滑坡、1997 年 7 月的南昆铁路八渡滑坡、2000 年 4 月的西藏波密易贡滑坡、2000 年 5 月的重庆万梁高速公路张家坪滑坡、2004 年 7 月的四川宣汉滑坡、2005 年 2 月的四川丹巴滑坡、2009 年 6 月的重庆武隆鸡尾山滑坡、2015 年 12 月的中国深圳光明新区"12·20"滑坡等 20 余处[6-10]，滑体都在 $200 \times 10^4 \mathrm{m}^3$ 以上，给工程建设造成极大的困难，给国民经济建设和社会发展带来了惨重损失。

2008 年 5 月 12 日 14 时 28 分，在四川省西部龙门山断裂带发生的 Ms8.0 级汶川大地震，是中国近百年来在人口较为密集的山区所发生的破坏性最强、受灾面积最广、救灾难度最大、灾后重建最为困难的一次强震灾害。汶川大地震发生于地质环境很脆弱的西南山区，地震触发了大量次生地质灾害。据估算，汶川地震所触发的滑坡、崩塌、泥石流等次生地质灾害总数约 5 万处，其中 51 个重灾县内对人员安全构成直接威胁的灾害隐患点就达 12000 余处。受灾最为严重的四川省，在面积接近 $10 \times 10^4 \mathrm{km}^2$ 的 10 个极重灾县和 29 个重灾县内，共查明地质灾害隐患点约 1 万处，仅规模大于 $1000 \times 10^4 \mathrm{m}^3$ 的滑坡就达数十处。其中，规模最大的安县大光包-黄洞子沟滑坡，初步估算体积约 $94500 \times 10^4 \mathrm{m}^3$，形成的滑坡堆石坝高约 550m。次生地质灾害一方面直接造成大量人员伤亡；另一方面，大量的滑坡、崩塌灾害隐患点还对人口聚集点和铁路、公路、房屋建筑等基础设施造成直接损毁并构成严重威胁。据统计，仅四川省境内，次生地质灾害就对12座县城、近100所学校以及大量集镇、居民聚居点、工矿企业、旅游景区、道路、水利水电设施等构成严重威胁，共涉及15.8万户64万人的生命和303.8亿元资产的安全。汶川大地震触发的次生地质灾害数量之多，分布之广，规模之大，现象之独特，机制之复杂，举世罕见。现场调查和初步研究结果表明，由于汶川大地震震级高、持续时间长、释放能量大、震区地质环境条件脆弱，因而其呈现出一系列与通常重力环境下地质灾害迥异的特征，如独特的失稳机理、超强的动力特性、大规模的高速抛射与远程运动、大量山体震裂松动与坡麓物质堆积、众多的崩滑堵江等。这些现象和问题已远远超出了人们原有的认识，给地质灾害的防治和工程建设带来前所未有的难度。

随着我国西部大开发交通基础设施的大规模兴建，受青藏高原隆升和地形地貌格架的制约，加之全球气候变化、汶川特大地震等因素的影响，我国西部地区大型滑坡、巨型滑坡灾害的发生频率越来越高，铁路成为了遭受滑坡危害最频繁、最严重的工程领域之一。例如，宝成、宝兰、成昆、川黔、黔桂、鹰厦、青藏、太焦线等，特别是宝成线、陇海线的宝天段及成昆线，由于沿线地形地质条件复杂，灾害地质作用频繁，几乎年年遭受滑坡袭击，其中不乏上百万立方米乃至千万立方米的巨型滑坡。滑坡对铁路的危害主要表现在破坏线路、中断行车、危害站场、砸坏站房、毁坏铁路桥梁及其他设施、错断隧道、摧毁明硐、造成车翻人亡行车事故等。尤其是巨型滑坡、特大型滑坡严重威胁着铁路的建设与运营，往往给国民经济带来重大损失。成昆铁路铁西车站内1980年7月3日15时30分发生的铁西滑坡，是发生在我国铁路史上最严重的滑坡灾害。滑坡体积约 $220 \times 10^4 \text{m}^3$，掩埋铁路涵洞、路基，堵塞铁西隧道双线进洞口，越过铁路达25～30m，掩埋铁路长160m，中断行车40天，造成非常惨重的经济损失，仅工程治理费就高达2300万元。2008年发生的汶川特大地震触发了许多巨型滑坡，这些滑坡和地震震裂不稳定山体必然给今后四川铁路工程建设带来重大影响。例如，在高烈度地震山区修建铁路、公路，必然受到大型滑坡、巨型滑坡和潜在不稳定震裂山体的制约。

可见，巨型滑坡对铁路这种线状工程的影响和制约作用已经非常明显，处治巨型滑坡已成为铁路建设，特别是高速铁路修筑过程中的重大关键技术问题之一。对于巨型滑坡，如果在勘测阶段就已查明的情况下，一般都会尽量采取绕避的方式。但有时由于巨型滑坡规模巨大、范围广、成因复杂，勘察期间认识不够，往往造成既成事实；而且有的情况下（如高速铁路受线形制约），巨型滑坡的威胁是无法回避的。由于这类滑坡体积巨大、下滑力大，且形成演化机制复杂，仅靠常规的防治方法，如排、减、锚、挡等往往显得"力不从心"，难以取得良好效果，整治难度非常大，代价高昂。而且对于巨型滑坡，现有设计理论方法存在诸多局限，如当前治理设计几乎不考虑滑坡机制；滑坡推力计算方法与实测值差异较大；大型、新型组合式支挡结构设计计算理论尚不成熟，且不考虑滑体与治理结构间的相互作用等。特别是当前工程界对于滑坡防治普遍认为其是一项纯工程问题，偏向于选择支挡结构物特别是抗滑桩来解决问题，在支挡效果、施工难易、工程造价等方面考虑得多，而对滑坡这种独特的地质灾害特有的形成条件、产生原因、变形破坏机制和几何边界条件（滑动面的埋深和形状）未能给以足够的重视[11]。因此，针对治理难度极大的巨型滑坡开展成因机制及地质力学模式研究,研究成果对于西南地区铁路、公路、水利、机场等大型基础设施的选线(址)、勘察、设计和施工过程中巨型滑坡的处治和利用具有重要的指导作用和工程实践意义。

1.2 滑坡形成演化机制研究现状

滑坡是斜坡或边坡变形破坏的一种形式,而且仅是在一定因素作用下具有一定地质条件的斜坡(边坡)变形破坏形式之一。美国学者 K. Terzaghi 在其 1950 年发表的"滑坡机理"一文中系统阐述了滑坡产生的原因、过程、稳定性评价方法及在某些工程中的表现。斯开普顿关于黏性土的残余强度理论和捷尔-斯捷潘扬关于土体蠕变过程的研究把滑坡机理推向更加深入的研究。D.J.Varnes 根据斜坡岩土体的运动类型,将斜坡变形破坏分为崩塌、倾倒、滑坡、侧向扩展、流动及它们的复合类型。C.Harris 利用离心模型试验深入研究了冰土层融化过程中斜坡运动的机制。试验结果揭示了冰冻-融化过程中斜坡土体位移变化规律与融化层的深度、斜坡坡度、融化时间和冰冻-融化的循环次数有关,很好地解释了冻土层中浅层滑坡问题和寒冷地区由冷转暖期间的斜坡运动机理。G.Klubertanz 运用多相介质理论模型研究了浅层滑坡的起动机理,通过模拟不同的地下水入渗量和入渗速率,研究了土层中的孔隙水压力变化。针对自然界很多大型滑坡与滑体中圈闭的地下水有关这一现象,R.Baum 等研究了剪切滑动带低渗透性软土层中地下水圈闭效应的滑坡机理。通过研究低渗透性滑动带的水力传导性和滑坡稳定性,认为薄层低渗透性($K \leqslant 10^{-5}$m/s)软弱夹层完全可以形成滑动带中的圈闭水,并能常年保持一定的饱和度,其抗剪强度较低,往往能在<12°的缓倾斜滑面上发生沿软弱夹层的滑坡现象[12, 13]。

我国在滑坡机制研究方面也取得了丰硕的成果。自 1979 年谷德振提出"岩体工程地质力学"以来,在斜坡变形机理研究方面,学者非常注重岩体结构和时间效应及其对边坡演化机理的作用[14]。张倬元等[15]提出斜坡岩体稳定性的工程地质分析原理并提出斜坡变形破坏的六种模式(蠕滑-拉裂、滑移-压致拉裂、滑移-拉裂、滑移-弯曲、弯曲-拉裂、塑流-拉裂)。刘汉超和张倬元[16]对我国驰名的龙羊峡水库斜坡和滑坡进行了研究,并首次提出了滑坡床面的累进性破坏与贯通的机理。罗国煜等[17]提出斜坡"优势面"概念。孙玉科和姚宝魁[18]将我国岩质斜坡变形破坏机理分为水平剪切变形机制、顺层剪切变形机制、顺层逆剪变形机制和反倾逆剪变形机制 4 种类型。杜永廉提出弯曲倾倒变形机制。孙广忠和姚宝魁[19]在谷德振的基础上,提出岩体结构控制论。晏同珍等[20]分析了滑坡的平面受力状态,依据滑坡主要作用因素提出流变倾覆、应力释放平移、震动崩落及震动液化平推、潜蚀陷落、地化悬浮-下陷、高势能飞越、孔隙水压力浮动、切蚀-加载、巨型高速远程 9 种滑动机理。王恭先等[21]分析了滑坡的受力状态和力学过程,从地质和力学的结合上提出了几种常见滑坡的机理。卢肇钧[22]研究了黏性滑带土的抗剪强度变化规律。刘广润等[23]根据斜坡变形动力成因,提出了天然动力与人为动力条件下的斜坡变形破坏机理。王兰生等[24]提出并应用浅表生时效改造理论,分析了近地表岩体的动态演化过程,并从河谷发育的动力学过程出发,提出了高边坡变形和破坏的三阶段概念模式。黄润秋[1, 25]总结了 20 世纪以来国内大型滑坡发生的地质-力学模式，包括滑移-拉裂-剪断"三段式"模式、"挡墙溃决"模式、近水平岩层的"平推式"模式、反倾岩层大规模倾倒变形模式、顺倾岩层的蠕滑-剪断模式等。冯振等[26]提出了斜倾厚层岩质滑坡视向滑动的"后部块体驱动-前缘关键块体瞬时失稳"模式。辛鹏等[27]通过三轴应力-应变试验、残余强度试验及滑带土蠕变试验，分析了大型滑坡黏土岩滑动带的形成机制。林锋等[28]提出了软硬互层型岩质滑坡的滑移-弯曲-剪断模式。唐然等[29]认为北川县白什乡老街后山滑坡机制为弯曲-拉裂（倾倒）模式。任光明等[30]探讨了中陡倾角顺层岩质斜坡发生倾倒变形的特征、发育条件及形成机制，提出了滑移-弯曲（溃曲）模式、滑移-拉裂模式和滑移-倾倒模式。李华章等[31]认为三峡库区巨型老滑坡宝塔坪滑坡形成演化具有"多期活动，逐级牵引"特征，并提出了各期复活的地质力学模式均为"临空面形成-卸荷裂隙带发育-泥化的层间错动带塑流沉陷-蠕滑拉裂-滑面贯通"。代贞伟等[32]认为三峡库区巨型顺层岩质滑坡藕塘滑坡具有多级多期次滑动特征，空间形态具有视向倾斜滑动特征，受控于稳定山体的阻挡。各级滑坡的形成机制不同：一级滑坡为"拉裂-滑移（弯曲）-剪断"模式；二级滑坡为"平面滑移"模式；三级滑坡为"滑移-剪断"模式。顾金等[33]提出了大型高位地震滑坡的拉裂-滑移机制。黄润秋等[34]认为大光包滑坡高速滑动是滑带的碎裂扩容机制以及水击作用机制导致的。李江等[35]通过室内软化试验分析，提出了平缓岩质滑坡失稳模式：蠕滑-拉裂型是滑带土软化后强度降低引起的，平推-滑移型则主要是在后缘静水压力、底滑面扬压力和滑带土软化综合作用下失稳形成的。张泽林等[36]通过离心模型试验研究了西北地区黄土-泥岩二元结构边坡的地震动响应机制。陈语等[37]提出了拉月滑坡的倾倒-拉裂-剪断模式。邓茂林等[38]通过离心模型试验提出了视向滑移型滑坡武隆鸡尾山滑坡"蠕滑-拉裂-压缩（压碎）-剪切滑出"形成机制。缪海波等[39]探讨了库岸深层老滑坡间歇性复活的动力学机制。樊智勇等[40]认为胜利煤田南帮红层巨型滑坡的下滑机制为多级"平推式"。冯文凯等[41]将降雨触发顺层震裂斜坡变形破坏机制模式归纳为原始斜坡（层状结构）-震裂变形（条块节理岩体）-蠕变软化（层间剪切带）-降雨饱水软化（软化、泥化为滑带土）-暴雨触发（滑面贯通）-滑坡失稳。中国科学院工程地质力学开放研究室和成都理工大学等在五强溪、李家峡、金川镍矿、三峡高边坡研究中，在山体岩体质量评价、三维结构数学模型及其数值分析和岩体断裂力学研究方面取得了进展。

综上所述，国内外研究滑坡形成演化机制的工作已经开展了很多，也取得了重要进展，但是专门针对巨型滑坡机制的系统研究还鲜有所见。

1.3　滑坡防治工程技术研究现状

1.3.1　支挡防治工程技术研究现状

欧美国家和地区从 19 世纪中期开始滑坡灾害防治研究，但早期由于人们对滑坡的性质和变化规律认识不深，对大、中型滑坡只能绕避，只对小型滑坡采用削坡减载、反压、抗滑挡土墙及排水等措施进行治理。第二次世界大战后，一些大型的滑坡开始采用支挡工程进行治理。支挡工程的发展大体可分为三个阶段[9, 42]：

（1）1960 年以前，滑坡治理以地表和地下排水工程为主，抗滑支挡工程以挡土墙为主。

（2）1960~1979 年，在以应用排水工程和抗滑挡土墙为主的同时，大力开发应用抗滑桩工程以解决抗滑工程施工中的困难。

（3）1980 年以来，为治理大型滑坡，大直径人工挖孔抗滑桩、预应力锚索、预应力抗滑桩、组合式抗滑桩、大型三维排水等治理技术逐步出现，特别是预应力锚索工程，作为一种新的抗滑支挡结构由于能提供大吨位抗力，不需开挖滑坡体，又能机械化施工，被广泛采用。

我国对滑坡灾害的系统研究和治理起步较晚，直到 20 世纪 50 年代初才开始，但发展很快，并已结合中国国情研究开发了一系列有效的防治办法，总结出绕避、排水、支挡、减重反压、物理化学加固、植树造林等一系列防治措施和原则。目前，抗滑桩和挡土墙仍然是滑坡防治工程的主要方法，但在重大滑坡的防治中，预应力锚索技术占的比重越来越大。自 20 世纪 90 年代以来，随着大型滑坡、巨型滑坡的不断出现和施工技术的长足发展，各种新型支挡结构和治理措施纷纷出现，如预应力锚索、预应力锚索抗滑桩、组合式抗滑桩、格构锚固、土锚钉、加筋土等得到了广泛应用，并取得了良好的应用效果。特别是预应力锚索加固技术，由于抗拉力大，可将一般支挡结构物的被动受力变为主动受力，对滑体扰动小，又能机械化施工，应用前景广阔。此外，滑带改良技术（提高滑带阻滑能力，改善滑体自身结构）也逐步受到重视。考虑滑坡变形破坏特征及机制模式，根据滑坡不同变形阶段的活动特征实施抗滑措施，并充分发挥灾害体的自承能力，以灾害体作为建筑材料的一个组成部分来治理灾害体，利用灾害体的不良地质过程来控制与改造它的不良地质过程，这些先进治理思想开始逐步纳入现代滑坡防治工程活动中。例如，邢一飞等[43]基于弯曲倾倒式滑坡的变形演化机制，提出了滑坡不同变形阶段优化锚杆防治结构设计的方法。当前滑坡防治工程的信息化设计与施工也取得了很大进展。由于滑坡地质条件非常复杂，在监测基础上对其设计进行反馈，根据现场实际监测数据，进行动态设计或信息化施工，并在滑坡防治工程中，建立智能专家系统，已经取得了良好应用效果。此外，滑坡防治工程中生态环境保护越来越受到重视，绿色设计已成为现代滑坡防治工程设计的重要组成部分。例如，在宜宾市翠屏山滑坡防治工程设计和著名风景名胜区陕西骊山明圣宫滑坡防治工程设计中，结合公园的"风水"，在治理滑坡的同时美化了环境[44, 45]。绿色设计另一方面的重要内容是地质灾害的开发性治理，例如，万州区望江路滑坡治理在利用抗滑桩阻滑的同时，也考虑其承重性，利用抗滑桩来作为建筑物基础。

几十年来滑坡防治手段一直在进步，但是在最根本的治理思想上，无论是抗滑桩工程还是预应力锚固工程，都强调以支挡为主，大量滑坡治理工程都以此为基础进行设计和施工。而对滑坡产生原因、变形破坏机制及几何边界条件（滑动面的埋深和形状）等在治理工程中的作用往往重视不够[11]。

1.3.2　排水治理工程技术研究现状

依据地下水动力特征及渗流场作用方式可将滑坡体内地下水的作用效应划分为静水压力效应、浮托力效应、渗透压力（或动水压力）效应、滑体充水增重效应和滑带土饱水软化效应。归根结底，这些力学作用效应对滑坡体的影响在本质上都是降低滑坡抗剪强度和稳定性系数。

由于滑坡发生机理不同，统一采用以支挡为主的治理措施是不合适的，尤其对于由地下水因素引发的滑坡。虽然对滑坡治理早有治坡先治水的说法，但在稳定性分析和计算中，排水仅仅是作为增加安全裕度的一种措施，由此可能造成巨大的浪费，甚至可能治理失败。特别是对于巨型滑坡，由于滑坡推力巨大、滑体厚度过深，在治理措施上提出了很多新的要求，常规的支挡措施早已显得"力不从心"，需要采取更大更长的抗滑桩、更强的（预应力）锚索或者新的大型支挡结构，这样势必造成施工难度极大，治理费用居高不下。因此在条件允许时，通过滑体内深部大规模排水来提高抗滑能力以实现主动治理往往是首选。

针对巨型滑坡的治理，一些学者主张以排水为主、结合抗滑桩、预应力锚索等对巨型滑坡进行综合整治。例如，南昆铁路八渡车站巨型滑坡，采用地面（设置横 8 竖 4 共 12 条截排水沟）地下（设两条泄水洞）立体排水、锚索和锚索桩支挡、建立滑坡地质环境保护区（区内植草绿化）的综合治理措施，取得了成功，被誉为 20 世纪 90 年代巨型滑坡治理的成功典范[46]。

刘正刚[47]对日本 29 个特大型滑坡的特征及工程治理措施进行了统计分析，结果表明：对于大型滑坡，建立一套三维空间排水网络是行之有效的处理方法；抑制工程仅适用于稳定中、小型滑坡及在大型滑坡中稳定局部区域；日本对于特大型、巨型滑坡的治理，多采用大口径集水井、水平排水洞及排水管孔组合在一起的深层降水系统，集水井直径可达 6m 以上，抗滑结构多采用抗滑桩及预应力锚索技术，其中抗滑桩直径可达 6~7m，长达 100m，取得了良好的效果。

在滑坡治理过程中地下水对边坡稳定性的影响、排水措施的具体工程效应与排水措施的合理布置研究方面，国内也已经取得了不少研究成果。陈崇希和成建梅[48]分析了滑坡排水防治中井排-平硐排水模式存在的问题，提出连通井排水模式的排水新思路。陈国金等[49]通过对黄腊石滑坡开展监测和放水试验研究，证实排井与平硐结合的地下排水工程的排水效果是好的，起到了减缓滑体变形破坏的作用。罗先启等[50]对黄腊石滑坡群石榴树包滑坡排水效果进行了分析，通过对设置竖井后的渗流分析，认为该措施能有效地排除地下水，提高滑坡的稳定性。彭华等[51]应用改进的饱和-非饱和渗流分析方法对水布垭滑坡渗流场进行了数值模拟研究，在水布垭实际工程问题中，计算分析了地下水位因降雨而变化的过程，比较了各种渗控措施的效果和施工对滑坡地下水运动的影响，提出了排水优化方案。孙红月等[52]基于工程滑坡实例，选择沿滑坡主滑方向的典型剖面，进行渗流场数值模拟，分析了排水井和排水洞的排水效果、地表水集中入渗对滑坡体地下水位的改变、设置抗滑桩后地下水渗流场的变化特征。王兴平[53]结合宣汉县天台乡特大型滑坡，以滑坡工程地质条件调查为基础，通过计算分析、数值模拟等手段，对不同工况下滑坡区地表水和地下水的发育分布及运移特征做了较为详细的研究，模拟验证了已建排水工程效果良好，最后提出了相应的排水工程设计优化方案。范宣梅[54]采用"滑坡、泥石流模拟试验仪"模拟再现了暴雨诱发四川宣汉县天台乡滑坡的发生过程，分析了该平推式滑坡的变形破坏机理。俞伯汀等[55]通过管网渗流系统的物理模拟试验研究其对土体渗透性能和地下水位及边坡剩余下滑推力的影响。刘加龙等[56]在四道沟-邓家屋场滑坡治理中，在排水洞施工困难、排水效果无法保证的情况下，提出了洞、孔、井相结合的立体排水思想，结果表明立体排水效果好、施工难度小，为仅仅通过地下排水措施来治理地下水丰富的大型覆盖层滑坡提供了借鉴经验。孙红月等[57]对杭金衢高速公路 K103 滑坡的地下水位监测结果分析表明，破碎岩质边坡中采用地下排水隧洞，可有效降低坡体内地下水位。隧道排水最主要的问题是施工周期长、费用高，不能满足滑坡抢险过程的排水需要。贺可强等[58]以八字门滑坡为例研究了堆积层滑坡的地下水加卸载动力作用规律。严绍军等[59]采用FLAC3D 对滑坡在地下隧洞排水过程中的孔隙水压、水位计流量等变化进行了模拟，利用FLAC3D 计算结果，并使用 FISH 语言编程，得到改进后的不平衡推力法的所需数据，对滑坡的稳定性变化进行了动态研究，研究表明，上述方法很好地反映了地下排水过程中稳定性增长过程，同时表明，常规的计算方法低估了地下排水在提高滑坡稳定性和降低剩余下滑力方面的作用。雷光宇[60]以三峡库区地质灾害防治项目某滑坡治理工程为背景，运用大型有限元软件 ABAQUS 模拟了滑坡在持续降雨和库水位降落同时作用下滑体浸润线的演变规律。王祥[61]应用 GEO-SLOPE 软件中的 SEEP/W 模块和 SLOPE/W 模块针对四川省江油市高空台滑坡设置与不设置排水廊道对地下水渗流场及滑坡的稳定性的影响做出对比分析，并对排水廊道在不同状况下的排泄量进行了模拟计算比较，表明排水廊道对于降低滑体内的地下水位效果显著，对改善滑坡的稳定性起着较大作用。冯利坡和贺可强[62]采用 GEO-SLOPE 针对黄腊石大石板滑坡模拟了 8 个地下排水治理方案，得出了地下排水井和纵向平硐布置在滑坡中前缘为最优方案的结果。孙红月等[63]通过构建包含隔水层的边坡模型，模拟了降雨和斜坡后缘地下水入渗的物理力学作用，以此来揭示相对隔水层对边坡稳定性的影响机制。赵杰[64]评价了箭丰尾超大型滑坡减重反压、锚索抗滑桩及排水隧洞的工程效果，得出减重刷方不可能彻底治理超大型滑坡，锚拉桩比普通抗滑桩能更快地稳定坡体，排水隧洞施工完成后坡体的地下水位持续下降，很好地起到了稳定坡体的作用的结论。王智磊[65]分析了滑坡治理中排水洞的适用条件，探讨了排水洞在滑坡治理中的应用效果，提出了排水洞布置的一般原则，揭示了排水洞在滑坡后缘定水头和降雨条件下分别发挥的功效。杜丽丽等[66]依据充气排水原理和非饱和渗流理论，提出在后缘水入渗路径上设置充气孔进行充气排水，从而形成非饱和截水帷幕的滑坡治理方法。尚岳全等[67]、蔡岳良[68]认为 4mm 虹吸管可以实现滑坡深层排水且在间歇性虹吸过程中自动恢复虹吸。

另外，由于巨型滑坡彻底治理费用巨大，代价太高，还有学者提出局部治理长期监测的思路。例如，在贵新高速公路螺丝冲缓动巨型滑坡的整治中就采用了这种治理思路，达到了既节约又安全的目的[69]。需要指出的是，这种治理设计思路需要研究人员对滑坡的形成演化有全面、深刻的认识，其对监测预警系统的精度、风险评估和治理决策过程也提出了很高的要求。

1.4 巨型滑坡机制及防治存在的问题

由于巨型滑坡体积大、成生环境复杂、形成机制复杂，防治工程难度大、费用高，结合前述研究现状分析，认为巨型滑坡机制与防治研究中仍存在下述亟待解决的问题。

（1）巨型滑坡的界定与分类问题。目前，人们主要从滑坡的体积规模上来定义巨型滑坡，且不同部门对巨型滑坡的体积划分还存在明显差异（$10\times10^4\sim10000\times10^4\text{m}^3$ 不等），巨型滑坡的界定还未得到统一，而且，从体积因素单一地定义巨型滑坡还存在较大的局限性，不能反映滑坡的一些性质，诸如滑动机理的复杂程度、滑坡治理的难易程度等。此外，巨型滑坡的分类还未见有文献报道，有待研究。

（2）巨型滑坡的形成机制研究还存在许多不足。由于巨型滑坡类型复杂，坡体结构复杂，形成原因多种多样，而且经常是多期次发生，其形成演化机制相当复杂。例如，巨型滑坡大多具有分级分块分区特征，而各个分区滑坡的形成机制往往不能一概而论。此外，在不同的诱发因素作用下结合不同的坡体结构，巨型滑坡的形成机制也极其复杂。例如，5·12汶川特大地震引起的大量巨型滑坡表现出来的超强的动力特性、大规模的高速抛射与远程运动现象应作何解释？滑坡的形成与地震、坡体结构等有什么必然的联系？再如，巨型滑坡与水的关系研究大多还停留在定性分析上，而考虑"流-固耦合"效应的定量分析研究还不够深入。总之，有关巨型滑坡的形成机制目前还缺乏深刻的、全面的、系统的认识，有待进一步研究。

（3）抗滑支挡结构由于对稳定滑坡具有见效快、安全可靠的特点，是大型滑坡、巨型滑坡治理需要考虑的重要措施，但它造价较高、投资巨大，因此人们对抗滑支挡工程的结构形式、适用条件、设计理论和施工方法等研究较多。目前，在抗滑支挡结构研究中仍需要深入分析的问题有：①作用在抗滑桩上荷载（推力和抗力）的计算及其在桩上的分布问题，这是决定抗滑桩设计是否合理的关键。②预应力锚索设计中预应力值的确定方法和预应力的松弛问题，其中前者的合理性关系到支挡结构工作性状的优化问题，后者则关系到支挡结构的长期稳定性问题。由于预应力锚索在工程实践中应用的时间还不长，这方面的研究有待进一步的深化。③预应力锚索抗滑桩、预应力锚索地梁的设计计算问题。由于预应力锚索抗滑桩、预应力锚索地梁的受力特点和工作环境与一般建筑基础存在较大的差异，受到许多学者的关注。④巨型滑坡整治与机制的对应关系没有得到足够的重视。对于滑坡整治，当前工程界普遍认为是一项纯工程问题，偏向于选择支挡结构物特别是抗滑桩来解决问题，从支挡效果、施工难易、工程造价等方面考虑得多，而对滑坡这种独特的地质灾害特有的形成条件、产生原因、变形破坏机制和几何边界条件（滑动面的埋深和形状）却未能给以足够的重视[11]。考虑滑坡机制来制定可能的防治思路和措施的系统研究及不同机制类型滑坡对应的防治思路和措施的总结归纳仍未见报道，有待进一步研究。

1.5 本书研究内容与主要成果

巨型滑坡因其规模大、形成演化机制复杂，具有风险高、评估难、设计难、决策难等特点，一直是我国重大工程建设和防灾减灾中的关键难题之一。近 10 年来，研究团队以巨型滑坡形成演化机制与防治为主攻方向，采用现场调研、理论分析、仿真计算和大型离心模拟试验等多种途径和方法，对巨型滑坡防治的关键科技问题进行了较为系统深入的研究，主要研究内容包括以下几个方面：

（1）巨型滑坡的界定与分类；

（2）巨型滑坡形成/复活机制典型实例剖析；

（3）巨型滑坡形成/复活机制的模拟研究；

（4）巨型滑坡形成/复活机制地质力学模式；

（5）巨型滑坡成因机制与防治工程关系研究；

（6）巨型滑坡风险评估及防控研究。

通过持续不断地调查和研究，积累了大量的巨型滑坡工程实例资料，形成了一套较为完善的巨型滑坡形成演化机制与防治问题的研究思路和技术路线，取得了理论和实践并重的研究成果。主要创新性成果如下：

（1）基于影响巨型滑坡防治工程设计的滑坡规模、滑动面深度和成因机理三要素，提出了巨型滑坡的定义和界定标准；基于滑体特征、活动特征及诱发因素三因子，提出了巨型滑坡的多层次分类体系；在此基础上建立了西南地区巨型滑坡数据库。

（2）通过大量的实例分析和模拟研究，揭示了巨型滑坡的分级滑动机制、分区滑动机制和锁固-溃滑机制，系统总结归纳出 6 种巨型岩质滑坡机制的地质力学模式及 5 种巨型土质滑坡机制的地质力学模式。

（3）采用层次分析-模糊综合评判法和可靠度分析法，提出了巨型滑坡危险性评价方法，获得了巨型滑坡灾害可接受风险水平，建立了巨型滑坡风险等级标准、风险接受准则和风险评估方法体系。

（4）基于形成演化机制及滑坡与治理工程结构的相互作用，阐述了滑坡机制与防治工程的关系，明确了不同类型、不同机制模式的巨型滑坡的防治对策及整治工程要点；提出了巨型滑坡"分区、分级、分期治理"与"排水优先，排水与抗滑锚固并重"的防治理念及治理设计的 7 大基本原则，建立了 4 种巨型滑坡治理模式。

（5）建立了巨型滑坡"机制分析-风险评估-模拟仿真-综合治理"的研究和防治技术体系，为巨型滑坡减灾防灾提供了技术支撑。这一技术体系十分强调滑坡演化机制分析在防治工程中的重要作用，巨型滑坡机制的地质力学模式是防治工程设计的重要基础。同时，巨型滑坡风险评估及滑坡与治理工程结构相互作用的模拟仿真是巨型滑坡防控中必不可少的技术途径，也是保证治理工程有效性的重要技术工作。

上述研究成果，已先后在我国铁路、公路、机场和水电部门的滑坡防治工程中得到应用，保证了重大工程的顺利建设。采用相关技术成功治理了攀枝花机场 12 号滑坡、南昆铁路八渡滑坡、二郎山榛子林滑坡等。研究成果的应用为大型滑坡、特大型滑坡、巨型滑坡防治问题的解决积累了宝贵的经验。

参 考 文 献

[1]　黄润秋. 20 世纪以来中国的大型滑坡及其发生机制. 岩石力学与工程学报，2007，26（3）：433-454.

[2]　Volghtb F. Frictional heat and strength loss in some rapid landslides：error correction and affirmation of mechanism for the Vaiont landslide. Geotechnique，1992，42（4）：41-643.

[3]　Schuster R L，Lynn M H. Socioeconomic impacts of landslides in the Western Hemisphere. Reston，VA，USA：United States Geological Survey，2001.

[4]　Schuster R L. The 25 most catastrophic landslides of the 20th century，in Chacon//Proceedings of the 8th International Conference and Field Trip on Landslides. Rotterdam：A. A. Balkema，1996.

[5]　Baum R L，Crone A J，Escobar D，et al. Assessment of landslide hazards resulting from February 13，2001，El Salvador Earthquake—a report to the Government of El Salvador and the Unite State Agency for International Development. Reston，VA，USA：Unite State Geological Survey Open-File，2001.

[6]　黄润秋，许强，等. 中国典型灾难性滑坡. 北京：科学出版社，2008.

[7]　祝介旺，苏天明，张路青，等. 川藏公路 102 滑坡失稳因素与治理方案研究. 水文地质工程地质，2010，37（3）：43-47.

[8]　殷跃平. 斜倾厚层山体滑坡视向滑动机制研究——以重庆武隆鸡尾山滑坡为例. 岩石力学与工程学报，2010，29（2）：217-226.

[9]　王恭先. 滑坡防治中的关键技术及其处理方法. 岩石力学与工程学报，2005，24（21）：3818-3827.

[10]　毛思倩，白瑜. 广东深圳光明新区渣土受纳场"12·20"特别重大滑坡事故调查报告. 中国应急管理，2016：77-85.

[11]　张倬元. 滑坡防治工程的现状与发展展望. 地质灾害与环境保护，2000，11（2）：89-97.

[12]　殷坤龙，韩再生，李志中. 国际滑坡研究的新进展. 水文地质工程地质，2000，（5）：1-3.

[13]　易志坚. 楞古水电站唐古栋巨型滑坡成因机制及稳定性研究. 成都：成都理工大学，2010.

[14]　黄润秋，许强. 工程地质广义系统科学分析原理及应用. 北京：地质出版社，1997.

[15]　张倬元，王士天，王兰生，等. 工程地质分析原理. 3 版. 北京：地质出版社，2008.

[16]　刘汉超，张倬元. 龙羊峡附近超固结黏土大型滑坡的形成机制及高速远滑的原因. 成都地质学院学报，1986，13（8）：94-104.

[17]　罗国煜，王培清，蔡钟业. 论边坡两类优势面的概念及其研究方法. 岩土工程学报，1982，4（2）：57-66.

[18]　孙玉科，姚宝魁. 我国岩质边坡变形破坏的主要地质模式. 岩石力学与工程学报，1983，2（1）：67-76.

[19]　孙广忠，姚宝魁. 中国滑坡地质灾害及其研究//孙广忠. 中国典型滑坡. 北京：地质出版社，1988.

[20]　晏同珍，杨顺安，方云. 滑坡学. 武汉：中国地质大学出版社，2000.

[21]　王恭先，徐峻岭，刘光代，等. 滑坡学与滑坡防治技术. 北京：中国铁道出版社，2004.

[22]　卢肇钧. 黏性土抗剪强度研究的现状与展望. 土木工程学报，1999，32（4）：3-9.

[23]　刘广润，徐开祥，卢峰虎. 湖北西部山区采矿诱发岩质滑坡的环境地质研究. 地质科学译丛，1990，（2）：92-93.

[24]　王兰生，李天斌，赵其华. 浅生时效构造与人类工程. 北京：地质出版社，1994.

[25]　Huang R Q. Mechanisms of large-scale landslides in China. Bulletin of Engineering Geology and the Environment，2012，（71）：161-170.

[26]　冯振，殷跃平，李滨，等. 斜倾厚层岩质滑坡视向滑动的土工离心模型试验. 岩石力学与工程学报，2012，31（5）：890-897.

[27]　辛鹏，吴树仁，石菊松，等. 簸箕山大型老滑坡滑动带的结构特征及形成机制. 岩石力学与工程学报，2013，32（7）：1382-1391.

[28]　林锋，赵锐，吉世祖，等. 贵州省德江县香树坪滑坡特征及形成机制研究. 工程地质学报，2015，23（2）：194-202.

[29]　唐然，邓韧，安世泽. 北川县白什乡老街后山滑坡监测及失稳机制分析. 工程地质学报，2015，23（4）：760-768.

[30]　任光明，夏敏，曾强，等. 白龙江干流典型滑移-倾倒型滑坡的特征及形成机制. 成都理工大学学报（自然科学版），2015，42（1）：18-25.

[31]　李华章，邓清禄，文宝萍，等. 三峡库区宝塔坪滑坡形成机制研究. 人民长江，2015，46（9）：46-50.

[32]　代贞伟，殷跃平，魏云杰，等. 三峡库区藕塘滑坡特征、成因及形成机制研究. 水文地质工程地质，2015，42（6）：145-153.

[33]　顾金，王运生，曹文正，等. 1786 年磨西地震烂田湾滑坡形成机制及过程. 山地学报，2016，34（5）：520-529.

[34]　黄润秋，裴向军，崔圣华. 大光包滑坡滑带岩体碎裂特征及其形成机制研究. 岩石力学与工程学报，2016，35（1）：1-15.

[35]　李江，许强，王森，等. 川东红层地区降雨入渗模式与岩质滑坡成因机制研究. 岩石力学与工程学报，2016，35（增 2）：4053-4062.

[36] 张泽林, 吴树仁, 王涛, 等. 地震作用下黄土-泥岩边坡动力响应及破坏特征离心机振动台试验研究. 岩石力学与工程学报, 2016, 35（9）: 1844-1853.

[37] 陈语, 李天斌, 魏永幸, 等. 沟谷型滑坡灾害链成灾机制及堵江危险性判别方法. 岩石力学与工程学报, 2016, 35（增2）: 4073-4081.

[38] 邓茂林, 许强, 郑光, 等. 基于离心模型试验的武隆鸡尾山滑坡形成机制研究. 岩石力学与工程学报, 2016, 35（增1）: 3024-3035.

[39] 缪海波, 殷坤龙, 王功辉. 库岸深层老滑坡间歇性复活的动力学机制研究. 岩石力学与工程学报, 2016, 37（9）: 2645-2653.

[40] 樊智勇, 周杨, 刘晓宇, 等. 胜利煤田东二号露天煤矿南帮红层滑坡机制分析. 岩石力学与工程学报, 2016, 35（增2）: 4063-4072.

[41] 冯文凯, 胡云鹏, 谢吉尊, 等. 顺层震裂斜坡降雨触发灾变机制及稳定性分析——以三峡村滑坡为例. 岩石力学与工程学报, 2016, 35（11）: 2197-2207.

[42] 王恭先, 王应先, 马惠民. 滑坡防治100例. 北京: 人民交通出版社, 2008.

[43] 邢一飞, 张诚, 王建辉. 西南地区典型弯曲倾倒式滑坡变形演化机理及防治研究. 科学技术与工程, 2016, 16（22）: 156-161.

[44] 贺模红, 鄢毅, 成余粮. 锚拉桩施工技术*——以翠屏山滑塌治理工程为例. 中国地质灾害与防治学报, 1999, 10（4）: 1-6.

[45] 殷跃平, 康卫东, 方长生, 等. 基于绿色设计的骊山明圣宫滑坡防治工程. 中国地质灾害与防治学报, 2001, 12（3）: 16-19.

[46] 魏永幸. 滑坡防治工程技术现状及其展望. 路基工程, 2001,（5）: 17-19.

[47] 刘正刚. 日本29个滑坡实例的治理主导思想及统计分析. 路基工程, 1998,（4）: 19-24.

[48] 陈崇希, 成建梅. 关于滑坡防治中排水模式的思考——以长江三峡黄腊石滑坡为例. 地球科学, 1998, 23（6）: 628-630.

[49] 陈国金, 张陵, 张华庆, 等. 黄腊石滑坡地下排水效果分析. 中国地质灾害与防治学报, 1998, 9（4）: 53-60.

[50] 罗先启, 李海岭, 葛修润, 等. 降雨条件下滑坡灾害及滑坡排水效果研究. 岩土力学, 2000, 21（3）: 231-234.

[51] 彭华, 陈尚法, 陈胜宏. 水布垭大岩淌滑坡非饱和渗流分析与渗控优化. 岩石力学与工程学报, 2002, 21（7）: 1027-1033.

[52] 孙红月, 尚岳全, 龚晓南. 工程措施影响滑坡地下水动态的数值模拟研究. 工程地质学报, 2004, 12（4）: 436-440.

[53] 王兴平. 四川省宣汉县天台乡滑坡治理排水工程措施及设计优化研究. 成都: 成都理工大学, 2007.

[54] 范宣梅. 平推式滑坡成因机制与防治对策研究. 成都: 成都理工大学, 2007.

[55] 俞伯汀, 孙红月, 尚岳全. 管网渗流系统对边坡剩余下滑推力影响的物理模拟研究. 岩石力学与工程学报, 2007, 26（2）: 331-337.

[56] 刘加龙, 姚春雷, 孔建. 立体排水网络在大型富水覆盖层滑坡治理中的应用. 土工基础, 2007, 21（6）: 43-46.

[57] 孙红月, 尚岳全, 申永江, 等. 破碎岩质边坡排水隧洞效果监测分析. 岩石力学与工程学报, 2008, 27（11）: 2267-2271.

[58] 贺可强, 王荣鲁, 李新志, 等. 堆积层滑坡的地下水加卸载动力作用规律及其位移动力学预测——以三峡库区八字门滑坡分析为例. 岩石力学与工程学报, 2008, 27（8）: 1644-1651.

[59] 严绍军, 唐辉明, 项伟. 地下排水对滑坡稳定性影响动态研究. 岩土力学, 2008, 29（6）: 1639-1643.

[60] 雷光宇. 三峡库区涉水土质滑坡稳定性分析及处治技术研究. 北京: 中国矿业大学, 2009.

[61] 王祥. 四川省江油市高空台滑坡排水工程效果分析. 南昌: 华东交通大学, 2009.

[62] 冯利坡, 贺可强. 黄腊石大石板滑坡地下排水优化治理研究. 地质灾害与环境保护, 2009, 20（3）: 85-89.

[63] 孙红月, 吴红梅, 李焕强, 等. 松散堆积土中的隔水层对边坡稳定性的影响. 浙江大学学报（工学版）, 2010, 44（10）: 2016-2020.

[64] 赵杰. 超大型滑坡综合整治技术及其工程效果评价. 北京: 中国铁道科学研究院, 2012.

[65] 王智磊. 降雨影响敏感型滑坡变形动态预测方法及排水洞效果研究. 杭州: 浙江大学, 2012.

[66] 杜丽丽, 孙红月, 尚岳全, 等. 充气截排水滑坡治理数值模拟研究. 岩石力学与工程学报, 2014, 33（增1）: 2628-2634.

[67] 尚岳全, 蔡岳良, 魏振磊, 等. 滑坡虹吸排水方法. 工程地质学报, 2015, 23（4）: 706-711.

[68] 蔡岳良. 滑坡虹吸排水空气积累控制及其工程应用. 杭州: 浙江大学, 2016.

[69] 莫安儒. 贵新高速公路螺丝冲缓动巨型滑坡研究. 铁道工程学报, 2003,（3）: 76-80.

第 2 章　巨型滑坡分类及特征

巨型滑坡治理难度大，在规模、成因机制等方面有其独特的特征。为科学认识巨型滑坡，本章基于多因素综合定义法界定巨型滑坡，并基于多层次的综合分类法建立巨型滑坡分类体系。同时，搜集国内外巨型滑坡信息，建立巨型滑坡数据库。在此基础上，归纳、总结分析巨型滑坡的工程地质特征、成生环境与影响因素，并阐明巨型滑坡的特殊性。

2.1　巨型滑坡分类必要性

巨型滑坡体积达数百万立方米至上亿立方米，面积可达几平方千米，极具隐蔽性，工程勘察期间技术人员很有可能对已存在的巨型古滑坡和可能发生巨型滑坡的地段缺乏认识而漏判，导致该避开的没有避开，加之盲目设计和施工，致使施工后发生众多巨型古滑坡复活和新生的巨型滑坡，从而不得不耗费巨资进行整治。例如，成昆铁路铁西滑坡，体积约 $220 \times 10^4 \text{m}^3$，中断行车 40 天，工程治理费高达 2300 万元；南昆铁路八渡滑坡威胁八渡车站、渡口等，体积约 $420 \times 10^4 \text{m}^3$，工程治理费高达 9000 万元；川藏公路 102#滑坡，体积约 $500 \times 10^4 \text{m}^3$，10 年内造成 17 次翻车事故，工程治理费高达 5000 万元等[1]。由于巨型滑坡体积大、形成演化机制复杂、力学行为难以把握，仅靠常规的计算和防治方法（如极限平衡法、排、减、锚、挡等）往往显得"力不从心"，难以取得良好效果，而且整治难度非常大，代价高昂，有的按照常规计算甚至无法处治；特别是当前工程界对于巨型滑坡防治普遍认为其是一项纯工程问题，而忽视了巨型滑坡的形成条件、产生原因、变形破坏机制和几何边界条件（滑动面的埋深和形状）[2]，由此导致许多巨型滑坡治理工程的失效。例如，102#滑坡采用锚拉桩板护坡方案进行整治后仍未能阻止巨型古滑坡的复活变形[3]；攀枝花机场某高填方边坡采用四排抗滑工程仍未能阻止滑坡的发生[4]。可见，巨型滑坡的体积规模、成因机理、力学行为、治理难度等都不同于一般滑坡。因而，目前仅从体积规模上界定巨型滑坡不能完全概括其复杂性，也往往在不同部门之间出现用体积界定巨型滑坡的显著差异，不利于巨型滑坡的有效防治和科学防治。同时，为了正确指导巨型滑坡的勘察、稳定性预测、评价及防治工作，科学的巨型滑坡分类工作必不可少。然而迄今为止，尚未有人对巨型滑坡进行过系统分类。为此，本章从巨型滑坡力学行为复杂性方面入手，对巨型滑坡进行多因素的综合界定，建立科学完整的巨型滑坡分类体系，总结巨型滑坡的工程地质特征及其特殊性，为科学有效地防治巨型滑坡提供科学依据。

2.2　巨型滑坡界定与分类

2.2.1　巨型滑坡的界定

目前，人们主要从滑坡的体积规模上单一地定义巨型滑坡，且不同部门对巨型滑坡的体积划分还存在较大差异（$10\times10^4\sim10000\times10^4\text{m}^3$ 不等），如表 2-2-1 所示。这种基于滑坡体积规模的单因素定义法没有较全面地反映滑坡的性质，如滑带深度、滑动机理及滑坡治理的难易程度等。因此，有必要对巨型滑坡重新定义。定义原则是要能突出巨型滑坡的特殊性。本书采用理论与实践相结合的方法，从滑坡的体积、滑带深度、滑坡成因机理的复杂程度及滑坡治理的难易程度四个方面综合定义巨型滑坡，见表 2-2-2。其中，滑坡体积与滑带深度都直接影响滑坡的治理方法及难度。大量的工程实践表明，当体积超过 $100\times10^4\text{m}^3$，滑带深度达到 25m 以上时，滑坡治理难度增大，有时甚至选择绕避不治理，因此选取体积 $100\times10^4\text{m}^3$，滑带深度 25m 作为巨型滑坡定量划分的界限值[5, 6]。

表 2-2-1　滑坡体积定义表

规范／分类	《滑坡防治工程勘查规范》[7]（GB/T 32864-2016）	《滑坡防治工程设计与施工技术规范》[8]（DZ/T 0219-2006）
小型滑坡	$<10\times10^4\text{m}^3$	$<10\times10^4\text{m}^3$
中型滑坡	$10\times10^4\sim100\times10^4\text{m}^3$	$10\times10^4\sim100\times10^4\text{m}^3$
大型滑坡	$100\times10^4\sim1000\times10^4\text{m}^3$	$100\times10^4\sim1000\times10^4\text{m}^3$
特大型滑坡	$1000\times10^4\sim10000\times10^4\text{m}^3$	$1000\times10^4\sim10000\times10^4\text{m}^3$
巨型滑坡	$>10000\times10^4\text{m}^3$	$>10000\times10^4\text{m}^3$

规范／分类	《铁路工程不良地质勘察规程》[9]（TB10027-2012）	《公路工程地质勘察规范》[10]（JTGC20-2011）
小型滑坡	$<4\times10^4\text{m}^3$	$\leqslant4\times10^4\text{m}^3$
中型滑坡	$4\times10^4\sim30\times10^4\text{m}^3$	$4\times10^4\sim30\times10^4\text{m}^3$
大型滑坡	$30\times10^4\sim100\times10^4\text{m}^3$	$30\times10^4\sim100\times10^4\text{m}^3$
巨型滑坡	$\geqslant100\times10^4\text{m}^3$	$>100\times10^4\text{m}^3$

书籍／分类	《工程地质手册》[11]	《边坡与滑坡工程治理》[12]
小型滑坡	$<0.5\times10^4\text{m}^3$	$<10\times10^4\text{m}^3$
中型滑坡	$0.5\times10^4\sim5\times10^4\text{m}^3$	$10\times10^4\sim50\times10^4\text{m}^3$
大型滑坡	$5\times10^4\sim10\times10^4\text{m}^3$	$50\times10^4\sim100\times10^4\text{m}^3$
特大型滑坡		$>100\times10^4\text{m}^3$
巨型滑坡	$>10\times10^4\text{m}^3$	

书籍／分类	《滑坡防治 100 例》[13]	《工程地质学》[14]
小型滑坡	$<10\times10^4\text{m}^3$	$<3\times10^4\text{m}^3$
中型滑坡	$10\times10^4\sim50\times10^4\text{m}^3$	$<3\times10^4\sim50\times10^4\text{m}^3$
大型滑坡	$50\times10^4\sim100\times10^4\text{m}^3$	$50\times10^4\sim300\times10^4\text{m}^3$
特大型滑坡	$100\times10^4\sim1000\times10^4\text{m}^3$	$>300\times10^4\text{m}^3$
巨型滑坡	$>1000\times10^4\text{m}^3$	

刊物／分类	《加拿大土工杂志》[15]
极小型滑坡	$<500\text{m}^3$
很小型滑坡	$500\sim5000\text{m}^3$
小型滑坡	$0.5\times10^4\sim5\times10^4\text{m}^3$
中型滑坡	$5\times10^4\sim25\times10^4\text{m}^3$
中-大型滑坡	$25\times10^4\sim100\times10^4\text{m}^3$
很大型滑坡	$100\times10^4\sim500\times10^4\text{m}^3$
极大型滑坡	$>500\times10^4\text{m}^3$

表 2-2-2　滑坡综合定义表[6]

等级	体积规模/m³	滑带深度/m	滑坡成因机理的复杂程度	治理难易程度
小型滑坡	$<10\times10^4$	<6	机理简单，坡体结构单一，有单级滑面，单一诱发因素	容易治理
中型滑坡	$10\times10^4\sim50\times10^4$	6~15	机理简单，坡体结构单一，有单级滑面，单一诱发因素	容易治理
大型滑坡	$50\times10^4\sim100\times10^4$	15~25	机理较简单，坡体结构较单一，单级滑面，有直接的诱发因素	治理较困难，采用一般的削坡、反压、截排地表水、地下水，配以较大的支挡结构（抗滑桩、抗滑键、锚索等）即能治理
巨型滑坡	$>100\times10^4$	>25	机理复杂，坡体结构复杂，存在单级或多级滑面，滑体具多级、多块、多期次活动等特征，有/没有直接的诱发因素	治理困难，但首先要考虑综合治理方案：强有力的支挡、锚固结构（钢架桩、椅式桩、排架桩、锚拉桩、预应力锚索地梁等）和大型地表、地下排水工程（支撑盲沟、盲洞、钻孔群排水等），并与绕避方案相比较（跨河、滑坡前缘栈桥通过、在滑面下隧道通过等）

2.2.2　巨型滑坡的分类

1. 国内外滑坡分类概况

目前，国内外已有的滑坡分类主要是依据滑坡某一方面特征的归纳，如滑体的物质组成、结构、规模、发生成因、发生年代、各部分受力性质、滑动面性质、斜坡变形破坏机制特征、斜坡岩土体运动特征、变形破坏模式等，分类目的是便于单体滑坡的成功防治。目前，常用的滑坡分类方法有以下几种。

1）Varnes 滑坡分类[16-18]

当前国际上广泛采用 D.J.Varnes 在 1978 年提出的滑坡分类，该分类综合考虑了斜坡的物质组成和运动方式两方面的因素（表 2-2-3）。由于 D.J.Varnes 对滑坡物质组成的划分既不是基于物源的地质术语，又不是基于材料的力学特性。因此，Hungr 等[18]从滑坡材料特性入手，对 Varnes 滑坡分类标准进行了系统的修正（表 2-2-4）。

表 2-2-3　Varnes 滑坡分类表[16]

运动形式		滑坡物质组成		
		基岩	工程土	
			粗粒为主	细粒为主
滑动	崩塌	岩石崩塌	碎屑崩塌	土崩塌
	倾倒	岩石倾倒	碎屑倾倒	土倾倒
	转动型　少单元的	岩石转动型滑动	碎屑转动型滑动	土转动滑坡
	平移型　多单元的	岩石块状滑动	碎屑块状滑动	土块体滑坡
	侧向扩离	岩石扩离	碎屑扩离	土扩离
	流动	岩石流变	碎屑流	土流
	复合型	两类或更多基本运动形式的复合		

表 2-2-4　修正后的 Varnes 滑坡分类表[18]

运动形式	滑坡物质组成	
	岩质	土质
崩塌	岩石崩塌	砾石，碎石，粉土崩塌
倾倒	岩石块状倾倒；岩石弯曲倾倒	卵石，砂，粉土倾倒
滑动	岩石旋转滑动；岩石平移滑动；楔形滑动；岩石复合滑动；岩石坍塌	黏土、粉土旋转滑动；黏土、粉土平移滑动；卵石、砂、碎石滑动；黏土、粉土复合滑动
侧向扩离	岩石斜坡侧向扩离	砂、粉土液化扩离；灵敏性黏土侧向扩离
流动	块石流	砂、粉土、干性碎屑流；砂、粉土、稀性碎屑流；灵敏性黏土流；泥石流；泥流；土石流；土流；泥炭流
斜坡变形	山坡变形；岩石斜坡变形	土坡变形；土蠕变；泥流

2）中国原铁道部滑坡分类[19]

我国原铁道部（现交通运输部）采用三级分类法，该分类综合考虑了滑体物质组成、主滑面成因和滑体厚度三方面的因素（表 2-2-5）。

表 2-2-5　原铁道部滑坡分类表[19]

第一级按组成滑体的物质分类	第二级按主滑面成因类型分类	第三级按滑体厚度分类
1. 黏性土滑坡	1. 堆积面滑坡	1. 薄层滑坡（<6m）
2. 黄土滑坡	2. 层面滑坡	2. 中厚层滑坡（6~20m）
3. 堆填土滑坡	3. 构造面滑坡	3. 厚层滑坡（20~50m）
4. 堆积土滑坡	4. 同生面滑坡	4. 巨厚层滑坡（>50m）
5. 破碎岩石滑坡		
6. 岩石滑坡		

3）中国原国土资源部滑坡分类[20]

我国原国土资源部（2018 年整合到自然资源部）总结了按滑坡的特征和成因等方面单因素分类的研究成果，见表 2-2-6。

表 2-2-6　原国土资源部滑坡分类表[20]

分类标准	名称类别
滑体厚度	浅层滑坡、中层滑坡、深层滑坡
引起滑动的力学性质	推移式滑坡、牵引式滑坡
发生原因	工程滑坡、自然滑坡
现今稳定程度	活滑坡、死滑坡
发生年代	现代滑坡、老滑坡、古滑坡
滑体体积	小型滑坡、中型滑坡、大型滑坡、特大型滑坡、巨型滑坡

续表

分类标准		名称类别
	滑坡速度	高速滑坡、快速滑坡、中速滑坡、慢速滑坡
	运动方式	滑动、侧向扩离、流动、复合（上述几种运动方式中某两种或更多种的复合）
物质组成	堆积层（土层滑坡）	崩滑堆积体滑坡、黄土滑坡、黏土滑坡、残坡积层滑坡、人工弃土滑坡
	岩质滑坡	近水平层状滑坡、顺层滑坡、切层滑坡、逆层滑坡、楔形块状滑坡

2. 巨型滑坡分类原则

根据以往一般滑坡分类经验，巨型滑坡的分类应遵循以下原则。

（1）科学性原则：必须抓住控制和影响巨型滑坡形成演化过程中的关键因素，如反映滑坡自稳条件的滑体特征，反映滑坡活动状态及演化进程的变形特征，以及破坏滑坡稳定性并引起滑移的诱发因素等。

（2）简单有效原则：分类方法和分类指标必须简单明了，即便于记忆和操作，便于推广应用，便于指导巨型滑坡的勘察、稳定性预测、评价及防治工作。

（3）兼顾传统原则：为了推广应用，对以往一般滑坡的传统分类方案[5-21]中有价值的方法、名称和指标应尽量采用。

3. 巨型滑坡分类体系

按照上述分类原则，参照刘广润等[21]的分类思路，采用"综合分类法"提出一套多层次的巨型滑坡分类体系，主要包括滑体特征分类、变形活动特征分类、诱发因素分类和演化机制分类4个系列。巨型滑坡各类型特征详见表2-2-7。

1）滑体特征分类

滑体物质组成分类：分为土体滑坡和岩体滑坡。土体滑坡按其堆积原因又可进一步分为崩滑堆积体滑坡、黄土滑坡、黏土滑坡、冰水（碛）堆积体滑坡、人工填筑体滑坡。

滑面特征分类：包括按滑动面与岩层层面的关系、滑动面的层数、滑体分区与分级及滑面形态等分类。按滑动面与岩层层面的关系分为近水平层状滑坡、顺层滑坡、切层滑坡、逆层滑坡和楔形块状滑坡；按滑动面层数分为单层滑面滑坡和多层滑面滑坡；按滑体分区与分级分为分区滑动式滑坡、分级滑动式滑坡、分区分级滑动式滑坡；按滑面形态分为后陡前缓滑面型滑坡、缓长滑面型滑坡、顺层滑面型滑坡、多级滑面型滑坡和多剪出口型滑坡。

滑体体积分类：一般巨型滑坡（$100×10^4 \sim 500×10^4 \text{m}^3$）、中等巨型滑坡（$500×10^4 \sim 1000×10^4 \text{m}^3$）、超巨型滑坡（$>1000×10^4 \text{m}^3$）。

2）变形活动特征分类

引起滑动的力学性质分类：宏观上突出斜坡变形受力及发展方向，包括推移式滑坡、牵引式滑坡及复合型滑坡。

运动形式分类：包括滑动、倾倒、侧向扩离、流动型及复合型运动形式。

3）诱发因素分类

强调了滑坡形成的诱发因素，包括自然滑坡和工程滑坡。

4）演化机制分类[5]

按新生滑坡的形成机制模式和老滑坡的复活特征及机制模式进行分类：①按形成机制模式分为拉裂-剪断型、弯曲-剪断型、锁固-剪断型、平推式滑动型。其中，拉裂-剪断型巨型滑坡按照诱发因素的不同，又可分为滑移-拉裂-剪断型和震动-拉裂-剪断型。弯曲-剪断型巨型滑坡根据坡体结构的不同，又可分为倾倒-拉裂-剪断型和滑移-弯曲-剪断型。②按复活特征及机制模式分为蠕滑-拉裂整体复活型、蠕滑-拉裂局部复活型、稳定型。

表 2-2-7　巨型滑坡分类体系表

分类标准			名称类别	特征说明
物质组成	土体滑坡		崩滑堆积体滑坡	发生在由崩塌、滑坡等形成的块碎石堆积体中，多沿堆积体内部软弱带或下伏基岩面滑动
			黄土滑坡	发生在黄土层中
			黏土滑坡	发生在以黏性土为主的堆积层中
			冰水（碛）堆积体滑坡	发生在由冰川形成的巨厚、松散的块（漂）石碎石混合土层中
			人工填筑体滑坡	由人工堆填、弃渣等构成
滑体特征	滑面特征	滑动面与岩层层面关系	近水平层状滑坡	沿缓倾岩层面滑动，滑动面倾角≤10°
			顺层滑坡	沿顺向坡岩层面或似层状裂隙面滑动
			切层滑坡	滑动面与岩层层面相切，常沿倾向坡外的软弱面或组合裂隙面滑动
			逆层滑坡	岩层倾向山内，可沿倾向坡外的软弱面滑动或产生倾倒式滑动
			楔形块状滑坡	一般由多组结构面切割成与基岩分离的楔形块体，块体一般沿一至两组结构面滑动
		滑动面层数	单层滑面滑坡	滑坡沿一个单一的滑面滑动
			多层滑面滑坡	滑坡沿两个及以上的滑面滑动
		滑体分区与分级	分区滑动式滑坡	滑坡具有若干个不同特征的变形区。滑坡一部分区域变形破坏严重形成滑坡的主滑区，一部分变形小或受主滑区牵引形成变形影响区
			分级滑动式滑坡	滑坡沿多级滑面分级滑动，有一个或多个剪出口
			分区分级滑动式滑坡	上述分区、分级滑动式滑坡的复合
		滑面形态	后陡前缓滑面型滑坡	滑坡主滑段为折线型或似弧形，前缘或中部抗滑段阻滑特征不明显
			缓长滑面型滑坡	滑坡滑面后缘较陡，中前缘倾角较为平缓，且滑面较长，呈"靠椅状"，前缘抗滑段阻滑特征明显
			顺层滑面型滑坡	滑坡顺层面或倾向坡外的软弱面滑动，主滑段为直线形，前缘抗滑段较小，阻滑特征不明显
			多级滑面型滑坡	滑坡沿多级滑面后退式滑动，其滑面由单一底滑面和多级似弧形拉裂面组合而成。前部滑块与后部滑块之间存在相互的牵引作用
			多剪出口型滑坡	滑坡沿多个滑面滑动，有两个及以上剪出口。滑坡上下多级、多层滑块之间存在超覆或牵引的相互作用
	滑体体积		一般巨型滑坡	$100 \times 10^4 \sim 500 \times 10^4 \text{m}^3$
			中等巨型滑坡	$500 \times 10^4 \sim 1000 \times 10^4 \text{m}^3$
			超巨型滑坡	$>1000 \times 10^4 \text{m}^3$

续表

分类标准		名称类别	特征说明
变形活动特征	引起滑动的力学性质	推移式滑坡	上部岩（土）层滑动，挤压下部产生变形，滑动速度较快，滑体表面波状起伏，多见于有堆积物分布的斜坡地段
		牵引式滑坡	下部先滑，使上部失去支撑而变形滑动。一般速度较慢，多具上小下大的塔式外貌，横向张性裂隙发育，表面多呈阶梯状或陡坎状
		复合型滑坡	上述两种引起滑动的力学性质的复合
	运动形式	滑动	包括平面滑动和转动滑动两种，是指岩土体沿着破坏面或较薄的强烈剪切应变带发生的向坡下的运动
		倾倒	沿岩层面或层状裂隙面发生块状倾倒或弯曲倾倒
		侧向扩离	是黏性土体或岩体伴随其破裂块体普遍沉陷入下伏较软岩土而发生的扩展。其破坏面不是一个强烈的剪切面。扩离可能由较软岩土的液化或流动（挤出）引起
		流动型	是一种空间上连续的运动，在流动中，排列紧密的剪切面存在时间短，且常不保存下来，滑移体内的速度分布类似于黏滞流体
		复合型	上述几种运动方式中某两种或更多种的复合
诱发因素		自然滑坡	由自然因素诱发的滑坡，包括暴雨型滑坡、地震型滑坡。按其发生的相对时代，可分为古滑坡、老滑坡、新滑坡
		工程滑坡	由人类工程活动诱发的滑坡，包括人工开挖与堆填型滑坡、水库蓄水型滑坡等
演化机制	形成机制	拉裂-剪断型	包括滑移-拉裂-剪断型和震动-拉裂-剪断型。前者指坡体沿坡脚软弱层/面滑动，后缘拉裂，直至中部岩土体剪断后滑坡发生。后者指强地震力触发斜坡后缘深部拉裂，伴随基座剪切滑动形成滑坡
		弯曲-剪断型	包括倾倒（弯曲）-拉裂-剪断型和滑移-弯曲-剪断型。前者指薄层陡倾的软岩在重力作用下深部弯曲，根部折断，形成倾倒体，后缘沉降拉裂，当坡体内折断带的剪应力超过其抗剪强度时形成滑坡。后者指斜坡中后部沿着顺向中倾软弱层面滑移，在坡脚处发生弯曲隆起变形形成阻滑段，一旦阻滑段被剪断形成滑坡
		锁固-剪断型	主要指滑移-锁固-剪断模式滑坡。斜坡滑动变形受阻于坡体中前部的地质拱、前缘关键块体或者抗滑桩等锁固结构，一旦持续变形导致这些锁固结构被剪断，便形成滑坡
		平推式滑动型	指暴雨触发斜坡沿近平缓层状软弱层滑动，具有一个或多个拉陷槽
	复活特征及机制	蠕滑-拉裂整体复活型	指老滑坡沿着老滑面发生整体蠕滑-拉裂变形
		蠕滑-拉裂局部复活型	指老滑坡发生局部复活，具有平面分区，纵向分级，多期次活动特征。按机制模式可分为分级蠕滑-拉裂型和分区蠕滑-拉裂型
		稳定型	老滑坡稳定，没有复活迹象

2.3　巨型滑坡信息数据库

2.3.1　数据库总体概述

项目组在收集了 300 余个体积在 $100 \times 10^4 \mathrm{m}^3$ 以上的滑坡的基础上，建立了滑坡的信息数据库。数据库包含了滑坡的规模、地质背景、诱发因素、滑体结构、滑带特征、滑动机理、危害程度、设计方法、治理措施和效果，以及工程造价等多方面信息。巨型滑坡典型案例详见附录。

巨型滑坡数据库采用 Access 数据库开发，生成一个具有数据录入、数据查询、数据修改、数据备份及数据恢复等功能的应用程序。

2.3.2　数据库主要功能

菜单栏目前包括数据查询、数据录入、数据备份、数据恢复 4 个功能（图 2-3-1）。

图 2-3-1　菜单栏

其中，数据查询，包括按名称查询、按方量查询、按地点查询等。

数据录入对话框主要功能为添加数据。对话框中有 4 个选项卡，内容分别为滑坡位置信息、滑坡基本属性、滑坡机理与危害、治理效果评价。数据录入完毕后，点击添加按钮，添加成功后消息框提示"添加记录成功"。

通过输入滑坡的名称、方量或地点中的任一条件，即可查询滑坡的基本属性、机理等各项内容。可直接输入滑坡名称、地点的关键字进行查询，也可根据方量的大小进行查询；可以同时输入多个条件进行复合查询。查询后可双击某滑坡名称，进一步查看详细情况。

数据查询对话框中同时也包括数据修改及删除功能。选择某条要修改的记录，点击修改按钮，弹出数据修改对话框，修改完成后点击保存修改即可，完成数据的修改。数据的删除功能即选择某条要删除的记录，点击删除按钮即可。

2.4　巨型滑坡工程地质特征

结合巨型滑坡数据库，对巨型滑坡的工程地质特征进行了总结。

2.4.1　地形地貌特征

巨型滑坡多发育于高中山峡谷地区，斜坡体前缘通常都有江河深切，且位于江流凹岸处。坡体在内外动力，诸如构造作用、区域性剥蚀、河流下切、卸荷回弹、物理风化等作用下，形成"三面"（前缘、侧缘、坡顶）临空坡体（如脊状山体），为滑坡发生奠定了空间条件。

巨型滑坡滑动后，平面上呈多种形态，如长方形、舌形、扇形、簸箕形、扫帚形、菱形、牛角形等，总体可归为"凸"形，如牛角形新滩滑坡、扫帚形鸡扒子滑坡、舌形千将坪滑坡、舌形洒勒山滑坡、簸箕形八渡滑坡、扇形茅坪滑坡等。

一个巨型滑坡区可有分区、分级、分块、分期滑动特征,滑坡区常有明显的滑坡壁、双沟同源、两级或多级陡坎、多级滑坡平台(台地)、隆起-凹槽及台阶状起伏等地形地貌特征。例如,张家坪滑坡,按地貌特征划分为三级大的滑坡体:后级滑坡、中级滑坡、前级滑坡。

2.4.2　坡体结构特征

1)巨型滑坡典型的滑面类型

滑坡典型的滑面形态主要有以下 5 种:

(1)后陡前缓滑面型(图 2-4-1):该类滑坡前缘滑面较平缓,中部滑面过渡转折,后部滑面较陡,通常主滑段表现为折线型,前缘抗滑段阻滑特征不明显,如攀枝花机场 12 号填筑体滑坡。

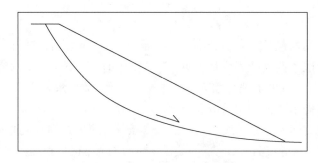

图 2-4-1　后陡前缓滑面型滑坡

(2)缓长滑面型(图 2-4-2):该类滑坡滑面后缘较陡,中前缘倾角较为平缓,且滑面较长,如千将坪滑坡滑面长 1.2km,其中,后缘滑面倾角 22°~35°,前缘滑面倾角 10°左右,呈"靠椅状",前缘阻滑段受地下水浮托减重导致滑坡的发生。

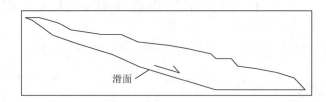

图 2-4-2　缓长滑面型滑坡

(3)顺层滑面型(图 2-4-3):该类滑坡顺层面或顺似层面滑动,主滑段为直线形,前缘抗滑段较小,阻滑特征不明显。例如,滩头车站巨型滑坡滑面呈直线形,滑坡前缘受长期江水冲刷使得阻滑段仅为滑体厚度的 1/8,阻滑特征不明显,甚至难以抵抗滑坡的下滑力,导致滑坡整体复活。

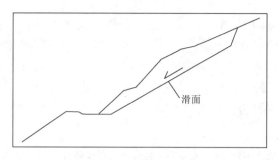

图 2-4-3　顺层滑面型滑坡

（4）多级滑面型（图 2-4-4）：该类滑坡沿多级滑面后退式滑动，其滑面由单一底滑面和多级似弧形拉裂面组合而成，前部滑块与后部滑块之间存在相互的牵引作用。例如，天台乡滑坡在暴雨条件下，受地下水扬压力和静水压力作用，首部滑块滑动后，滑坡沿底部滑面呈多块裂解后退式滑动。

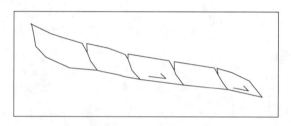

图 2-4-4　多级滑面型滑坡

（5）多剪出口型（图 2-4-5）：该类滑坡有两个及以上剪出口，属多级滑坡，一般采取分级抗滑支挡治理。例如，八渡滑坡剖面上可分为主、次两级滑动，次级滑坡是主滑坡形成后，牵引其后部又一次形成的滑坡，次级滑坡覆压于主滑坡中上部。

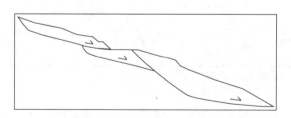

图 2-4-5　多剪出口型滑坡

2）巨型滑坡典型的坡体结构

A. 巨型岩体滑坡

岩体斜坡具有很强的结构特征，这种结构特征决定了斜坡的力学和水力学特性，是斜坡稳定性的内在决定性因素。而岩体内的结构面及其切割所形成的岩体结构控制着斜坡岩体的变形、破坏机制。

　　巨型岩体滑坡以层状体斜坡为主，伴以少量块状体斜坡和散体结构斜坡。而层状体斜坡按其结构及产状又可分为平缓层状体斜坡、缓倾外层状体斜坡、中倾外层状体斜坡、陡倾外层状体斜坡、陡立-倾内层状体斜坡及变角倾外层状体斜坡（上陡下缓），见表 2-4-1。其中，平缓层状体斜坡、缓倾外层状体斜坡及变角（上陡下缓）倾外层状体斜坡是巨型岩体滑坡主要的斜坡结构类型。

表 2-4-1　斜坡岩体结构类型与变形破坏方式对照表[22]

类型	主要特征		主要失稳模式	可能破坏方式
	结构及产状	外形		
I 均质或似均质体斜坡	均质的土质或半岩质斜坡，包括碎裂状或碎块状斜坡	取决于土、石性质或天然休止角	蠕滑-拉裂	转动型滑坡
II 层状体斜坡	II_1 平缓层状体斜坡 $\alpha = 0 \sim \pm \varphi_r$	$\alpha < \beta$	滑移-压制拉裂	平推式滑坡，转动型滑坡
	II_2 缓倾外层状体斜坡 $\alpha = \varphi_r - \varphi_p$	$\alpha \approx \beta$	滑移-拉裂	顺层滑坡或块状滑坡
	II_3 中倾外层状体斜坡	$\alpha \geq \beta$	滑移-弯曲	顺层-切层滑坡
	II_4 陡倾外层状体斜坡 $\alpha = 40° \sim 60°$	$\alpha \geq \beta$	弯曲-拉裂	切层转动型滑坡
	II_5 陡立-倾内层状体斜坡 $\alpha > 60°$—倾内		弯曲-拉裂（浅部）蠕滑-拉裂（深部）	深部切层转动型滑坡
	II_6 变角倾外层状体斜坡 上陡，下缓（$\alpha < \varphi_r$）	$\alpha \leq \beta$	滑移-弯曲	顺层转动型滑坡
III 块状体斜坡	可根据结构面组合线产状按 II 类方案细分		滑移-拉裂为多见	
IV 软弱基座体斜坡	IV_1 平缓软弱基座体斜坡 IV_2 缓倾内软弱基座体斜坡	一般情况上陡下（软弱基座）缓	塑流-拉裂	块状滑坡 转动型滑坡（深部）

注：φ_r 和 φ_p 为软弱面的残余和峰值摩擦角；α 为软弱面倾角；β 为斜坡坡角。

　　层状岩体结构按其成因类型可分为以沉积岩为代表的原生层状结构和以变质岩为代表的板裂层状结构：①原生层状结构。一般具有"上硬下软"、软弱互层状结构（如灰岩、砂岩、泥岩等），软弱层或软硬层之间常有层间错动现象，并可能形成破碎夹层或泥化夹层，成为控制岩质斜坡滑动失稳的软弱面。②板裂层状结构。以深变质的千枚岩、页岩、片岩为主，岩层受强烈的构造运动影响，产状较陡，常形成大范围的平行发育的劈理、片理、层间错动带，形成板裂层状结构岩体。巨型岩体滑坡坡体结构以原生层状结构为主。

B. 巨型土体滑坡

巨型土体斜坡按其堆积成因可以分为崩滑堆积体滑坡、黄土滑坡、人工填筑体滑坡及其他成因的堆积体滑坡（如冰水堆积体滑坡）。

a. 崩滑堆积体滑坡

崩滑堆积体滑坡可以细分为崩塌堆积体滑坡、（古）老滑坡两类。

崩塌堆积体滑坡往往受基覆界面控制，基覆界面起伏形态复杂，没有一个连续的、明显的滑带；堆积体一般厚度较大，30～50m；崩塌堆积物中往往充填同期或后期的坡积物；堆积物主要有块石和特大孤石（粒径有的甚至达到 3～5m），另夹碎石质砂壤土或碎石。经历长期压密后，结构较为紧密，岩块、块石相互嵌合、堆砌，而碎石质砂壤土不成层，主要填塞在块石缝隙之间。

老滑坡多集中分布于宽谷缓坡地段，坡体组成除堆积体和基岩外，滑坡体底部常分布有一定厚度的滑带，其力学性质较差；滑面（带）上物质多由易滑地层组成，其形状随斜坡的物质组成和土体结构的不同而不同，但多数是由圆弧和直线复合而成的，其后部呈圆弧，前部为近似水平的直线；堆积体自后缘向前缘平面上一般可分为 4 个区[34]：Ⅰ区为后缘下滑座落区，由于长期地质作用，常覆盖有后期崩坡积物；Ⅱ区为主滑区，岩石虽然较为破碎，但仍保留原有的层位关系和构造特点，组成物为块碎石和泥质物质混杂堆积，一般称为块石土或块碎石土，其中岩块棱角明显，无分选；Ⅲ区为前缘区；Ⅳ区为脱离滑床的堆积区，滑体物质层序紊乱，碎块石块径小，碎屑物质多。对于古老的滑坡体来说，由于经历了漫长的物理风化、水的软化等作用，组成上一般为结构松散的块石、块碎石、碎石土等，透水性较好。滑坡多期多级滑动特征明显。

b. 黄土滑坡

黄土滑坡具有两种明显的坡体结构：①厚层均质黄土，下伏缓倾软弱基岩；②非均质黄土，下伏黏土状陡倾基岩。

c. 人工填筑体滑坡

高填方区通常位于沟谷地段，地层岩性变化大，地基土形状极不均匀，地基底部一般都分布有一定厚度的软弱土层，且软弱土层厚度和分布极不均匀，填筑体一般为碎石、块碎石土。

2.4.3　分区与分级特征

巨型滑坡通常是由多个滑动块构成的一个滑坡区，沿河流方向可分若干区，在高程上可分若干级，在滑体结构上可分若干层（多层滑面滑动）。主要是从地貌或变形破裂迹象上确定滑坡的分区分级：滑动过的滑坡，由于各区滑动的速度和距离或滑动次数不同，在两块体之间发生相对位移而撕裂，后期被水流冲刷形成冲沟，有时还具有"双沟同源"的形态，这些冲沟就成为分区的边界。而每次滑动都会形成一级滑坡平台或凹槽地貌，不同高度的平台或凹槽又成为分级的依据。滑坡的变形和开裂迹象也可成为巨型滑坡分区和分级的判定依据，一般依据变形破裂的程度不同可以划分滑坡的分区特征，根据滑坡变形破裂迹象的性质、产生部位及先后顺序等可以确定滑坡的分级特征。利用滑坡的分区分级特征，就可使一个巨型滑坡分而治之，达到事半功倍的效果。这方面的论述将结合具体工程实例在后续章节详细表述。

2.4.4　水文地质特征

由于地下水补给的激增（如特大暴雨等）或排泄水位异常变动（如河、库水位波动）所引起的水动力条件的剧变通常导致巨型斜坡岩土发生滑坡。巨型斜坡岩土体在强弱透水层间，如残积土层或强风化带与弱风化带间，滑坡或崩坡积物与基岩接触面，通常可形成具有承压特征的地下水储藏带，这不仅弱化岩土体强度，潜蚀架空坡体结构，还对上覆盖层底面形成明显的孔隙水扬压力。地下水强烈的渗透变形、动水压力、孔隙水压力、超孔隙水压力、泥化软化作用等对巨型滑坡的形成演化起控制作用。通常巨型滑坡具有间歇裂隙充水承压型、间歇下渗潜水型、间歇潜水承压型、层间含水层水动力型等单一或多种水动力学特征。需要指出的是，巨型滑坡在变形发展过程中，不断产生的破裂面可以改变岩土体的水动力学特征，反之亦然。

2.5　巨型滑坡成生环境与影响因素

滑坡是山体斜坡地段的一种表生动力地质作用（现象）。滑坡的形成需有特定的地质环境条件，即一定有斜坡临空面，易于滑动的岩体、土体，有软弱结构面及地下水沿软弱面不断活动等基本的地质环境条件。另外，还需有一些常常导致滑坡发生的影响因素，如暴雨、地震、人类工程活动等。滑坡的形成则是上述各种因素的不利组合和综合作用的结果。

2.5.1　成生环境与主控因素

巨型滑坡分布主要受地形地貌、地层岩性组合和地质构造的控制[23-33]。

1）滑坡分布受地形地貌的控制

地形地貌要素中，对滑坡影响最大的是河谷切割程度、地形坡度等构成的有效临空面。张晓刚[26]通过对长江上游滑坡分布的研究提出易发生滑坡的斜坡坡度多为 25°～45°。刘新喜[30]通过研究三峡库区滑坡发育规律，认为滑坡多分布在 10°～30°。黄润秋和李为乐[33]研究汶川地震滑坡的分布规律得出滑坡多分布在 20°～50°，且发生部位与微地貌形态有密切的关系。统计巨型滑坡数据库资料，发现巨型滑坡发育的斜坡坡度多为 24°～50°。

巨型滑坡多集中分布于地势阶梯的第一过渡带和第二过渡带（图 2-5-1）。前者包括青藏高原东部与云贵高原和四川盆地的接合部位（横断山区）及南侧属金沙江、澜沧江、怒江三江流域。这一斜坡地带山高坡陡，河谷深切，多呈"V"字形，海拔 3000～5000m，相对高度≥1000m，斜坡坡度 35°～70°，夷平面及河流高阶地发育，为巨型滑坡的发生发展提供了有利条件，如大渡河木杠岭滑坡、叠溪地震滑坡、云南禄劝县烂泥沟滑坡、雅砻江唐古栋滑坡、西藏 102#滑坡群、西藏易贡滑坡等。第二过渡带包括大巴山、巫山、雪峰山、武陵山等,斜坡坡度 20°～60°,海拔 1000～2000m,相对高度 500～1000m,为我国第二、第三级两级地貌阶梯的过渡带。这一斜坡地带河流切割十分强烈,河谷地貌以宽谷与狭谷交替出现。在河谷的缓坡地段,特别是有多级台阶状的谷坡地段,坡体受软硬相间地层的影响或新构造活动间歇性抬升的影响及外动力作用形成多级平台,每一级平台都十分有利于岸坡的物质积累,为巨型滑坡创造了十分有利的条件,如恩施屯家堡滑坡、长江鸡扒子滑坡、新滩滑坡、茅坪滑坡、马家坝滑坡等。

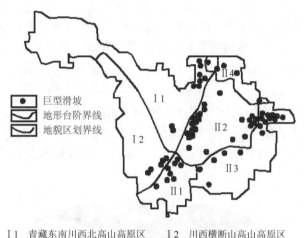

- 巨型滑坡
- 地形台阶界线
- 地貌区划界线

I 1 青藏东南川西北高山高原区   I 2 川西横断山高山高原区
II 1 滇中川西南中山高原区   II 2 四川盆地区
II 3 鄂西黔中中山高原与山原区   II 4 南秦岭大巴山中山区

图 2-5-1 西南地区巨型滑坡分布示意图

据梁学战和唐红梅[29],有改动

2)滑坡分布受地层岩性组合的控制

岩石是内外营力作用的介质。岩石组成、结构、性质的不同,滑坡的发育、规模和分布特征也不同。据目前统计,易于产生巨型滑坡的岩层主要有两类(图 2-5-2):第四系松散堆积层和层状砂泥质岩地层。

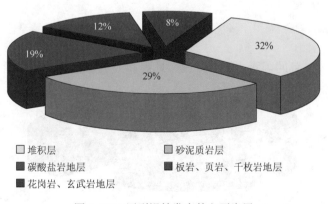

- □ 堆积层
- □ 砂泥质岩层
- 碳酸盐岩地层
- 板岩、页岩、千枚岩地层
- 花岗岩、玄武岩地层

图 2-5-2 巨型滑坡发育的主要岩层

3）滑坡分布受地质构造的控制

滑坡的发育方式、分布的疏密与构造线的方向及部位、构造应力场有密切关系。当谷坡走向与构造线方向线一致时，谷坡受到的有效应力最大，同时该区域构造应力又与河流切割山体所产生的与谷坡面垂直的卸荷应力叠加，使作用于谷坡的有效应力加大，岸坡便易于向临空面方向变形破坏[26-28]。许多巨型滑坡的发生，易受构造应力场剪切方向的控制，如万县堆积层滑坡群、甘肃洒勒山滑坡等。在新构造运动强烈的地区，地壳隆起的速度和幅度都较大，新构造运动加大了地形高差，河流切割迅速，侵蚀加剧，多形成峡谷地貌，为滑坡提供了良好的临空面，也为滑坡提供滑坡体，而且强烈的新构造运动不断地改变斜坡和山体的表层应力状态，导致斜坡稳定性减弱，滑坡分布密集[27]。

据目前统计，巨型滑坡集中分布的构造部位主要有向斜翘起端、背斜倾伏端；深大活动断裂两侧及末端部位；构造体系急剧弧形转弯部位；单斜构造区（图 2-5-3）。例如，在川东北大巴山弧、川东隆起褶皱带、川黔湘鄂隆起褶皱带及淮阳"山"字形构造体系西翼反射弧交接复合部位，有长江三峡工程库区，长 280km，体积≥$1000×10^4m^3$ 的巨型滑坡多达 31 处；龙门山断裂带的局部错列、转折及断裂活动的末端部位，巨型滑坡带状分布、发育密集，有 105 处[33]。

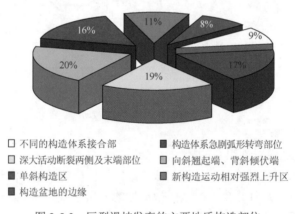

□ 不同的构造体系接合部　　　　　　■ 构造体系急剧弧形转弯部位
□ 深大活动断裂两侧及末端部位　　　□ 向斜翘起端、背斜倾伏端
■ 单斜构造区　　　　　　　　　　　■ 新构造运动相对强烈上升区
■ 构造盆地的边缘

图 2-5-3　巨型滑坡发育的主要地质构造部位

2.5.2　诱发因素

诱发巨型滑坡发育的因素主要有降雨、地震和人类工程活动，如图 2-5-4 所示。

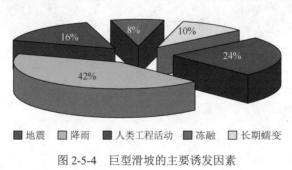

■ 地震　□ 降雨　■ 人类工程活动　■ 冻融　□ 长期蠕变

图 2-5-4　巨型滑坡的主要诱发因素

1）降雨对滑坡发育的影响

降雨与滑坡关系密切，大多数巨型滑坡都是大量降雨下渗引起地下水状态的变化直接诱发的。降雨对滑坡的作用是一个复杂的过程，但总的趋势是导致坡体稳定性不断降低，主要体现在以下 6 个方面：①降雨特别是强度大、历时长的暴雨，使地表水迅速渗入坡体内原有的一些构造裂隙，并使滑坡体内的裂隙得到发展，为地表水的下渗创造了有利的条件。②降雨引起裂隙内的静水压力提高，使滑块下滑力显著提高，对滑坡局部和整体稳定性均不利。③降雨使滑坡开裂，为地表水的入渗提供了通道，使地表水大量补给地下水，造成地下水位提高，对滑坡稳定性极为不利。④在长时间降雨的情况下，雨水首先渗入坡体浅表部的岩土体中，并使其饱水，使坡体整体重量增加。"增重效应"引起滑坡下滑力的增加大于抗滑力的增加时，就会降低滑坡的稳定性。⑤降雨入渗，使岩土体软化，甚至泥化。岩土体的抗剪强度降低，最终导致滑带的摩阻力降低。⑥灌入滑体裂隙中的水对滑坡体产生动、静水压力，增加了滑体的下滑力，降低了滑坡的稳定性。此外，降雨使滑体底部的扬压力增加，降低了滑面的法向应力，使滑体抗滑力降低。

值得注意的是，降雨诱发巨型滑坡不仅受降雨历时、降雨量和降雨强度的控制，还受当地地质地貌条件的影响。因为不同的地质地貌条件有不同的渗透性和不同的排泄能力，因此不能一概而论。

2）地震对滑坡发育的影响

地震对滑坡发育的影响，主要是通过坡体波动震荡来产生。坡体波动震荡在斜坡岩土体变形破坏过程中产生两种效应[22]：累进破坏效应和触发效应。

（1）累进破坏效应的产生主要是地震时的坡体波动震荡在斜坡岩土体内部形成了不同类型的附加应力，从而在各种裂隙及不连续面的尖端附近产生了应力集中现象，引起裂隙及不连续面的不断扩展，以致贯通，形成连续的潜在滑面，为滑坡的滑动准备好了条件。地震时坡体与滑块沿滑面产生不协调运动的过程中，使滑面本身的粗糙度及起伏差变小，并使滑面上的物质被进一步碾碎；或在震动过程中使水进入滑面而产生孔隙水压力并使其增高到一定水平，从而使滑面上的有效应力降低，抗滑力减小，起到了减阻效应。坡体与滑块沿滑面产生不协调震动时，使滑块沿滑面向坡下方向产生移动现象，一方面使滑块沿滑面由静摩擦状态转变成动摩擦状态，而一般岩土体的动摩擦系数远较其静摩擦系数小，这就使原处于稳定状态的滑块有可能变成不稳定状态或接近极限平衡状态；另一方面，在一次地震动过程中，如产生的移动量达到一定的数值，则会使滑块开始滑动，形成滑坡。

（2）触发效应主要表现为地震作用诱发山体的软弱层瞬时触变软化、砂层液化及处于临界状态的边坡瞬间失稳等。触发效应有多种表现形式：①在强震区，地震触发的滑坡分布往往与断裂活动相联系。发震时的初动方向在引发破坏中也具有十分重要的意义。②高陡的陡倾层状体斜坡，震动可促使陡倾结构面（裂缝）扩展，并引起分割板梁的晃动。它不仅可引发裂缝中的空隙水压力（尤其在暴雨期）激增而导致破坏，还可因晃动造成板梁根部岩体破碎而失稳。③破裂状或碎块状斜坡，强烈的震动可使之整体溃散，发展为滑塌式滑坡。

3）人类工程活动对滑坡发育的影响

A. 人工开挖或堆载对滑坡发育的影响

人工开挖破坏了边坡的结构，增大了斜坡的临空面，使斜坡原有地应力条件发生改变，削弱了坡脚阻滑段的抗滑力，引起边坡变形，从而产生滑坡。例如，丹巴滑坡、南昆铁路八渡次级滑坡、渝黔高速公路向家坡滑坡等都是坡脚大规模开挖引起的。

滑坡后缘堆载增大了滑坡的下滑推力，一旦下滑力超过抗滑力，就会引起滑坡。例如，二郎山榛子林滑坡就是后缘堆载引起的。

B. 水库蓄水对滑坡发育的影响[34]

水库的修建引起地表水和地下水环境及其动力作用系统的变化，不仅会加剧原有水岩作用的进程，还会引起一些新形式的水岩作用的发展。这些作用，不仅通过改变岩土体的状态，而且通过改变其结构或成分，不断恶化岩土体性质的，最终导致岩土体因不能继续保持与周围环境的原有平衡而发生灾变，从而达到与周围环境的新平衡。

a. 库水位升降对滑坡地下水的影响

库水位作为斜坡地下水的排泄边界条件，首先影响的是斜坡体的饱和带范围，从而改变斜坡稳定性。库水位骤然升降与正常（缓慢）升降的差别体现在速率上，由于地下水响

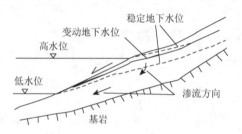

图 2-5-5　库水位快速下降对斜坡地下水的影响[35]

应地表水变化有一个过程，当库水位正常升降时，地下水水位可以几乎同步升降，而库水位骤然升降时，地下水的响应滞后一段时间，在库水位升降空间范围内形成比较复杂的非稳定渗流局面。对斜坡稳定最不利的状态是库水位骤然下降，在低水位线附近水力坡度变陡（图 2-5-5），增大渗透力，从而增大下滑力，这有可能显著降低斜坡稳定性。

b. 库水位上升与悬浮减重对滑坡发育的影响

对于堆积体岸坡或已发生滑坡变形的基岩岸坡，库水位的上升，较大程度上降低了控滑面呈座椅型的斜坡的稳定性，同时，库水的悬浮减重作用也不容忽视。例如，我国三峡水库水位到达 156m 或 175m 高程时，库区两岸大多数岸坡水下淹没深度可达 50～100m，斜坡受水影响的范围很大。在 175m 高程水位时，鸡扒子滑坡堆积物，被库水浸没的断面达 9000m^2，横宽按 500m 算，库水的浮力减重相当于库岸前部抗阻段挖方 $225×10^4$m^3，损失的抗滑阻力约 85 万吨。如果鸡扒子滑体堆积物的空隙比按 4%计算，则 1982 年 7 月暴雨引起的动水压力和空隙饱水后所增大的滑体下滑力约 20 万吨，仅相当于库水作用的 1/4，无疑库水诱发滑坡复活的可能性更大[34]。对具有和鸡扒子滑坡相似的滑坡，即具有前缓后陡滑面的老滑体，都有同样的影响。

c. 水位骤降对滑坡发育的影响

库水位骤然下降时，库岸内地下水水位高于库水位，地下水由滑坡体排出，较大的水深和水力梯度形成较大的动水压力，加大了沿地下渗流方向的滑动力，从而引起老滑坡的复活和新滑坡的产生。如果滑坡体地下水排出较慢，地下水水位下降严重滞后于库水位，会形成较大的静水压力，也会增大下滑力，引起滑坡发生；对于地下水富集地段的岸坡，由于水位的突然下降，一部分地下水排出，库岸所受到的浮托力突然减小，致使库岸陷落压密，则可能激发很高的超空隙水压力，使压密带抗剪强度急剧降低而导致岸坡失稳。

　　d. 水库蓄水对滑坡的浸泡软化

　　在长期库水作用下，松散堆积体、滑带土、软弱夹层、泥岩、页岩等将发生一定的软化，使得抗剪强度降低。据有关实验资料，三峡库区蓬莱镇组紫红色泥岩，属粉质或砂质黏土颗粒成分，其中粉粒含量约占 50%，碎屑矿物以石英为主，长石次之，其他如白云母、黑云母、电气石、绿帘石等矿物偶见；泥岩在岩体完整、胶结结构未破坏时，单轴抗压强度可达到 150MPa，能维持高斜坡的稳定，但蓄水后，水的长期作用将使得该类岩土体发生强烈的软化。有关滑带土的试验资料表明，饱水状态下凝聚强度 C 可低至 $0.010\sim0.025MPa$，φ 值仅在 $10°\sim12°$。对于堆积体斜坡，结构松弛，透水性较好，库水的浸泡软化作用将加速坡体形状的改变并使渐进性破坏向深处发展。

　　库水的上述作用和影响，对库区不同库岸岸坡是不同的。其效应同库水水位高程、库岸的组成物质、坡体的结构特征、坡形坡高和其前期的变形开裂现状有关。

2.6　巨型滑坡的特殊性

　　正确认识巨型滑坡的特殊性对其防治有着重要的指导意义，其特殊性主要包括以下 4 个方面。

　　第一，巨型滑坡可有分区、分级、分期的滑动特征。巨型滑坡体积巨大，按不同的边界形态、剖面形态，可将整个滑坡区分成若干个次级滑坡区，可分为以下几种类型：横向次级滑坡区（分区滑块）、纵向次级滑坡区（分级滑块）、次级滑坡区错落展布。不同的滑坡区内，滑坡的物质组分、变形破坏特征、影响因素不同，滑动机理不同，针对不同次级滑体的防治措施也就不能一概而论。因此，开展各区、各级（各期）滑块的精细化勘查，根据不同滑块变形、稳定状态的不同，有针对性地实施抗滑治理，就能使巨型滑坡体被分而治之。例如，八渡滑坡，查明滑坡变形的分级特性，在多级滑块的剪出口处，对滑坡进行分级支挡：在滑坡的上级滑块使用锚索对较陡边坡进行锚固，在坡面相对平缓滑体较厚的下级滑块和中级滑块中使用锚索桩进行支挡，省力且有效地控制住了滑坡的滑动，保证了八渡车站及南昆铁路的安全运营[36-38]。

　　第二，巨型滑坡具有极其复杂的形成（复活）演化机制及过程；准确分析巨型滑坡变形破坏的地质力学模式是成功防治巨型滑坡地质灾害的关键。例如，八渡滑坡，依据滑坡复活变形的分级型蠕滑-拉裂-剪断模式、采用分级支挡工程成功防止了滑坡的发生。四川宣汉天台乡滑坡发生机制为滑移-拉裂-平推模式，其滑动原因主要是在特大暴雨条件下，坡体在裂隙中充水的静水压力和沿滑移面空隙水扬压力的联合作用推动近水平滑体产生向前的破坏性运动[39]。滑坡治理以排水工程为主，抗滑桩支挡工程为辅。工程竣工后滑坡经受住了后续历次暴雨的考验。

　　第三，巨型滑坡治理设计的特殊性。现阶段滑坡稳定性和支挡工程所受推力计算中常用方法多为极限平衡条分法，这种方法假设滑坡稳定性计算问题为平面应变问题，计算模型只取单宽土条代表滑坡体，不考虑土条两侧土体对其作用力，假设土条为不变形的刚体，没有考虑岩土体本身的弹塑性变形性质，因此所求出的土条之间的内力、土条底部的反力和剩余下滑推力均不能代表滑坡体在实际工作条件下的真正内力、反力和相互作用力，更不能求出滑坡的弹塑性变形。特别是在巨型滑坡推力计算中，往往使用条分法得到的剩余推力远远大于土体实际变形作用于结构物上的作用力，造成巨型滑坡由于计算出的推力过大而无法治理。另外，巨型滑坡治理设计中多采用双排（多排）抗滑桩（预应力锚索抗滑桩、预应力锚索）等支挡结构。然而，目前常规的计算方法无法准确计算出作用在每排抗滑桩上的推力大小及分担比、合理的桩排间距、桩埋入深度等[40,41]。因此，设计人员只能依靠工程经验人为确定结构所受滑坡推力的大小及分布形式、结构尺寸及间距（排距）等，而未考虑结构与周围土体的相互作用，从而造成设计不合理或太偏于安全。例如，攀枝花机场某填方边坡中前后实施了四排抗滑桩进行加固，由于四排桩排距太大，各排桩受力不均（其中，坡体中部排桩承担了大部分上部土体传来的下滑推力，远大于其后三排），坡体逐排突破抗滑桩"锁固"段而发生大规模的滑动。可见，在巨型滑坡治理工程设计时应考虑使用一种能反映岩土体与防治工程结构协调变形的计算方法，也就是数值计算方法，以准确地了解巨型滑坡体中治理工程结构实际的受力和变形情况，从而更科学地指导巨型滑坡的防治工作。

第四，巨型滑坡治理措施的特殊性。常用的滑坡治理措施主要有 4 类，即绕避、排水、支挡结构物和滑带土加固。巨型滑坡的治理离不开抗滑支挡措施，主要采用的结构类型有普通抗滑桩、预应力锚索、预应力锚索抗滑桩等。实践证明，这些支挡结构必须与巨型滑坡的地质条件、巨型滑坡的应力变化规律及施工中的变形规律和施工工序等相适宜[42]，同时应充分考虑在滑坡土体与结构物间的空间协调变形规律的前提下对各种结构物进行合理的组合和优化设计。另外，地下水是降低巨型滑坡稳定性的主控因素之一，有经验表明地下水压力可使滑坡的整体安全系数大大降低，降低幅度一般为 0.4~0.7[43]，因而在巨型滑坡的治理工程中应十分重视排水工程的运用。

2.7　本章小结

（1）在大量收集与分析国内外滑坡文献的基础上，从滑坡的体积、滑带深度、滑坡成因机理的复杂程度及滑坡治理的难易程度 4 个方面综合定义巨型滑坡，即指体积大于 $100 \times 10^4 m^3$，存在单级滑面或多级滑面，滑面深度大于 25m，成因机理极其复杂，工程治理难度大，需对滑坡的成因机理有了充分认识以后才能根治的滑坡。

（2）依据提出的巨型滑坡分类原则，采用"综合分类法"建立了一套多层次的巨型滑坡分类体系，主要包括滑体特征分类、变形活动特征分类、诱发因素分类和演化机制分类 4 个系列，共 44 个亚类。

（3）总结了巨型滑坡的工程地质和水文地质特征，分析了巨型滑坡的成生环境与影响因素，指出了巨型滑坡分布主要受地形地貌、地层岩性组合和地质构造的控制，在地势阶梯的第一过渡带和第二过渡带、新构造运动强烈的地区、向斜翘起端、背斜倾伏端、深大活动断裂两侧及末端部位、构造体系急剧弧形转弯部位、单斜构造区、第四系松散堆积层和层状砂泥质岩地层中易发生巨型滑坡。巨型滑坡主要诱发因素包括降雨、地震和人类工程活动。

（4）正确认识巨型滑坡的特殊性对其利用和防治有着重要的指导意义。巨型滑坡的特殊性主要有：①巨型滑坡可有分区、分级、分期的滑动特征。利用这一特征，开展各区、各级或各期滑块的精细化勘查，根据不同滑块变形、稳定状态的不同，有针对性地实施抗滑治理，就能使巨型滑坡体被分而治之。②巨型滑坡具有极其复杂的形成（复活）演化机制及过程；准确分析巨型滑坡变形破坏的地质力学模式是成功防治巨型滑坡地质灾害的关键。③巨型滑坡治理工程设计应提倡使用数值计算方法进行滑坡体与治理工程结构之间相互作用分析，以准确地了解巨型滑坡体中治理工程结构实际的受力和变形情况，从而更科学地指导巨型滑坡的防治。④在巨型滑坡治理工程中应采用排水工程和支挡工程相结合的方式来稳定滑坡，并宜充分考虑在滑坡土体与结构物间的空间协调变形规律的前提下对各种结构物进行合理的组合和优化设计。

参 考 文 献

[1] 王恭先. 滑坡防治中的关键技术及其处理方法. 岩石力学与工程学报, 2005, 24（21）: 3818-3827.

[2] 张倬元. 滑坡防治工程的现状与发展展望. 地质灾害与环境保护, 2000, 11（2）: 89-97.

[3] 祝介旺, 苏天明, 张路青, 等. 川藏公路 102 滑坡失稳因素与治理方案研究. 水文地质工程地质, 2010, 37（3）: 43-47.

[4] 李天斌, 刘吉, 任洋, 等. 预加固高填方边坡的滑动机制: 攀枝花机场 12#滑坡. 工程地质学报, 2012, 20（5）: 723-731.

[5] Li T B, Xue D M. Giant Landslide: Definition, Classification and its Particularity//Proceedings of the 13th International Congress of Rock Mechanics. Montreal, 2015.

[6] 薛德敏. 西南地区典型巨型滑坡形成与复活机制研究. 成都: 成都理工大学, 2010.

[7] 中华人民共和国国家质量监督检验检疫总局, 中国国家标准化管理委员会. 滑坡防治工程勘查规范. 北京: 中国标准出版社, 2016.

[8] 中华人民共和国国土资源部. 滑坡防治工程设计与施工技术规范. 北京: 中国标准出版社, 2006.

[9] 中华人民共和国铁道部. 铁路工程不良地质勘察规程. 北京: 中国铁道出版社, 2012.

[10] 中华人民共和国交通运输部. 公路工程地质勘察规范. 北京: 人民交通出版社, 2011.

[11] 《工程地质手册》编委会. 工程地质手册. 4 版. 北京: 中国建筑工业出版社, 2007.

[12] 郑颖人, 陈祖煜, 王恭先, 等. 边坡与滑坡工程治理. 2 版. 北京: 人民交通出版社, 2010.

[13] 王恭先, 王应先, 马惠民. 滑坡防治 100 例. 北京: 人民交通出版社, 2008.

[14] 时伟, 李伍平, 陈启辉. 工程地质学. 2 版. 北京: 中国建筑工业出版社, 2008.

[15] Fell R. Landslide risk assessment and acceptable risk. Canadian Geotechnical Journal, 1994,（31）: 261-272.

[16] Varnes D J. Slope movement types and processes//Schuster R L, Krizek R J. Special Report 176 Landslides: Analysis and Control. Washington: Transportation Research Board, National Research Council, 1978.

[17] Cruden D M, Varnes D J. Landslide types and process//Turner A K, Schuster R L. Special Report 247 Landslides: Investigation and Mitigation. Washington: Transportation Research Board, National Research Council, 1996.

[18] Hungr O, Leroueil S, Picarelli L. The Varnes classifivation of landslide types, an update. Landslides, 2014,（11）: 167-194.

[19] 王恭先, 徐峻岭, 刘光代, 等. 滑坡学与滑坡防治技术. 北京: 中国铁道出版社, 2004.

[20] 王思敬, 黄鼎成. 中国工程地质世纪成就. 北京: 地质出版社, 2004.

[21] 刘广润, 晏鄂川, 练操. 论滑坡分类. 工程地质学报, 2002, 10（4）: 339-342.

[22] 张倬元, 王士天, 王兰生, 等. 工程地质分析原理. 3 版. 北京: 地质出版社, 2008.

[23] 柴贺军, 刘汉超, 张倬元. 中国堵江滑坡发育分布特征. 山地学报, 2000, 18（增刊）: 51-54.

[24] 晏鄂川, 刘汉超, 张倬元. 茂汶—汶川段岷江两岸滑坡分布规律. 山地学报, 1998, 16（2）: 109-113.

[25] 夏金梧, 郭厚祯. 长江上游地区滑坡分布特征及主要控制因素探讨. 水文地质工程地质, 1997,（1）: 19-32.

[26] 张晓刚. 长江上游滑坡分布研究//王成华, 陈自生. 滑坡研究与防治. 成都: 四川科学出版社, 1996: 91-100.

[27] 王孔伟, 张帆, 林东成, 等. 三峡地区新构造活动与滑坡分布关系. 世界地质, 2007, 26 (1): 26-32.

[28] 陈洪凯, 唐红梅. 三峡库区的新构造应力场及其对库岸滑坡滑动优势方向的影响. 地理研究, 1997, 16 (4): 15-21.

[29] 梁学战, 唐红梅. 三峡库区及邻近地区滑坡发育宏观地学背景分析. 重庆交通大学学报 (自然科学版), 2009, 28 (1): 100-104.

[30] 刘新喜. 库水位下降对滑坡稳定性的影响及工程应用研究. 武汉: 中国地质大学, 2003.

[31] 唐邦兴, 柳素清, 刘世建. 我国山地灾害及其防治. 山地学报, 1996, 14 (2): 103-109.

[32] 陈洪凯, 唐红梅, 王建平. 青藏高原东部边缘地区滑坡发育的地貌学研究. 重庆交通学院学报, 1994, 13 (1): 86-92.

[33] 黄润秋, 李为乐. "5·12" 汶川大地震触发地质灾害的发育分布规律研究. 岩石力学与工程学报, 2008, 27 (12): 2585-2592.

[34] 丁秀梅. 西南地区复杂环境下典型堆积 (填) 体斜坡变形及稳定性研究. 成都: 成都理工大学.

[35] 王士天等. 复杂环境中地质工程问题分析的理论与实践. 成都: 四川大学出版社, 2002.

[36] 孙德永. 南昆铁路八渡滑坡工程整治. 北京: 中国铁道出版社, 2000.

[37] Xue D M, Li T B, Wei Y X. Numerical modeling of giant Badu landslide reactivated by excavation in China. Journal of Earth and Science Engineering, 2013, (2): 109-115.

[38] Xue D M, Li T B, Wei Y X, et al. Mechanism of the reactivated Badu landslide in the Badu Mountain Area, Southwest China. Environmental Earth Sciences, 2015, (73): 4305-4312.

[39] 黄润秋, 徐则民, 许模. 地下水的致灾效应及异常地下水流诱发地质灾害. 地球与环境, 2005, 33 (3): 1-9.

[40] 唐晓松, 郑颖人, 邱文平. 多排抗滑桩治理工程的有限元设计计算与优化. 防灾减灾工程学报, 2011, 31 (5): 548-554.

[41] 徐骏, 李安洪, 赵晓彦. 大型滑坡桩排推力分担比离心模型试验研究. 路基工程, 2010, (3): 57-59.

[42] 马惠民, 吴红刚. 山区高速公路高边坡病害防治实践. 铁道工程学报, 2011, (7): 34-41.

[43] 陈洪凯, 艾南山. 岩石边坡中地下水压力的基本特性及作用. 兰州大学学报 (自然科学版), 1998, 34 (4): 171-175.

第3章 典型巨型滑坡形成机制实例研究

在巨型滑坡数据库中，暴雨、地震诱发的巨型滑坡所占比例分别为42%、24%，说明了暴雨、地震是非常典型的巨型滑坡致滑因素。暴雨主要通过雨水入渗改变坡体中地下水状态、应力状态及软化坡体物质成分等来降低滑坡的稳定性。地震产生的强大地震动力在非常短的时间内致使坡体结构发生剧烈变化、滑坡稳定性极度降低，同时将坡体抛掷出而形成灾难性巨型滑坡。随着人类工程活动的加剧，大规模的工程开挖卸载也诱发了大型滑坡、巨型滑坡的产生。本章将对地震触发型巨型滑坡、暴雨诱发型巨型滑坡和开挖诱发型巨型滑坡的典型实例进行详细分析、总结，探讨其形成演化机制。

3.1 地震触发型滑坡形成机制——以东河口滑坡为例

东河口村位于四川省广元市青川县西南40km的红光乡，处于红石河与青竹江交汇的地方，这里民风淳朴、景象繁荣，曾经是一个山清水秀、景色宜人的美丽村庄（图3-1-1）。"5·12"汶川特大地震触发东河口巨型滑坡，瞬间将东河口村整体掩埋在数十米厚的滑坡-碎屑流之下（图3-1-2）。据统计，东河口巨型滑坡摧毁了四个村社、东河口电站和两辆从石坝乡开往青川县城的公共汽车，共造成780人遇难。同时堵断青竹江及其支流红石河，形成东河口和红石河两大堰塞湖。

图 3-1-1 "5·12"地震震前东河口村原貌

图 3-1-2　东河口村滑坡全景

3.1.1　滑坡区地质环境条件[1, 2]

1. 气象水文

滑坡区属亚热带湿润季风气候,夏季盛行湿润的西南风,年平均气温 13.7℃,从东到西逐渐降低。年日照 1292h,日照率 30%,年总辐射 90.8kcal/cm²。年无霜期 243 天,空气湿度 69%~85%,多年平均水面蒸发量 727.9mm,陆面蒸发量 546.1mm,年降水量 1021.7mm,降水充沛而集中,降水量季节分配不均匀,夏季多、冬季少,降水主要集中在 6~8 月,占全年降水量的 50%以上,一般出现在 8 月上旬或中旬的年最大日降水量为 80~100mm。

滑坡区处于红石河与青竹江的交汇处。两条河流均属长江水系,流入白龙江后汇入嘉陵江。青竹江为当地最低排泄基准面。

2. 地形地貌

滑坡区域属龙门山系,属于侵蚀构造深切沟谷中山区,地形上陡下缓。两岸谷坡海拔在 1000m 以上,滑坡区后缘海拔 1400m,河谷处海拔 660m,相对河谷高差 700m 以上。巨大的高差孕育了临空山体潜在的巨大势能,为滑体的高位剪出形成提供了有利的地形条件。

3. 地层岩性

滑坡区内出露地层见表 3-1-1。

表 3-1-1　滑坡区地层简表

界	系	统	地层名称		符号	岩性描述	厚度/m
			群组或段				
新生界	第四系	全新统	冲积或冲洪积层		Qh	现代河床堆积砂、砾层	0～4
古生界	寒武系	下寒武统	油房组		$\in_1 y$	钙质沉凝灰质砂岩、沉凝灰岩、绢云千枚岩	
			邱家河组		$\in q$	碳质硅质板岩、硅质岩夹贫锰矿层	
新元古界	震旦系	上震旦统	元吉组	上段	$Z_2 y^3$	白云质灰岩、白云岩、硅质白云岩	
				中段	$Z_2 y^2$	钙质绢云千枚岩、薄层结晶灰岩、透镜体状白云岩	

4. 地质构造及其活动

1）区域构造背景[1-3]

龙门山断裂带南起泸定、天全，向东北经都江堰、汶川、茂县、北川、青川、朝天驿、宁强，与勉略断裂带在勉县一带斜交，终止于勉县一带。总体呈 NE-SW 向展布，长约500km，宽 30～50m，是一个巨大的推覆构造带，由多条挤压逆冲断裂和多个推覆体组成，自 NW 向 SE 依次称为后山断裂、中央断裂和前山断裂。3 条主干逆冲断裂及其控制的逆冲推覆体组成具有前展式特点的推覆构造带。其中，主中央断裂包括汶川—茂县断裂、映秀—北川断裂、平武—青川断裂。

龙门山主中央断裂也称映秀—北川断裂。该断裂的西南端始于泸定附近，向北东延伸经盐井、映秀、太平、南坝、青川、茶坝插入陕西境内与勉县—阳平关断裂相交，斜贯整个龙门山，长达 500 余千米。断裂走向 NE35°～45°，倾向北西，倾角 60°左右，是由数条次级逆断层组成的叠瓦式构造带。沿断裂带主要发育有断层角砾岩、碎裂岩等代表脆性变形的断层岩类，局部可见碳酸盐糜棱岩，表现出脆—韧性过渡的特征（图 3-1-3）。

龙门山主中央断裂为一条在中、晚更新世有活动的断裂，推断的断裂垂直滑动速率约为 1mm/a，其中以北川—太平场一带活动最强，为中、晚更新世以来最强的活动段。在映秀—北川段，穿越断层的河流表现为反"S"形弯曲，表明该断裂在第四纪的活动方式为逆冲兼右旋走滑活动。本书研究的滑坡区正处在龙门山主中央断裂带的映秀—北川断裂带和平武—青川断裂带交叉部位。

2）新构造运动与地震

龙门山地区新构造运动强烈，主要水系强烈下切，袭夺调整，整体处于不断上升阶段。龙门山地区的强震和大地震往往发生在活动断裂带的转弯处、两组断裂的交汇处，其中以隐伏逆断层尤为危险。映秀一带的龙门山主中央断裂一直很平静（断层处于闭锁状态），直到 2008 年 5 月 12 日下午 14 点 28 分突然发生了 8.0 级特大地震[4]。青川地震活动情况见表 3-1-2。汶川地震期间，记录的最大地震加速度高达 2.0g[5]。

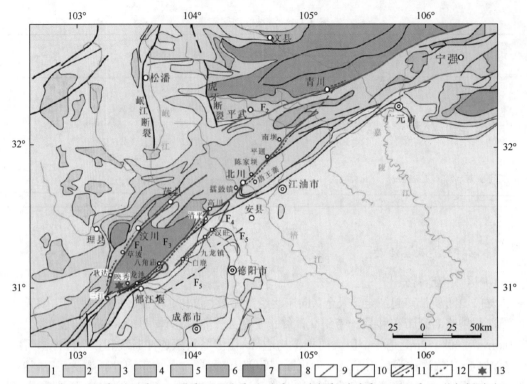

1. 第四系；2. 侏罗系—白垩系；3. 三叠系；4. 石炭系—泥盆系；5. 志留系—寒武系；6. 震旦系；7. 前寒武纪杂岩；
8. 花岗岩体；9. 晚更新世以来活动断裂；10. 早、中更新世活动断裂；11. 不活动断裂及隐伏断裂；12. 破裂带；
13. 汶川 M_S8.0级地震震中。 F_1 汶川—茂县断裂； F_2 平武—青川断裂； F_3 映秀—北川断裂； F_4 灌县—安县断裂；
F_5 龙门山前缘隐伏断裂

图 3-1-3　龙门山及其周边地质简图[3]

表 3-1-2　青川县近现代地震情况表（据青川县志）

	发生时间					发生位置		震级	地区
年	月	日	时	分	秒	北纬	东经		
1956	6	24	20	19	6	32°06′	105°01′	4.6	青川
1970	7	17	23	50	29	32°26′	105°03′	3.4	青川
1974	7	19	12	3	14	32°07′	105°03′	2.9	青川东北
1974	10	23	16	0	29	30°06′	105°01′	2.2	青川
1980	5	7	24	2	0	32°36′	105°18′	2.8	青川文县间
1980	5	8	3	7	0	32°36′	105°17′	2.6	青川文县间
1980	5	11	5	58	\	\	\	2.0	青川北部
1980	6	24	20	50	26	\	\	2.2	青川平武间
1980	6	28	15	0	38	\	\	3.3	青川江油间
1980	6	28	20	57	56	\	\	2.4	青川平武间
1981	3	8	01	10	52	32°06′	104°08′	1.7	青川西部
1981	12	22	4	15	45	32°29′	105°19′	2.2	青川南东

续表

发生时间						发生位置		震级	地区
年	月	日	时	分	秒	北纬	东经		
1982	1	29	12	23	19	32°21′	105°16′	2.4	青川广元间
1982	7	23	4	55	59	32°20′	104°49′	2.2	青川南西
1982	9	29	1	1	35	32°22′	105°09′	2.9	青川南西
1983	10	26	1	53	37	32°30′	105°01′	2.6	青川南西
1984	10	7	5	5		32°36′	105°15′	2.9	青川城郊
1985	4	22	5	55	25	32°20′	105°00′	2.2	青川南西
2006	6	21	0	52	57.2	\	\	5.0	武都文县间
2008	5	12	14	28	0	103°18′	31°30′	8.0	汶川等

3）活动断层及特征

滑坡后缘右侧边界出露一顺扭走滑-逆冲活断层，即石坎断层（图 3-1-4）。断层走向北东，倾向北西，倾角＞60°。北西上盘为水晶组、邱家河组，南东下盘主要为油房组，少量邱家河组。在"5·12"汶川地震期间石坎断层活动特征明显，是东河口滑坡的主要动力[6]。

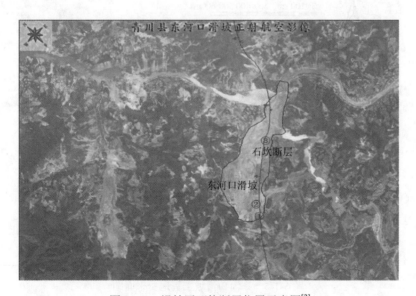

图 3-1-4 滑坡区石坎断层位置示意图[2]

5. 水文地质条件

滑坡区内地下水主要受降水和地表水补给，泄于红石河。地下水以基岩裂隙水为主，主要赋存于震旦系元吉组板岩、千枚岩中，受构造影响，基岩裂隙发育，为地下水提供了充分的赋存空间。

3.1.2 东河口滑坡基本特征

1. 滑坡形态、规模特征

东河口巨型滑坡整体上呈"蝌蚪"形,主滑方向 NE50°,滑坡-碎屑流长约 2450m;滑坡前后缘高差 700m,剪出口距坡脚高差 260m,滑坡宽度 100~600m,滑源区较宽,受两侧山坡地形限制,转化为碎屑流后堆积形成滑坡坝(图 3-1-5),坝体长 600~700m,宽 300~450m,最高达 50~60m,由松散土夹块石组成,滑坡碎屑流堆积厚度分布不均,在坡脚冲沟、青竹江及红石河中的堆积物较厚,平均厚度约 40m,局部最大厚度达 60m,在陡坡加速区和临空抛射区的山脊上堆积物较少,厚度 1~5m,局部仅 1.2m,山脊两侧可见大面积的铲刮光面,在滑源区还残留了大量堆积物,平均厚度约 18m,从滑体剪出口至后缘陡壁处呈逐渐变厚趋势,滑坡-碎屑流总面积约 1.08km²,滑坡体积约 1500×10⁴m³。

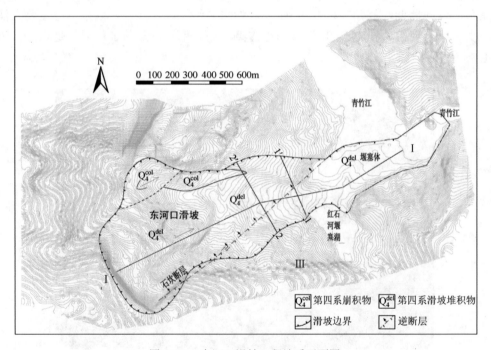

图 3-1-5 东河口滑坡工程地质平面图

2. 滑坡体结构特征[2]

根据滑坡发育分布、运动和堆积特征,可将滑坡分为 4 个区域,如图 3-1-6 所示。各区特征表述如下。

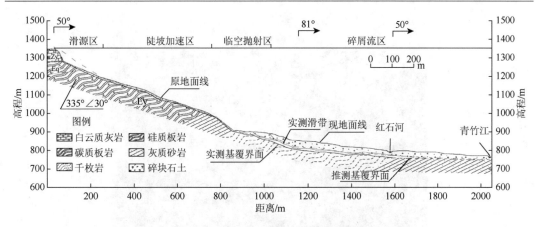

图 3-1-6 东河口滑坡工程地质剖面图

1）滑源区

滑源区是指滑坡后缘陡壁最高点至滑坡剪出口之间的区域。其海拔后缘陡壁起始于 1330m，剪出口位置海拔 1070m，垂直高差 260m，宽约 450m，纵向长约 360m，平均坡度 22°，主滑方向 NE50°～54°。滑源区主要为硅质板岩、碳质板岩、砂质板岩及断层角砾岩，含少量的碎裂岩、绢云母千枚岩和灰岩。顶部为强风化-全风化岩体，强风化深度约 60m，且表层残坡积土较厚，植被发育较好。滑坡后，地貌上表现为半圆状，后缘及右侧壁为高陡的主断壁，从后缘陡壁处可以清晰地看到被拉断的基岩，层状碎裂结构，上覆厚 30～60m 的基岩强风化带。滑床上还堆积有大量的残积物，主要为黄褐色的碎石土及后缘后期崩塌的块碎石，平均厚度约 40m，从滑体剪出口至后缘陡壁处呈逐渐变厚趋势。

2）陡坡加速区

滑源区滑体沿底滑面剪出甚至抛射后，顺陡坡运动，在重力作用下加速，至陡坡加速区下部时，滑体速度已经达到了使滑体可产生临空抛射，于是脱离斜坡表面沿着 54°左右的方向抛射而出。陡坡加速区从剪出口高程 1070m 左右至高程 930m 左右，高差约 140m。

3）临空抛射区

临空抛射区滑体脱离斜坡产生抛物线运动，直至撞击地面或迎面斜坡。临空抛射区从高程 930m 左右至高程 770m 左右，高差约 160m。撒落堆积物为碳质板岩、砂质板岩碎块石，块石块径一般为 10cm×10cm×20cm，极少数大者，具有明显的分层堆积特征，上为砂质板岩，下为碳质板岩。

东河口滑坡上述的三个分区如图 3-1-7 所示。

4）碎屑流区

碎屑流区是指从滑体高速着地一直到堆积体前缘的区域。在滑坡发生前，堆积区为沟谷地形，中间低两侧高；滑坡发生时，碎屑流受到两侧地形限制，大多堆积于沟谷内。该区长 1535m，前缘最大宽度 150m，面积约 0.58km^2，堆积物平均厚度 30～40m，最大厚度 60m 左右，坡度 0°～12°。东河口村则被整体掩埋在该区之下，该区主要由黏土、粉质黏土、砂质板岩、碳质板岩及断层角砾岩碎块石土等组成，碎块石含量占 75%左右。

图 3-1-7　东河口滑坡分区（Ⅰ、Ⅱ、Ⅲ区）[2]

3.1.3　东河口滑坡形成机制分析[1-14]

1. 滑坡成因分析

1）特殊的地质条件

从区域上来说，石坎断层贯穿滑坡右侧，成为滑坡右侧边界，而且滑源区位于断层上盘，属于断层破碎带和影响带，岩体破碎、节理裂隙发育，风化严重。

从斜坡结构上分析，滑源区为"上硬中软下硬"的三明治结构（图 3-1-8），上部为上震旦统元吉组（Zy）的硅质白云岩、白云质灰岩，竖向风化节理裂隙发育，局部张开或充填方解石脉；中间软弱夹层为寒武系邱家河组（Єq）的碳质硅质板岩，板劈理极为发育，

图 3-1-8　斜坡结构特征[2]

强度相对较低,表现为脆性,局部碳化呈千枚状,程度较高,呈黑色、灰黑色,为潜在滑动面;下部基座为寒武系油房组(Є y)的钙质沉凝灰质砂岩。上述特点为东河口滑坡提供了产生滑坡的地质条件。

2)触发因素及效应

A. 断层活动

东河口滑坡滑源区即石坎断层上盘,"5·12"汶川特大地震期间,石坎断层受发震断裂的活动牵动,产生了十分明显的活动特征,走滑分量约 2.31m,逆冲分量 1.25m 左右,地表破裂带最大宽度达 7.9m,总体表现为顺扭走滑-逆冲断层性质,这一强烈活动成为东河口滑坡的直接内动力,如图 3-1-9 所示。

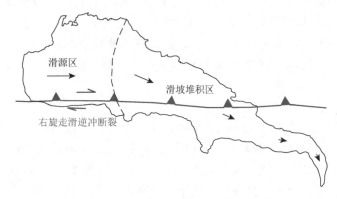

图 3-1-9　断层触发东河口滑坡示意图[2]

B. 近断层地震动效应

a. 上盘效应

上盘效应是由于位于断层上盘的场地总体上要比位于下盘相同断层距的场地更接近于断层,从而在上盘产生了比下盘更强的短周期的震动。另外,对于上盘,从断层面上辐射出去的地震波到达地表后会反射回断层面,再从断层面反射到地表。由此,在断层面与地表之间多次反射的地震波也放大了上盘的地震动。对于逆断层,其上盘效应表现得比其他类型的断层要更明显些。Abrahamson 和 Somerville[7]研究了 1994 年美国加利福尼亚州Northridge 地震的近场强震记录和其他逆断层型地震的强震记录,发现断层上盘的加速度峰值高于下盘的加速度峰值。俞言祥和高孟潭[8]采用回归分析法分析了台湾集集地震的加速度分布,结果表明断层上盘地表加速度较高,而下盘地表加速度较低,断层两侧加速度分布呈现明显的不对称性,近场地震动的断层上盘与下盘效应非常明显。

研究显示本次汶川地震中相同断层距的上盘峰值加速度值明显高于下盘值,且衰减缓慢;发震断层破裂前方的地震动加速度峰值较大,上盘效应、下盘效应和方向性效应较明显[9]。断层"上/下盘效应"在汶川地震地质灾害的分布上也有表现,"上/下盘效应"不仅表现为发震断层上盘较下盘地质灾害分布密度大,分布范围更广,还表现为上盘地质灾害的规模也远较下盘大[9]。

东河口滑坡发育于上震旦统元吉组的浅灰-深灰色硅质板岩、块状-透镜状白云质灰岩及下寒武统邱家河组的砂质板岩地层中,地质构造上处于龙门山地震带的映秀—北川断裂带的北端,滑坡位于断裂带的北西盘(上盘)。

现场调查显示东河口滑坡位于断层上盘,而在下盘发育另一个滑坡——红石河滑坡,无论规模还是破坏程度都远不及东河口滑坡。

b. 近断层强地震动的集中性

大量强震观测资料表明,近断层地震动随着断层距的增加会很快衰减,强地震动集中在以断层在地表的投影为中心的一个狭窄范围内。较大的加速度峰值沿发震断层分布,并集中在靠近断层的狭长区域。离开这一区域,地震动的幅值明显下降。大量的震害资料也表明这一区域是震害最严重的区域。本次汶川地震中,这个特点也表露无遗。调查统计发现,汶川地震地质灾害在区域上主要沿发震断裂带呈带状分布[10],这是由地震近断层强地震动的集中性造成的。调查发现,沿石坎断层及其地表破裂带,崩塌滑坡集中发育,远离该断层,地震诱发地质灾害的数量迅速减少,地质灾害的规模明显变小。这些现象说明石坎断层是地震能量集中释放的一个区域,能量集中释放是触发东河口滑坡的主因之一。

c. 地表破裂和地面永久变形

造成近断层区域严重震害的一个重要原因是地表破裂和地面永久变形。1985 年墨西哥 Michoacan 地震、1999 年台湾集集地震、土耳其 Kocaeli 地震及“5·12”汶川特大地震都观测到明显的、永久的地面位移。地面永久变形可以用弹性位错理论来解释,在构造应力的作用下,断层两侧的弹性应变不断累积到断层的破裂强度,断层突然破裂,累积的应变能释放并产生弹性回跳,引发了构造地震。弹性回跳一方面产生了地面运动(地震动);另一方面,它也会引起地面的永久静位移。调查显示,在东河口滑坡前缘发现了地表破裂带,说明其是地震能量释放的主要集中区域,巨大能量释放极利于斜坡失稳破坏。

d. 地震波及其长持时作用

根据地震压缩波(P 波)在传播过程中碰到自由面时会发生反射,反射之后在自由面附近产生拉应力甚至产生层裂的理论,东河口滑坡后缘发育一陡倾、张开的结构面,在地震中,当地震压缩波(P 波)传播到这些结构面上特别是垂直于自由面时,必然会产生拉应力。在拉应力作用下,滑坡后缘产生拉张破坏。

“5·12”汶川特大地震发震断层附近的震动持续时间长,平均 160s 左右[11]。这种长时间的、持续的震动对斜坡的破坏主要表现在两个方面[12]:一方面为地震波的触发效应;东河口斜坡岩体中存在长大的裂隙面,尤其是在后缘的断层面和后侧缘壁张开的长大裂隙面,当应力波在这些界面上折射、反射时会在这些面上产生拉应力。因此,当岩体中某些结构面本身已具有或储有足够的应变能时,应力波的介入有可能使这些结构面破裂。另一方面则是地震波的累积效应。地震波对岩体会产生荷载作用,这种荷载既是动荷载又是往复荷载。在这种荷载的长持时作用下,循环应力作用会造成岩石材料的损伤及节理面的磨损和钝化,弱化岩石材料和节理的强度特别是节理的抗剪强度。上述两方面效应的持续作用,使得后缘和侧缘原本张开的裂隙面进一步被拉开,拉裂深度增大,后缘和侧缘逐渐圈闭起来。滑动面在循环荷载的作用下抗剪强度逐渐降低并贯通,这时,后缘、侧缘及滑动面被突破,切割出不稳定的块体,最终在持续强震作用下,快速溃裂。

东河口滑坡滑源区位于山顶部位,滑坡发生在斜坡上部的陡坡带,剪出口则正好位于陡缓交界的部位(也是岩性变化的部位)。地震地质灾害产生的具体部位与微地貌形态有密切的关系,通常发生在以下几类对地震波有显著放大效应的部位[10]:①地形坡度由缓变陡的过渡转折部位;②单薄的山脊部位;③孤立山头或多面临空的山体部位等。

东河口滑坡坡体结构为典型的三明治型,而且斜坡中有很多张性结构面,特别是滑坡的后缘和侧缘,这种结构面非常发育。由于岩性及岩体结构的差异,地震波在斜坡上部和下部所引起的响应具有不同的特点;尤其是在岩性的交界部位,这种响应不协调尤为突出,就容易造成岩性交界面上由于位移不协调而产生附加应力。这是滑坡沿着软弱结构面剪出的原因之一。

e. 地震动水平加速度与垂向加速度影响

首先,汶川特大地震最大加速度记录峰值为 957.7g,是汶川卧龙台获得的;其次是绵竹清平台;最后是什邡八角台,离断层最近的强震动台站是四川绵竹清平台,距断层0.74km。在紫坪铺大坝坝顶实测地震最大加速度为 1.7g[13],这些资料都说明在极震区,地震加速度是相当大的。近断层竖向加速度与水平向加速度的比值随近断层距减小而增大,破裂分段的影响较为显著,逆冲段比值明显比走滑段大,近断层比值明显大于 2/3,加速度记录竖向分量的最大值接近水平向分量的 2.5 倍[11]。

东河口滑坡紧邻石坎断层上盘,推测其竖向加速度与水平向加速度的比值较大。同时由于高程对地震加速度的放大效应,斜坡顶部的加速度峰值会明显增大,估计地震加速度接近 2.0g。当水平地震力与竖向地震力共同作用时,水平地震力与竖向地震力将为彼此的作用提供条件,使坡体的破坏程度大大增加。东河口滑坡正是在地震的水平向加速度和垂直向加速度的联合作用下突然启动的。东河口滑坡初始启动的动力过程如图 3-1-10 所示。

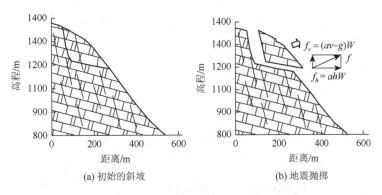

图 3-1-10　东河口滑坡动力启动示意图[14]

通过上述分析,可知汶川特大地震在岩体中造成的动应力对滑坡体的突然加载是滑坡的直接触发因素,但是滑坡发生的本质原因应归结为滑坡区特殊的地质结构和特定的斜坡岩体结构特征。

2. 东河口滑坡的形成过程

东河口滑坡的失稳机制如图 3-1-11～图 3-1-14 所示：在强震作用下，地震波在坡体中产生复杂的传播行为，导致斜坡岩土体内形成附加拉张应力，使得斜坡震裂松动，在其顶部首先产生与坡面平行且陡倾坡外的竖向拉裂缝，并逐渐扩大向下延伸；同时，在拉裂体的根部产生拉裂和剪切滑移变形，形成切层滑移面。随后，在强震动力持续作用下，整个震裂松动坡体沿特定的"面"被地震力抛掷而出，形成滑坡。据此，东河口滑坡的形成机制可概括为"震动拉裂-剪切滑移"模式。

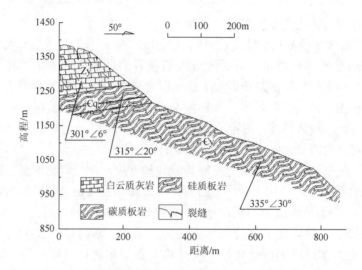

图 3-1-11　拉裂-坡体震裂松动，顶部产生竖向拉裂缝[1]

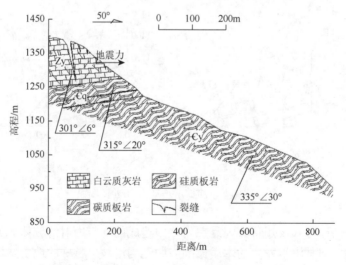

图 3-1-12　拉裂-后缘竖向拉裂缝规模扩大[1]

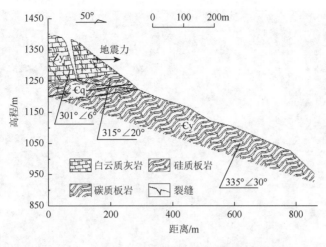

图 3-1-13　底部拉裂-剪切破坏，切层滑移面形成[1]

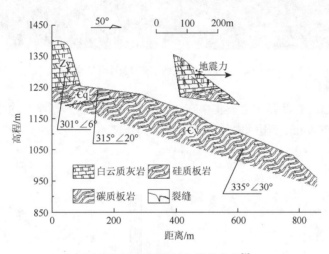

图 3-1-14　整体抛射-滑移失稳[1]

3.2　暴雨诱发型滑坡形成机制——以攀枝花机场 12 号滑坡为例

2009 年 10 月 3 日，攀枝花机场东侧填筑体发生大规模滑坡，260×10⁴m³ 的填筑体滑坡剧烈滑动，产生整体失稳破坏，并超覆于高填方体下部的易家坪老滑坡之上，使易家坪老滑坡再次复活（图 3-2-1）。将填筑体滑坡和易家坪老滑坡统称为 12 号滑坡。

3.2.1　滑坡区地质环境条件

1）气象水文

滑坡区属于南亚热带为基调的干热河谷气候，具有夏季长、温度日变化大、四季不分明、气候干燥、降水集中、日照多、太阳辐射强、气候垂直差异显著及高温、干旱等特

图 3-2-1   攀枝花机场东侧 12 号滑坡全貌

点，年平均气温 20.9℃，降水主要集中在 5～10 月（图 3-2-2），年平均降水量 801.6mm，年最大降水量 1006.9mm，雨季中的降雨量平均占年降水量的 95.5%左右。10 月下旬至次年 5 月为旱季。

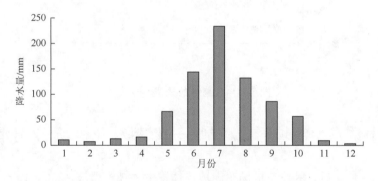

图 3-2-2   滑坡区 2005～2009 年月平均降水量分布图

2）地形地貌

机场位于一条形山脊东南侧的顺层斜坡，其东侧边坡为填土高边坡，填土最高 128m，坡度 25°～26°。滑坡区位于机场东侧，属于山区构造剥蚀地貌，受区域地质构造及机场建设等因素影响，地形起伏变化较大。

3）地层岩性

滑坡区内出露地层，见表 3-2-1。

表 3-2-1　滑坡区地层简表

界	系	统	地层名称		符号	岩性描述	厚度/m
			群组或段				
新生界	第四系	全新统		人工填土层	Q_4^{ml}	块、碎石土	8~45
				滑坡堆积层	Q_4^{del}	块、碎石土	12~25
				残坡积层	Q_4^{dl+el}	粉质黏土夹黏性土	3~10
中生界	侏罗系	下侏罗统	益门组	下段	J_1y	碳质泥岩	强风化岩层 1~1.5
						砂岩	

4）地质构造

滑坡区位于鱼塘向斜轴部。向斜轴走向为北北西，向南南东倾覆，为中生界褶皱。区内基岩产状由南到北：机场一带 75°~97°∠8°~21°；鱼塘向斜轴部麦地冲一带 105°~115°∠10°~16°；青岗林一带 114°~165°∠10°~18°；易家坪及北部山头一带 110°~120°∠8°~12°。

5）水文地质条件

滑坡区内碳质泥岩为相对隔水层，一般不含水或含少量裂隙水。砂岩中含有一定量的孔隙裂隙水，无统一地下水位。地下水主要受大气降水补给。区内有多处地下水渗出点，其中北侧填筑体内渗出量最大，具一定承压性，流量 0.5L/s。

6）人类工程活动

滑坡区在机场建设以前，主要为山林、坡地，人类活动较少。机场建设期间对机场东侧进行了大方量的开挖与填方，挖填方量达 $5000×10^4m^3$，山体东侧填方高度达 40~50m。2002 年在 12 号滑坡位置的易家坪老滑坡曾经发生过滑动，为减少地表水进入滑体，在滑坡两侧修建了两条钢混排水沟（断面 1.5m×1.5m）。老滑体上地势平坦位置多被当地村民开辟为耕地及水塘。

3.2.2　12 号滑坡基本特征

1. 总体特征

12 号滑坡呈上大下小的"长舌形"，并略微向东侧弯曲，滑坡主滑方向为 125°，其中上部为 125°，至 P_{14}，逐渐转为 140°，滑坡后缘高程为 1975m，前缘高程至 1550m，滑动距离 100~300m，滑坡全长为 1600m，宽度为 200~400m，厚度 10~25m，总体积约 $510×10^4m^3$。滑坡分为填筑体滑块和易家坪老滑坡滑块两个部分，填筑体滑块体积 $260×10^4m^3$，易家坪老滑坡体积 $250×10^4m^3$（表 3-2-2 和图 3-2-1）。

表 3-2-2　滑坡特征指标表

	前缘	1550
高程/m	后缘陡壁底	1930
	后缘陡壁顶（填筑体）	1975

续表

横向宽度/m	前缘	180~200
	中部	220~270
	后缘	350~400
纵向长度/m		1600
滑动方向/(°)		125
地表坡度/(°)	前缘	18~19
	中部	8~11
	后缘	12~17
平面面积/$10^4 m^2$		40.97
厚度/m	前缘	5~10
	中部	12~15
	后缘	20~25
体积/$10^4 m^3$		510

2. 形态特征

根据地表形态、位错量及物质成分等可将滑体分为 2 个区域（图 3-2-3），其中，Ⅰ区为填筑体滑坡区，属主动滑区，Ⅱ区为被动滑区，各区形态特征描述、分析如下。

1）Ⅰ-1 区、Ⅰ-2 区和Ⅰ-3 区

该区位于滑坡后缘北侧 P_{144}~P_{160}/H_{29}~H_{45}，是填筑体构成的滑坡后缘部分。该区地形起伏较大，由宽大平台与高陡台坎组成。滑坡平台宽 30~50m，最宽 150m，长 170~180m；台坎高度 15~30m，坡度 30°~35°。根据近滑体上横向排水沟位置与北侧填筑体高边坡原有水沟位置进行比较，该区滑坡体水平位移量为 30~60m。

2）Ⅰ-4 区

该区位于滑坡中后部 P_{139}~P_{151}/H_{11}~H_{42}，是主滑区的中前部。地表起伏较小，呈直线形，坡度 8°~13°。滑体土因运动速度差异，呈舌状外凸，具有明显的塑流体流动的形迹特征。

3）Ⅱ-1 区

该区位于滑坡中部 P_{130}~P_{148}/H_{15}~H_{11}，是易家坪老滑坡的中后部。该区坡面坡度 9°~14°，地表破坏较少，植被发育。区内滑体挠曲、隆起，横向、斜向张拉现象较为普遍。

4）Ⅱ-2 区

该区位于滑坡前缘 P_{125}~P_{145}/H_{32}~H_{15}，是易家坪老滑坡的前部。区内地面起伏不平，以系列的张拉下错台坎为主，前缘形成多级次级解体滑坡。坡面坡度 5°~25°，平均坡度为 16°。

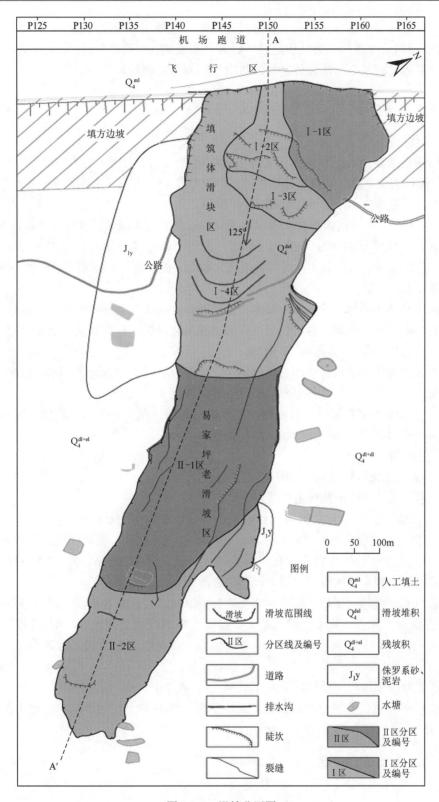

图 3-2-3 滑坡分区图

由于滑坡前缘受挤压推动，土体多隆起鼓胀，近地表部分呈松散状。总体上，H_{10}～H_{00} 段滑坡两侧边缘滑体明显低于滑坡外斜坡，形成陡立的滑壁；而在 H_{00}～H_{32} 段，滑坡两侧边缘滑体又明显高出滑坡外斜坡，边缘形成倾外的陡坎。

3. 滑坡结构特征

1）滑体特征

滑体物质主要由人工填筑体和老滑坡体物质构成。主滑区主要为块碎石土和夹有砂岩、泥岩碎块的粉质黏土，滑体物质松散，一般厚度 15～25m；被动滑区主要为含块碎石粉质黏土，一般厚度 10～20m，如图 3-2-4 所示。

Ⅰ-1、Ⅰ-2 和 Ⅰ-3 区滑坡体上部原始成分主要为人工填筑体，成分为块碎石土（含量 30%～40%），块碎石成分为中-强风化砂岩、泥岩，粒径 5～15cm，稍密-中密；下部主要为褐黄色、灰黄色粉质黏土，局部夹强风化砂岩、泥岩碎块，硬塑状，中密，稍湿。揭露滑体厚度 20～25m。

Ⅰ-4 区滑坡体上部原始成分主要为人工填筑体，与Ⅰ区其他区相比，厚度逐渐变小；下部主要为褐黄色、灰黄色粉质黏土，局部夹强风化砂岩、泥岩碎块，硬塑-可塑状，稍密-中密，稍湿。揭露滑体厚度 12～15m。

Ⅱ-1 区的滑体主要为含块碎石粉质黏土，块碎石块径 5～50cm，个别可达 100cm，岩性以黄褐色强风化砂岩为主，中密，稍湿。滑体厚度 18～22m。

Ⅱ-2 区滑体土呈灰黄色、灰白色，主要物质为粉质黏土夹强风化砂岩块碎石，块径 20～80cm，土体松散-稍密，干燥。滑体厚度 5～10m。

2）滑带特征

A. 地表出露滑动面（带）特征

滑坡滑动后，后缘及侧缘滑壁暴露。

滑坡（H_{46}～H_{43}）后缘出露滑壁倾向 120°，倾角 57°，高 30～35m。滑动带厚度 15～20cm，主要为灰黄色、黄褐色粉质黏土，含少量强全风化砂、泥岩碎块，个别块石可达 50cm。滑壁上擦痕倾向 135°，倾角 57°，深 3～5mm，最深 20mm（图 3-2-5 和图 3-2-6）。说明滑动带上大颗粒物质较多，滑动过程中将滑面划出较深擦痕。

后缘南侧滑壁倾向 54°，倾角 40°，高 15～20m，顶部基岩出露。滑动带厚度 10～15cm，主要为灰黄色、黄褐色粉质黏土。滑壁上擦痕产状差异较大，可见圆弧形擦痕，擦痕倾向 115°～135°，顺直段倾角 29°～31°（图 3-2-6）。说明滑坡后缘滑体呈圆弧形滑面滑动。

滑坡北侧中部侧向滑壁倾向 220°，倾角 45°，高 8～10m。滑动带厚度 40～60cm，主要为残坡积灰黄色、黄褐色粉质黏土，含少量强全风化砂、泥岩碎块。滑壁上擦痕倾向 175°～195°，倾角 6°～13°，深 2～4mm。

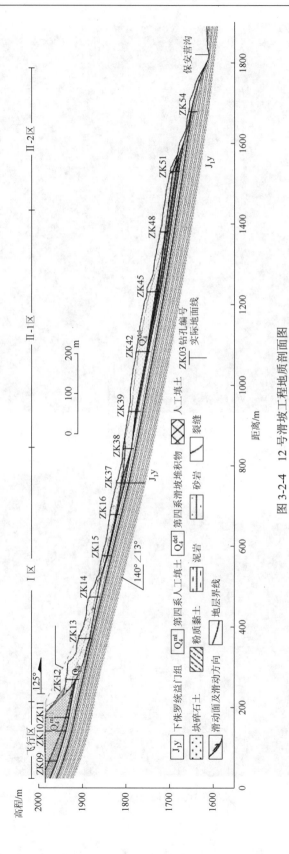

图 3-2-4　12 号滑坡工程地质剖面图

图 3-2-5   后缘滑壁及擦痕

图 3-2-6   后缘南侧滑壁及擦痕

滑坡南侧中部侧向滑壁倾向 15°，倾角 20°～25°，高 3～5m。滑动带厚度 30～40cm，主要为残坡积灰黄色、黄褐色粉质黏土，含少量强全风化砂、泥岩碎块。滑壁上擦痕倾向 60°，倾角 45°～50°，壁面光滑，这说明侧缘滑体在向主滑方向滑动的同时，在重力作用下向北北东方向滑塌。

B. 钻孔揭露滑动带特征

滑坡体上勘探钻孔大部分很清晰地揭露到滑带位置。因滑面位置接近基岩顶面，故滑带埋深与基岩埋深相近。滑坡中轴线（图 3-2-4）上滑带后缘埋深 20～25m，中部埋深 12～15m，前缘埋深 10～12m，而两侧埋深仅 3～6m。

滑动带主要物质为青灰色、黄褐色粉质黏土，滑坡后部多含中-强风化砂、泥岩角砾，硬塑-可塑状态，少量呈软塑状。滑面光滑，可见明显擦痕（图 3-2-7 和图 3-2-8）。个别钻孔在滑面附近漏水严重。

图 3-2-7　ZK05 钻孔岩芯揭露滑面

C. 探槽揭露滑动带特征

为了探明填土主动滑区和易家坪被动滑区的相互关系，勘察在 H_{11}～H_{12} 一带布置了 3 个探槽。探槽揭露发现，填土主动滑区物质直接超覆于易家坪被动滑区物质之上，分界面存在大量的植物根系，但界面波状起伏，土体中甚至有陡倾内（带擦痕）滑面（图 3-2-9 和图 3-2-10）。这一现象表明，填土主动滑区既存在次级剪出口，超覆于易家坪被动滑区物质之上，同时又存在主动滑区沿深部滑面（易家坪老滑坡滑面）对易家坪被动滑体的推动作用。

图 3-2-8　滑带擦痕及镜面照片

图 3-2-9　主动滑区前缘探槽 TC01 揭露滑面形态

图 3-2-10 主动滑区前缘探槽 TC03 揭露剪出口滑面形态

3）滑床特征

根据钻探揭露情况及原有勘察资料分析，该滑坡滑床岩性为强-中风化碳质泥岩、砂岩，上部为强-中风化薄-中层状碳质泥岩，下部为中风化中厚层状砂岩（图 3-2-11 和图 3-2-12）。岩层缓倾坡外，产状 140°∠10°～13°，埋深 10～25m。

图 3-2-11 滑床顶部中风化碳质泥岩

碳质泥岩呈灰黑色，泥质结构，岩体较完整，揭露厚度 1.5～4.0m，前缘较薄，后缘稍厚，裂隙不发育，透水性差，成为阻水岩性层；砂岩呈灰黄色，细粒结构，夹 2～3mm

厚煤线，局部裂隙发育，岩体破碎，透水性较好，揭露厚度大于 15m。滑床基岩整体为一顺向缓倾层状结构斜坡。

图 3-2-12   滑床底部中风化砂岩

4. 地下水特征

滑坡区滑体地下水类型为孔隙潜水，滑床以基岩裂隙水为主，无统一地下水位。

钻孔 ZK04 揭露基覆界面上地下水十分丰富。在填筑体主动滑区，后部（钻孔 ZK12、ZK13、ZK14）基本无地下水，中部（钻孔 ZK15、ZK16）滑体中开始出现地下水，水位埋深 10m 左右，中前缘（ZK33、ZK39）地下水位埋深则逐渐变浅，不仅钻孔内地下水位较浅，地表还有地下水出露，个别钻孔揭露砂岩地层中裂隙水具有一定承压性（ZK33）。在滑坡两侧低洼地带，均可见地下水浸出，形成小型水槽或水塘。在易家坪被动滑区，地下水总体较为发育，水位埋深一般为 5～10m。

5. 变形破坏特征

1）各分区特征
滑坡在不同区段的变形破坏特征有明显的差异。
a. I -1 区
该区（H_{45}～H_{29}）滑坡体滑动距离仅 30～60m，整体性较好，主滑方向 125°（垂直于填土高边坡走向）。由于滑体前缘受阻于坡脚废弃填筑体，滑体受挤压隆起现象十分明显，坡面产生大量横向反坡台坎，台坎高 0.5～1.5m，走向 NE 40°，长度 15～20m，间距 3～5m。滑坡后缘可见旋转滑动形成的滑坡负地形——洼地，并出现一长 10m，宽 5～8m，深 1～2m 的积水潭（现已逐渐干涸）（图 3-2-13）。

图 3-2-13　Ⅰ区滑坡体反坡台坎与滑坡洼地

b.Ⅰ-2 区、Ⅰ-3 区和Ⅰ-4 区

受岩层产状和易家坪老滑坡影响，12 号滑坡主滑区滑面总体上为一个北浅南深的凹槽，这一独特的地形条件，使得最初的填方主动滑区滑体又沿着凹槽主滑方向（120°）产生了次级解体滑动，形成多区滑体，总体上分为 3 个次级解体滑块。

Ⅰ-2 滑块呈长条状，滑块间垂直错动高差较其他滑块大，达 15～30m，可见 2～3 级次级滑面，出露滑面倾角 40°～50°（图 3-2-14）。

图 3-2-14　Ⅱ-1 滑块后缘次级滑壁

Ⅰ-3 滑块垂直错动高差 4～8m，出露滑面倾角 20°～30°。次级滑面上松动土体多崩落堆覆于下级滑块顶面平台位置。

Ⅰ-4滑块规模最大，水平运动距离最远（最大达300m）。因滑坡中轴运动速度最快，两侧土体运动速度慢，地表土体呈长舌状向前凸起。原有村级公路已被推到300m外，坡面截水沟产生纵向弯曲，纵向排水沟出现NW偏转。在主动滑区前缘桉树林一带，地表呈波浪形隆起，隆起高度2～3m，桉树形成"醉汉林"。根据机场公司提供的资料，机场建设期间，主动滑区填筑体内设置有2排抗滑桩和2排阻滑键，设置的原始位置主要在新滑坡的这一区域。为了查明上述抗滑措施是否被本次滑坡破坏，勘察时布置了6个探桩孔。勘察揭示，TZK04探桩孔在滑动面附近（深度22.3m）揭露到抗滑桩。另外，在原来没有设桩的ZK23孔部位，在7.8～10.26m深处揭露到抗滑桩残体（图3-2-15），该孔滑面埋深为12.86m。综合分析认为，本次滑坡已经将原来设置的抗滑结构物全部剪断。

图3-2-15　ZK23揭露的抗滑桩残体（混凝土及钢筋）

总体上，本区滑体中后部以刚性拉张破裂为主，中前部以挤压变形为主，并具有塑流体运动特征。

c. Ⅱ-1区

该区分布于H_{10}～H_{16}一带，滑坡滑动距离130～150m，为整体性滑动，地面形态总体较完整，破坏较少，植被茂盛。受后部主动滑体的推挤影响，Ⅲ区滑体仍然以挤压变形为主，坡体以纵向、斜向裂缝为主。中前部滑体隆起，滑体两侧高出滑坡外坡面，部分地段形成 2～6m 高的倾外陡坎；中后部滑体沉陷，滑体两侧低于外侧坡体，形成 2～3m 高的陡倾向内滑壁。

d. II-2 区

该区分布于 H_{16}～H_{36} 一带，为滑坡体前缘部分，滑动距离 80～100m。主要特征为拉张性的分级解体与次级滑动。分级滑块的下错滑动距离为 30～50m，前缘滑体除了覆盖原有坡面上的农田、水塘、树林外，还部分堵塞了滑坡南侧的保安营沟（图 3-2-16）。

图 3-2-16　IV区滑坡南侧排水沟被滑体掩覆

e. 滑坡影响带

滑坡影响区共 2 处，第一处位于滑坡后缘填筑体，南起 P_{140}，北至 P_{160}，宽度 40～60m；第二处位于滑坡北侧，紧邻北侧滑壁，西起填方坡面护栏（H_{44}），东至土路下方堆弃土坡脚（H_{29}），宽度 25～30m。

受滑坡牵引作用影响，滑坡后缘填筑体高边坡坡口一带变形破坏明显，坡顶地面开裂、下沉，坡口一带坡体局部性坍塌不断。

2）滑坡发育历史

根据卫片资料与机场建设期间的勘察资料，机场修建前，12 号滑坡原址是一个沟谷地带，为易家坪老滑坡的发生地。2000 年机场建设时，将跑道区斜坡表部的松散物质（包括部分老滑坡体）进行了清除，然后进行填筑。由于施工扰动，2001 年 1 月开始，填筑体下方老滑坡体出现隆起变形。2002 年 7 月，易家坪老滑坡发生了整体复活，并使已经在填筑体前部施作的一排抗滑桩外露（图 3-2-17 和图 3-2-18）。为了防止老滑坡的变形破坏对填筑体和乡村公路的不利影响，易家坪滑坡复活后，进一步在填筑坡体中部增设了 2 排阻滑键，并在填筑体前部乡村公路外侧设置了一排抗滑桩。

图 3-2-17　机场建设期间填筑体坡脚处抗滑桩（2001 年 9 月摄）

图 3-2-18　2002 年易家坪滑坡后坡脚抗滑桩外露

机场建成通航后，一直对高填方体进行变形监测。监测显示，2008 年 8 月 30 日后，机场跑道区 $P_{140} \sim P_{160}$ 段填筑体边坡出现较大变形。2009 年 2 月，对该处变形坡体进行详细监测。监测资料显示，2009 年 6 月以前（旱季），坡体基本上处于匀速变形阶段；6～8 月（雨季），坡体变形明显加剧，位移量均增大较快，坡顶 C4、C5 监测点沉降量也明显增加；进入 9 月后，坡体进入加速变形阶段（图 3-2-19 和图 3-2-20）。2009 年 10 月 3 日，坡体产生整体滑动，形成 12 号滑坡。

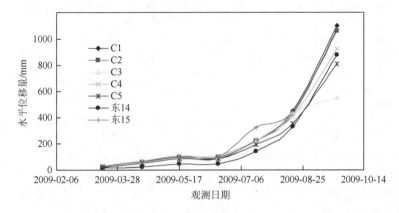

图 3-2-19　$P_{140} \sim P_{160}$ 高填筑体监测点位移量变化趋势图（12 号滑坡滑前）

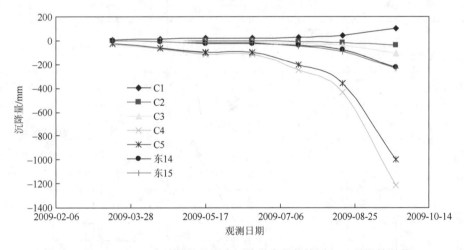

图 3-2-20　$P_{140} \sim P_{160}$ 高填筑体监测点沉降量变化趋势图（12 号滑坡滑前）
C1～C3、东 14、东 15 位于填方边坡坡脚；C4、C5 位于填方边坡坡顶

3）现状变形特征

12 号滑坡发生后，在滑坡区布置了 4 个地表位移应急监测点和 5 个深部位移监测点（图 3-2-21）。

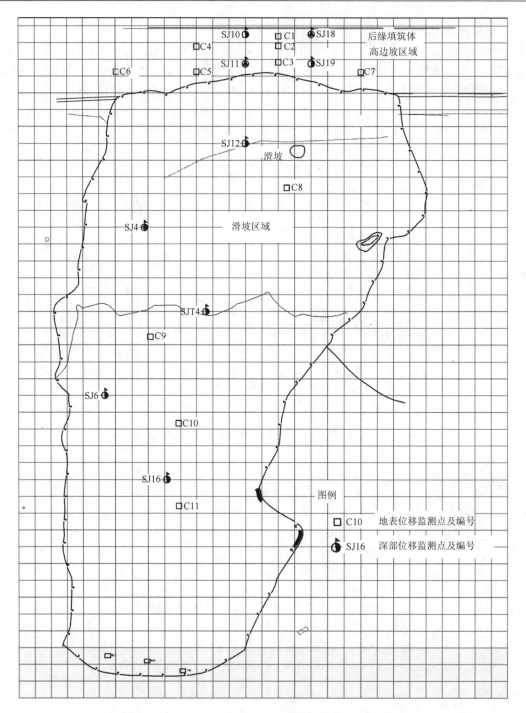

图 3-2-21　12 号滑坡区及后缘填筑体高边坡监测布置图

　　经过近 2 个月的观测发现，滑体上监测点位移量与沉降量都较大，且滑体后缘变形量最大（C8），至 2009 年 11 月 30 日累计位移量达 1422mm，平均位移速率 33.1mm/d，累计沉降量 455.0mm，平均沉降速率 11.4mm/d；主动滑区中部变形较小（C9、C10），前部

（C11）变形量最小，至 2009 年 11 月 23 日累计位移量为 133.2mm，平均位移速率 3.1mm/d，累计沉降量 18.3mm，平均沉降速率 0.4mm/d（图 3-2-22 和图 3-2-23）。在勘察过程中，滑坡后缘 ZK12、ZK20 钻孔在钻进过程中在滑面附近发生了套管变形与错断现象。最新的深部位移测斜资料显示，滑坡区的 5 个监测孔测斜仪不能放到预定的监测深度，说明测斜管均已被滑坡变形剪断（图 3-2-24），剪断位置部分在滑面附近（SJ12、SJ6），部分在滑体中（SJT4、SJ16、SJ4）。上述资料均表明，滑坡体还在产生蠕滑变形，且变形速率大。

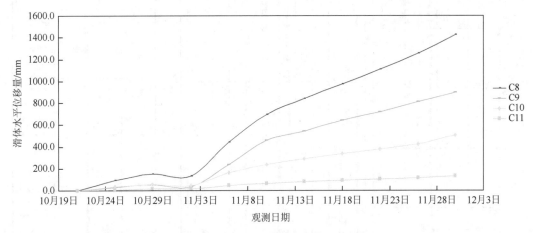

图 3-2-22　12 号滑坡区监测点水平位移量变化趋势图（滑后）

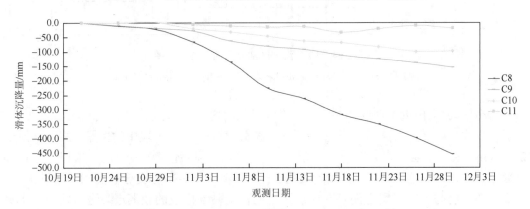

图 3-2-23　12 号滑坡区监测点沉降量变化趋势图（滑后）

C8 位于滑坡后缘区滑块平台，C9~C11 位于主动滑区中前部

3.2.3　12 号滑坡形成机制分析

1. 滑坡成因分析

攀枝花机场 12 号滑坡为发生在填筑体内并导致其下部易家坪老滑坡复活的一个巨型滑坡。该滑坡的形成与岩土体本身特性及坡体结构密切有关，长期的地下水的不利作用及暴雨诱发等是滑坡的主要形成因素。综合分析认为，12 号滑坡的形成原因及主要影响因素如下[15, 16]。

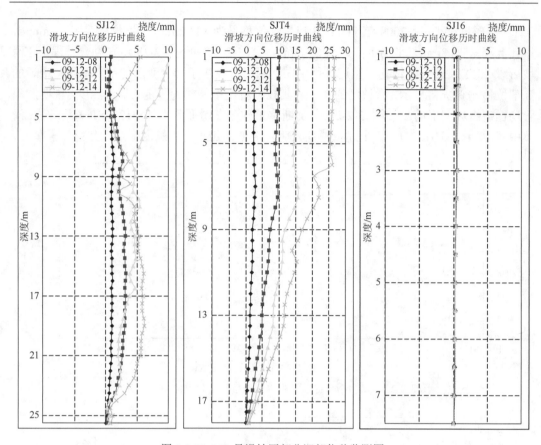

图 3-2-24　12 号滑坡区部分深部位移监测图

SJ12 孔、SJT4 孔和 SJ16 孔的滑面深度分别为 26mm、22.3mm 和 16.5mm

1）基覆界面附近存在软弱易滑层是滑坡发生的内因

根据本次勘察，12 号滑坡滑床为下侏罗统益门组（J_1y）上段中的巨厚砂岩层（厚度 20～30m）和中薄层泥岩、碳质泥岩层，而且泥岩和碳质泥岩层位于滑床顶部，呈强风化状态，并含有灰色、灰白色高岭土夹层。此外，填筑体下部存在含碎石的粉质黏土层。可见，在基岩与上覆盖层之间存在碳质泥岩或粉质黏土构成的软弱层。这类软弱层本身抗剪强度低，加之碳质泥岩是隔水层，因而在基覆界面附近容易富集地下水，地下水的软化作用使软弱层抗剪强度进一步降低。受软弱层的控制，高填方体容易沿此分界面产生整体性的变形破坏。

2）地下水的长期作用是滑坡的重要影响因素

据了解，在机场填方体施工之前，滑坡区就有大量的泉水出露点和汇水塘，地下水丰富。现场调查和勘察也表明，滑坡区地下水较发育：在滑坡后缘滑坡壁的北侧和南侧上部位均有地下水出露，南侧出水较明显；应急抢险工程在填筑体边坡上所打的排水孔有出水；滑坡区周围有泉点，两侧低洼地带形成流水渠；ZK05 钻孔中听见哗哗的流水声。这都说明滑坡区富集有较多的地下水。地下水的来源有以下几方面：①该区域原始地貌形态为一条受山脊基岩垭所控制的深槽和沟谷，既容易汇集地表水，又能汇集基岩裂隙水。②12

号滑坡所在区域坡向与地层倾向小角度相交,为一顺层边坡,岩层缓倾坡外,基岩层面及裂隙水较为发育,成为地下水的主要来源之一。③地表降雨通过机场土面区地面渗流到填筑体内(防渗土工布因坡体变形而拉裂)。这些地下水长期作用于坡体基覆界面附近的软弱层,使粉质黏土层、泥岩或碳质泥岩逐步软化形成软弱带,使填筑体基底具备顺岩层面滑移的条件。④场区裂隙水、潜水发育,成为填方基底顺岩层面滑移的润滑剂。同时,地下水的长期存在及在暴雨时大量的雨水下渗及地下水的流动,会产生一定的静水压力和动水压力,这些效应对坡体稳定极为不利(图 3-2-25)。

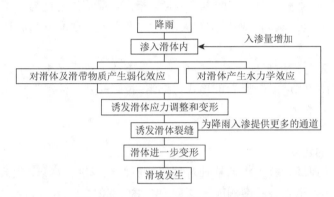

图 3-2-25　降雨诱发滑坡过程示意图

3)暴雨是滑坡的诱发因素

2009 年 10 月 1 日前,攀枝花连降 2 场暴雨,平均降雨量为 28mm/d。连续降雨使填筑体边坡地下水快速增加,特别是该次降雨的小时雨量较大,短时间内大量地表水入渗到坡体中,在静水压力、动水压力的共同作用下,最终诱使本来就已经进入加速蠕滑变形阶段的填筑体发生滑坡。

2. 滑坡形成过程

根据滑坡的变形破坏特征和成因,滑坡的形成过程主要分为 3 个阶段[15, 16]。

1)填筑体高边坡沿基覆界面产生推移式蠕滑变形

机场兴建时,已将机场填方范围内的易家坪老滑坡体的大部分进行了清除,然后进行高填方施工。由于机场填方范围大,难以将基覆界面的松散土层清理干净,加上基岩顶部普遍存在一层碳质泥岩层,当碳质泥岩施工时暴露于地表,易出现崩解与风化,填方高边坡形成后,基覆界面又成为地下水的汇集带,地下水进一步使碳质泥岩软化,逐渐形成基覆界面附近的软弱层,进而大大降低了填筑体高边坡的整体稳定性,使填筑坡体沿基覆界面产生整体式的蠕滑变形。

2)填筑体高边坡蠕滑并逐个剪断抗滑结构

基覆界面附近地下水长期的软化作用,使基覆界面软弱层力学性质大大降低。填筑体厚度(45～50m)大,边坡高,因此,坡体重力大,加上坡体孔隙水和渗透压力的作用,填筑体沿基覆界面的蠕滑变形逐渐增大,并在已有的抗滑结构附近形成强烈的应力集中。

最终，坡体中抗滑桩、阻滑键等抗滑结构形成的锁固段被逐个剪断，滑面贯通，填筑体失去支撑。

3）整体失稳，超覆推移，滑坡形成

滑面形成并贯通后，在暴雨诱发下，填筑体高边坡于 2009 年 10 月 3 日沿坡脚剪出，产生整体下滑。坡体滑动后，受北侧坡脚废弃填筑体的侧阻，滑坡体又沿着南侧易家坪老滑坡的滑槽产生次级解体，加大了滑体的运动距离。由于滑前填方高边坡地形高陡，填筑区滑体沿坡脚剪出后，一部分滑体超覆于地形相对平缓的易家坪老滑体之上，并推动易家坪老滑坡滑动，从而使易家坪老滑坡再度复活。最后，填筑体滑坡与易家坪老滑坡共同构成一个长条状巨型滑坡。其制动原因主要是易家坪老滑坡横截面变窄而形成的"楔形卡门"约束效应。

综上所述，12 号滑坡形成于高填方边坡中，整体下滑后又推动了易家坪老滑坡再次复活，其形成机制模式可以概括为推移式"蠕滑-拉裂-锁固-溃滑"模式。

3. 滑坡形成机制的二维数值模拟[16]

1）计算模型的建立

以钻孔资料及现场勘察资料为基础对坡体的原始地形进行恢复，大致分为 3 层：砂泥岩、基覆界面、人工填土。模型剖面方向取 SE 55°，长度为 565m，高 275m。计算中，模型边界不考虑水平构造应力的作用，只考虑自重应力的作用。模型的左边界、右边界和底边界分别给予水平（x）和垂直（y）方向的位移约束，从而构成位移边界条件，保持整个系统受力体系的平衡。

需要说明的是，采用 FLAC3D 商用软件进行数值模拟时，建立的二维模型实际上是单位厚度的三维实体，通过施加 Z 方向的位移约束，实现平面应变条件。四排抗滑桩采用 pile 单元虚拟桩模拟，每根桩分为 10 个单元。填筑体滑坡网格划分如图 3-2-26 所示。模型准则：弹塑性模型，屈服准则为莫尔-库仑准则。

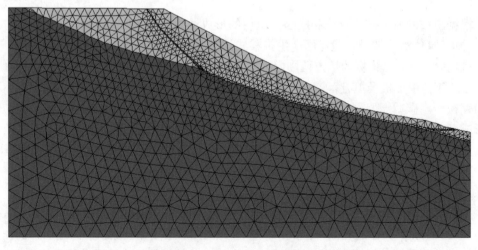

图 3-2-26　填筑体滑坡网格划分图

填筑体滑坡岩土物理力学参数直接利用试验测试的分析整理结果，其具体取值见表 3-2-3。暴雨是填筑体滑坡发生整体失稳的触发因素。暴雨入渗对坡体产生 3 个方面的作用：一是对潜在滑动面产生软化作用（在数值模拟中，对潜在滑动面的抗剪强度指标按90%折减）；二是静水压力；三是渗透动水压力。在数值模拟计算中，只考虑地下水的软化作用，参数取值见表 3-2-4。

表 3-2-3 填筑体滑坡岩土体物理力学参数（天然状态）

材料名称	天然容重/(kN/m³)	弹性模量 E/MPa	泊松比 μ	凝聚力 C/kPa	内摩擦角 Φ/(°)	抗拉强度 T/kPa	剪切刚度/GPa	法向刚度/GPa
人工填土	19.00	600	0.30	7	25	0		
基覆界面	19.5	300	0.35	12	20	0		
砂泥岩	22.00	1500	0.21	30	35	1000		
抗滑桩		30000					130	130

表 3-2-4 填筑体滑坡岩土体物理力学参数（暴雨状态）

材料名称	天然容重/(kN/m³)	弹性模量 E/MPa	泊松比 μ	凝聚力 C/kPa	内摩擦角 Φ/(°)	抗拉强度 T/kPa
人工填土	19.5	400	0.35	5	23	0
基覆界面	19.5	300	0.35	10	18	0
潜在滑动带	19.5	300	0.40	10	13	0
砂泥岩	22.00	1500	0.21	30	35	1000

2）计算结果分析

A. 天然状态下填筑体滑坡及抗滑桩受力分析

填筑体滑坡在天然条件下的应力分布有如下一些规律。

（1）从坡体表面最大主应力等值线图、最小主应力等值线图（图 3-2-27 和图 3-2-28）可以看出：填筑体内的应力量值明显低于基岩内的应力量值，基覆界面构成了填筑体与下覆基岩的明显的应力分带。边坡的最大主应力（σ_1）近坡表位置大致近平行坡面，应力值具有从坡面逐渐向坡内增加的特点；基覆界面形态转折或陡缓变化的部位出现了一定程度的应力集中，集中程度可达 4MPa。最小主应力的分布与最大主应力类似，应力值具有从坡面逐渐向坡内增加的特点；基覆界面形态转折或陡缓变化的部位出现了一定程度的应力集中，拉应力集中不明显，在坡体表面、后缘及其内部局部出现拉应力，最大拉应力约为 0.17MPa，由于填筑体本身抗拉强度低，表明坡体局部已出现拉裂缝，为后期暴雨入渗提供了通道。

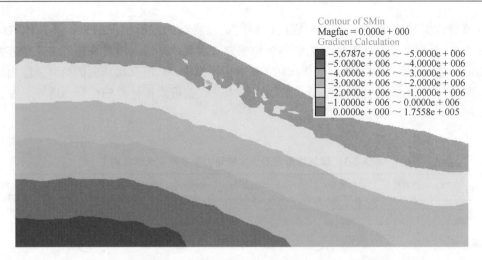

图 3-2-27　天然状态下边坡最大主应力等值线图（单位：Pa）

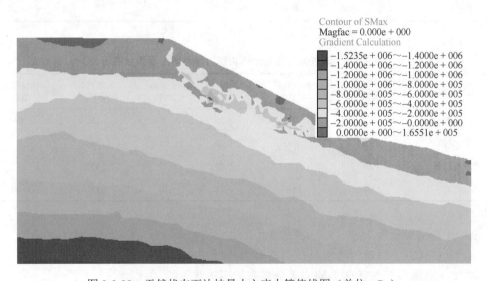

图 3-2-28　天然状态下边坡最小主应力等值线图（单位：Pa）

（2）从剖面 SXY 等值线的分布（图 3-2-29 和图 3-2-30）可以看出，坡体内基覆界面陡缓变化的部位至抗滑桩处界面出现一定程度的剪应力集中带，这正是坡体在自重作用下沿基覆界面发生剪切蠕滑变形，遇抗滑桩变形受阻的反应。随着迭代时步的进行，抗滑桩桩身受力在不断增大；从抗滑桩桩身受力分布图（图 3-2-31 和图 3-2-32）可以看出，坡体内首先是第一排抗滑桩受力最大，且第二排桩、第三排桩受力远远小于第一排桩，表明三排桩共同作用时第一排桩主要承受上部滑体的推力，从图中还可以看出，抗滑桩在基覆界面处的弯矩值、剪力值是最大的。当第一排桩在基覆界面处的剪力值为 3000kN 时，弯矩值为 16.5MN·m，这已经超过了抗滑桩所能承受的剪力，因为根据设计推力（2500kN/m）计算，抗滑桩在基覆界面处的弯矩值 20.75MN·m，最大剪力才 2500kN，表明桩已沿基覆界面处剪断，此时，第二排桩的剪力值、弯矩值分别为 1083kN、6.34MN·m。

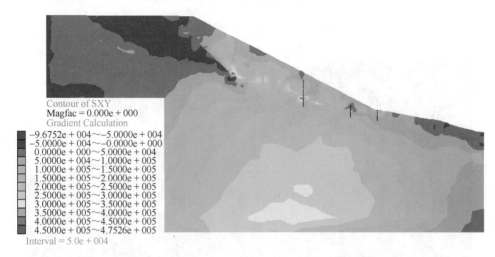

图 3-2-29　天然状态下边坡剪应力等值线图（三排桩共同作用时）（单位：Pa）

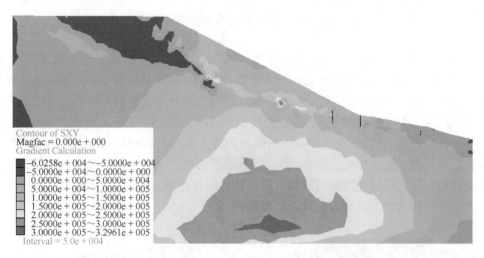

图 3-2-30　天然状态下边坡剪应力等值线图（两排桩共同作用时）（单位：Pa）

图 3-2-31　抗滑桩桩身弯矩分布图（三排桩共同作用时）（单位：N·m）

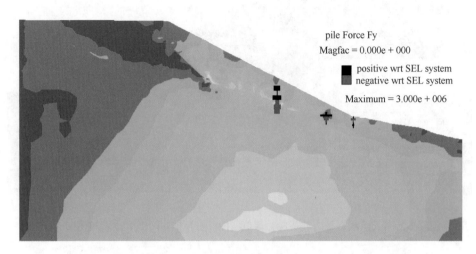

图 3-2-32　抗滑桩桩身剪力分布图（三排桩共同作用时）（单位：N）

　　当第一排桩被剪断后，继续迭代计算，发现在第二排抗滑桩处也出现了应力集中（图 3-2-32），抗滑桩所受滑坡推力远远大于第三排桩，且在基覆界面处，弯矩值、剪力值均是最大的（图 3-2-33 和图 3-2-34），当第二排桩在基覆界面处的剪力值为 2421kN 时，弯矩值为 79.21MN·m，这已经超过了抗滑桩所能承受的弯矩，因为根据设计推力（2000kN/m）计算，抗滑桩在基覆界面处的最大剪力值为 1800kN，弯矩值为 60.75MN·m，表明桩已沿基覆界面处剪断，此时，第三排桩的剪力值、弯矩值分别为 800kN、22MN·m。当第一排桩、第二排桩相继被剪断后，第三排桩的设计推力仅 1000kN/m，很显然也无力阻挡上部滑体巨大的下滑推力，最终被剪断。

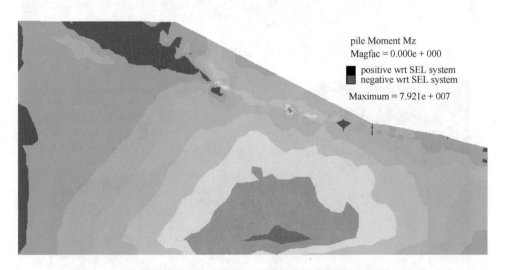

图 3-2-33　抗滑桩桩身弯矩分布图（两排桩共同作用时）（单位：N·m）

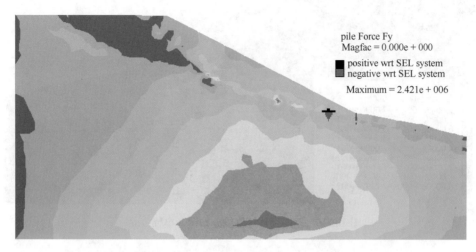

图 3-2-34　抗滑桩桩身剪力分布图（两排桩共同作用时）（单位：N）

B. 天然状态下填筑体滑坡及抗滑桩变形特征分析

填筑体滑坡总位移分布（图 3-2-35）表明，坡体最大变形发生在其后部，为 80～93.5cm，这与前述定性分析滑坡属推移式滑动的结论相符。竖直方向位移以下沉为主，且越靠近坡顶，沉降值越大，沉降最大区域出现在坡体后部，为 60～76cm，沉降值顺坡向逐渐减小，至滑坡前缘变为向上隆起 7.2cm（图 3-2-36）。

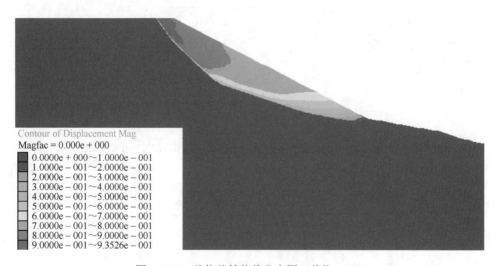

图 3-2-35　总位移等值线分布图（单位：m）

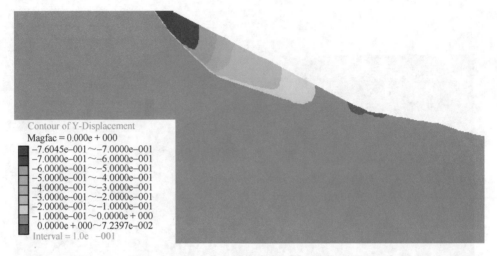

图 3-2-36　垂向位移等值线分布图（单位：m）

　　抗滑桩桩身位移分布（图 3-2-37 和图 3-2-38）表明，受荷段位移较大，嵌固段位移较小并表现出平动或转动特征；三排桩共同作用时，第一排抗滑桩桩身整体位移最大，第二排位移较小，第三排最小，趋于零，这也表明第一排桩承受上部滑体的推力最大。第一

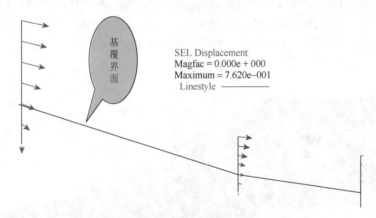

图 3-2-37　抗滑桩桩身位移分布图（三排桩共同作用时）（单位：m）

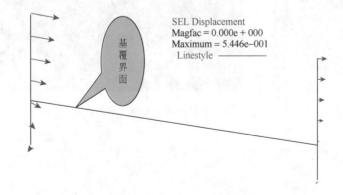

图 3-2-38　抗滑桩桩身位移分布图（双排桩共同作用时）（单位：m）

排桩桩顶位移达 76cm，桩身已歪斜，基覆界面上下位移量差值约 30cm，这种变形量是弹性桩不能接受的，表明天然状态下该桩已被剪断。第一排桩被剪断后，随着迭代的进行，第二排桩的位移明显大于最后一排桩。第二排桩桩顶位移达到 55cm，桩身已歪斜，基覆界面上下位移量差值约为 20cm，表明桩已被剪断。

理论分析结果表明，岩土体失稳（特别是滑动失稳）都是沿剪应变最大的部位发生的，大量实例分析结果也证明了这一点。可以利用 FLAC3D 的计算结果，通过剪应变来找出坡体内的最薄弱部位，也就是最容易沿此面失稳的部位。

对于填筑体的稳定性状况，由系统不平衡力演化曲线（图 3-2-39）可以看出，随着迭代的不断进行，系统的不平衡力逐渐降低，最终趋于平衡状态。因此，填筑体最终趋于稳定，并保持平衡状态。所以，天然状态下，坡体整体失稳的可能性不大。图 3-2-40 是三排

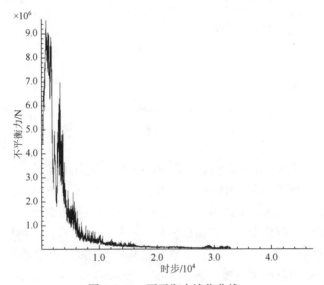

图 3-2-39　不平衡力演化曲线

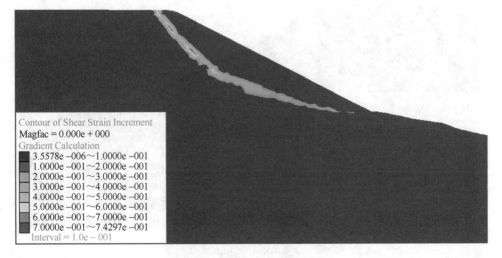

图 3-2-40　剪切应变增量分布图

桩被剪断后剪切应变增量分布图，从中可以看出，滑坡后缘至滑坡前缘存在一个相对贯通的剪应变增量集中带，前缘整体上剪应变程度较低，后缘较高，这与勘察得出的滑带位置及形状大体一致。

滑坡体位移矢量图显示了滑坡潜在滑带的分布位置（图 3-2-41）。

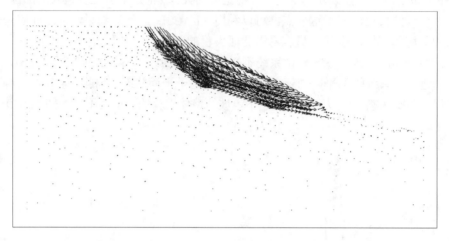

图 3-2-41　位移矢量图

通过上述分析，可以得出如下结论：高填方体在自重力作用下，本身就会沿基覆界面向临空方向发生蠕滑变形，坡体内抗滑桩起到了一定的减缓变形作用。但因抗滑桩布置的不合理（桩排距过大），三排桩的抗滑作用是逐排发挥的（不是同时发挥的），导致桩在基覆界面处被逐个剪断，坡体变形具有累进性破坏特征。三排桩被剪断后，坡体失去支撑，致使潜在滑移面逐渐贯通，坡体整体安全裕度急剧降低，坡体处于极限平衡状态，最终为暴雨所触发，形成高速溃滑型滑坡（图 3-2-42～图 3-2-44）。

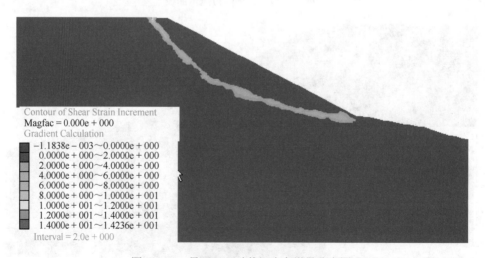

图 3-2-42　暴雨工况时剪切应变增量分布图

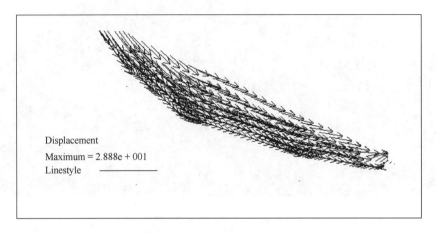

图 3-2-43 暴雨工况时位移矢量图（最大位移约 29m）

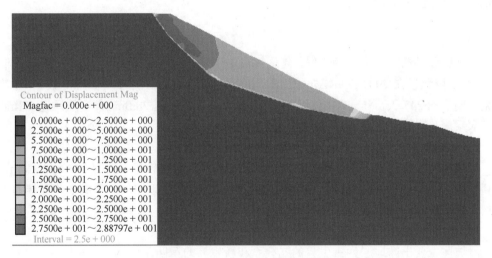

图 3-2-44 暴雨工况时总位移等值线分布图（单位：m）

　　数值模拟填筑体滑坡的形成过程与定性分析是一致的，从而也验证了该滑坡形成机制就是推移式（"蠕滑-拉裂-锁固-溃滑"模式）。

3.3 开挖诱发型滑坡形成机制——以毕威高速公路 K103 滑坡为例

　　毕威高速公路 K103 滑坡位于贵州省毕节市赫章县县域，距赫章县城 15km，距贵阳市区 300km。路基开挖以后，斜坡后缘出现下错，前缘排水沟破坏，坡脚处出现剪出口，滑坡趋势明显，严重威胁着施工安全和工程建设。滑坡全貌见图 3-3-1。

图 3-3-1　毕威高速公路 K103 滑坡全貌

3.3.1　滑坡区地质环境条件

1）气象水文

滑坡区属暖温带季风湿润气候，年均气温 14.0℃，极端最高气温 34.5℃，极端最低气温 8.6℃。降水量在 793.1～984.5mm，年均降水量 851.6mm，年平均日照时数 1380.7h，年无霜期平均 247 天，年平均相对湿度 79%。历年最大风速 28.0m/s，平均风速 2.1m/s。地表水系属长江流域之乌江水系，区内沿线地表水发育一般，仅出露个别小溪。

2）地形地貌

滑坡区位于贵州省中部，地处苗岭山脉北坡，地形起伏较小，高程 1780～1920m，相对高差达 140m，原始斜坡坡度一般为 20°～25°。岩层中缓倾坡外，形成地势开阔的溶蚀缓丘地貌。坡体地表植被发育一般以灌丛林为主。

3）地层岩性

滑坡区主要出露地层为古生界的二叠系和新生界的第四系。其中，第四系（Q）：褐色、褐黄色黏土、粉质黏土、砂砾，主要分布于缓坡及沟谷内。上二叠统（P_2）：峨眉山玄武岩组（$P_2\beta$），为暗绿、暗灰、灰黑色斑状玄武岩、拉斑玄武岩，主要分布于赫章、红专、哑巴山、三道水、妈姑一带。

4）地质构造

滑坡区域处于川滇南北构造带之东，南岭东西向构造带之北，新华夏构造体系最西边。沿线区域一级褶皱构造带主要由罗州–赫章背斜构成，褶皱构造轴向 NE20°～40°，岩层倾向为 NW 或 SE，倾角 5°～38°。距滑坡区较近的断层垭都断层为非活动断层，区域地质稳定性较好。根据《中国地震动参数区划图》（GB18306—2001），区内相似地震烈度为Ⅵ度。

5）水文地质条件

滑坡区基岩以玄武岩为主，裂隙十分发育，地下水类型主要为基岩裂隙水，局部为松散堆积层孔隙水。钻孔未揭露地下水。

3.3.2 K103 滑坡基本特征

受公路开挖影响，K103 边坡局部坡面土体发生塌滑，坡体后缘出现多处开裂、下错，形成陡坎，最远距路基中线约 170m，下错最大高度 7～10m；坡体前缘排水沟破裂，坡脚出现剪出口（图 3-3-2～图 3-3-4）。滑坡纵长约 150m，横宽约 320m，滑体厚度 30～40m，总体积约 190×10⁴m³。滑坡边界明显，变形强烈，公路以上部分具有整体滑动的趋势，主滑方向 120°。

图 3-3-2 前缘排水沟挤压破坏

图 3-3-3 后缘下错陡坎

图 3-3-4　坡脚剪出口

　　根据开挖边坡揭露，该滑坡滑体主要由松散碎石土及表层黏土组成，表层黏土以黏土为主，红棕色，可塑-硬塑状，干-稍湿，第四系覆盖层厚；碎石土呈灰黄色，碎石含量在 60%～80%，碎石主要由全-强风化玄武岩组成，结构破碎，多呈散体状。钻孔及物探揭示，基岩内部发育有两条顺倾的软弱夹层，产状 172°∠25°，层间间距 10m，张开度 60～80mm，黏土充填（图 3-3-5 和图 3-3-6），初步认为开挖后坡体主要沿软弱夹层产生滑移变形。

图 3-3-5　强风化玄武岩中的软弱夹层

图 3-3-6　软弱夹层层间夹泥

3.3.3　K103 滑坡形成机制分析

为了监测滑坡的变形和评价滑坡的稳定性，沿 K103 滑坡中心剖面布置了 3 个监测孔 I1、I2、I3（图 3-3-7），钻孔深度分别为 30m、30m、37.5m。图 3-3-8～图 3-3-10 为深部位移监测曲线，由图可知，开挖后，K103 滑坡中上部 I1、I3 处滑体位移明显，呈块体式滑动，滑面在软弱夹层 1 处；下部 I2 处有两条滑面，分别位于软弱夹层 1 处和软弱夹层 2 处。为了研究分步开挖对滑面和坡体稳定性的影响，建立了 K103 中心剖面的二维有限元模型，模型中材料力学参数见表 3-3-1。

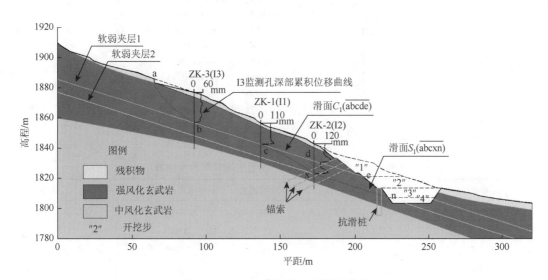

图 3-3-7　K103 滑坡中心剖面示意图

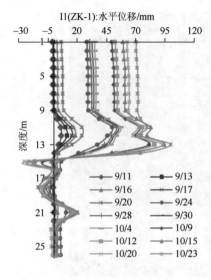

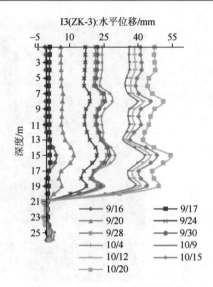

图 3-3-8　I1 深部位移监测曲线　　　　图 3-3-9　I3 深部位移监测曲线

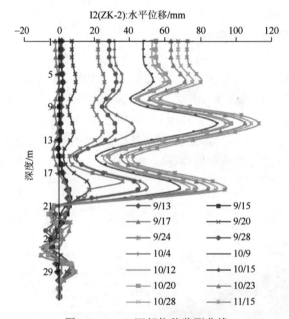

图 3-3-10　I2 深部位移监测曲线

表 3-3-1　K103 滑坡二维模型中的材料力学参数

参数	残积物	软弱夹层	强风化玄武岩	中风化玄武岩	桩	锚索
γ/(kN/m³)	20.5	19	23	28	—	—
C/kPa	23	30.6	25	1300	—	—
Φ/ (°)	22	17	28	45	—	—
E/kPa	7×10^4	5×10^4	11×10^4	75.8×10^5	3×10^8	1.95×10^8
υ	0.3	0.37	0.33	0.27	—	—

续表

参数	残积物	软弱夹层	强风化玄武岩	中风化玄武岩	桩	锚索
$\psi/$（°）	0	0	24	34	—	—
σ_t/kPa	0	0	350	3415	$28\cdot10^4$	$186\cdot10^4$
惯性矩/m^4	—	—	—	—	4.5	—

注：γ，容重；C，内聚力；Φ，内摩擦角；E，弹性模量；v，泊松比

二维有限元模型中，结合工程实际开挖情况，分为 4 步开挖，在前 3 步开挖中，未有加固措施，第 4 步开挖中，考虑锚索和桩加固。图 3-3-11 为分步开挖过程中最大剪应变云图及滑坡稳定性。由图可知，在未开挖以前，原始斜坡中部沿软弱夹层 1 处有一定的剪应变集中，数值非常小，坡体稳定性系数为 1.241。第 1 步开挖结束以后，也就是开挖揭露软弱夹层 1 处后，坡体沿软弱夹层出现明显的剪应变带，最大剪应变值明显增大，坡体稳定性系数下降至 1.051。第 2 步开挖未揭露软弱夹层 2 处，但开挖坡脚出现剪应变集中，并与软弱夹层 2 处贯通，此时，坡体沿软弱夹层 1 处的剪应变带继续增大，最大剪应变值继续增大，坡体稳定性系数略有降低，为 1.040。当第 3 步开挖结束后，即开挖揭露软弱夹层 2 处后，沿软弱夹层 1 处发育的剪应变带已发展延伸至坡体后部坡面，形成贯通性滑面 C_1，同时，沿软弱夹层 2 处发育的剪应变带与滑面 C_1 贯通，形成贯通性滑面 S_1；沿滑面 C_1、滑面 S_1 的滑坡稳定性系数分别为 1.027、1.039。在第 4 步开挖结束后，由于有 3 排锚索和 1 排抗滑桩加固滑坡，坡体剪应变带明显缩小且不贯通，由软件自由搜索获得的最不利滑面对应的滑坡安全系数为 1.239，而沿原有滑面 C_1、S_1 的滑坡安全系数分别为 1.262、1.369。

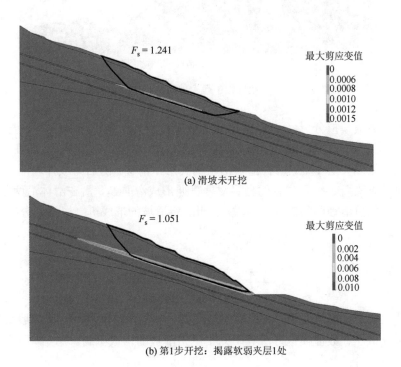

(a) 滑坡未开挖

(b) 第1步开挖：揭露软弱夹层1处

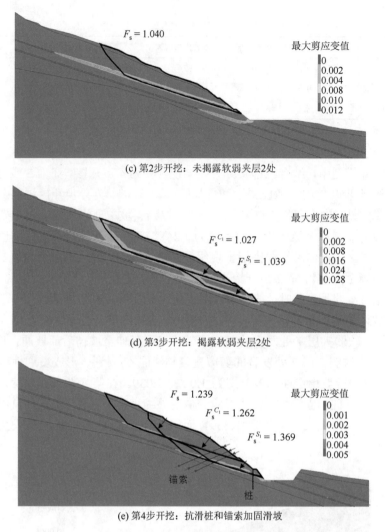

(c) 第2步开挖：未揭露软弱夹层2处

(d) 第3步开挖：揭露软弱夹层2处

(e) 第4步开挖：抗滑桩和锚索加固滑坡

图 3-3-11　分步开挖过程中最大剪应变云图及滑坡稳定性[17]

　　通过上述数值模拟分析，可知，K103 滑坡沿滑面 C_1、滑面 S_1 滑动，这与深部位移监测结果一致。上述深部位移和数值模拟结果揭示了滑坡的形成演化机制，即在开挖过程中，滑面最开始在软弱夹层 1 处，潜在滑体沿软弱夹层 1 滑移；随后与坡体表面（即后缘拉裂陡坎）贯通形成滑面 C_1，并与软弱夹层 2 处贯通形成滑面 S_1，潜在滑体沿两条滑面滑移；最后桩和锚索的抗滑锁固稳定住了滑坡。由此，将滑坡的形成机制概括为分级滑移-拉裂-剪断模式。

3.4　本 章 小 结

　　本章选取典型地震触发型、典型暴雨诱发型、典型开挖诱发型巨型滑坡实例，运用地质过程机制分析法、数值模拟方法等研究了巨型滑坡的形成机制。总结如下。

（1）典型地震触发型巨型滑坡——东河口滑坡在强震作用下，坡体内形成附加拉张应力，使得斜坡震裂松动，在其顶部首先产生与坡面平行且陡倾坡外的竖向拉裂缝，并逐渐扩大向下延伸；同时，在拉裂体的根部产生拉裂和剪切滑移变形，形成切层滑移面。随后，在强震动力持续作用下，整个震裂松动坡体沿特定的"面"被地震力抛掷而出，形成高速碎屑流巨型滑坡。东河口滑坡的形成机制可概括为"震动拉裂-剪切滑移"模式。

（2）典型暴雨诱发型巨型滑坡——攀枝花机场 12 号滑坡发生的根本原因是基覆界面的软弱易滑层，在长期的地下水软化作用下，强度不断降低，致使填筑土体沿着软弱层不断蠕滑变形，最终在暴雨诱发下剪断多排抗滑桩后溃滑超覆在填筑体脚部易家坪老滑坡体上。12 号滑坡的形成机制可概括为推移式蠕滑-累进性折断-溃滑与超覆模式。

（3）典型开挖诱发型巨型滑坡——K103 滑坡是由于坡脚开挖揭露了两条顺倾软弱夹层，其不仅为滑坡提供了临空面，还大幅降低了抗滑段的阻抗力，由此导致坡体沿着多级软弱夹层不断向临空面滑移变形，后缘拉裂下错，最后由于锚索和抗滑桩的抗滑锁固使滑坡获得稳定，该滑坡形成机制可概括为分级滑移-拉裂-剪断模式。

参 考 文 献

[1]　丁月双. 东河口滑坡成因机理与运动特征研究. 成都：成都理工大学，2009.

[2]　许强，裴向军，黄润秋. 汶川地震大型滑坡研究. 北京：科学出版社，2010.

[3]　刘健，熊探宇，赵越，等. 龙门山活动断裂带运动学特征及其构造意义. 吉林大学学报（地球科学版），2012，42（增刊2）：320-330.

[4]　李勇，周荣军，董顺利，等. 汶川地震的地表破裂与逆冲-走滑作用. 成都理工大学学报（自然科学版），2008，35（4）：404-413.

[5]　殷跃平. 汶川八级地震滑坡特征分析. 工程地质学报，2009，17（1）：29-38.

[6]　王海云，谢礼立. 近断层强地震动的特点. 哈尔滨工业大学学报，2006，38（12）：2070-2072.

[7]　Abrahamson N A，Somerville P G. Effects of the hanging wall and footwall on ground motions recorded during the Northridge earthquake. Bulletin of the Seismological Society of Smerica，1996，86（1B）：93-99.

[8]　俞言祥，高孟潭. 台湾集集地震近场地震动的上盘效应. 地震学报，2001，2（36）：615-621.

[9]　黄润秋，李为乐. 汶川大地震触发地质灾害的断层效应分析. 工程地质学报，2009，17（1）：19-28.

[10]　黄润秋，李为乐. "5·12"汶川大地震触发地质灾害的发育分布规律研究. 岩石力学与工程学报，2008，27（12）：2585-2592.

[11]　于海英，王栋，杨永强，等. 汶川8.0级地震强震动加速度记录的初步分析. 地震工程与工程振动，2009，29（1）：1-13.

[12]　毛彦龙，胡广韬，赵法锁，等. 地震动触发滑坡体滑动的机理. 西安工程学院学报，1998，（12）：46-49.

[13]　许强，黄润秋. 5·12汶川大地震诱发大型崩滑灾害动力特征初探. 工程地质学报，2008，16（6）：721-729.

[14]　殷跃平. 汶川八级地震滑坡触发特征研究. 工程地质学报，2009，17（1）：29-38.

[15]　李天斌，刘吉，任洋，等. 预加固高填方边坡的滑动机制：攀枝花机场12#滑坡. 工程地质学报，2012，20（5）：723-731.

[16]　薛德敏. 西南地区典型巨型滑坡形成与复活机制研究. 成都：成都理工大学，2010.

[17]　Xue D M，Li T B，Zhang S，et al. Failure mechanism and stabilization of a basalt rock slide with weak layers. Engineering Geology，2018，233：213-224.

第4章 典型巨型滑坡复活机制实例研究

巨型滑坡具有高度的隐蔽性，工程勘察期间难以判别；受暴雨、人类工程活动等单因素或多因素综合影响，大量的巨型老滑坡复活了，由此导致的滑坡治理费用非常昂贵，而且通常由于滑坡机制认识不足造成治理工程失效或过于保守。巨型滑坡体可包括多个滑块，各个滑块大小不一、成分不一、坡体结构不一、变形不一、稳定性不一，加之每个滑块可能分多级、多期滑动，这些特征说明了巨型滑坡复活机制的复杂性，只有对各个滑块开展精细化勘察，查明各个滑块的稳定性及其变形复活机制，才能有的放矢，彻底根治巨型滑坡。因此，本章将对暴雨、人工开挖诱发巨型滑坡复活的典型实例进行详细分析、总结，探讨其复活机制。

4.1 暴雨诱发滑坡复活机制——以鸡扒子滑坡为例[1]

1982 年 7 月四川省东部降特大暴雨，月降雨量达 633.2mm，7 月 17 日晚 8 时，位于三峡工程库区云阳县老县城下游约 1.0km 处的长江北岸部分老滑体开始复活，至次日凌晨 2 时，斜坡发生剧烈滑动，最大滑速达 12.5m/s，滑体前缘推入长江并直达对岸，最大滑距 200 余米，形成方量约 $1500 \times 10^4 \text{m}^3$ 的巨型滑坡（图 4-1-1）。

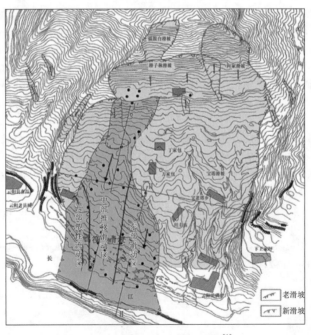

图 4-1-1 鸡扒子滑坡平面图[1]

4.1.1　滑坡区地质环境条件

滑坡区的地质构造部位处于川东弧形褶皱带之硐村背斜向宽缓故陵向斜的转折处，区内岩层近东西走向，倾向南，倾角由山顶的 45°到江边 6°～45°；属上侏罗统蓬莱镇组（J_3p），岩性为细粒长石石英砂岩和紫红色粉砂质泥岩互层。区内的第四系下部是滑坡体碎裂砂岩、泥岩岩块，且老滑坡内的此类岩体还较为完整，表层为淡黄色含钙质结核黏土。基岩内无大的构造迹象出现，但走向北西 20°及北东 55°两组构造裂隙甚为发育。

滑坡区西邻汤溪河，东靠大河沟，前缘直抵长江。滑坡所处的长江北岸则为较缓的顺向坡，物理风化强烈，呈单面山，下部有多级滑坡台地。滑坡区的地貌特征加之基岩裂隙甚为发育及滑坡碎裂岩体的空隙较大，这就决定了区内地下水的径流、排泄条件较好，岩土体含水性差，主要接受降雨的补给。钻探结果表明，天然状态下的地下水位在滑面以下。抽水试验测出的涌水量为 0.001～0.002L/s，仅在坡地中上部偶见洼堰塘补给的下降泉。渗水试验结果表明，表层黏土的透水性极弱，但新滑坡的产生使其呈零星片状分布，故不能构成统一的弱透水层。滑带土亦属不透水体。

4.1.2　鸡扒子滑坡基本特征

1. 老滑坡特征

老滑坡平面形态呈簸箕状，南北长 1.7km，东西宽 1.2～1.5km，展布面积 1.8km^2（图 4-1-1）。该滑坡后缘圈谷形态清晰，暴露的滑床面呈东西向贯穿后缘，高约 40m。两侧滑坡边界被后期残坡积物覆盖。坡体表面地形呈阶梯状降低，分四级平台，台面缓倾坡外。滑坡体主要由表层淡黄色黏土（5～25m）和下部大空隙碎裂岩体组成。除滑带外，整个滑体为一透水体。

钻探和地表测绘表明，老滑坡剪出口处海拔约 115m。纵向滑动面呈匙形，由上部的顺层滑移段和下部的切层滑移段组成。

老滑体的变形破坏特征主要是在冲沟内的天然坡面露头上，观察到滑体中的碎裂岩体连续性和整体性均很强，原岩顺序及产状均无大的扰动。

2. 新滑坡特征

1）滑坡形态规模特征

新滑坡位于老滑坡西部，平面形态呈帚状，上窄下宽，面积 0.77km^2（图 4-1-1），滑坡西以石板沟为界，东部边界扭折多变，明显受老滑体的碎裂岩体中北北西及北东两组变位裂隙控制。滑体西部狭长带状范围内，黏土夹碎块石呈波状起伏地形，具有表层塑性流动特征。中部及东部自上而下分布四级滑坡台地。滑体前缘可见一系列长轴方向近东西的滑坡鼓丘及封闭洼地，并隐约可见鼓胀裂缝。滑体上张裂缝也很发育。

2）滑坡结构特征

勘探资料表明，新滑坡的滑动完全迁就了老滑面。其滑动面形态与老滑面西半部形态一致（图 4-1-2）。滑坡产生后，除西缘石板沟一带外，对老滑坡结构的改造均较大。中部主要由上部的黏土夹碎块石和下部的碎块石夹砂质黏土、碎裂岩体组成，滑带厚 0.5～2.0m。东部土石结构无明显分层，碎裂结构常零星出露于地表，表层黏土断续分布。由此可见，除滑动带外整个新滑体仍为一透水体。

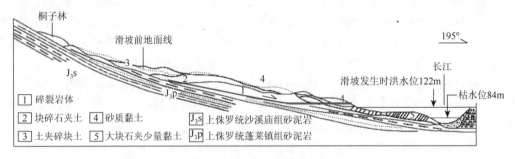

图 4-1-2　鸡扒子滑坡中部纵剖面图[1]

3）滑坡的变形破坏过程

鸡扒子滑坡的变形复活过程，是在漫长的地质历史时期中斜坡岩土体变形，由前期隐蔽性量变的积累转化到后期破坏性质变的过程。据现场调查分析，数年前，老滑坡后缘石板沟一带就有地表拉裂的迹象，拉裂缝随后又扩展加深，1982 年 7 月 16 日凌晨开始降雨，17 日中午，老滑坡后缘上方桐子林附近的一古滑坡残体开始缓慢下滑，并于下午 2 时堵塞了石板沟上段，当时沟水流量约 2m³/s。被堵截的地表径流积水成潭，地表水便沿沟内及附近张裂缝大量灌入老滑体内（在滑体前部曾见水头约 2m 的小股承压水喷出现象）。此后，西侧石板沟低洼地带内降雨汇集，表层黏土产生塑性流动，即"土爬"，呈阵流状顺沟缓流而下。18 日凌晨 2 时许，中部主滑体自上而下开始启动，后面块体推动前面块体，产生整体推移式滑坡，其上建筑物相继变位，倾倒以至掩埋。建筑物变位调查（表 4-1-1）表明，滑坡主体推移方向为南南西至近南北向，变位向量前后缘较大，中部较小。滑坡在滑动过程中形成四级台地及众多长达数十至近百米的张裂缝，局部密集成带或形成张陷凹地。中部推移体启动后约 1h，下部东侧的块体开始失稳下滑，滑动状态与上述先滑部分雷同，滑动向量向东递减。据以上变形破坏的先后过程及力学特征，对整个滑坡体可分为西部塑性流动区、中部推移滑动区及东部滑移区 3 个部分（图 4-1-1）。

表 4-1-1　地物变位向量[1]

分区	编号	地物名称	位置	位移向量			变位时间
				方向	平距/m	落距/m	
中区	B9	房屋	中上部	230°	42	11	17 日 23 时
	B13	肉联厂	中部西侧	210°	85	28	18 日凌晨
	B14	水池	中下部	230°	60	15	18 日凌晨
	B15	冻库	下部	180°	190	36	18 日 2 时 15 分
	B17	房屋	中部	220°	31	6	18 日 3 时

续表

分区	编号	地物名称	位置	位移向量			变位时间
				方向	平距/m	落距/m	
东区	B22	坟地	上部	230°	31	15	18 日 3 时
	B27	房屋	上部东侧	215°	21	10	18 日 3 时
		房屋	上部	187°	36	24	
		房屋	中部东侧	184°	90	26	
	B29	房屋	中部	200°	94	25	18 日 3 时
西区	B3	房屋	上部靠西	210°	117	26	
	B4	房屋	上部	210°	209	55	
	B5	房屋	上部	210°	150	33	17 日 13 时
	B8	房屋	中部靠西	215°	91	21	17 日 17 时

4.1.3　鸡扒子滑坡复活机制分析

1. 老滑坡形成机制

在老滑坡形成之前，边坡岩体就已经历了长期顺坡向，沿层面的滑移-弯曲变形，即重力蠕变。这就是说，老滑坡由滑移-弯曲型变形、破坏而成。其演化、发展过程大致经历了 3 个阶段：①轻微弯曲；②强烈弯曲；③滑移面贯通而出。从地质历史分析，全新世以前，当地的间歇性上升奠定了基本地形轮廓。与此同时，边坡岩体开始沿层面发生极其缓慢的重力蠕变，坡体下部岩层产生强烈弯曲，并使坡面出现 X 形错动，其中一组又逐渐向滑移剪出面发展。据滑坡剪出口高程约与该区Ⅰ级阶地高程相当，可推知在Ⅱ级阶地形成后的下切过程中，坡体进入强烈弯曲阶段，并在Ⅰ级阶地形成时期滑移面贯通形成滑坡。

2. 复活滑坡复活机制

强暴雨是鸡扒子滑坡复活失稳的触发因素。

自老滑坡形成后，其前缘受到江流冲刷后退的同时，斜坡岩土体在自身重力作用下，以老滑坡滑动面为一软弱结构面，顺坡产生极其缓慢的滑移变形。随变形的发展，滑坡后缘拉应力不断积累，以致出现拉裂。坡体变形后，遂由早期后缘拉应力积累阶段，进入了后期拉裂扩张阶段，数年前当地居民就在石板沟源头一带，看到了有拉裂出现。随老滑面变形量的累积，拉裂隙不断扩宽、加深，并与变形相互促进，互为因果。

1982 年 7 月暴雨预示着滑坡进入了最后的诱发阶段。如前所述，17 日下午石板沟上部被堵截，形成积水潭。在大量地表径流灌入老滑体的同时，西部石板沟一带由于地势低洼，沦为主要汇水场所（图 4-1-3），表层黏土在水的浸泡下，饱水甚至达到流动状态，产生顺沟的塑性流动——土爬。由于饱水过程是自上而下、由表及里的，土爬呈阵流状多级次产生。随暴雨强度的减小，当水不足以使黏土达到流动状态时，土爬即行停止。西部土爬产生的同时，中部由积水潭灌入老滑体内的水起到三方面的作用：①地下水在老滑体内产生很大的、与滑动面近于平行的动水压力。该力的大小随远离渗流中心而降低（图4-1-3）。②水使得滑带土强度迅速降低。③地下水的渗流作用也将沿碎裂岩体中的变位裂隙产生楔劈力，使裂隙张开。地下水前两方面的作用首先使得中部块体失稳而

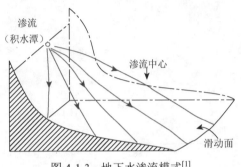

图4-1-3　地下水渗流模式[1]

下滑，产生整体推移式滑坡，地下水的第三个作用加之动水压力随远离渗流中心逐渐减小的特点，就容易使滑坡在失稳而下滑过程中，沿变位裂隙产生拉开、错位，形成东部边界扭折多变，受变位裂隙控制的局面。据上述分析，地下水由水源点（积水潭）向坡下渗透、漫流的形态，控制了该滑坡的复活范围。与渗流中心有一定距离后，尽管抗剪强度同样也会产生一定程度的降低，但渗透的动水压力可能很小，不足以成为滑坡的触发因素。所以，鸡扒子滑坡只局限于渗流中心两侧一定范围内复活。这与滑坡的实际形态是一致的（图4-1-1）。

中部块体下滑过程中，东部块体内地下水也起着上述3个作用。显然，东区地下水作用在时间上要滞后于中区，强度也不及中区强烈。但由于中区先行启动，其在下滑过程中必对东区施加侧向"牵动力"，这就大大增加了东部块体的下滑力。在上述诸因素共同作用下，加之东区前缘临空条件最佳，从而东部块体沿老滑面失稳而下滑。鸡扒子滑坡复活机制可概括为分区型蠕滑-拉裂-剪断模式。

4.2　人工开挖诱发滑坡复活机制——以八渡滑坡为例

八渡车站位于贵州省册亨县乃言乡南盘江左岸山坡上。车站线路先后穿过9个向江边突出的山头，滑坡是由2#、3#、4#共3个山头组成的，穿过线路长约400m。滑坡地貌特征及周界较清晰，平面上呈一簸箕形（图4-2-1）；两侧边界分别为1#与2#山头和4#与5#山头间的自然沟；前缘呈宽540m的弧形舌状伸入并压缩南盘江，滑坡前后缘高程差约190m。八渡滑坡原为一稳定的古滑坡体，在雨季铁路施工过程中受坡体开挖加载及地下水等的不利影响，古滑坡体于1997年全面复活。

4.2.1　滑坡区地质环境条件[2-9]

1）气象水文

八渡滑坡区属亚热带东南季风，多年最高气温37.7～40℃，最低气温2.8～0.5℃；5～8月为雨季，降水量756.53～893.47mm；多年平均降水量1131.63～1217.17mm。滑坡区内岸坡冲沟发育，切深1～20m，冲沟流量受降水影响较大，一般雨季水量丰富，向南排

图 4-2-1　八渡滑坡全貌[2]

泄于南盘江；而枯期为干沟或流量较小。当大雨或暴雨过后，受雨水冲刷，沟槽两侧及坡面易产生土体或强风化岩体坍塌。

2）地形地貌

八渡车站沿线岸坡属中低山侵蚀剥蚀区，山顶高程 830～960m，相对高差 450～580m；南盘江自西向东流经坡脚，河床底部高程约 360m，正常洪水位 380m，枯水位 368m，百年一遇洪水位 387m；河谷基本顺直，两岸山势普遍较陡，一般呈上陡下缓，地面横坡 10°～45°，深切沟谷发育。南盘江右岸植被条件较好，以松林为主；左岸植被较差，灌木及杂草丛生。八渡滑坡体坡面呈台阶式缓坡，坡度 10°～15°，后部呈弧形圈椅状，前缘呈舌状局部挤压南盘江，使前后顺直的河道在此段突变为向南微突的河湾。

3）地层岩性

滑坡区出露地层见表 4-2-1，分述如下。

表 4-2-1　八渡滑坡区地层岩性表

界	系	统	组	符号	厚度/m	岩性
新生界	第四系			Q_4^{ml}	0～6.0	人工填土：零星分布于铁路沿线下方坡麓，主要由黄褐色粉质黏土夹中-强风化碎、块石等混合而成，含少量建筑垃圾，结构松散
				Q^{dl+pl}	0.8～7.0	粉质黏土夹碎石：库岸区广泛分布，呈黄褐、棕黄色，主要由中-强风化砂岩、泥岩碎块组成，多呈棱角状，稍-中密，粒径一般为 2～10cm，骨架间充填可塑-硬塑状粉质黏土
				Q^{col+dl}	0～36.0	碎、块石土：上部为碎石土，由强-中风化砂岩、泥岩碎屑组成，粒径 0.2～5.0cm 不等，占总重 50%～60%，骨架间充填黏土；下部为块石土，成分由强-中风化砂岩、泥岩块石组成，粒径 20～60cm 不等，占总重 60%～80%
				Q^{al+pl}	0～35.0	漂卵石：主要分布于岸坡的沟槽中和南盘江沿岸，呈褐灰色、青灰色、灰黄色，成分多为砂岩，坚硬，呈扁圆形-亚圆形，分选性差，粒径一般为 20～30cm，含量 50%～70%，骨架间充填中、细砂及粉质黏土，松散、饱和
中生界	三叠系	中三叠统	边阳组	T_2b	2000～3275	砂岩夹薄层泥岩、页岩及砂岩、泥岩互层：砂岩呈浅灰色、灰色中厚层状，质坚硬、性脆，块状，层面或节理面局部呈灰黄色或褐黄色；泥岩、页岩呈灰黄、灰绿色、黑灰色，质软，多呈块状或碎块状

4）地质构造

据区域地质资料，大区属燕山期形成的隆林东西向构造带。测区内则表现为以近东西向的八渡背斜、委力向斜为一级构造并伴生有复式褶皱及走向断层的紧密线状褶皱带。八渡滑坡位于南盘江背斜北翼，属构造应力强烈上升区，是复式褶皱带。带内见 3 条走向逆断层（F1、F2、F3），1 条压扭性（平移）断层（F4）。F2 断层、F3 断层显示出了构造应力中心的特点，整个带内的岩体有不同程度的动力变质现象。各断层特征见表 4-2-2。

表 4-2-2　八渡滑坡区断层特征表

名称	性质	产状	备注
F1 断层	逆断层	NE80°/SE∠75°	见于滑坡体上部右侧山顶，向 SW 延伸；其上下盘岩性均为砂岩夹泥岩，破碎带宽度 40～50m
F2 断层	逆断层	NE80°/NW∠50°	自八渡 3 号大桥 4#墩向 SW 延伸至左侧山头下南盘江边。其上下盘岩性均为砂岩夹泥岩，破碎带宽度 10m
F3 断层	逆断层	NE70°/NW∠60°	自八渡 3 号大桥沟向 SW 延伸，过八渡渡口至南盘江右岸支沟口。其上下盘岩性均为砂岩夹泥岩，破碎带宽度约 60m
F4 断层	平移断层	NE20°/NW∠55°	自八渡滑坡 1#山头顶部山嘴与 F_1 断层、F_2 断层、F_3 断层，经过 2#山头西侧延伸至江边。其上下盘岩性均为砂岩夹泥岩

5）水文地质条件

滑坡区内地下水主要受降水和地表水补给，以孔隙水为主。基岩裂隙水总体不发育，但局部发育，主要位于断层破碎带或褶皱核部。滑体物质松散，渗透性较好，雨后地下水迅速入渗，并呈现局部富水现象，地下水总体上富水性差。滑体前缘存在多处泉水出露排泄地下水（据探槽揭露情况，滑带为相对隔水，使地下水运移受阻出露形成），山头间的沟槽也有地下水渗出。地下水流向自北向南排泄于南盘江，富水性也自北向南增大。

4.2.2　八渡滑坡基本特征[2-9]

1. 滑坡形态、规模特征

滑坡平面呈簸箕形，后缘呈弧形圈椅状，以新形成的滑块及中间的基岩陡坎为界，宽约 360m，滑壁顶高程 550～560m；两侧边界分别为 1#与 2#山头和 4#与 5#山头间的自然沟；前缘呈弧形舌状，宽 540m，挤压并伸入南盘江（江水水位高程 368～380m），压缩河床最宽约 80m，前后缘高差约 190m。滑坡主滑方向 145°～175°，主轴长 560m，滑坡体积约 $420 \times 10^4 m^3$，是一个由 3 个山头组成的巨型、深层分级滑动滑坡（图 4-2-2）。

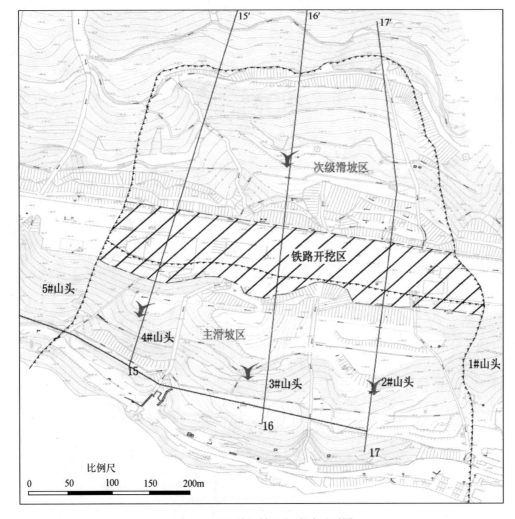

图 4-2-2　八渡滑坡工程地质平面图

　　滑坡分主、次两级。主滑坡长约 300m，宽 350~540m，滑体厚 20~40m，体积约 290×
10^4m³，滑体纵向呈 3 个突出的滑坡平台，台面地形平缓，坡度 3°~5°，斜坡段地形坡度
30°~45°；次级滑坡长约 200m，宽 380m，滑体厚 10~20m，滑坡体积约 130×10^4m³，
滑坡剖面呈一平缓的斜坡，地形坡度 18°~30°。主滑坡经岩体蠕动变形发生剪断下滑形成，
主滑坡形成后，后缘滑坡壁临空，牵引其后山体产生次级滑坡，覆压于主滑坡中上部。

　　2. 滑体结构特征

　　1）坡体物质组成

　　八渡滑坡主滑体物质以黄褐色、灰褐色碎块石和角砾状的滑坡岩块为主，具有不连续
的成层性，夹有棕红色、黄褐色粉质黏土、碎石土、块石土，上部以碎石土为主，局部为
铁路开挖的弃土、填土，碎石土厚度 11~18m，下部以块石土为主，厚度 4~36m；次级滑
坡以黄色、棕黄色、灰黄色碎石黏土为主，局部下部可见块石，不具成层性（图 4-2-3）。

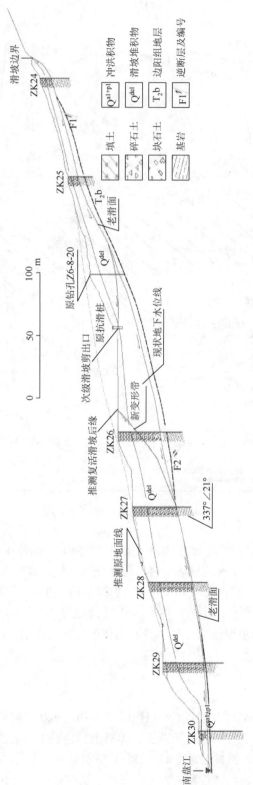

图 4-2-3　八渡滑坡工程地质剖面图[2]

2）滑带特征

A. 老滑带特征

据钻探资料，老滑带位于基覆界面处，产状 NE20°~85°/SE∠9°~26°。滑带土空间上变化较大，主要为含次棱角状碎石、角砾的粉质黏土、黏土，棕黄色、灰褐色、灰绿色，软塑-流塑状，厚 0.3~2.00m。

B. 新滑带特征

新变形体为铁路修建后形成，其位移量小，并未产生整体的滑移，变形带未完全贯通。其是真正意义上的潜在滑动面。所以，新变形体的滑带为滑体中的软弱带。新变形带为碎石土中含泥较多段，遇水易软化，滑移特征不明显，碎石多为棱角状。

3）滑床特征

滑床纵向上表现为后陡下缓，滑床顶面起伏面与地形起伏基本一致。滑床基岩由中三叠统边阳组（T_2b）的灰绿色钙质、硅质石英细砂岩夹黑灰色泥、页岩组成。断层带附近岩体动力变质明显、破碎、风化严重。滑舌揭露第四系冲洪积（Q_4^{al+pl}）漂卵石层。

3. 滑坡复活的变形破裂特征[6]

1）次级滑坡复活的变形破坏特征

修建南昆线之前八渡古滑坡是基本稳定的，1994 年八渡车站开始施工，线路以挖方通过主滑坡的中偏上部，次级滑坡的下部（即主次两级滑坡的交叉部位），路肩高程459~460m，未切穿主滑面。1994 年铁路施工后，至 1997 年 4 月下旬以前，主滑坡是稳定的，但次级滑坡下部和前缘开挖减载后，引起次级滑坡复活，2#山头、4#山头线路右上方边坡坍滑（图 4-2-4 和图 4-2-5），挡护工程和底面开裂；设置 76 根抗滑桩以后，3#山头、4#山头次级滑坡基本稳定，2#山头线路右侧 85~94m 处设置的第二排、第三排抗滑桩以上部分的次级滑坡相对稳定；第二排抗滑桩以下部分的次级滑坡体仍在变形。

图 4-2-4　2#山头后部土体滑塌[2]　　　　　图 4-2-5　4#山头后部土体滑塌[2]

1997 年雨季，次级滑坡前缘部分产生滑动，2#山头尤为严重，挡护工程鼓张歪斜，地面裂缝贯通，位移明显加剧，主要表现在以下几方面。

（1）2#山头南宁端自然沟古滑坡东侧边缘 1#山头的 1-15 号抗滑桩至 8 月 6 日桩顶累计位移量 126mm，1-16 号桩至 9 月 22 日桩顶累计位移已达 599mm，1-17 号桩至 9 月 27

日桩顶累计位移量为 235mm，桩身均已外倾歪斜，1-15 号桩混凝土已脱落。

（2）2#山头线路右侧第一排边坡预加固桩和 2-1 号至 2-6 号桩间和 5-1 号至 5-5 号抗滑桩，桩顶累计位移量至 9 月下旬均已超过 100mm，2-1 号桩达 448mm，桩身已剪裂外斜（图 4-2-6）。但 3#山头、4#山头抗滑桩桩顶位移量为 10～40mm，小于允许位移量。

图 4-2-6　2#山头抗滑桩剪裂外斜[6]

（3）2#山头昆端侧沟沟长 30 余米向山侧歪斜，线路右侧护坡外鼓开裂严重（图 4-2-7），天沟已破坏，第二级护墙顶地面出现 3 条贯通的弧形拉张裂缝，长 80～100m，缝宽 1～20mm；4 个监测孔在 20.0m 以上土体均有反映，滑动面清晰。其中，10 月初，18 号观测孔在孔深 9～10m 处观测累积位移量达 44mm，测管被剪断。说明 2#山头次级滑坡滑动日益加剧，不仅向自然沟方向滑移，还有向主轴附近整体滑动加快的趋势。

图 4-2-7　2#山头护坡面外鼓开裂[6]

（4）3#山头、4#山头线路右侧护坡、护墙、天沟局部开裂下沉。4#山头边坡产生表层土体坍塌。

（5）12 月下旬应急工程完工后坡体的变形相继减缓，逐渐处于稳定状态。

2）主滑坡复活的变形破坏特征[6]

1997 年雨季，线路左侧主滑坡已经复活，处在蠕动加剧阶段，整体滑动尚未产生，变形破坏特征主要有：

（1）2#山头主滑坡前缘多处坍滑、河岸坍塌已中断施工便道；线路左侧 250～290m 滑坡下部地面出现数条平行线路的拉张裂缝，缝宽 10～50mm，线路左侧 60m、70m、160～200m 滑坡中下部地面出现 4 条拉张裂缝，各长 40m、90m、90m、20m，缝宽 20～40mm。

（2）3#山头滑坡前缘坍岸严重，324 国道公路路基开裂下错。两段各长 25m、70m，缝宽 50～470mm，下错 200～800mm，断道 2 个多月。前缘民房地面开裂，部分居民被迫搬迁；线路左侧 250～270m 滑坡下部地面出现 2 条拉张裂缝，缝宽 5～50mm；线路左侧 60m、134m、152m 处地面出现 3 条拉张裂缝，各长 120m、70m、60m，缝宽 20～50mm。

（3）线路左侧的 5 个深孔位移量观测结果表明：1996 年 10 月～1997 年 4 月，各孔均没有发现位移变形，说明滑坡处于相对稳定阶段，4 月以后至 6 月 25 日观测发现各孔在不同的深度出现较明显的位移变化，变化位置与勘探的滑动面位置大致吻合，其中 2#山头的 9 号孔在 34～35m 处累积位移量达 51.37mm，测管被剪断。位于 3#山头的 5 号孔在 36～37m 处累积位移量达 52.83mm，测管被剪断。

（4）主滑坡区地面观测桩累积位移量如下：2#山头主滑坡前缘 1、2 和 3 号观测桩的位移分别为 449mm、105mm 和 639mm，3#山头主滑坡前缘 1、2 和 4 号观测桩的位移分别为 382mm、247mm 和 364mm。

4.2.3　八渡滑坡复活机制分析

1. 古滑坡的形成机制[2-9]

1）滑坡的形成条件

A.地形地貌条件

八渡滑坡属中低山峡谷陡坡区，河谷深切，地形相对高差 450～480m，地形坡度 30°～50°，高陡的斜坡类型为滑坡形成提供了临空条件。

B. 地层岩性

滑坡范围内基岩为砂岩夹泥岩、页岩或泥岩夹砂岩，这种软硬相间的地层条件由于差异风化剥落，直接堆积于坡体上，崩坡积物岩性差异大，结构较为松散，既为斜坡失稳提供了物质条件，又对堆积处斜坡进行加载，降低了斜坡体的稳定性。而软硬相间的地层条件由于软岩的流变作用又加速了硬岩次生裂隙的形成，不利岩体稳定。

C. 构造条件

八渡滑坡 2#山头、3#山头、4#山头位于测区内构造应力最强烈的地带。岩体既受 SN 向应力作用，后期又经历一次旋扭。因此，滑坡范围内，存在一组近 EW 向的压性结构面和近 SN 向的张性结构面。前者表现为 3 条 EW 走向断层和具一定区域性的走向高角度倾角大型节理，岩体受其切割完整性被破坏；后者即测区内存在的高角度近 SN 向节理，控制了八渡滑坡的东西两侧边界。岩体在 SN 向主压应力和后期的旋扭作用下，形成一系列复式褶曲，加上岩性差异，砂岩褶曲相对舒缓，而泥岩、页岩强烈、紧密。上述作用使岩体内部应力大量积聚，地层浅部应力释放，导致岩体松弛而破碎。由此引起地表水入渗，风化加剧，恶化了岩体稳定条件。从平硐及后缘基岩裂隙统计，滑坡区主要发育 3 组裂隙：145°~148°∠40°~45°，211°~251°∠62°~71°，84°~92°∠82°~85°。而滑坡区地形平均坡度小于 40°，不存在形成滑坡的优势结构面组合。从平硐揭露的滑面倾角 9°~54° 看，差异性大，滑体中保留的岩层面倾角一般为 20° 左右，平硐中滑床岩层面倾角 43°~62°，与滑体保留的岩层面倾角差异大。因此，岩体应经过倾倒蠕动变形，随着蠕动变形发展而使岩体发生剪断整体下滑，即弯曲-拉裂-剪断失稳。

D. 水动力条件

滑坡区属构造强烈上升区，南盘江急剧下切，斜坡面冲沟发育，形成不利于稳定的坡陡沟深的地形。另外，滑坡区降水量充沛，充足的降水入渗到堆积层、破碎基岩和构造破碎带中汇聚形成地下水，以较陡水力坡度向南盘江排泄时，既降低了岩（土）体强度，又增加了岩（土）体重量，不利于滑体的稳定。

2）八渡古滑坡的形成机制

八渡滑坡的形成和发展，与南盘江下切、河谷上升所造成的临空面有关；滑坡剪出口的分布与该时期河槽底与高漫滩之间的临空面密切相关。

八渡滑坡的滑床基岩缓倾坡内，倾角 21°，为一典型的反倾斜坡。根据地质历史演变分析，反倾斜坡大多沿已有的结构面（层）发生失稳破坏，其层面一旦由于外动力地质作用而与地面贯通，则有顺其滑动的可能。因为反倾斜坡本身没有现存的可滑动的有利结构面，其滑动面或破坏面往往是在漫长的地质历史过程中通过自身的累积时效变形逐渐形成的，最后累进性贯穿。在失稳之前有一个漫长的变形积累过程，从而积蓄形变应变能，最终通过脆性剪断（或张剪破坏）潜在滑动面上残存的"锁固段"，导致坡体突然失稳破坏，剧烈释放应变能，坡体高速下滑。八渡滑坡正是受这种方式变形破坏的典型斜坡。

对于类似于八渡滑坡这种缓-中等倾角的反倾斜坡，根据岩体结构不同又可分为 3 类：似均质（均质）层状中等倾角反向坡、互层状中倾角反向坡、软弱基座中倾角反倾坡。由八渡滑坡的中下段滑坡基岩为边阳组砂泥岩、泥岩夹页岩，属于软硬相间的互层状中倾角反向坡。由于坡体中下段软硬相间的特殊岩体结构，力学性能较差的岩层（泥岩、页岩等）在长时期的自重压力作用下，将产生较明显的压缩变形，从而为坡体中上段的岩体变形提供了足够的空间，使得中上段岩体发生类似于板梁弯折的变形，并由此产生顺层或切层张裂缝。其变形破坏形式为典型的弯曲（倾倒）-拉裂-剪断模式。当板梁弯曲折断面逐渐贯通后，便发生突发性的失稳破坏。

主滑坡的失稳滑动后，其后缘形成陡坎使次级滑坡原坡体上物质失去前缘支撑失稳并在牵引下整体下滑，形成次级滑坡。

2. 滑坡复活机制[2-11]

1）古滑坡复活的原因分析

（1）据田林县气象局资料，1997 年 1 月至 9 月中旬总降水量已达 1561.7mm，超过历史上最大的 1979 年、1994 年的年降水量（1545mm、1538.6mm），仅 5～8 月总降水量已达 1047.3mm，5 月至 9 月中旬总降水量 1416.4mm，已超过多年平均年降水量（1190mm）。如此大量的、连续的、集中的降雨，造成大量地表水和大气降水渗入滑坡体内，软化滑动带和软弱土层，降低了土体的力学强度，增大了滑体重量，孔隙裂隙水压上扬，同时产生较大的地下水动水压力，这是古滑坡复活的主要原因。

据深孔观测资料和地面桩观测资料与降雨关系分析，滑坡位移量与降雨关系十分密切，且反应灵敏，即雨后滑坡位移量增加，滑动速度加快，粗略分析，一般降雨 5～7 天后，滑坡位移量明显增加，而天晴后，滑坡位移量减小，滑动速度减缓，并渐趋相对稳定状态。

（2）1997 年 7 月初以来，南盘江洪水持续上涨，最高水位达 378m，时间长达 1 个多月，是 1971～1997 年 27 年间洪水上涨淹没滑坡前缘时间最长的一次，淹没滑坡前缘水深达 5～11m，洪水浸没冲刷掏蚀滑坡前缘，引起前缘岸坡失稳，产生坍滑，并从下向上逐渐牵引滑坡产生蠕动，造成主滑坡中下部地面开裂，深孔滑动带位移量增大。洪水作用是引起古滑坡复活的因素之一。

（3）铁路工程建设 4 年来，改变了自然山坡形态和自然排水系统，坡面零乱不平，已成的排水系统多堵塞破坏，大量弃土弃渣乱堆于滑坡体上，尤其在滑坡中下部新建大量房屋，大量生活用水、施工用水渗入主滑体，对主滑坡中下部的稳定性极为不利。因此，人为活动是滑坡复活的另一个重要因素。

（4）八渡滑坡是古滑坡在人工开挖、降雨作用下的复活，老滑坡软弱滑带对滑坡复活起一定的控制作用。

2）古滑坡的复活机制

A. 次级滑坡的人工开挖诱发复活机制

修建南昆线之前八渡古滑坡是基本稳定的，但 1994 年铁路施工开挖后，增大了次级滑坡前缘的临空面，使斜坡原有地应力条件发生改变，造成斜坡坡脚支撑减弱，削弱了阻滑段抗力，引起边坡变形。在斜坡应力和卸荷作用下，斜坡强烈地向临空方向挤压蠕动变形、滑移，坡体结构破坏松弛，强度不断降低，从而在次级滑坡前缘坡脚形成剪切蠕滑带。它的发展，引起滑坡体的变形和应力重分布，导致前缘土体坍滑并逐渐向后部牵引发展，随着滑坡体变形加剧，坡脚滑面逐渐贯通，次级滑坡复活不可避免。但因坡脚抗滑桩的存在，减缓了滑坡的整体滑动。

通过上述分析可知，次级滑坡在重力作用下仍有沿潜在滑带向坡脚开挖面发生蠕滑变形的趋势。1997 年连续集中高强度的降雨使得滑坡变形加剧，诱发了次级滑坡再一次的复活，经分析，降雨对古滑坡岩土体产生了明显的水岩作用，包括润滑作用、容重效应、软化作用和泥化作用，以及相应的材料力学效应和水力学效应。①对滑坡土体，降雨入渗使土体的含水量增大，重度变大，从而使滑带的剪应力增大；加上地下水浸泡软化滑带土，降低了滑带的抗剪强度，减少了抗滑力，进而导致滑体沿滑带向临空面发生剪切滑移。此外，入渗水流使得处于干燥或非饱和状态的滑体和滑带变成饱和状态，改变了边坡土体的力学性能，导致其内聚力下降，抗剪强度降低，增大了滑体的塑性变形，从而加剧了滑坡的变形发展。②强降雨、久雨还会对地表产生不同程度的冲刷；伴随着地表水及其入渗水流的泥沙、碎石会改变水流通道，从而打破坡体的物质组成与结构条件，改变岩土体的渗透系数，改变滑坡的地下水渗流场。③地表水入渗将导致滑坡浅表层的非饱和区孔隙水压力的暂时升高，产生暂态的附加水荷载，在坡体内形成较高的孔隙水动水压力、静水压力；上述由降雨产生的作用力，随着滑体饱和度增加，逐渐增大，增加了滑体的下滑力，加速了滑坡失稳。

B. 主滑坡的降雨诱发复活机制

天然工况下，主滑坡的老滑带岩土体处于饱水状态，由此可知，降雨对主滑坡的滑动带岩土体的抗剪强度一般不会产生显著影响。滑带土的抗剪强度不但取决于内摩擦角和内聚力的大小，而且由内摩擦角决定的抗剪强度还随滑面上的法向应力的增加而增加，因此，降雨对主滑坡的作用主要是通过增加滑坡体的孔隙水压力，使滑体的下滑力增大及使作用在滑面上的法向应力减小从而降低滑面岩土体的等效抗剪强度，最终促使主滑坡复活的。而洪水冲刷、掏蚀主滑坡前缘，造成前缘岸坡失稳，进而牵动滑坡中下部产生蠕动，引起地面开裂，这就大大增加了降雨的入渗。此外，在长时间一定强度的连续降雨或在一定持续时间的强降雨作用下，主滑坡浅表部土体中的细粒土在一定"水力梯度"下将在碎块石间移动或流动，同时在地下水渗流作用下易引起土体塌落，发生局部坍塌，导致管道渗流系统发生堵塞或破坏，从而使得地下水来不及通过管网状排泄系统向坡外排泄，结果将引起地下水位不断上升，滑体饱和度随之不断增大，导致滑坡体中孔隙水压力不断增大，滑体下滑力也不断增大，从而使滑体岩土体的抗剪强度不断降低，导致滑体的不均匀塑性变形不断增大。同时，在古滑坡变形破坏过程中，滑体位移、滑体沿滑面位移、滑体沿滑面滑动状态、滑体塑性应变等分布和变化存在较大差异[12]，因此将导致滑坡发生不同程度和不同位置的解体破坏，如在主滑坡后缘产生拉张裂缝。综上可知，长时间一定强度的连续降雨或强降雨是主滑坡复活的主要触发因素。

通过上述分析，可将八渡滑坡的复活机制归纳为两种：分区型蠕滑-拉裂-剪断模式（开挖导致次级滑坡复活）和分级型蠕滑-拉裂-剪断模式（降雨导致主、次级滑坡复活）。

4.3　本　章　小　结

本章选取典型暴雨诱发型、典型开挖诱发型巨型滑坡复活实例，运用地质过程机制分析法等研究了巨型滑坡的复活机制。总结如下。

（1）典型暴雨诱发型巨型滑坡复活：鸡扒子滑坡西区前缘受到江流冲刷后退的同时，坡体在自身重力作用下，沿老滑坡滑动面产生滑移变形。随变形的发展，滑坡后缘出现拉裂，在强暴雨作用下，后缘拉裂扩张加深，最终剪断中部锁固段。滑坡复活机制可概括为分区型蠕滑-拉裂-剪断模式。

（2）典型开挖诱发型巨型滑坡复活：八渡滑坡在 1994 年因人工开挖致使坡脚临空，抗滑段减少阻抗能力降低而引起上部块体局部复活，1997 年暴雨诱发滑坡中部、下部块体分级复活，滑坡复活机制分别可概括为分区型"蠕滑-拉裂-剪断"模式和分级型"蠕滑-拉裂-剪断"模式。

参 考 文 献

[1]　黄润秋，许强，等. 中国典型灾难性滑坡. 北京：科学出版社，2008.

[2]　江凯. 龙滩水库蓄水条件下的八渡滑坡稳定性研究. 成都：成都理工大学，2007.

[3]　卿三惠. 南昆铁路八渡车站滑坡综合治理. 路基工程，2000，（1）：43-48.

[4]　王恭先，王应先，马惠民. 滑坡防治 100 例. 北京：人民交通出版社，2008：46-53.

[5]　孙德永. 南昆铁路八渡车站的滑坡与整治. 铁道工程学报，2005，12（增刊）：320-326.

[6]　孙德永. 南昆铁路八渡滑坡工程整治. 北京：中国铁道出版社，2000.

[7]　铁道部第二勘测设计院. 南昆铁路八渡车站滑坡整治工程施工图总说明书. 1997.

[8]　李现宾. 南昆线八渡车站滑坡的整治. 岩土钻掘矿业工程，1999，（3）：81-84.

[9]　魏永幸. 南昆铁路八渡车站巨型滑坡整治工程设计. 昆明：内地与香港建筑发展、合作及开拓市场研讨会——斜坡安全与斜坡上建筑，2001：14-20.

[10]　刘传正. 南昆铁路八渡滑坡成因机理新认识. 水文地质工程地质，2007，（5）：1-5.

[11]　Xue D M，Li T B，Wei Y X，et al. Mechanism of the reactivated Badu landslide in the Badu mountain area，southwest China. Environmental Earth Sciences，2015，（73）：4305-4312.

[12]　许建聪. 碎石土滑坡变形解体破坏机理及稳定性研究. 杭州：浙江大学，2005.

第5章 巨型滑坡形成演化机制的模拟研究

巨型滑坡的力学行为和形成演化机制极其复杂。为了深入阐明典型巨型滑坡的力学机制，本章采用大型离心机物理模拟试验研究攀枝花机场 12 号滑坡形成演化机制，综合运用大型离心机物理模拟技术和数值模拟技术研究八渡滑坡复活及分级分块滑动机制。

5.1 巨型滑坡机制模拟研究的途径与方法

5.1.1 大型离心机模拟技术

离心模拟技术是岩土力学和岩土工程领域中一项新的物理模拟技术，与原型试验一样，是用来研究岩土工程性状，以帮助解决理论和实践中的难题的。离心模型试验可以使用原型的材料来对模型进行制作，减小了由于模拟材料的差异而对试验造成的影响。而模型材料和应力的相似系数都是 1，能够反映现场条件下岩土体的受力状态，可以模拟在现场实际应力条件下，直观展现土体的受力变形及破坏的全过程，重现现场的实际变形破坏情况。使用离心试验机进行物理模拟试验，不仅能够明显减小模型及其相关构件的尺寸，还能有效缩短试验历时，且能构建多种均质与非均质的模型，模拟不同试验条件，达到提升模型预测效果的目的；并为理论分析和数值分析等方法提供真实可靠的参考依据，以便校正和提高目前使用的数值模型。同其他实验方法相比，离心模型试验通常具备以下一些特征[1-3]：

（1）试验中能采用与同原型材料相同或相似的材料。

（2）模型在首次破坏之后可以使荷载仍然连续起作用。

（3）可以模拟多种复杂的地质、边界、位移等条件，能够取得在各种因素综合影响下的结果。

（4）可以保持与原型相应的应力场来对斜坡岩土体及其相应的支护结构进行模拟，并能直接再现与原型相似的滑坡体与支护结构之间的协同关系。

（5）可以通过很短的历时解决岩土体在不同情况下的变形及破坏的整个过程。

（6）离心模拟试验技术能够对动态过程进行模拟。

迄今为止，采用离心模型试验研究边坡稳定性已经取得较多成果[4-55]，概括起来，主要包括离心场中滑坡失稳诱发因素的模拟技术、滑坡特征参数的量测和拾取技术、滑坡变形破坏机制和稳定性分析及支护结构与边坡相互作用等。然而，受离心机容量的限制，国内外开展大型滑坡、特大型滑坡、巨型滑坡的大型离心模型试验还较少，已有的研究基本为小比尺模型。本章采用成都理工大学地质灾害防治与地质环境保护国家重点实验室的 $500g \cdot t$ 大型土工离心机，开展攀枝花机场 12 号滑坡形成和破坏机制研究以及巨型滑坡分级分块滑动机制研究。

5.1.2　数值模拟方法

数值模拟方法是通过对巨型滑坡进行抽象,依据滑坡原型及原型相关参数建立与原型在一定程度上对应的数值模型,利用力学和数学仿真计算获得巨型斜坡体应力场、位移场及再现巨型滑坡的变形破坏过程。同时,数值模拟方法对结构复杂尤其对复杂的边界条件、地层条件和荷载条件等的计算处理都比较方便,且能够考虑支护结构与土体的相互作用,为了解支护结构变形和内力分布及支护结构周围土体的应力分布和变形相应等规律提供了一种手段。数值模拟的精度与本构关系和参数的正确选择有很大关系。常用的数值模拟软件有 FLAC3D、UDEC、PFC 等。本章采用以离心模型试验和数值模拟相结合的方法,对八渡滑坡复活及分级分块滑动的机制进行研究。

5.2　攀枝花机场高填方滑坡离心模型试验

5.2.1　高填方斜坡及滑坡特征概述

1. 高填方斜坡概况

攀枝花机场位于攀枝花市东南部金江片区保安营近南北走向的独立山脊东南侧的顺层斜坡,在机场修建过程中,对机场东侧进行了大方量的开挖与填方,挖方总量达 5800余万立方米,其中石方达 $4000 \times 10^4 \mathrm{m}^3$,陡坡填筑长度超过 3600m,山体东侧填方高度一般 40~50m,最大回填深度超过 123m,坡度 25°~26°,碾压回填压实度最低为 93%,道槽及影响范围内为 96%~98%。坡面走向呈波状起伏,陡坎发育,走向具一定规律性,呈NW 向。地貌属中山区构造剥蚀斜坡地貌。

高填方区表部为第四系残积黏性土,一般厚度 0.50~5.50m,呈硬塑至坚硬状态,含有 10%~20%块石、碎石及母岩风化残块;其下为侏罗系泥岩、碳质泥岩及砂岩互层,泥岩呈黄色及灰黄色,薄至中层状构造;碳质泥岩呈青灰色至深灰色,主要为中层状构造,具有失水龟裂现象;砂岩呈灰黄色、灰色至灰白色,以钙泥质胶结为主,呈中厚层状构造。综合强风化带厚度为 5~8m,局部 10~20m。岩层产状由南至北表现为倾向105°~165°(与坡向基本一致),倾角缓且较一致,为 8°~18°,构成缓倾外顺层斜坡。地形地貌见图 5-2-1。

填方区具倾斜基底,地下水发育,岩土体软弱。场区裂隙水、潜水较发育。场区在施工前一些地段坡体已不稳定,勘察中发现古滑坡 6 个,均为覆土顺基岩面的浅层土质滑坡。机场 2000 年 7 月开始填土,至 2001 年 2 月即陆续促发填土滑坡 5 个,编号为 7~11;填土后期(2002 年 8 月)又促发了"五标滑坡",均为填土层连同覆盖土层顺基岩面的滑坡。除古滑坡体在施工初期已清除外,对填土滑坡和潜在不稳定坡体进行了工程防治。7~11 号填土滑坡采用场区上部(未填方区)挖除-换填、下部(已填方区)设复式抗滑桩(键)、配套排水措施的综合方案。潜在不稳定段坡体进行预加固,在坡肩区因尚未填土而采用清

图 5-2-1　高填方斜坡地形地貌

除-换填措施（实施土石挡墙宽 40m）；坡脚已填土区因原拟设的土石挡墙抗滑力不够、开挖临空面高可能诱发边坡失稳，而改设多排滑桩（键）。

2. $P_{140} \sim P_{160}$ 段高填方边坡及预加固

$P_{140} \sim P_{160}$ 段高填方斜坡西侧为机场飞行区跑道，横向宽度 400m，纵向长度 400～425m，高差为 128m。填筑体高边坡区的岩土体结构简单。上部为一层厚度 8～60m 的人工填土。填土主要成分为灰黄色、黄褐色粉质黏土夹碎块石，碎石含量 30%～40%，块径 5～50cm，个别可达 1.5m，岩性为中-强风化砂岩、泥岩。该填筑体密实度较好，基本为中密-密实。下部为一层厚度 3～10m 不等的强夯粉质黏土，多为原有坡体残坡积土及强风化砂岩、泥岩，灰黄色、黄褐色，颜色均一，多呈硬塑-坚塑状态，密实性好。填土体含水量从上到下逐渐增大，上部为 8%～10%，靠近基岩面可达 18%～19%。基岩顶面为厚 5～15m 的灰黑色碳质泥岩，其下为一层浅黄色中厚层状粉细砂岩，总体呈砂泥岩互层状产出，岩层产状与高填方斜坡区总体产状一致。地质剖面见图 5-2-2。填筑体内无统一地下水位，局部存在因地表水下渗而形成的上层滞水，基覆界面附近地下水丰富。

机场修建前，$P_{140} \sim P_{160}$ 段原址是一个沟谷地带，勘察查明其下部发育有易家坪老滑坡。2000 年机场建设时，将跑道区斜坡表部的松散物质（包括部分老滑坡体）进行了清除，再进行填筑，并在填筑体坡脚设置了抗滑桩。由于施工扰动，2001 年 1 月开始，填筑体下方易家坪老滑坡体出现变形，并于 2002 年 7 月雨季发生了整体复活，使已经在填筑体坡脚施作的一排抗滑桩外露（参见图 3-2-17 和图 3-2-18）。易家坪滑坡复活后，进一步对填筑体斜坡进行了预加固，在填筑坡体中部增设了 2 排抗滑桩和阻滑键，并在填筑体坡脚的乡村公路外侧设置 1 排阻滑键。

3. 12 号滑坡概况

12 号滑坡产生在机场跑道东侧 $P_{140} \sim P_{160}$ 段的高填方边坡中。2009 年 10 月 3 日 15：00，$260 \times 10^4 m^3$ 的填筑体整体失稳，沿基覆界面下滑，并超覆于其下方的易家坪老滑坡之上，

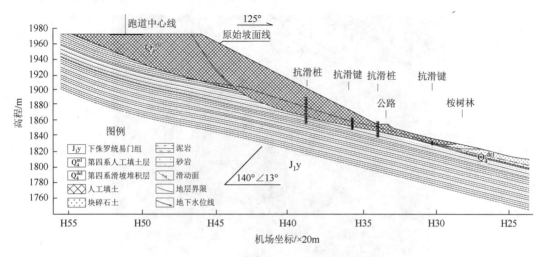

图 5-2-2　填筑体高边坡地质剖面图

使易家坪老滑坡再次复活[56]。滑坡全长为 1600m，宽为 200~400m，厚度为 10~25m，总体积约为 $510 \times 10^4 m^3$。滑坡主滑方向为 125°，滑动距离为 100~300m。滑动带主要物质为青灰色、黄褐色粉质黏土，厚度为 10~60cm。监测结果显示，2008 年 8 月 30 日攀枝花发生 6.1 级地震后，12 号滑坡所在的填筑体边坡出现较大变形，土面区边缘出现明显下错台坎（下错达 50cm 左右）。2009 年 6 月以前（旱季），坡体基本上处于匀速变形阶段；6~8月（雨季），坡体变形明显加剧；9 月后，坡体进入加速变形阶段，并在 10 月 1 日前两场暴雨后发生整体失稳。可见，降雨和地下水的作用对填筑体边坡的滑动失稳有重要影响。

5.2.2　离心模型试验设计

1. 试验目的

受模型箱尺寸限制，对整个 12 号滑坡体（1600m 长）的滑动过程进行模拟难以做到。考虑该滑坡主要是填筑体边坡失稳而形成，易家坪老滑坡是填筑体滑动超覆荷加载而导致的复活。因此，本次试验重点对填筑体高边坡的变形和失稳机制进行模拟。

2. 试验设备及参数

试验采用成都理工大学地质灾害防治与地质环境保护国家重点实验室的 TLJ-500 型土工离心机，该离心机的容量目前在国内为最大（图 5-2-3），其主要技术参数如下：

离心机最大容量：$500g \cdot t$。

离心机半径：轴线到箱底半径 4.5m。

有效半径：载荷（模型箱＋模型）重心至主轴中心 4m。

离心机加速度值：$10g \sim 250g$。

转速稳定度：0.5%FS/12h（满量程连续工作 12h 转速误差为 0.5%）。

模型箱尺寸：1.2m×1.0m×1.2m（长×宽×高）。

图 5-2-3　TLJ-500 型土工离心机

3. 相似关系及模型设计

1）相似关系[57-59]

模型试验中，模型与原型除了应保持几何相似外，还应使二者对应点的应力、应变满足相似要求，即必须满足几何相似、运动相似和动力相似关系。表 5-2-1 是等应力离心模型试验中的相似比尺。在制备模型时，模型的物理量必须按照相应的模型率制备。根据试验结果，应用相似比可得出原型的应力、应变、沉降、变形等物理力学特性。

表 5-2-1　等应力离心模型试验中的相似比（原型/模型）

物理量	相似比	物理量	相似比	物理量	相似比	物理量	相似比
离心加速度	$1/n$	密度	1	应力	1	内摩擦角	1
长度	n	抗弯刚度	n^4	弯矩	n^3	孔隙比	1
面积	n^2	含水量	1	颗粒尺寸	1	弹性模量	1
体积	n^3	容重	$1/n$	时间、蠕变	1	泊松比	1
质量	n^3	位移、沉降	n	应变	1	剪切模量	1

2）模型尺寸设计

根据离心机的最大容重和最大加速度，结合模拟边坡体的范围和模型箱的尺寸，本次试验相似比尺确定为 $n=250$。由此选定原型边坡的长×宽×高 = 300m×250m×146m，模型边坡的长×宽×高 = 1.2m×1m×0.584m。依据填筑边坡的结构，确定模型各部分的具体尺寸。

4. 模型材料选择

1）填筑体及软弱层

边坡填料采用机场填筑体原型材料，按现场填料级配进行粒组配比，在室内对配比填料进行了一系列物理力学试验，并求出最佳含水率，以使填筑体和软弱层的力学参数与现场接近（表 5-2-2）。

表 5-2-2　填筑体及软弱层力学参数取值

材料名称	内聚力 c/kPa		内摩擦角 φ/（°）	
	试验值	现场测值	试验值	现场测值
填筑体	47	30	25	25
软弱层	17	14	11	10~11

2）基岩

填筑体以下的基岩必须保证足够的强度和刚度，防止其在试验过程中发生变形，从而影响填筑体的变形。本次试验中基岩采用砖块加水泥砂浆砌筑的方式模拟。基岩表面形态根据勘探结果确定。

3）预加固抗滑桩

原型抗滑桩为 C30 的钢筋混凝土，从填筑体坡顶到坡脚依次布置 3 排。各排桩的长×宽×高尺寸分别为 3.0m×2.4m×35m、2.5m×1.8m×16m、3.0m×2.4m×20.5m。本次离心模型试验采用微混凝土预制模型桩，钢筋采用钢丝模拟。对应的模型桩长×宽×高尺寸分别为 1.2cm×0.96cm×14cm、1.0cm×0.72cm×6.4cm、1.2cm×0.96cm×8cm。

5. 量测系统布置

试验过程中主要测试模型在不同工况条件下的位移、土压力、孔隙水压力及抗滑桩的受力等。采用的传感器主要为位移标志点、差动位移传感器（LVDT）、微型土压力计、微型孔隙水压力计及应变片等。量测系统及传感器的布置见图 5-2-4～图 5-2-6。

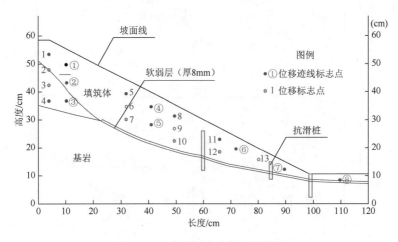

图 5-2-4　位移标志点剖面布置图

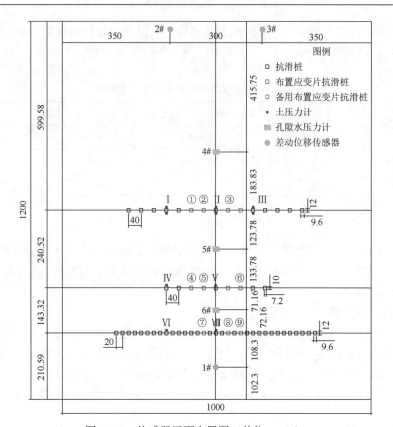

图 5-2-5　传感器平面布置图（单位：mm）

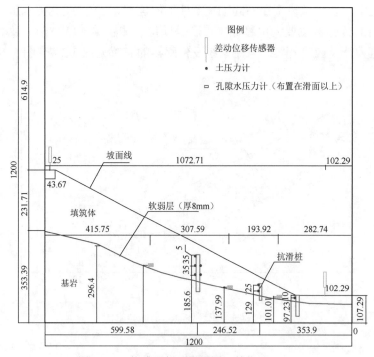

图 5-2-6　传感器剖面布置图（单位：mm）

6. 模型制作

1）观测网格

根据模型尺寸设计观测网格，然后打印粘贴在模型箱的四侧壁，为基岩浇筑和填筑体的制作及传感器的布置做参照。网格应能反映模型各部的具体形态、尺寸，并便于坡体滑动变形的观测（图 5-2-7）。

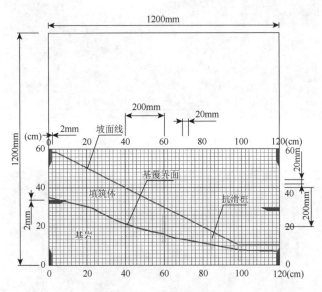

图 5-2-7　观测网格设计图

2）基岩和预加固桩

用砖块和水泥砂浆进行基岩的浇筑。浇筑过程中，按照预加固桩的位置和间距在基岩中安放预制的模型桩及其量测传感器，并对桩进行支撑固定。最后对基岩进行养护。

3）填筑体与软弱层

首先制作填筑体底部的软弱层，然后在软弱层表面安装孔隙水压力计，最后进行填筑体的制作和土压力计的安装。

为了保证填筑质量，填筑体制作应分层进行，每层厚度不大于 40mm，并按现场天然密度进行制模质量控制。填筑体制作完毕后，在坡体靠观测面一侧细心布置位移标志点。

制作完成后的模型见图 5-2-8 和图 5-2-9。

7. 试验工况及过程

本次试验分两种工况进行，分别为天然工况、降雨和地下水工况。由于模型最终总重量为 2.04t，受离心机最大容量的限制，离心加速度最大只能加至 245g，与设计的 250g 略有差距。目前高加速度下（大于 100g）离心模型试验的降雨技术问题（如科氏效应和风速影响、降雨均匀性等）没有得到解决，已有的在试验进行中的降雨模拟的加速度都在 100g 以下[17]。因此，本次试验降雨和地下水模拟仍然采用传统的注水法。试验过程如下。

图 5-2-8　制作完成后的模型侧视图

图 5-2-9　制作完成后的模型俯视图

（1）天然工况：离心加速度从 0g 加速至 100g，并保持 10min；加速至 220g，并保持 3min；加速至 240g，并保持 2min；加速至 245g，并保持 245g 旋转 30min 后停止试验。

（2）降雨和地下水工况：在天然工况试验结束后立即采用水量控制法进行降雨和地下水的模拟；降雨和地下水模拟结束后，离心加速度从 0g 加速至 240g，并分别在 50g、100g、150g、200g、220g、230g、240g 时保持 2～4min；加速至 245g，保持 245g 旋转 30min 后停止试验。

5.2.3 离心模型试验结果分析

1. 边坡变形特征

1）坡顶沉降

填筑体坡顶沉降通过安装在坡顶的接触式位移传感器（2#和 3#）进行动态监测。图 5-2-10 为坡顶沉降量随时间和加速度的变化曲线。

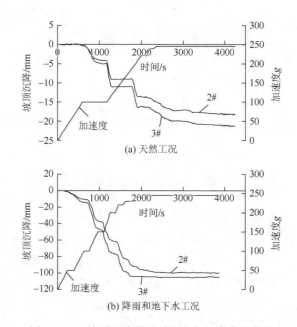

图 5-2-10 坡顶沉降量随时间及加速度变化曲线

由图 5-2-10 可知，随着离心加速度的增加坡顶沉降量不断增大，并且沉降量和加速度值保持很好的对应关系。天然工况下，随着加速度的不断增加，坡顶沉降量呈较缓慢增加的趋势，并在 245g 匀速旋转时继续产生缓慢沉降。这与现场填筑体高边坡的沉降变形相一致。降雨和地下水工况下，随着加速度的增加，坡顶沉降量较快增加。在加速度未超过 200g 以前，坡顶沉降与加速度增加保持着很好的对应关系。当加速度达到 214g 后，坡顶沉降迅速增加，呈加速变形状态，并且不呈现 200g 以前加速度恒定沉降减缓的特征。实际上，视频监视显示这时坡体已经失稳破坏，并产生下滑。监测到坡体的最大垂直位移在 100mm 左右，相当于原型 25m。

2）坡脚垂直位移

坡脚的位移通过安装在坡脚中央的 1#接触式位移传感器进行动态量测。它代表填筑高边坡坡脚易家坪老滑坡后缘的垂直位移。图 5-2-11 为坡脚垂直位移随试验时间和加速度的变化曲线。

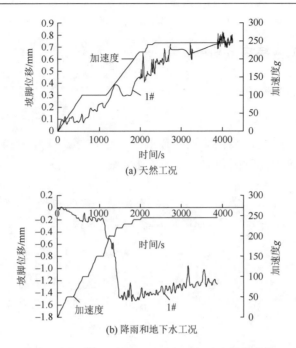

图 5-2-11　坡脚垂直位移随时间及加速度变化曲线

由图 5-2-11 可见，无论是天然工况下还是降雨和地下水工况下，易家坪老滑坡后缘（也就是填筑体高边坡坡脚外侧）的垂直位移都很小，介于 0.8～1.5mm，相当于原型 20～37.5cm 的位移。天然工况下，受填筑体沉降和蠕滑的影响，坡脚外侧有少量隆起变形（20cm 以内），但由于预加固桩的阻挡，这种隆起变形很微小。降雨和地下水工况下，坡脚土体含水率高（近于饱和），随着离心加速度的增大，土体中孔隙水排出，使坡脚外侧发生少量沉降变形。当加速度达到 214g 后，坡体失稳下滑，受土体滑移变形和挤压影响，坡脚外侧出现微小隆起变形。由于填筑坡体滑动的剪出口在其坡脚第 1 排桩附近，其外侧的量测点不在填筑体滑坡范围内，属于滑坡超覆区，因此，没有出现明显的隆起现象。

3）坡体内部变形

通过标志点和网格坐标可观测到填筑体内部的变形特征。天然工况下，可观察到坡体后部基覆界面附近网格坐标纸呈现出明显的剪切应变迹象带，说明坡体在自重应力作用下沿基覆界面附近发生了剪切蠕滑变形。

降雨和地下水条件下，坡体发生了显著的大变形，继而整体失稳破坏。由模型侧面布置的标志点位移可以看出（图 5-2-12），填筑体滑动失稳过程中，坡体以水平位移为主，位移矢量方向总体与基覆界面平行，最大滑动位移量达 187.7mm，相当于原型的位移量 47m（受模型箱阻挡，滑动位移量与原型不可能一致）。在填筑斜坡前缘第 1 排预加固桩和第 2 排预加固桩之间，坡体产生了明显的隆起变形。坡体后部的垂直位移明显大于中前部，显示坡体后部呈弧形滑动的特征，这与原型后部滑面的弧形擦痕特征吻合。在竖直方向上，坡体上部的位移大于其下部的位移，显示明显的蠕滑变形特征。

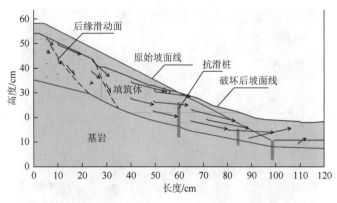

图 5-2-12　模型破坏后标志点的位移矢量图

2. 边坡破裂及失稳特征

天然工况下，当离心机加载到 200g 后，坡体后缘开始出现裂缝，但整个试验中坡体没有产生失稳破坏。停机后对坡面裂缝进行观察和统计，其结果如图 5-2-13 和图 5-2-14所示。由图可知，坡面主要发育 3 个裂缝带，总体呈弧形分布，属拉张裂缝，无明显下错特征。据统计，裂缝张开度为 2～5mm 不等，横向延伸 25～60cm。天然条件下，坡体的裂缝主要分布在第 3 排抗滑桩以后，与现场坡体的变形特征相近。结合前述的坡体内部变形特征，可以认为填筑体边坡的变形模式为沿基覆界面附件剪切蠕滑，进而在后部产生拉裂破坏，也就是蠕滑-拉裂模式。

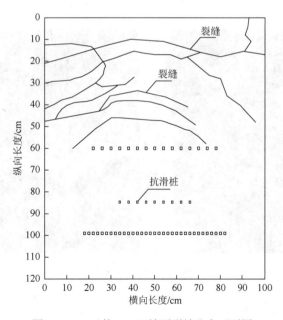

图 5-2-13　天然工况下坡面裂缝分布平面图

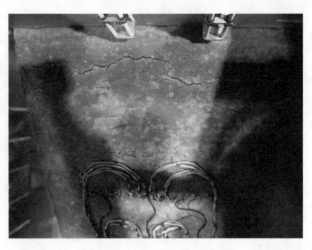

图 5-2-14　天然工况下填筑体坡面裂缝特征（俯视）

降雨和地下水工况下，当离心加速度达到 138g 时，坡面开始出现裂缝；达到 150g 时裂缝向内部延伸，坡体后缘出现大量近似平行的张裂缝，中下部开始出现裂缝；加速度达 196g 时坡体下滑明显，裂缝加大，后缘沉降明显；214g 时坡体失稳并产生大滑。图 5-2-15 为坡体滑动破坏后的裂缝分布特征。由此图并结合图 5-2-16 可以看出，填筑斜坡滑动的剪出口位于其坡脚第 1 排抗滑桩附近，滑动后超覆于易家坪老滑坡之上。滑体近地表呈松动和散体状，其中后部裂缝长而多，以拉张、下错和次级解体破坏为主，中前部显现塑性流动破坏特征，发育一系列密集裂缝。

图 5-2-15　坡体滑动破坏后的裂缝分布特征

3. 抗滑桩受力及破坏特征

与原型一致，模型中共布置 3 排预加固抗滑桩，从坡体前缘向后缘分别称为第 1 排桩、第 2 排桩、第 3 排桩。第 1～3 排桩的数量分别为 33 根、9 根、15 根。由于常规应变片在

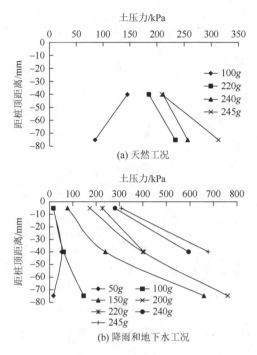

图 5-2-16　不同工况下Ⅱ号桩的桩后土压力分布图

高离心加速度下性能不够稳定,这里主要以第 3 排桩中的Ⅱ号桩为例对土压力盒采集到的数据进行分析（图 5-2-16）。

1）桩后土压力

由图 5-2-16 可知,作用在桩后的土压力随着离心加速度的增加而增大;降雨和地下水工况下桩后的土压力比天然工况下对应深度下的桩后土压力大,在加载至模拟的离心加速度 245g 时,降雨和地下水条件下桩后的土压力是天然条件下的 2～3 倍。虽然受高离心加速度影响,测试数据不完整,但从图 5-2-16 仍可看出,总体而言,桩后土压力近似呈梯形分布,由上到下逐渐增大。而且,地下水工况下,Ⅱ号桩受荷段底部（基覆面附近）的土压力大于 761kPa。

2）桩前土压力

预加固桩的桩前土压力也显示从桩顶到基覆界面附近土压力总体呈逐渐增大状态（图 5-2-17）。天然条件下,桩前土压力一般小于 100kPa;降雨和地下水条件下测得的桩前土压力一般小于 500kPa。

对比分析Ⅱ号桩的桩后和桩前的土压力可知,桩后土压力要明显大于桩前的土压力,也就是说,桩后承受了很大的边坡变形推力。

3）土压力比较

将天然工况、降雨和地下水工况下桩后土压力实测值与经典库仑土压力理论计算值对比,其结果如表 5-2-3 所示（表中数据均为转换为原型后的计算结果）。

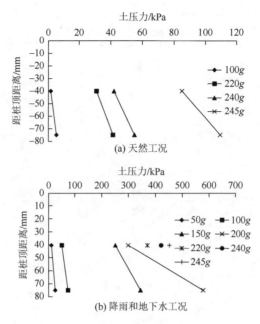

图 5-2-17 不同工况下 II 号桩桩前土压力分布图

表 5-2-3 两种工况下 II 号桩土压力比较

工况	距桩顶距离/m	静止土压力/kPa	主动土压力/kPa	试验实测值/kPa
	1.225	131.4	97.0	
天然工况	9.800	224.3	165.5	210.6
	18.400	317.5	234.3	304.0
	1.225	140.7	112.1	307.0
降雨和地下水工况	9.800	240.2	191.3	672.0
	18.400	340.0	270.8	

由表 5-2-3 可知，无论天然工况还是降雨和地下水工况，实测的桩后土压力较理论计算的主动土压力大。天然工况下实测土压力略小于静止土压力，而降雨和地下水工况下实测土压力比静止土压力大得多。可见，填筑体斜坡的预加固设计不能以土压力的理论计算值作为设计荷载。

4) 桩的破坏

第 3 排桩的尺寸为 2.4m×3m，原设计推力为 2000kN/m，每根桩的设计荷载为 10000kN。按照降雨和地下水条件下 II 号桩试验实测的桩前土压力和桩后土压力及其分布特征，计算得到第 3 排桩的实际受荷为 12024kN。可见，桩实际所受荷载远大于设计荷载，产生破坏是必然的。

试验结束并清理完模型土体后见到的填筑体中 3 排预加固桩的破坏情况见图 5-2-18。可见，3 排桩全部破坏，其破坏形式以折断为主。后续孔隙水压力分析进一步证明，桩是由后向前（第 3 排到第 1 排）逐步被折断的，具有由上至下逐步击破的累进性破坏特征。

图 5-2-18　试验完成后模型桩破坏情况

4. 坡体孔隙水压力特征

孔隙水压力计布置于填筑体模型的基覆界面附近,分别位于坡体前缘(6#)、中前部(5#)和中后部(4#)。由图 5-2-19(a)可见,天然工况下,由于坡体中地下水较少,孔隙水压力不大,小于 75kPa,而且坡脚附近地下水头很低,因此,坡脚的 6#孔隙水压力计的量测值基本没变化。在 0~200g 加载过程中,坡体中的孔隙水处于不断汇聚过程中,因此,孔压变化不大;当加速度达到 200g 后,孔隙水已汇聚于基覆界面附近,并克服黏滞阻力在重力作用下沿基覆界面附近产生向坡下的渗流,因而孔隙水压力迅速增加。

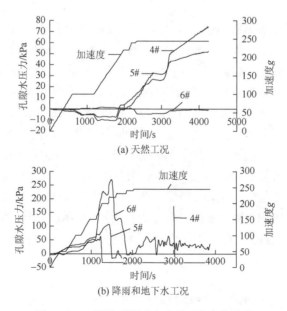

图 5-2-19　基覆面附近孔隙水压力变化曲线

　　降雨和地下水工况下 3 个测点的孔隙水压力变化规律基本一致, 总体表现为随着加速度增加孔隙水压力增加 [图 5-2-19 (b)]。在接近模拟要求的加速度时, 测得的最大孔隙水压力达到 273kPa, 是天然工况下最大孔压的 3.64 倍。值得注意的是, 3 个测点在不同时刻先后产生了孔隙水压力突降现象。分析认为, 孔隙水压力突降是坡体滑动破坏引起孔隙水压力突然消散的结果。当加速度小于 150g 时, 3 个测点的孔隙水压力几乎匀速增加。加速度大于 150g 后, 测点孔压快速增加, 而且, 当加速度分别为 196g、208g 和 220g 时, 坡体中后部的 4#测点、中前部的 5#测点和坡脚的 6#测点的孔压分别产生突降。这说明 4#、5#和 6#测点附近的坡体分别在 196g、208g 和 220g 时产生了突然滑动, 而这些测点正好位于第 3 排桩、第 2 排桩、第 1 排桩后, 这就意味着 3 次突然滑动是第 3 排桩、第 2 排桩、第 1 排桩被逐排 (个) 折断引起的。此外, 坡体中孔隙水压力突降还表现出后部的孔压突然消散后前部的孔压迅速增加的特征。

5.2.4　讨论

1. 边坡滑动机制

　　试验揭示, 填筑边坡的变形受基覆界面及其附近的软弱层控制, 在天然条件下填筑体底部便发生了剪切蠕滑变形, 进而导致边坡后部拉裂和坡脚隆起。而且, 坡体的变形破坏是由后部向前部逐渐发展的, 具有推移式变形的显著特点。在降雨和地下水条件下, 3 排预加固桩从后向前被逐排折断, 最终导致坡体整体滑动。这与现场边坡的宏观变形破裂现象吻合。可见, 基覆界面附近的软弱层是填筑边坡失稳的内因。该软弱层在重力场和地下水等诱发因素的作用下产生推移式蠕滑是填筑边坡持续变形的最根本原因。

　　天然条件下在设计的离心加速度作用下, 填筑边坡除了产生蠕滑-拉裂变形外没有整体失稳下滑。然而, 当降雨和地下水作用后, 坡体中的孔隙水压力迅速增加, 最大增至天然条件下的 3.7 倍。可见, 坡体中的地下水及其产生的孔隙水压力对该边坡的滑动有非常重要的作用, 现场勘察也揭示坡体中特别是基覆界面附近地下水丰富。

　　试验表明, 降雨和地下水条件下作用在第 3 排预加固桩上的土压力是天然条件下的 2~3 倍, 远大于桩的设计荷载。因此, 3 排预加固桩产生从后向前的累进性折断, 最后坡体从填筑边坡坡脚剪出, 并超覆于其下部的老滑坡之上。离心模型试验很好地再现了攀枝花机场预加固高填方边坡的失稳过程, 试验结果与原型的变形破坏现象和滑动破坏过程吻合。通过上述讨论, 该边坡的滑动失稳受基覆界面附近的软弱层和地下水的控制, 预加固桩的布置与其受力不协调, 使其发生累进性破坏而不能有效阻挡坡体的变形。该边坡的滑动机制可概括为推移式蠕滑-累进性折断-溃滑与超覆。

2. 几点启示

　　通过模型试验和上述边坡失稳机制分析, 可以获得以下几点启示。

（1）高填方边坡勘察和设计中应高度重视覆盖层和基岩顶面附近的地质条件, 并且要预判边坡长期运营中基覆界面附近可能出现的不利变化。在此基础上，彻底处理填筑体和基岩接触面附近可能存在的地质隐患。本书研究的填筑边坡底部的软弱层就是基岩顶面的碳质泥岩在长期地下水软化下形成的地质隐患。

（2）高填方边坡设计中应详细分析填筑体和基岩中可能存在的地下水，并采用针对性措施排除填筑体及其与基岩接触面附近的地下水。

（3）高填方边坡设计中多排抗滑桩的布置应考虑边坡可能的变形机制，各排桩的设计荷载应采用基于桩土相互作用的数值分析进行确定，不能人为分配。

5.2.5　小结

（1）离心模型试验很好地再现了攀枝花机场预加固高填方边坡的失稳过程，试验结果与原型的变形破坏现象和滑动破坏过程吻合。试验揭示了该填方边坡变形破坏过程中的推移式剪切蠕滑、后部沉降及拉裂、前缘隆起、孔隙水压力突降、预加固桩累进性折断、塑性流动等特征。

（2）攀枝花机场预加固高填方边坡的滑动失稳受基覆界面附近的软弱层和地下水的控制，预加固桩的布置与其受力不协调，使其发生累进性破坏而不能有效阻挡坡体的变形。该边坡的滑动机制可概括为推移式蠕滑–累进性折断–溃滑与超覆。

（3）坡体中地下水的孔隙水压力和软化作用对该填方边坡的滑动破坏具有非常重要的作用。试验表明，降雨和地下水状态下，坡体中的孔隙水压力迅速增加，最大增至天然条件下的 3.7 倍。建议高填方边坡设计中应采用针对性措施排除填筑体及其与基岩接触面附近的地下水。

（4）预加固抗滑桩承受较大的边坡变形推力，且越靠近坡体后部的桩推力越大。降雨和地下水条件下最后一排桩上的土压力是天然条件下的 2～3 倍，远大于桩的设计荷载，最终预加固桩从后向前逐排产生累进性折断。这说明该填方边坡多排抗滑桩的平面布置和受力确定欠合理，建议高填方边坡的多排抗滑桩设计中各排桩的设计荷载采用基于桩土相互作用的数值分析确定。

5.3　八渡滑坡数值模拟分析

5.3.1　计算模型及参数取值

1. 模型范围

根据八渡滑坡工程地质平面图、剖面图，建立滑坡的计算模型和坐标系的空间形态。模型所采用的直角坐标系以平行河流方向为 X 轴，从上游指向下游为 X 轴正向；以大致垂直河流为 Y 轴，从坡外指向坡内为 Y 轴正向；以铅垂方向为 Z 轴，向上为 Z 轴正向。

模型 X 方向：考虑地形完整，取包含 1#与 2#和 4#与 5#山头为模拟范围，共宽 650.0m。

模型 Y 方向：考虑八渡古滑坡后缘一定距离为建模范围，取模型长 700.0m。

模型 Z 方向：顶面为坡表面，滑壁顶高程 550～560m，前缘挤压并伸入南盘江（江水水位高程 368～380m），取模型高 310m。

2. 建模过程

考虑模型的复杂性和建模的可行性，本计算模型在建立过程中对地质原型进行了一定的简化。数值计算中将原型材料概化为 3 层：老滑面以上滑坡堆积层，坡体开挖部分，老滑面以下基岩层，老滑带在计算中采用接触面单元命令实现。

边坡几何模型、构造界面的生成均在 ANSYS 中完成，网格划分后保存单元和节点几何信息，然后通过接口程序转化为 FLAC3D 的前处理数据格式。在 FLAC3D 中导入这些数据之后生成的网格模型见图 5-3-1 和图 5-3-2。图中绿色块组为基岩，红色块组为八渡滑坡老滑面以上滑体，蓝色块组为工程开挖部分。整个模型由四面体网格单元组成，共有 5744 个节点、28940 个单元，模型的网格精度符合计算要求的精度。

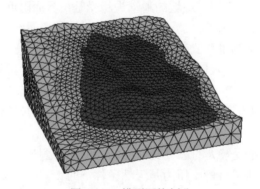

图 5-3-1　模型网格划分

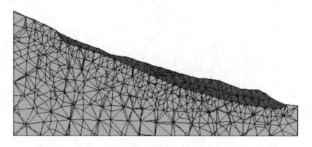

图 5-3-2　模型网格划分剖面图

3. 边界条件（力学边界和渗流边界）

力学边界上，坡面设为自由边界，模型底部设为固定约束边界，模型四周设为单向边界。渗流边界上，靠河一侧采用透水边界，通过固定其孔隙水压力实现，在 FLAC3D 中通过 fixPP 实现；降雨边界采用流量边界，施加在坡体表面节点，采用 APPLY PWELL 命令控制。

4. 本构模型

模型采用理想弹塑性模型，屈服准则采用莫尔-库仑准则，即

$$f_S = \sigma_1 - \sigma_3 N_\varphi + 2C\sqrt{N_\varphi} \tag{5-3-1}$$

$$f_t = \sigma_3 - \sigma_t \tag{5-3-2}$$

式中，σ_1、σ_3 分别为最大主应力、最小主应力；C、φ、σ_t 分别为材料的内聚力、内摩擦角、抗拉强度；$N_\varphi = (1 + \sin\varphi)/(1-\sin\varphi)$。当 $f_S = 0$ 时，材料将发生剪切破坏；当 $f_t = 0$ 时，材料将发生拉伸破坏。

5. 模型参数取值

滑坡主滑体物质以黄褐色、灰褐色碎块石和角砾状的滑坡岩块为主，具有不连续的成层性，夹有棕红色、黄褐色粉质黏土、碎石土、块石土，空间上部以碎石土为主，局部为铁路开挖的弃土、填土，碎石土厚度 11～18m，下部以块石土为主，厚度 4～36m。

据钻探资料，老滑带位于基覆界面处。滑带土空间变化较大，主要为含次棱角状碎石、角砾的粉质黏土、黏土，棕黄色、灰褐色、灰绿色，软塑-流塑状，厚 0.3～2.00m。

滑床纵向上表现为后陡下缓，滑床顶面起伏面与地形起伏基本一致。滑床基岩为中三叠统边阳组（T_2b）的灰绿色钙质、硅质石英细砂岩夹黑灰色泥、页岩组成。

根据原位试验和室内力学试验结果，模型材料物理力学参数建议值如表 5-3-1 所示。

表 5-3-1　八渡滑坡岩土体物理力学参数

材料名称	天然容重/(kN/m³)	弹性模量 E/MPa	泊松比 μ	凝聚力 C/kPa	内摩擦角 φ/(°)	抗拉强度 T/kPa	孔隙率 e	渗透系数/(m/s)
滑体	20.10	800	0.25	28.85	20.56	0	0.4	1.3e-6
滑带	18.00	500	0.35	25.66	17.46	0		
砂泥岩	26.86	1500	0.21	1800	37.0	500		3e-11

6. 模拟方案规划

为分析八渡老滑坡分区分级复活的原因及其发生发展过程，数值模拟过程分为 3 个步骤进行：

（1）模拟天然工况下老滑坡的稳定性；

（2）模拟开挖工况下老滑坡的变形位移特征；

（3）模拟暴雨工况下老滑坡的变形位移特征。

三种工况下选取同一剖面 AB 进行老滑坡变形比较分析，如图 5-3-3 所示，剖面位置坐标：origin（350，0，0），normal（1，0，0）。

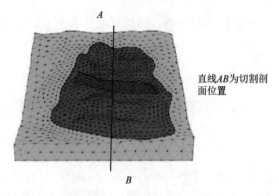

图 5-3-3　切割剖面位置示意图

5.3.2　天然工况下八渡滑坡应力和变形特征分析

1. 应力场特征分析

图 5-3-4 和图 5-3-5 分别为天然工况下最大主应力等值线图和最小主应力等值线图。可以看出,滑坡体内的应力量值明显低于基岩内的应力量值,基覆界面构成了滑坡体与下覆基岩的明显的应力分带。堆积体内最大主应力最大值不到 1MPa,最小主应力值具有从坡面逐渐向坡内增加的特点;在堆积体上部的局部范围内有拉应力分布,拉应力量值较小,最大约 80kPa。

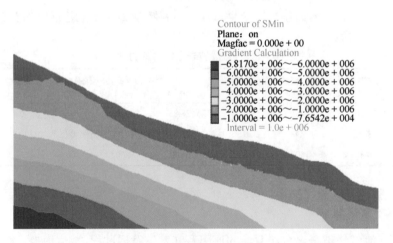

图 5-3-4　天然工况下最大主应力等值线图（单位：Pa）

2. 变形特征分析

由图 5-3-6 和图 5-3-7 可知八渡滑坡形成后的残余变形（即滑坡形成后尚待调整的变形,包括堆积物的压缩和局部的位移调整）较小。最大位移出现在厚度较大的堆积体下部,量值约 4.5mm。

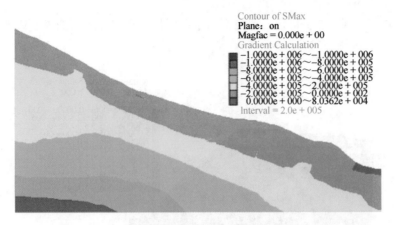

图 5-3-5　天然工况下最小主应力等值线图（单位：Pa）

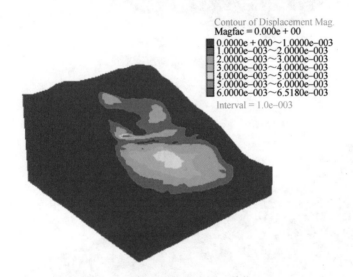

图 5-3-6　天然工况位移云图（单位：m）

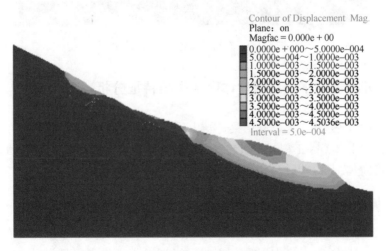

图 5-3-7　天然工况位移剖面图（单位：m）

由图 5-3-8 和图 5-3-9 可知，剪应变增量主要体现在厚度较大的堆积体下部，最大量值约为 0.09，非常微小。

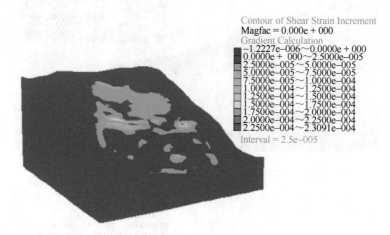

图 5-3-8　天然工况剪应变增量云图

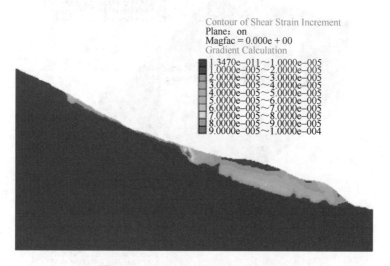

图 5-3-9　天然工况剪应变增量剖面图

5.3.3　铁路开挖影响下次级滑坡体变形失稳特征分析

1994 年施工开挖 2#山梁、3#山梁、4#山梁时，边坡坍塌，地面开裂。线路靠山侧次级滑坡（堆积体上部）因工程开挖引起工程滑坡。开挖位置如图 5-3-10 和图 5-3-11 所示，开挖部位在老滑体中部，开挖高度约 15m，开挖面积约 450m^2。

1. 应力场特征分析

图 5-3-12 为开挖后老滑体最大主应力剖面图。由图可知，在开挖卸荷的影响下，次级滑坡后缘产生了应力集中现象，表明后缘老滑带产生了复活滑动；滑动变形向着

开挖临空面发展，开挖坡脚产生了剪切挤压，表现为一定程度的应力集中，应力量值达 2MPa。

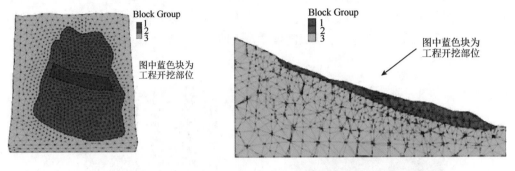

图 5-3-10　开挖位置平面示意图　　　　　　　　图 5-3-11　　开挖位置剖面图

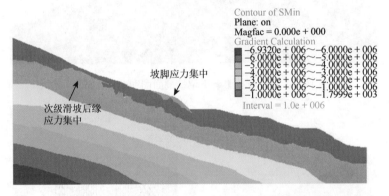

图 5-3-12　　开挖影响下最大主应力剖面图（单位：Pa）

图 5-3-13 为开挖后老滑体最小主应力剖面图。由图可知，次级滑坡后缘和坡脚均出现应力集中现象，滑体后缘出现了明显的拉应力，量值为 0.2MPa，说明老滑体后缘出现了拉裂破坏。

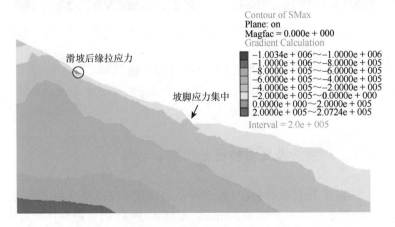

图 5-3-13　　开挖影响下最小主应力剖面图（单位：Pa）

2. 变形特征分析

图 5-3-14 和图 5-3-15 分别为开挖影响下位移剖面图和剪应变增量剖面图。由图可知，开挖后次级滑坡体产生了明显变形，次级滑坡体前缘和后缘产生了明显位移，最大位移达 2.7cm；剪应变增量已经贯通整个次级滑坡体，表明了开挖后次级滑坡复活失稳。

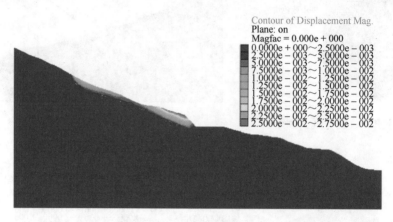

图 5-3-14　开挖影响下位移剖面图（单位：m）

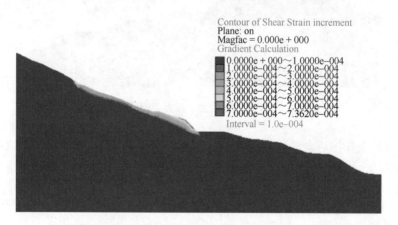

图 5-3-15　开挖影响下剪应变增量剖面图

图 5-3-16 和图 5-3-17 分别为开挖影响下坡体塑性区图和塑性区剖面图。由图可知，次级滑坡体后缘出现了拉剪屈服区，表明次级滑坡后缘沿着老滑带复活位移；次级滑坡前缘坡脚也出现了大量的先期剪切屈服现象。

5.3.4　降雨影响下八渡滑坡复活特征分析

经先后设置 3 排 76 根抗滑桩后，次级滑坡基本稳定。1997 年 7 月八渡地区连降暴雨，据广西田林气象站记录，降雨量达 482.6mm，是建站 39 年以来最大月降雨量，超过历年

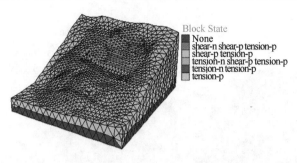

图 5-3-16　开挖影响下塑性区图

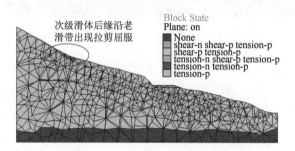

图 5-3-17　开挖影响下塑性区剖面图

7 月平均降雨量（226.7mm）的 1.1 倍。由于连降暴雨，线路右侧次级滑坡前缘部分产生滑动，边坡加固桩有的出现裂缝，桩产生位移。线路左侧主体滑坡已经复活，但整体滑动尚未产生，当时处在蠕动加剧阶段。

1）降雨 10 天后，八渡滑坡复活特征

（1）坡体饱和度和孔隙水压力特征：降雨 10 天后坡体饱和度和孔隙水压力如图 5-3-18和图 5-3-19 所示。由图可知，仅在坡表浅层出现了饱和度为 1 的饱和区域，其余坡体均为非饱和区域；孔隙水压力仅在坡表的饱和区域出现，最大孔隙水压力量值为 33kPa。

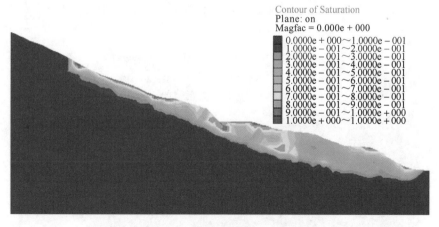

图 5-3-18　坡体饱和度剖面图

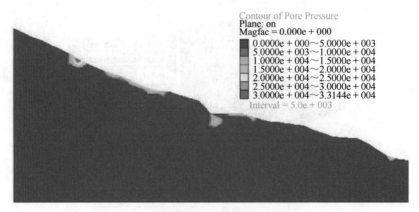

图 5-3-19　孔隙水压力剖面图（单位：Pa）

（2）应力场特征分析：降雨 10 天后坡体最大主应力剖面和最小主应力剖面如图 5-3-20 和图 5-3-21 所示。由图可知，由于次级滑坡前缘增设了抗滑桩，其坡体应力状态并没有进一步发展；主体滑坡沿着其老滑带有了一定程度的应力集中。

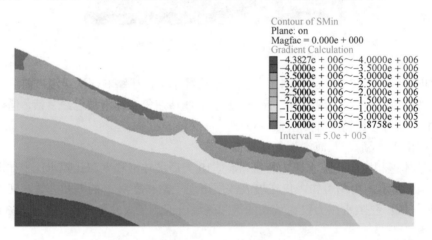

图 5-3-20　坡体最大主应力剖面图（单位：Pa）

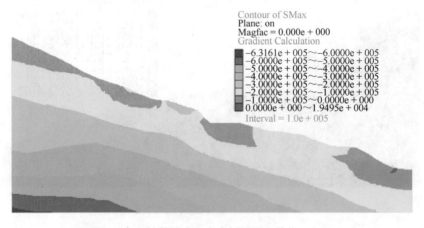

图 5-3-21　坡体最小主应力剖面图（单位：Pa）

（3）变形特征分析：降雨 10 天后坡体位移剖面和剪应变增量剖面如图 5-3-22 和图 5-3-23 所示。由图可知，由于次级滑坡体内设置了抗滑桩，其位移和剪应变并没有进一步发展（保持在开挖的水平）；主体滑坡的剪应变增量沿着老滑带出现了一条贯通的集中带，此时其量级较小，仅为 0.02mm。

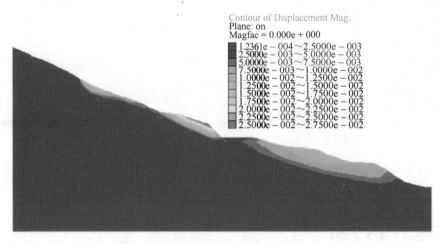

图 5-3-22　坡体位移剖面图（单位：m）

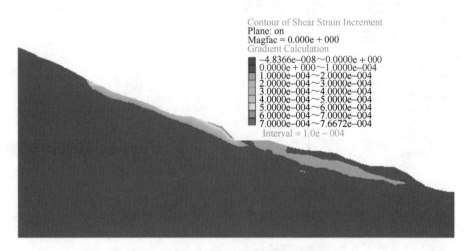

图 5-3-23　坡体剪应变增量剖面图

（4）抗滑桩特征分析：抗滑桩受到的剪应力和弯矩如图 5-3-24 和图 5-3-25 所示，降雨 10 天时，抗滑桩受到的剪应力最大值为 17.29kN/m，从图可知，此时抗滑桩承受的正剪力、负剪力相当，而抗滑桩受到的弯矩以压力为主，最大弯矩为 0.085MN·m，从位移云图等综合分析，目前抗滑桩未出现变形。

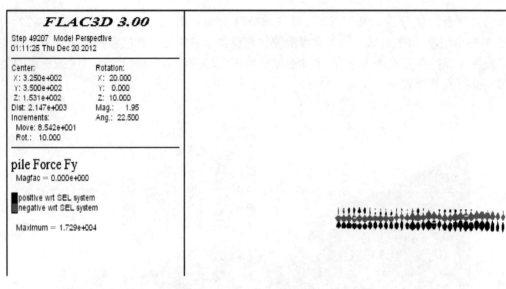

图 5-3-24　降雨 10 天后抗滑桩剪应力（单位：N）

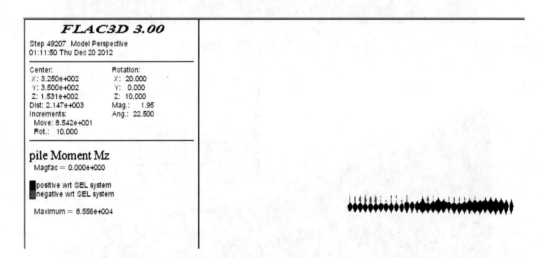

图 5-3-25　降雨 10 天后抗滑桩弯矩（单位：N·m）

2）降雨 20 天后，八渡滑坡复活特征

（1）坡体饱和度和孔隙水压力特征：降雨 20 天后坡体饱和度和孔隙水压力变化如图 5-3-26 和图 5-3-27 所示。由图可知，坡体饱和区域进一步扩展，局部堆积体已出现完全饱和，最大孔隙水压力量值为 100kPa。

（2）应力场特征分析：降雨 20 天后坡体最大主应力剖面和最小主应力剖面如图 5-3-28 和图 5-3-29 所示。由图可知，次级滑坡前缘应力场特征出现了变化，坡脚的应力集中程度加剧了，拉应力出现在了中前部；主体滑坡后缘出现了明显的拉应力，约 63kPa，主体滑坡下部老滑带出现了明显的应力集中。

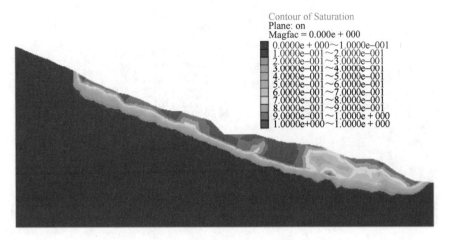

图 5-3-26 坡体饱和度剖面图

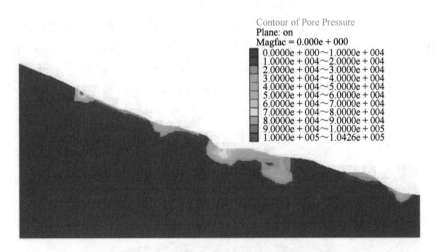

图 5-3-27 孔隙水压力剖面图（单位：Pa）

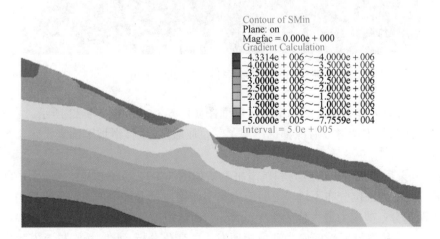

图 5-3-28 坡体最大主应力剖面图（单位：Pa）

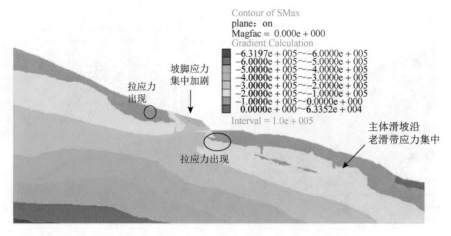

图 5-3-29　坡体最小主应力剖面图（单位：Pa）

（3）变形特征分析：降雨 20 天后坡体位移剖面和剪应变增量剖面如图 5-3-30 和图 5-3-31 所示。由图可知，次级滑坡前缘变形情况加剧，抗滑桩逐渐失效，最大位移由 2.5cm 增大到 5.5cm；主体滑坡整体变形进一步发展，最大位移达到了 5cm，剪应变增量集中带沿着老滑带发展，且已经贯通整个主体滑坡，最大剪应变增量为 0.07mm。

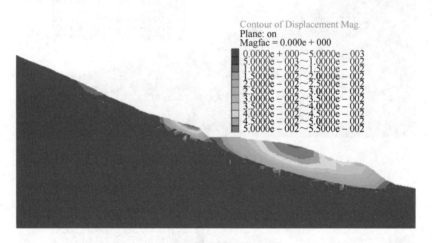

图 5-3-30　坡体位移剖面图（单位：m）

降雨 20 天后坡体塑性区图和塑性区剖面图如图 5-3-32 和图 5-3-33 所示。由图可知，次级滑坡中前部和主体滑坡后缘都已出现了受拉屈服区，主体滑坡下部老滑带位置出现了受剪屈服。

降雨 20 天后的抗滑桩剪应力和抗滑桩弯矩如图 5-3-34 和图 5-3-35 所示，由此可以看出：抗滑桩受剪力部位分布不均，正剪应力集中作用在抗滑桩中部，而负剪应力分布于抗滑桩上下两部分，剪应力最大值为 171.6kN/m；而弯矩由主要受压变为主要受拉，作用于抗滑桩下部。从抗滑桩所受剪应力和弯矩所发生的变化分析，此时抗滑桩有发生倾倒变形的迹象，但桩体本身并未破坏。

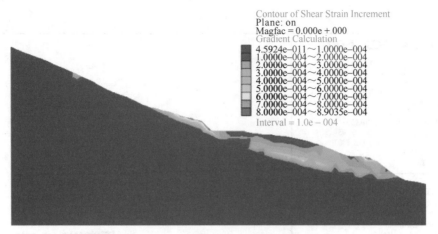

图 5-3-31　坡体剪应变增量剖面图

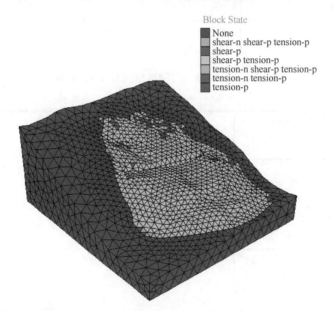

图 5-3-32　降雨 20 天后坡体塑性区图

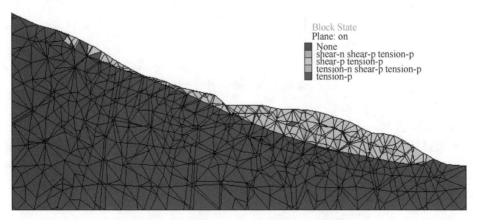

图 5-3-33　降雨 20 天后坡体塑性区剖面图

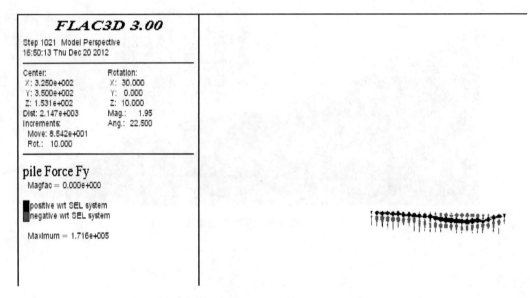

图 5-3-34　降雨 20 天抗滑桩剪应力（单位：N）

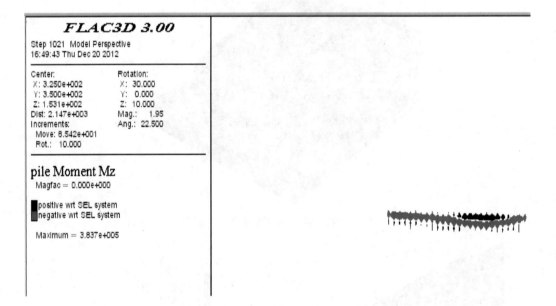

图 5-3-35　降雨 20 天抗滑桩弯矩（单位：N·m）

3）降雨 30 天后，八渡滑坡复活特征

（1）坡体饱和度和孔隙水压力特征：降雨 30 天后坡体饱和度剖面图和孔隙水压力剖面图如图 5-3-36 和图 5-3-37 所示。由图可知，堆积体几乎完全饱和，最大孔隙水压力量值为 210kPa。

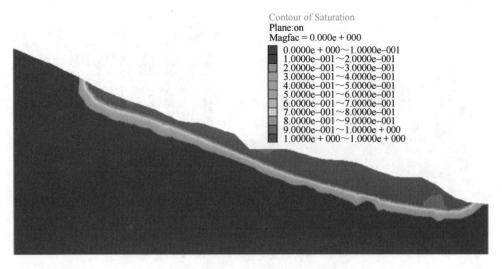

图 5-3-36　降雨 30 天后坡体饱和度剖面图

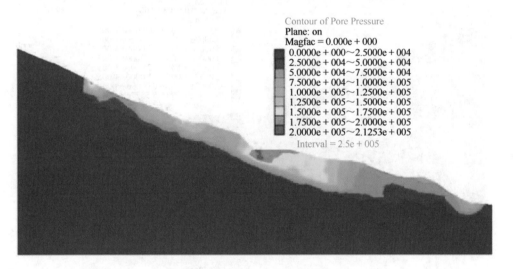

图 5-3-37　降雨 30 天后孔隙水压力剖面图（单位：Pa）

（2）应力场特征分析：图 5-3-38 和图 5-3-39 分别为降雨 30 天后坡体最大主应力剖面和最小主应力剖面图。由图可知，降雨 30 天后，次级滑坡前缘应力场特征出现了变化，坡脚的应力集中程度加剧了，拉应力出现在了中前部；主体滑坡后缘的拉应力增加至 85kPa，主体滑坡下部老滑带出现了明显的应力集中。

（3）变形特征分析：降雨 30 天后坡体位移剖面和剪应变增量剖面如图 5-3-40 和图 5-3-41 所示。由图可知，次级滑坡前缘变形和主体滑坡整体变形情况更为加剧，最大位移由 5.5cm 增大到 16cm；主体滑坡剪应变增量集中带沿着老滑带发展，且已经贯通整个主体滑坡，最大剪应变增量增加至 0.2。

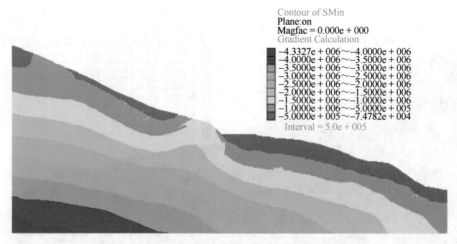

图 5-3-38　坡体最大主应力剖面图（单位：Pa）

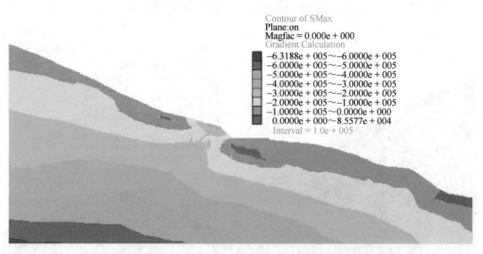

图 5-3-39　坡体最小主应力剖面图（单位：Pa）

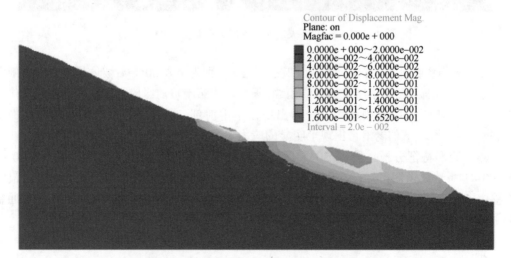

图 5-3-40　坡体位移剖面图（单位：m）

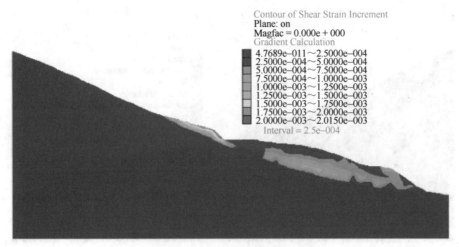

图 5-3-41 坡体剪应变增量剖面图

降雨 30 天后坡体塑性区及其剖面如图 5-3-42 和图 5-3-43 所示。由图可知，次级滑坡中前部出现了大面积的拉剪屈服区；主体滑坡整体出现剪切屈服。

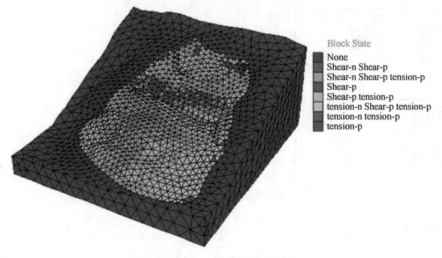

图 5-3-42 坡体塑性区图

由降雨 30 天抗滑桩剪应力和抗滑桩弯矩图 5-3-44 和图 5-3-45 可知，抗滑桩所受的应力状态和降雨 20 天时应力状态基本相似，只是应力值进一步增大，剪应力最大值为 208kN/m；根据位移云图综合分析得出，抗滑桩最终发生倾倒破坏。

5.3.5 小结

通过上述对八渡滑坡变形复活机制的数值模拟分析，可得到如下认识。

（1）天然条件下的应力变形属于滑坡体形成后的残余变形。应变和位移主要体现在厚度较大的堆积体下部，最大位移和剪应变的量值较小，分别为 4.5mm 和 0.09。

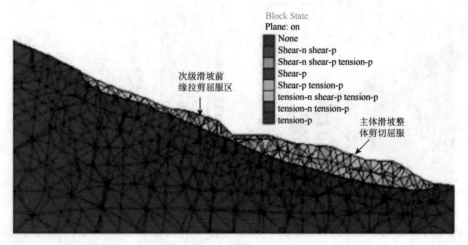

图 5-3-43 坡体塑性区剖面图

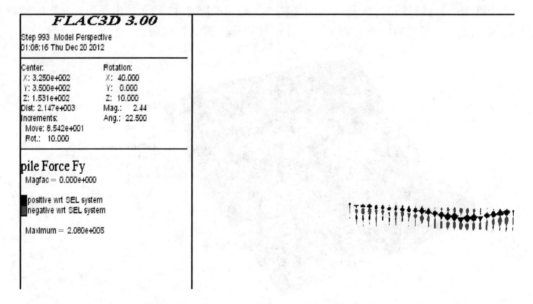

图 5-3-44 降雨 30 天抗滑桩剪应力（单位：N）

（2）在开挖卸荷作用影响下，次级滑坡后缘沿着老滑带产生了复活滑动，表现为后缘的应力集中现象和拉应力的出现，且出现了拉剪屈服区；次级滑坡体沿着开挖临空方向滑动变形，表现为开挖坡脚的应力集中，最大位移出现在开挖坡脚和次级滑坡体后缘，最大位移达 2.7cm；剪应变增量已经贯通整个次级滑坡体，表明了开挖卸荷后次级滑坡变形失稳。

（3）降雨 10 天后，由于次级滑坡前缘增设了抗滑桩，其坡体应力状态和变形特征并没有进一步发展；主体滑坡沿着其老滑带有了一定程度的应力集中，其剪应变增量沿着老滑带出现了一条贯通的集中带，此时量级较小，仅为 0.02。

（4）降雨 20 天后，次级滑坡前缘应力变形特征发生了变化，表现为较大的位移和应力集中的加剧，抗滑桩加固效应逐渐失效，坡体最大位移由 2.5cm 增大到 5.5cm；主体滑

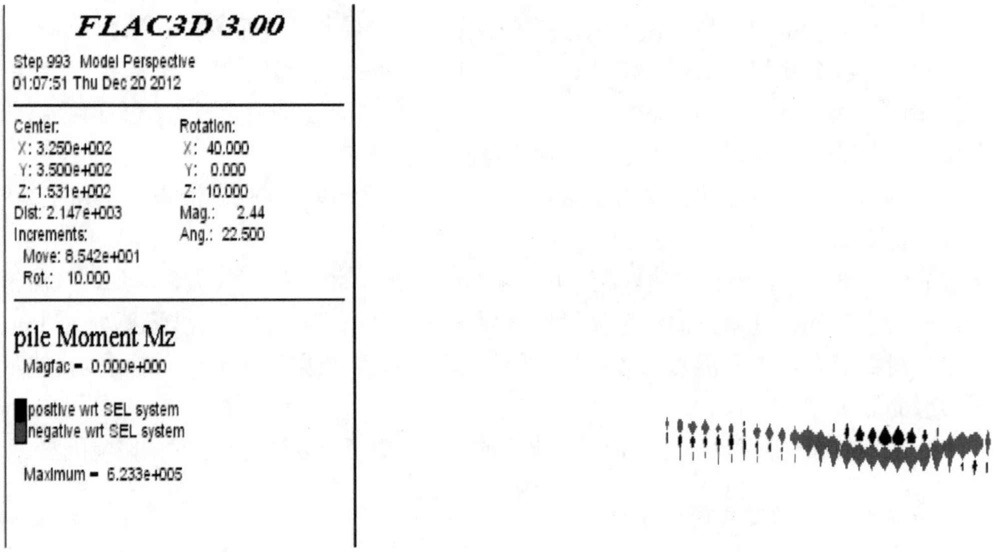

FLAC3D 3.00

Step 993　Model Perspective
01:07:51 Thu Dec 20 2012

Center:　　　　　Rotation:
X: 3.250e+002　　X: 40.000
Y: 3.500e+002　　Y: 0.000
Z: 1.531e+002　　Z: 10.000
Dist: 2.147e+003　Mag.:　2.44
Increments:　　　Ang.:　22.500
　Move: 8.542e+001
　Rot.:　10.000

pile Moment Mz

　Magfac = 0.000e+000

■positive wrt SEL system
■negative wrt SEL system

　Maximum = 6.233e+005

图 5-3-45　降雨 30 天抗滑桩弯矩（单位：N·m）

坡整体应力变形进一步发展，最大位移达到了 5cm，主体滑坡后缘出现了量值为 63kPa 的拉应力，且其下部老滑带出现了明显的应力集中。剪应变增量集中带沿着老滑带发展，基本上贯通整个主体滑坡，最大剪应变增量为 0.07。

（5）降雨 30 天后，次级滑坡的应力变形进一步加剧，其前缘抗滑桩的承载能力已不能承受坡体对抗滑桩的推力，抗滑桩已经完全失效；主体滑坡整体变形情况更为加剧，最大位移由 5.5cm 增大到 16cm；主体滑坡处于蠕动加剧阶段，其后缘拉应力增加至 85kPa，剪应变增量集中带沿着老滑带发展，已经完全贯通整个主体滑坡，最大剪应变增量增加至 0.2，坡体最大位移达 16cm。

综合上述分析，八渡滑坡分级分块复活滑动机制可以概括如下：

在开挖卸荷影响下，次级滑坡后缘沿着老滑带产生复活滑动，坡体向着开挖临空方向滑移，与开挖坡脚产生一定程度的应力集中。滑坡复活模式为分区型蠕滑-拉裂-剪断模式。

7 月暴雨的持续入渗致使八渡滑坡体逐渐饱和，滑坡体重度不断增大，同时渗流场产生的动态渗流力加剧了坡体的变形，促使了八渡滑坡的复活。主要表现为，次级滑坡体前缘的滑动变形更为加剧，抗滑桩逐渐失效；主体滑坡沿着老滑带产生了复活变形，且处于蠕动加剧阶段。滑坡复活模式为分级型蠕滑-拉裂-剪断模式。

5.4　巨型滑坡分级分块滑动的概化离心模型试验

5.4.1　滑坡分级分块滑动触发因素分析

1. 分级分块滑动特征

巨型滑坡一直以来都是治理难题，其具有范围广、成因复杂、治理难度大等特点。具有分级分块运动特征的巨型滑坡治理更是难中之难，其有多级滑面，多个滑动块体，如何有效地治理分级分块运动的巨型滑坡，已成为工程界的热议话题。

据调研，南昆铁路八渡滑坡[60, 61]、四川宣汉天台乡滑坡[62]及重庆万梁高速公路张家坪滑坡[63]为分级分块滑动的典型，它们具有以下共同特征：

（1）物质组成，滑坡体以碎石土居多，碎石含量在 40%～60%。滑带土以黏土为主，夹杂有少量碎石。

（2）坡度与厚度，整体坡度较缓，坡度在 10°～20°，滑体厚度较大，例如，八渡滑坡坡体最厚处为 50m，甘肃舟曲江顶崖滑坡体厚 50m 左右，四川宣汉滑坡最厚处为 35m。

（3）滑面形态，滑面形态总体多为"靠椅状"，具有前缓后陡特点，其中以折线形及圆弧形滑面居多。

（4）滑坡前缘一般存在一条江河，河水位的升降也成了滑坡复活或滑动的影响因素。

2. 分级分块滑动触发因素分析

具有分级分块运动特征的滑坡的触发因素可归纳为以下 3 类：

1）人类工程活动

随着基础交通建设的不断增多，公路、铁路及民用建筑不可避免地向山区发展，人们对山体的开挖日趋增多。人类工程开挖和堆载破坏了坡体原有的稳定性系统，使得坡体原始应力释放或改变，导致工程活动区发生塌落，甚至在开挖坡脚处呈现出剪出口，从而形成新滑坡或诱发古滑坡的复活。

2）降雨

由于坡体为碎石土，渗透性好，雨水沿着坡体裂缝入渗，其浸泡作用使坡体土和滑带土的力学性质降低，其力学作用使坡体下滑力增大，从而加剧了新滑坡的产生或古滑坡的复活。

3）江河水位升降

江河水位的上升，淹没了古滑坡的前缘剪出口，长时间的浸泡使得坡体前缘土体软化，对前缘上部土体的阻挡能力变弱；当水位降低后，前缘土体应力突然释放，对上部土体的阻挡能力进一步降低，导致坡体沿老滑带滑动，形成新滑坡。

5.4.2　滑坡分级分块滑动的离心模型试验设计

1. 试验目的

本离心模型试验主要是研究巨型滑坡分级分块滑动，以滑面形态为折线形的滑坡为对象，由于模型箱尺寸限制及比例缩尺关系，采用理想化的概化模型开展巨型滑坡分级分块特征离心模型研究。

2. 八渡滑坡概况

南昆铁路八渡车站位于贵州省册亨县境内八渡口南盘江北岸半山腰上，车站线路纵贯规模巨大的古滑坡体。八渡古滑坡体在八渡铁路车站施工前，整体处于稳定状态。1994年，铁路施工开挖车站平台，开挖卸荷引起开挖滑坡以上发生次级滑坡，挡护工程和地面开裂；1997 年 6～8 月，由于连续暴雨，特别是 7 月降雨量达 480mm 左右，远远大于历年 7 月平均降雨量 226.7mm。降雨条件下地面排水不畅导致雨水大量下渗，诱发了该古滑坡复活，表现出主、次级滑坡失稳破坏特征[60, 61]。八渡滑坡典型剖面如图 5-4-1 所示。

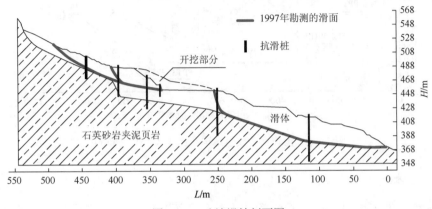

图 5-4-1　八渡滑坡剖面图

3. 模型尺寸

参照南昆铁路八渡滑坡原型进行试验模型设计，受模型箱尺寸限制和比例缩尺关系的影响，采用理想模型进行研究。在理想条件下，滑床基岩为完整岩体，滑带形状按照原型确定为折线形，滑体为相对均质的土体。根据试验条件设计模型相似比 $n = 200$，模型长 1200mm，宽 1000mm，最大高度 430mm，滑带厚 10mm，滑体最大厚度 100mm。模型尺寸和结构如图 5-4-2 所示。

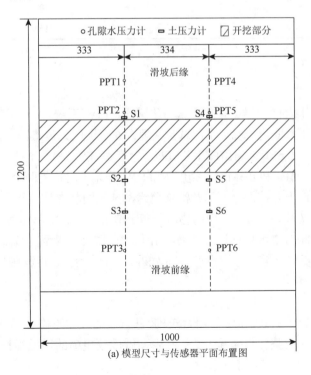

(a) 模型尺寸与传感器平面布置图

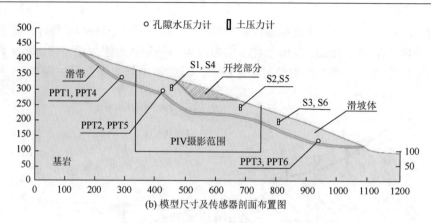

(b) 模型尺寸及传感器剖面布置图

图 5-4-2　滑坡离心模型结构及尺寸（单位：mm）

4. 模型材料

滑体和滑带土选用不同颗粒级配的土体配置而成。土体材料配比通过室内筛分试验、颗粒级配试验、击实试验和直剪试验确定，最终使模型土体的物理力学参数与原型相近（表 5-4-1）。模型中的滑床基岩应该有足够的强度和刚度，防止其在试验过程中发生变形。因此，基岩采用砖块、水泥掺石膏材料筑砌。

表 5-4-1　模型土配比及其力学参数

名称		粒径/mm						含水率/%	黏聚力/kPa	内摩擦角/(°)
		0.047	0.074	0.2	0.25	0.5	1			
滑带土	含量/%	30	30	25	20	5		18	20.84	16.71
滑体土	含量/%	10	10	10	20	45	5	15	24.80	17.34

5. 量测系统布置

量测系统有土压力传感器、孔隙水压力传感器、PIV 系统。为了获取试验过程滑坡各段土压力和孔隙水压力变化情况，本次试验共埋设 6 个土压力传感器（直径 8mm 和 9mm，量程分别为 0.3MPa、0.5MPa、1MPa 和 2MPa，精度 1%FS）和 6 个孔隙水压力传感器（直径 8mm，量程为 0.3MPa 和 0.5MPa，精度 1%FS），分布于对称的两个剖面（图 5-4-2）。土压力传感器竖直埋设于开挖面上下沿和滑坡前缘，其正面朝滑坡后缘，埋设深度为相应部位滑坡体厚度一半以下；孔隙水压力传感器分布于滑坡后缘、中部和前缘，埋设于滑带上；本实验采用 PIV 系统对滑坡位移进行监测，由于 PIV 系统拍摄范围有限，不能遍及整个模型，考虑开挖斜坡稳定性差，选取滑坡中部为 PIV 位移矢量场监测范围 [图 5-4-2（b）]。

6. 模型制作

离心模型的基岩用砖块、水泥掺石膏筑砌，基岩表面起伏形态根据地层剖面情况确定。基岩表面用水泥浆抹成整体以防止开裂，其表面做成较粗糙的便于堆积滑带，基岩筑砌完成后养护 24h。堆积滑带和滑体前在模型箱两侧壁涂上凡士林，以减小模型箱侧壁和模型间的摩擦力，即减小边界效应的影响。滑带层较薄，因此，分一层堆积使其与基岩面黏结成整体；滑体分多层堆积，每层厚度 20～30mm，堆积下一层前对已堆积好的坡体表面进行拉毛，各层堆积过程中用橡皮锤轻轻击实，避免出现分层和空隙，最后一层堆积完成后用小铲刀整平坡面。滑体堆积至相应的传感器埋深位置时，量测好布置点并埋设相应的传感器。滑坡体堆积好后，在有机玻璃窗一侧滑体中埋设变形标志点（图 5-4-3 中的白色标志点），模型箱有机玻璃一面贴有精度为 5mm 的网格透明纸，以观测变形标志点的位移。模型制作完成后，在其表面喷少量水雾再盖上塑料薄膜，以免坡体水分蒸发导致含水率降低，养护 24h。制作好的离心试验模型见图 5-4-3。

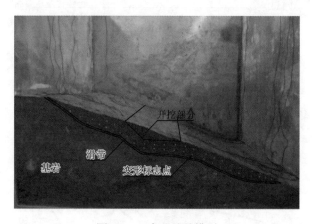

图 5-4-3　离心试验模型

7. 试验工况及过程

模型制作养护好后进行离心试验，试验过程包括模拟天然状态、模拟降雨过程、降雨条件下的离心模型试验 3 个过程。

1）模拟天然状态

离心机从 0g 开始转动，加速至 20g，稳定 10min 后卸载到 0g，然后进行人工开挖。开挖完成后进行天然状态下的离心试验，从 0g 开始加载，最大离心加速度为 200g，加载到 200g 后稳定 20min。

2）模拟降雨过程

本试验参照文献[31]中的降雨方法，在坡体表面喷洒水雾模拟降雨。根据相似比计算得出降雨量比尺为 $n = 200$，参考已有研究取实际降雨量为 400mm（中国南方暴雨强度达到 200～300mm/d 时就易于触发大滑坡[62]），则模型降雨量为 2mm，模型表面积为 $1100mm \times 1000mm = 1.1 \times 10^6 mm^2$，需要喷水量为 $2mm \times 1.1mm \times 10^6 mm = 2.2 \times 10^6 mm^3$，相当于 2.2L 的水。降雨过程分 5 次喷水，每次 0.44L，目的是使模拟的降雨量均匀渗透到土体内部，逐渐增加坡体的饱和度，也避免一次喷水过多造成水分沿坡表流失和冲刷破坏。

3）降雨条件下的离心模型试验

降雨过程模拟后，离心机从 0g 开始加载，最大离心加速度为 200g，加载到 200g 后稳定 20min。本次试验不考虑加载过程切向加速度对模型的影响，并且认为 0～200g 是均匀增长过程。

5.4.3　天然工况下离心模型试验结果分析

1. 斜坡变形特征分析

坡体在开挖后，为边坡上部提供了有利于运动的临空面。当加载加速度达到 150g 时，开挖坡面后部出现了拉裂缝，裂缝的深度与宽度随着加载加速度的增大而增大，经过测算，3#裂缝深约为 30mm，上部宽约为 9mm，呈楔形状（图 5-4-4 和图 5-4-5）。

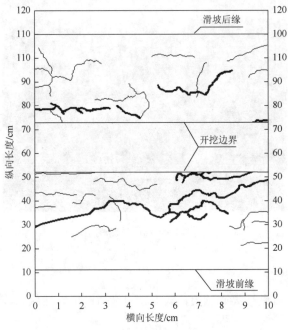

图 5-4-4　模型裂缝分布图

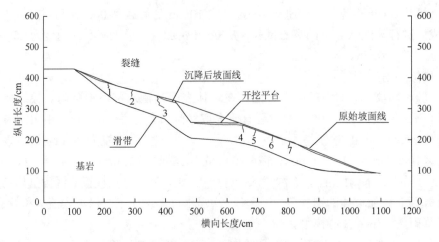

图 5-4-5　天然条件下边坡变形破坏剖面图（单位：mm）

当加速度达到 100g 时，开挖平台边缘出现沉降现象，并产生了 4#裂缝，随着加速度的不断增大，开挖平台的沉降量与裂缝的深度逐渐增大。开挖平台边缘最大沉降量约为 4mm，裂缝深约为 30mm（图 5-4-4 和图 5-4-5）。

由裂缝分布图可知，坡体上部产生了多条横向裂缝，裂缝宽度为 1～4mm，并且与坡体侧面所观察到的裂缝位置一致；开挖斜坡的坡脚处存在一条长约为 100mm 的剪出口，该区域的蠕滑变动造成开挖坡面后部 3#拉裂缝的产生；坡体前缘产生了多条宽度在 2～5mm 的横向裂缝，加之前缘沉降量较大，可判定这些裂缝为蠕滑拉裂缝（图 5-4-4 和图 5-4-5）。

根据开挖平台外侧的位移传感器（L2）得到的测试数据，做出沉降随时间及加速度的变化图，如图 5-4-6 所示。

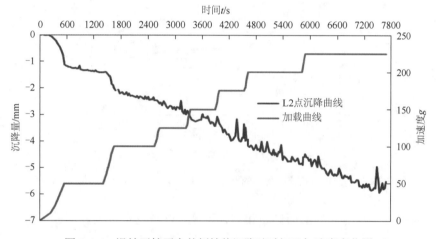

图 5-4-6　滑坡开挖平台外侧坡体沉降随时间及加速度变化图

由图 5-4-6 可知，由于在滑坡体中后部进行开挖，开挖后的土体堆载在前缘坡体上，坡体自重变大，加之河水的入渗，使坡体力学参数降低，随着加速度的增高，加载时间增长，沉降量逐渐增大，沉降速率较为稳定，最大沉降量为 5.9mm，在试验末期，沉降量趋于稳定。

在模型边坡侧部安装了 PIV 测试系统，用于实时量测模型的位移场。由于离心模型试验条件限制，无法通过 PIV 系统对边坡整个侧面进行测试，试验中主要监控测试了开挖平台及上下一定范围坡体的变形情况。天然条件下坡体剖面变形的 PIV 分析成果如图 5-4-7（a）所示，局部放大图见图 5-4-7（b）。

由图 5-4-7（a）和（b）可见，加速度从 50g 至 225g 的加载过程中，开挖平台以竖向沉降为主，最大沉降量为 2.4mm，平台外缘沿滑面方向产生了 2.3mm 的位移；开挖坡面后部土体位移方向与滑坡的滑面倾角基本一致，变形位移最大 5.60mm，且变形速率大于裂缝后部土体的变形速率，因此，其坡面发育的裂缝为拉裂缝。

纵观整个剖面及 PIV 测试数据，所有裂缝的横向位移速率大于裂缝的垂直方向的位移速率，说明裂缝均为拉裂缝。开挖平台处以竖向位移为主，而平台外缘与坡面后部滑

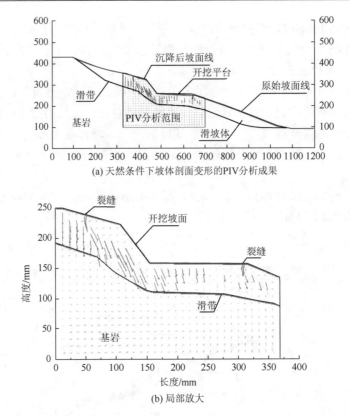

图 5-4-7　基于 PIV 分析得到的开挖平台附近坡体位移场（单位：mm）

体位移方向基本与其附近的滑面倾角相似，可见，以开挖平台为界形成了两级不同的变形区。

2. 孔隙水压力分析

根据设置在滑坡中的孔隙水压力计，得到孔隙水压力随加速度增长的曲线，如图 5-4-8 所示。从图 5-4-8 可以看出：随着加速度的增大，加载时间增长，坡体前缘的河水入渗速率增大，所监测到的滑坡前缘 PPT3 号传感器的孔隙水压力逐步增大，加速度达到 200g 时其孔隙水压力达到最大 51.8kPa。此时，下部坡体裂缝增多，深度与宽度增大，孔隙水开始消散，因此孔隙水压力呈下降趋势，并维持在 11.9kPa。

滑坡后缘的孔隙水压力计（PPT 4）与开挖坡面后部的孔隙水压力计（PPT 5）显示，滑面上部土体在初始状态下含水率较小，随着离心加速度的增大，坡体的水开始下渗，滑坡后缘的孔隙水压逐渐增加，在 225g 末期孔隙水压力达到最大 14.4kPa；开挖坡面后部的孔隙水压在 225g 时达到 24.7kPa，并保持稳定。说明在滑带附近的孔隙水下渗较多，导致孔隙水压增大，孔隙水在滑带附近聚集，滑带土遇水后物理力学性质变弱，为坡体上部的蠕滑变形提供了物质基础。

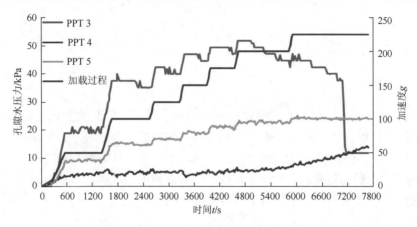

图 5-4-8　孔隙水压力随加速度增长的曲线图

3. 土压力分析

根据埋设在坡体内部的土压力传感器所获取的数据,做出土压力随加速度增长变化曲线,如图 5-4-9 所示。从图 5-4-9 可以看出:埋置于开挖坡面后方的 4#土压力计显示,随着加载速度的增大,土压力逐步增大。当加速度达到 200g 时,坡体裂缝增加,孔隙水开始消散,土压力开始缓慢降低,表明坡体开裂,前方土体阻挡力减小。这证明天然工况下,开挖平台后部的坡体变形和受力状态变化最大。

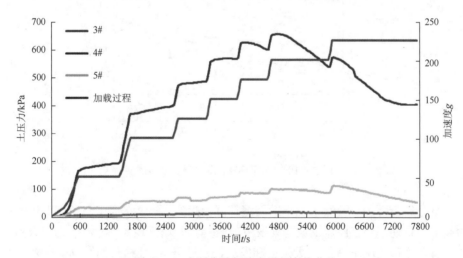

图 5-4-9　土压力随加速度增长变化曲线

位于开挖平台外缘的 5#土压力计显示,在坡体开挖后,随着加速度的增加缓慢增加,且土压力最大值仅 107.5kPa,说明此处在开挖后所受土压力不大。这也与该部位为沉降-受拉区的变形特征相吻合。

坡体下部的 3#土压力计在实验过程中无明显变化,说明坡体下部土压力小,无明显变化。表明天然工况下滑坡下部的变形和受力都小。

5.4.4 降雨工况下试验结果分析

1. 斜坡变形特征分析

天然工况结束后，模型开始降雨模拟与河道蓄水过程，河道水位上升 8cm。

当加速度至 100g 时，天然工况下产生的 3#裂缝的宽度开始缩小，但未闭合，并且产生了更多的裂缝，最大一条裂缝宽度约为 9mm，深度约为 15mm，且裂缝横向位移率大于纵向位移率，表现为拉裂缝。此时，开挖平台后部斜坡的坡脚出现鼓起现象，坡顶出现多条拉裂缝，直至坡顶垮塌（图 5-4-10 和图 5-4-11）。

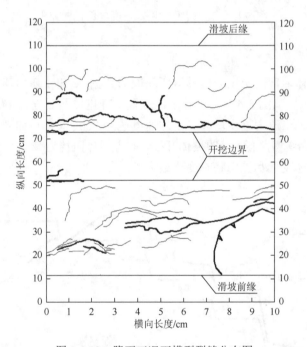

图 5-4-10 降雨工况下模型裂缝分布图

由裂缝分布图可知，天然工况下的裂缝在降雨后有了较大发展、延伸，其中开挖坡面上部的裂缝呈贯通趋势，且开挖坡脚处发生鼓胀-剪切-塌落现象。滑坡前部在天然工况下产生的裂缝在降雨工况下有了较大延伸和发展，最长的一条裂缝长约 900mm，宽约 30mm。其中前部右侧坡体拉裂缝发育，裂缝最宽处约为 31mm，在高加速度作用下发生了较大范围的滑动。

滑坡前缘由于河道水位的上升，土体的含水率升高，滑坡体土和滑带土的力学性质降低，坡体稳定性变差。坡体前缘出现了局部垮塌。

根据开挖坡面后部的位移传感器（L1）得到的测试数据，做出垂直变形随时间及加速度变化图，如图 5-4-12 所示。由图 5-4-12 可看出，位于开挖坡面后部的位移监测点（L1）显示，离心加速度由 0g 逐渐加速到 200g，此处位移逐渐增大，其原因是降雨后坡体含水

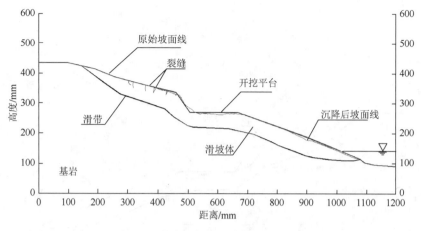

图 5-4-11　降雨条件下边坡破裂剖面图

量增加，随着加速度的增大，孔隙水可能首先排出，使坡体发生沉降变形。当加速度增加到 200g 后，坡体垂直位移变化逐渐缓慢，表明此处坡体变形没有向加速变化发展。

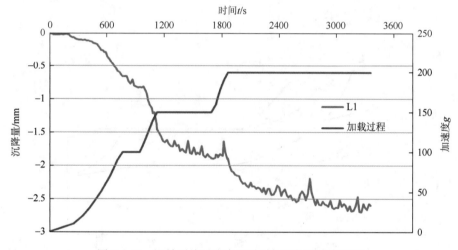

图 5-4-12　滑坡后缘垂直变形随时间及加速度变化图

　　通过 PIV 测试系统与坡面变形测算，绘制了开挖平台及上下一定范围内坡体位移矢量图，如图 5-4-13（a）所示，其局部放大见图 5-4-13（b）。由图 5-4-13 可见，当加速度从 0g 至 200g 的加载过程中，开挖平台仍以竖向变形为主，最大沉降量为 0.78mm；开挖斜坡面的坡脚隆起、坡面坍塌，开挖斜坡的位移矢量方向指向开挖面坡脚，与其附近老滑坡的滑面近于平行，最大位移量为 3.52mm，与试验现象相吻合；开挖平台外缘坡体的变形方向指向坡体前缘，也与前部老滑坡滑面近于平行，最大位移量为 2.36mm。

　　综上所述，依据 PIV 分析的位移场特征、坡面裂缝分布及坡体变形破坏特征可判断，整个模型坡体的变形是不协调的，老滑坡没有产生整体复活，以平台为界老滑坡体的复活表现为上下分级复活的特征，可以明显判定出 3 条蠕滑-拉裂潜在滑移面 ［图 5-4-13（b）中红线所示］。

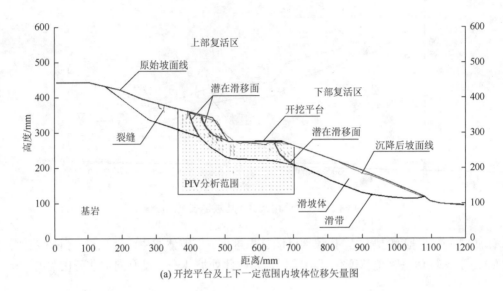

(a) 开挖平台及上下一定范围内坡体位移矢量图

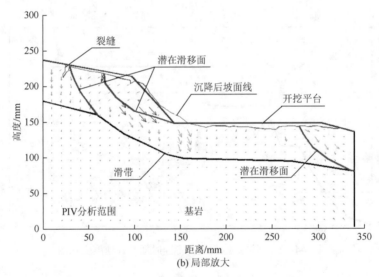

(b) 局部放大

图 5-4-13　降雨条件下基于 PIV 分析获得的开挖平台附近位移场

2. 孔隙水压力分析

根据设置的孔隙水压力计所监测到的孔隙水压力数据,绘制了孔隙水压力随加速度变化曲线（图 5-4-14）。从图 5-4-14 可以看出：雨水的入渗与河道水位的上升,使滑坡土体含水率升高。位于滑坡前缘的孔隙水压力计（PPT3）显示,随着加载时间的增长,孔隙水压力逐步增大,达到 98.8kPa,并在 200g 时保持稳定。

开挖坡面后部的孔隙水压力（PPT5）随着加载时间的增长而增大,达到 74.1kPa,随着滑坡后缘裂缝的发展,孔隙水开始消散,因此,在 200g 时孔隙水压力开始减小。

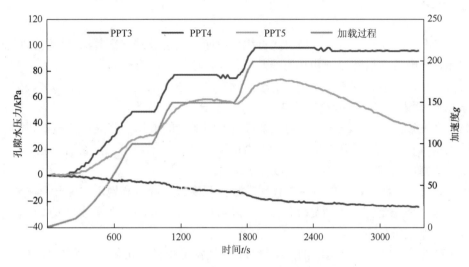

图 5-4-14　孔隙水压力随加速度变化曲线

3. 土压力分析

根据埋设在坡体内部的土压力传感器所获取的数据,做出土压力随加速度增长变化曲线(图 5-4-15)。从图 5-4-15 可以看出:滑坡前缘的土压力(3#)在 200g 时达到最大 58.6kPa,但随后开始缓慢减小至 50.3kPa,变化较小。说明坡体前缘土压力较小,滑坡的复活扰动范围主要在中后部。

开挖坡面后部的土压力(4#)在 200g 时达到最大值 439.5kPa,此后,随着坡体裂缝的增加,土压力基本保持不变。说明坡体后部土压力大,需要重点加固。

开挖平台外缘的土压力(5#)在加速度为 200g 时达到 120kPa 左右,并且基本保持不变。说明此处在开挖和降雨后所受土压力不太大,也与该部位下级复活坡体后部受拉区的变形特征相吻合。

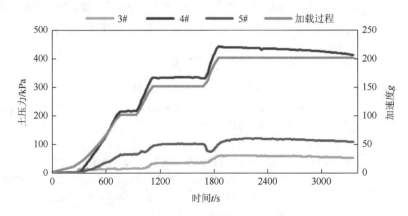

图 5-4-15　土压力随加速度增长变化曲线

5.4.5　小结

（1）在不利部位开挖卸荷容易引起折线形滑面大型滑坡的局部复活。典型的离心模型试验显示，降雨条件下渗流场和重力场共同作用，坡体后缘很快发生张拉破坏；开挖斜坡部分对降雨最敏感且最先变形失稳；滑坡前缘在降雨条件下发生较大变形和坡表破坏，其被多条不连续裂缝分割形成多个滑块，并有次级滑坡和坍塌发生。

（2）降雨条件下，折线形滑面的大型滑坡不同滑段的坡体位移矢量各不相同，开挖斜坡和滑坡前缘位移最大，开挖斜坡和滑面坡度突变处容易形成潜在滑裂面。因此，折线形滑面的大型滑坡破坏应关注其分级和分块滑动的特征。

（3）降雨对滑坡稳定性影响主要体现在坡体强度参数降低和地下水位升高，大量降雨会导致大型滑坡稳定性系数明显降低，一定降雨量下滑坡的稳定性系数与坡体形态、开挖条件及地下水位条件有关。

（4）对具有分级和分块滑动的大型滑坡，应根据工程地质条件、降雨条件、滑面形态、开挖条件、地下水位特征，结合坡体不同滑段、不同部位变形破坏特征，采用分级和分块的防治原则对其进行防治。

5.5　本 章 小 结

（1）攀枝花机场12号滑坡离心模型试验结果证明了机场预加固高填方边坡的滑动失稳受基覆界面附近的软弱层和地下水的控制，揭示了滑坡的滑动机制为推移式蠕滑-累进性折断-溃滑与超覆，提出了高填方边坡设计中应采用针对性措施排除填筑体及其与基岩接触面附近的地下水及多排抗滑桩设计中各排桩的设计荷载应采用基于桩土相互作用的数值分析进行确定。

（2）八渡滑坡分级滑动复活的数值模拟结果和概化离心模型试验结果证明了开挖和暴雨是滑坡复活的主要因素，再现了滑坡的分级分块滑动特征，揭示了滑坡复活机制为分区型"蠕滑-拉裂-剪断"模式，分级型"蠕滑-拉裂-剪断"模式，提出了应结合坡体不同滑段、不同部位变形破坏特征，采用分级和分块的防治原则对其进行防治。

参 考 文 献

[1]　包承纲，饶锡保. 土工离心模型的试验原理. 长江科学院院报，1998，15（2）：1-4.

[2]　Taylor R N. Geotechnical Centrifuge Technology. London：Blackie Academic & Professional，1994：20.

[3]　李晓红，卢玉义，康勇，等. 岩石力学实验模拟技术. 北京：科学出版社，2007.

[4]　韩世浩，王慧华. 离心模型技术在三峡工程高边坡研究中的应用. 长江科学院院报，1991，8（增1）：32-38.

[5]　牟太平，张嘎，张建民. 土坡破坏过程的离心模型试验研究. 清华大学学报，2006，46（9）：1522-1525.

[6]　高长胜，徐光明，张凌，等. 边坡变形破坏离心机模型试验研究. 岩土工程学报，2005，27（4）：478-481.

[7]　高长胜，魏汝龙，陈生水. 预加固桩加固边坡变形破坏特性离心模型试验研究. 岩土工程学报，2009，31（1）：145-148.

[8]　王丽萍，张嘎，张建民，等. 预加固桩加固黏性土坡变形规律的离心模型试验研究. 岩土工程学报，2009，31（7）：1075-1081.

[9]　郦建俊，黄茂松，王卫东，等. 开挖条件下抗拔桩承载力的离心模型试验. 岩土工程学报，2010，32（3）：388-395.

[10]　冯振，殷跃平. 我国土工离心模型试验技术发展综述. 工程地质学报，2011，19（3）：323-331.

[11]　Sugawara K，Akimoto M，Kaneko K，et al. Experimental study on rock slope stability by the use of a centrifuge. International Journal of Rock Mechanics and Mining Sciences and Geomechanics Abstracts，1994，21（4）：152.

[12]　Ling H I，Wu M H，Leshchinsky D，et al. Centrifuge modeling of slope instability. Journal of Geotechnical and Geoenvironmental Engineering，2009，135（6）：758-767.

[13]　刘悦，黄强兵. 黄土路堑边坡开挖变形机理的离心模型试验研究. 水文地质工程地质，2007，34（3）：59-62.

[14]　陈强，孟国伟，刘世东. 砂性土边坡稳定性离心模型试验研究. 水文地质工程地质，2011，38（2）：58-62.

[15]　邢建营，邢义川，陈祖煜，等. 岩质边坡楔形体破坏的离心模型试验方法研究. 水土保持通报，2005，25（3）：15-19.

[16]　张敏，吴宏伟. 边坡离心模型试验中的降雨模拟研究. 岩土力学，2007，28（增刊）：53-57.

[17]　钱纪芸，张嘎，张建民，等. 降雨时黏性土边坡的离心模型试验. 清华大学学报（自然科学版），2009，49（6）：813-817.

[18]　钱纪芸，张嘎，张建民. 离心场中边坡降雨模拟系统的研制与应用. 岩土工程学报，2010，32（6）：838-842.

[19]　李邵军，Knappett J A，冯夏庭. 库水位升降条件下边坡失稳离心模型试验研究. 岩石力学与工程学报，2008，27（8）：1587-1593.

[20]　Timpong S，Itoh K，Toyosawa Y. Geotechnical centrifuge modeling of slope failure induced by groundwater table change//Landslides and Climate Change. London：Taylor and Francis Group，2007.

[21]　姚裕春，姚令侃，袁碧玉. 降雨条件下边坡破坏机理离心模型研究. 中国铁道科学，2004，25（4）：64-68.

[22]　姚裕春，姚令侃，袁碧玉. 边坡开挖迁移式影响离心模型试验研究. 岩土工程学报，2006，28（1）：76-80.

[23]　张春笋. 多层荷载作用下高填方路堤边坡稳定性研究. 重庆：重庆交通大学，2009.

[24]　陈景，唐茂颖，罗强. 土质路堑高边坡变形特性的离心模型试验研究. 成都理工大学学报（自然科学版），2008，35（5）：532-536.

[25]　黄英儒. 黄土高边坡桩钉复合支护的离心模型试验研究. 成都：西南交通大学，2009.

[26]　龚成明，程谦恭，刘争平. 黄土边坡开挖与支护效应的离心模拟试验研究. 岩土力学，2010，31（11）：3481-3486.

[27]　刘悦，黄强兵. 黄土路堑边坡开挖变形机理的离心模型试验. 水文地质工程地质，2007，（3）：59-74.

[28]　Zhang J H，Chen Z Y，Wang X G. Centrifuge modeling of rock slopes susceptible to block toppling. Rock Mechanics and Rock Engineering，2007，40（4）：363-382.

[29]　Yu Y Z，Deng L J，Sun X，et al. Centrifuge modeling of a dry sandy slope response to earthquake loading. Bulletin of Earthquake Engineering，2008，6（3）：447-461.

[30]　Mikuni C，Tamate S，Hori T，et al. Centrifuge Model Tests on Seismic Slope Failure-Earthquake-Induced Landslides. Berlin：Springer，2013：501-510.

[31]　Ling H，Hoe I，Ling M. Centrifuge model simulations of rainfall-induced slope instability. Journal of Geotechnical and Geoenvironmental Engineering，ASCE，2012，138：1151-1157.

[32]　Ling H，Li L，Kawabata T. Centrifuge modeling of slope failures induced by rainfall. Physical Modelling in Geotechnics，2010：1131-1136.

[33]　Wang L P，Zhang G. Centrifuge model test study on pile reinforcement behavior of cohesive soil slopes under earthquake conditions. Landslides，2014，11（2）：213-223.

[34]　Pant S R，Adhikary D P，Dyskin A V. Slope failure in a foliated rock mass with non-uniform joint spacing：a comparison between numerical and centrifuge model results. Rock Mechanics and Rock Engineering，2015，48（1）：403-407.

[35]　Ng C W W，Kamchoom V，Leung A K. Centrifuge modelling of the effects of root geometry on transpiration-induced suction and stability of vegetated slopes. Landslides，2016，13：925-938.

[36]　Weng M C，Chen T C，Tsai S J. Modeling scale effects on consequent slope deformation by centrifuge model tests and the discrete element method. Landslides，2017，（14）：981-993.

[37]　Zhang Z L，Wang T，Wu S R，et al. Seismic performance of loess-mudstone slope in Tianshui–centrifuge model tests and numerical analysis. Engineering Geology，2017，222：225-235.

[38] 程永辉，程展林，张元斌. 降雨条件下膨胀土边坡失稳机理的离心模型试验研究. 岩土工程学报，2011，33（增刊1）：416-421.

[39] Zhang G，Qian J Y，Wang R，et al. Centrifuge model test study of rainfall-induced deformation of cohesive soil slopes. Soil and Foundations，2001，51（2）：297-305.

[40] 钱纪芸，张嘎，张建民. 降雨条件下土坡变形机制的离心模型试验研究. 岩土力学，2011，32（2）：398-402.

[41] 李明，张嘎，胡耘，等. 边坡开挖破坏过程的离心模型试验研究. 岩土力学，2010，31（2）：366-370.

[42] 李明，张嘎，李焯芬，等. 开挖对边坡变形影响的离心模型试验研究. 岩土工程学报，2011，33（4）：667-672.

[43] 王玉峰，程谦恭，黄英儒. 不同支护模式下黄土高边坡开挖变形离心模型试验研究. 岩石力学与工程学报，2014，33（5）：1032-1046.

[44] 涂杰文，刘红帅，汤爱平，等. 基于离心振动台的堆积型滑坡加速度响应特征. 岩石力学与工程学报，2015，34（7）：282-290.

[45] 张泽林，吴树仁，王涛，等. 地震作用下黄土-泥岩边坡动力响应及破坏特征离心机振动台试验研究. 岩石力学与工程学报，2016，35（9）：1844-1853.

[46] 冯振，殷跃平，李滨，等. 鸡尾山特大型岩质滑坡的物理模型试验. 中南大学学报（自然科学版），2013，44（7）：2827-2835.

[47] 田海，孔令伟，李波. 降雨条件下松散堆积体边坡稳定性离心模型试验研究. 岩土力学，2015，36（11）：3180-3186.

[48] 李天斌，田晓丽，韩文喜，等. 预加固高填方边坡滑动破坏的离心模型试验研究. 岩土力学，2013，34（11）：3061-3070.

[49] 潘皇宋，李天斌，仟拨云，等. 降雨条件下折线型滑面的大型滑坡稳定性离心模型试验. 岩土工程学报，2016，38（4）：696-704.

[50] 詹良通，刘小川，泰培，等. 降雨诱发粉土边坡失稳的离心模型试验及雨强-历时警戒曲线的验证. 岩土工程学报，2014，36（10）：1784-1790.

[51] 冯振，殷跃平，李滨，等. 斜倾厚层岩质滑坡视向滑动的土工离心模型试验. 岩石力学与工程学报，2012，31（5）：890-897.

[52] 贾杰，裴向军，谢睿，等. 延安市阳崖黄土边坡开挖破坏离心模拟试验研究. 工程地质学报，2016，24（1）：1-9.

[53] 吴钟腾，冯文凯，朱继良. 云南省彝良县麻窝后山滑坡变形破坏机理离心模拟试验. 水文地质工程地质，2014，41（4）：87-91.

[54] 邓茂林，许强，郑光，等. 基于离心模型试验的武隆鸡尾山滑坡形成机制研究. 岩石力学与工程学报，2016，35（增刊1）：3024-3035.

[55] 蒋忠信. 某山区机场倾斜基底高填方滑坡与防治. 岩土工程技术，2003，（1）：16-18.

[56] 李天斌，刘吉，任洋，等. 预加固高填方边坡的滑动机制：攀枝花机场12#滑坡. 工程地质学报，2012，20（5）：723-731.

[57] Fuglsang L D，Ovesen N K. The application of the theory of modelling to centrifuge studies. Centrifuge in Soil Mechanics，1988：119-138.

[58] 袁文忠. 相似理论与静力学模型试验. 成都：西南交通大学出版社，1998.

[59] Santamarina J C，Goodings D J. Centrifuge modeling: a study of similarity. Geotechnical Testing Journal，1989，12（2）：163-166.

[60] 孙德永. 南昆铁路八渡滑坡工程整治. 北京：中国铁道出版社，2000.

[61] Xue D M，Li T B，Wei Y X，et al. Mechanism of the reactivated Badu landslide in the Badu mountain area，southwest China. Environmental Earth Sciences，2015，（73）：4305-4312.

[62] 黄润秋. 20世纪以来中国的大型滑坡及其发生机制. 岩石力学与工程学报，2007，26（3）：433-454.

[63] 王恭先. 滑坡防治中的关键技术及其处理方法. 岩石力学与工程学报，2005，24（21）：3818-3827.

第6章 巨型滑坡机制与地质力学模式

大量工程实践证明，成功处治巨型滑坡的关键是正确认识滑坡机制及其地质力学模式。本书前述章节对既有典型巨型滑坡案例进行了深入分析，利用大型离心机模拟、数值模拟等方法对典型巨型滑坡的形成机制和复活机制进行了深入研究，提出并验证了地震触发型、暴雨诱发型、人工开挖诱发型典型巨型滑坡的滑坡机制，本章在此基础上，再次对巨型滑坡数据库信息进行分析，从坡体结构、受力特征或变形行为特征相似的巨型滑坡中，总结提炼巨型滑坡普适性机制与地质力学模式，为从根本上解决巨型滑坡防治问题提供科学指导。

6.1 巨型岩质滑坡形成条件及机制模式

6.1.1 震动拉裂-剪切滑移模式[1]

强烈的地震作用是巨型滑坡发生的因素之一。在大量现场调研和查阅滑坡研究文献后，发现强震条件下，巨型滑坡主要表现为以拉裂-剪切滑移破坏为主的特征。根据滑坡区所处的地质环境条件、坡体结构及岩性组合特征，成都理工大学地质灾害防治与地质环境保护国家重点实验室对西南地区典型的地震触发型滑坡的形成机制进行了系统地归纳和总结（表 6-1-1）[1]。

表 6-1-1 地震触发型岩质滑坡形成机制模式一览表[1]

机制模式	形成条件	基本特征	典型滑坡实例
拉裂-顺走向滑移型	斜坡岩体由缓-中缓倾坡内的层状岩组组成，坡体内发育两组分别与岩层走向和倾向近于平行的陡倾长大结构面，在斜坡体的某一侧具有较好的临空条件	强震作用下，斜坡岩体以山体内侧顺坡向陡倾结构面作为内侧边界，追踪顺倾向方向的陡倾结构面产生后缘拉裂面，沿底部层间（内）软弱面基本顺岩层走向向临空条件较好的一侧发生滑动	安县大光包滑坡、青川窝前滑坡
拉裂-顺层（倾向）滑移型	中-陡倾角的顺层斜坡	在地震强大的惯性力作用下，坡体中上段岩体沿顺层软弱面（岩层层面、软硬岩接触面、层内弱面等）产生拉裂变形，使该面大部分内聚力丧失，随后在地震动力的持续作用下，沿该拉裂面发生高速顺层滑动	叠溪较场滑坡、叠溪松坪沟滑坡、北川唐家山滑坡、绵竹文家沟滑坡、平武郑家山1#滑坡
拉裂-水平滑移型	近水平缓倾坡内的基岩斜坡	在地震强大的水平地震惯性力作用下，斜坡后缘产生陡倾坡外的竖向深大拉裂面，深大拉裂面外侧的岩体在持续地震动力作用下沿顺层软弱面发生整体滑出。滑坡一般出露于斜坡中上段，滑源区下部一般为一陡坎，滑体以一定的初速度水平滑出后，往往会越过陡坎做一段距离的临空飞跃，呈现出水平抛射的特点	都江堰牛圈沟滑坡、青川东河口滑坡

续表

机制模式	形成条件	基本特征	典型滑坡实例
拉裂-散体滑移型	由灰岩、花岗岩等硬岩构成的斜坡，多组结构面将斜坡岩体切割成大多相互分离的岩块	强烈的地震动力作用，首先使斜坡浅表层的块状岩体震裂松动，进而在地震的循环往复的动力作用下逐渐分离、散体，直至最后呈散体状整体滑动失稳	北川中学新区滑坡、青川石板沟滑坡
拉裂-剪断滑移型	反倾坡内的层状结构斜坡或块状结构斜坡	在地震强大的水平惯性力作用下，首先在坡体后缘沿一组陡倾坡外结构面形成深大拉裂面，并最终沿此面滑动失稳。该类模式既可产生同震滑坡，也可形成具有一定滞后性的震后滑坡	北川王家岩滑坡、北川陈家坝滑坡、青川董家滑坡、安县罐滩滑坡

1) 拉裂-顺走向滑移型

斜坡岩体主要由缓-中缓倾坡内（倾角一般 20°~40°）的层状岩体（如灰岩）组成，坡体内发育两组基本与岩层走向和倾向平行的陡倾长大结构面，同时，除斜坡前缘坡面外，斜坡的某一侧（左侧或右侧）还具有较好的临空条件（如大冲沟）。在强烈的地震动力作用下，斜坡岩体以山体内侧顺坡向陡倾结构面作为内侧边界，追踪顺倾向方向的陡倾结构面产生后缘拉裂面，沿底部层间软弱面产生基本顺岩层走向方向向临空条件较好的一侧发生整体滑动，形成拉裂-顺走向滑移型滑坡。

2) 拉裂-顺层（倾向）滑移型

在中-陡倾角的顺层斜坡地区，斜坡岩体在强大的地震动力作用下，坡体中上段岩体首先沿顺层软弱面（岩层层面、软硬岩接触界面、层内弱面等）产生拉裂破坏，使该面大部分内聚力丧失，随后在地震动力的持续作用下，沿该拉裂面发生高速顺层滑动，形成拉裂-顺层滑移型滑坡。

3) 拉裂-水平滑移型

近水平缓倾坡内的基岩斜坡，在地震强大的水平地震惯性力作用下，斜坡后缘产生陡倾坡外的竖向深大拉裂面，深大拉裂面外侧的岩体在持续地震动力作用下沿近水平层面（尤其是顺层软弱面）整体滑出，形成拉裂-水平滑移型滑坡。因地震波具有高程放大效应及对孤立突出山体具有地形放大效应，拉裂-水平滑移型滑坡往往主要发生在条形山脊、突出山嘴等特殊地形斜坡的中上段。滑源区下部往往存在一陡坎，滑体以一定的初速度水平滑出后，通常会越过陡坎做一段距离的临空飞跃（水平抛射），随后才散落于地面并沿地面继续向前运动直至动能耗散殆尽。

4) 拉裂-散体滑移型

在由灰岩、白云岩、花岗岩等硬岩构成的斜坡中，受构造挤压作用，斜坡岩体往往发育多组结构面。由多组结构面切割的斜坡岩体，其浅表层因风化卸荷作用使结构面（尤其是陡倾的竖向结构面）显张性，各岩块之间大多相互分离。强烈的地震动力，首先使斜坡浅表层的块状岩体被震裂松动，形成纵多竖向拉裂面，进而在地震的循环往复的动力作用下逐渐分离、散体，直至最后呈散体状整体滑动失稳，形成拉裂-散体滑移型滑坡。

5) 拉裂-剪断滑移型

在由反倾坡内层状结构或块状结构岩体组成的斜坡中，在地震强大的水平惯性力作用下，首先在坡体后缘沿一组陡倾坡外结构面形成深大拉裂面，随后，在进一步的持续震动力作用下，基本与母岩分离的斜坡岩体从深大拉裂缝底端开始产生拉裂和剪切滑移变形，形成切层滑移面，最终整体滑动失稳。

6.1.2　滑移–拉裂–平推模式

1）形成条件

近水平或缓倾坡外的软硬互层状地层构成的斜坡（如西南地区的红层斜坡），当坡体沿下伏软弱面向临空方向发生滑移–拉裂（压致拉裂）变形时，其特殊的坡体结构具有间歇裂隙充水承压型水动力特征（图 6-1-1）[2, 3]。在特大暴雨条件下，坡体在裂隙中充水的静水压力和沿滑移面空隙水扬压力的联合作用下沿顺层面推移–滑出，就形成滑移–拉裂–平推式滑坡。

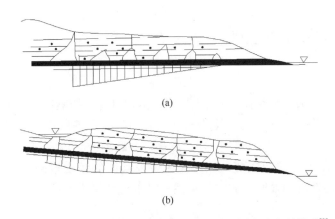

图 6-1-1　顺向层状体斜坡间歇裂隙冲水承压型水动力学模型[3]

这类滑坡的典型特征是滑面通常产生于砂岩、泥岩界面或泥岩之中；后缘表现出明显的张裂塌落（陷）带，其宽度基本代表滑体的水平位移量；由于是顺层推出，滑体一般呈分块式解体，表现出多个次级滑面，中后部分裂的块体内部仍然保留了较完整的原始地层结构。其典型实例有 1981 年 7 月四川盆地由特大暴雨诱发的大量侏罗系红层滑坡，如四川宣汉天台乡滑坡（体积 $2500 \times 10^4 \mathrm{m}^3$）（图 6-1-2），四川西南部地区三叠系飞仙关组地层中的大型顺层滑坡及青海东部一系列湖相沉积盆地中的大滑坡等。

2）形成过程

这类滑坡的演化过程可以分为 3 个阶段[3]：①地下水汇聚、顶托、挤入阶段；②坡体楔裂、溃裂阶段；③滑体整体滑动解体阶段。

静水推力的产生，不仅发生在后缘，而且地下水可能因承压而在渗透途径上"强行渗入"或"挤入"与后缘拉裂平行的裂隙体系中，并有将其楔裂的趋势，从而在这些结构面中形成次级的静水压力（推力）。其启动机制以后缘拉裂缝中充水临界高度作为启动判据。一旦滑体整体启动，滑动一段距离后，裂缝中空隙水压力被迅速消散，滑体自行制动，并在此过程中促进坡体的解体，导致这类巨型滑坡通常表现为多块裂解后退式滑动的特征。

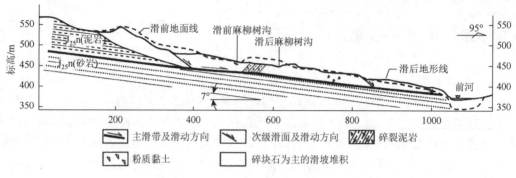

图 6-1-2　天台乡滑坡工程地质剖面图[2]

6.1.3　滑移-拉裂-剪断模式[2]

1）形成条件

斜坡坡脚发育近水平或缓倾坡外的结构面，由相对均质的脆性岩体或半成岩体构成的高陡斜坡体或以坚硬岩体为主体，但夹有相对较薄的软弱夹层构成的互层状高边坡在自重应力场作用下沿软弱层带面向临空方向滑移，并逐渐向坡内发展；后缘出现拉裂并逐渐向深部扩展；在其中部形成变形应力集中带，其间的锁固段被逐一压碎、扩容、剪断，直至形成贯通性滑动面时，斜坡就突然失稳下滑（图 6-1-3）。

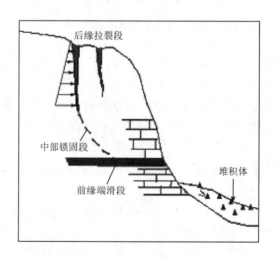

图 6-1-3　滑移-拉裂-剪断三段式滑坡机制[2]

这类滑坡滑动面呈靠椅状，由一组陡直的卸荷裂缝控制的后缘部分和平直近水平的层面控制的基底部分组成，两者通过切穿岩层中部的平缓曲线相连。

2）形成过程

这类滑坡的变形破坏机制主要有以下阶段。

（1）在浅表生改造和边坡形成过程中，由于坡体整体的卸荷回弹变形，从而驱动边坡沿坡脚的缓倾结构面发生回弹错动性质的表生改造，并在坡顶形成拉张应力区，出现后缘拉裂。

（2）表生改造完成后，坡体在自重应力的长期持续作用和驱动下，沿缓倾角结构面发生持续的蠕滑变形，并导致坡体后缘拉裂的向下扩展，从而形成前缘的蠕滑段和后缘的拉裂段。显然，随着蠕滑段和拉裂段的发展，它们之间的完整岩体就构成了边坡变形的"锁固段"，坡体的稳定性将主要由锁固段来维系，锁固段的应力也将随着蠕滑段和拉裂段的发展而逐渐积累。

（3）当后缘拉裂加深到某一深度时，"锁固段"的应力积累将使这部分岩体进入累进性破坏阶段，并最终剪断"锁固段"岩体，发生突发的脆性破坏。由于这种突发的脆性破坏伴有很大的峰残强降差，因此，边坡岩体的位能将得以突发释放，从而形成高速滑坡。

3）地质力学模式

滑移-拉裂-剪断"三段"式模式是指边坡的变形破坏具有分三段发育的特征，即下部沿近水平或缓倾坡外（内）结构面蠕滑、后缘拉裂、中部锁固段剪断（图6-1-3）。斜坡体在自重应力场中长期蠕动变形（时效变形），最先产生近坡脚处的顺层滑移面并不断向坡内延伸，再产生坡顶的拉裂面并不断向深部延伸，中间的锁固段不断减小，同时坡内应力不断地重分布，最后剪应力高度集中以致中部锁固段被剪断使滑面贯通而形成滑坡。这种模式以黄河龙羊峡水电站近坝库岸河段滑坡群［查纳滑坡（12500×10^{4}m^3）］等巨型滑坡为代表，是一种受坡脚近水平结构面控制边坡的经典变形-破坏模式（图6-1-4）。

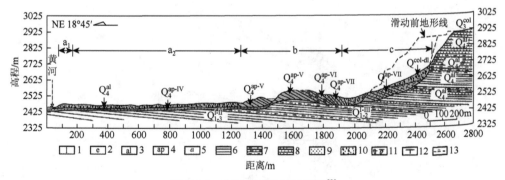

图6-1-4　查纳滑坡地质剖面图[2]

6.1.4　滑移-弯曲-剪断模式[2-4]

1）形成条件

这类滑坡主要发生在中-陡倾外层状体斜坡中，尤在中-薄层状岩体及延性较强的碳酸盐类层状岩体中多见。这类斜坡的滑移控制面的倾角明显大于该面的峰值摩擦角，上覆岩体具备沿滑移面下滑的条件。但由于滑移面在斜坡下部未临空，使下滑受阻，造成坡脚附近顺层板梁承受纵向压应力，在一定条件下可使之发生弯曲变形，使岩层产状出现异常。

此外，在变角倾外（椅状）层状体斜坡中，也可发生类似的变形。滑移面前缘虽已临空，但平缓段上覆岩体起阻抗作用。在上部陡倾段滑移体的作用下，可在岩层转缓部位造成弯曲变形。

2）形成过程

多年来的研究表明，这类滑坡的形成过程可以分为 3 个阶段：

（1）轻微弯曲阶段［图 6-1-5（a）］。弯曲部位仅出现顺层拉裂面、局部压碎，坡面轻微隆起，岩体松动。

（2）强烈弯曲、隆起阶段［图 6-1-5（b）］。弯曲显著加强，并出现剖面 X 形错动，其中一组逐渐发展为滑移切出面。由于弯曲部位岩体强烈扩容，地面显著隆起，岩体松动加剧，往往出现局部的崩落或滑落，这种坡脚附近的"卸载"更加促进了深部的变形与破坏。

（3）切出面贯通阶段［图 6-1-5（c）］。滑移面贯通并发展为滑坡，具崩滑特性，有的表现为滑塌式滑坡。

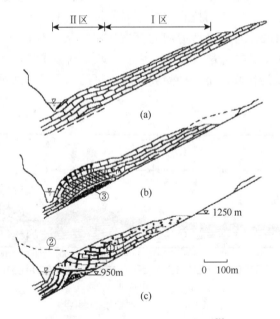

图 6-1-5　滑移-弯曲-剪断机制[3]

"椅"形滑移面情况与平直滑移面的有所不同，其强烈弯曲部位发生在滑移面转折处且不需形成切出面沿原有靠椅形面滑动。

3）地质力学模式

受控于坡体层间软弱层的"滑移-弯曲-剪断"模式，边坡可分为变形性质不同的两部分，即中上部的顺层滑移段和下部的弯曲-隆起段。在力学机制上，对应于"主动传力区"（Ⅰ区）和"被动挤压区"（Ⅱ区，坡脚）。Ⅰ区坡体在自重下滑力的驱动下，沿坡体内的层间软弱夹层产生顺层滑移，而坡脚的Ⅱ区由于岩层不出露，产生被动挤压，其结果岩层只能通过产生垂直于层面的变形，即"弯曲-隆起"来协调上部坡体的作用力。这种主传力区的滑移和被动区的挤压隆起构成一个协调的体系，控制斜坡变形-破坏的过程。显然，一旦被动挤压区的"弯曲-隆起"加剧，将最终被剪断而导致滑坡的发生。

6.1.5 倾倒-拉裂-剪断模式[2, 4]

1）形成条件

这类模式的滑坡通常发生在中等-陡倾角的反倾互层状斜坡中。由于坡体中下段软硬相间的特殊岩体结构，力学性能较差的岩层（泥岩、页岩等）在长时期的自重压力作用下，将产生较明显的压缩变形，为坡体中上段的岩体变形提供了足够的空间，使得中上段岩体发生类似于板梁弯折的变形，并由此产生顺层或切层张裂缝。当板梁弯曲折断面逐渐贯通后，便发生突发性的失稳破坏。

此外，陡倾的薄层岩体斜坡在自重弯矩作用下，于坡脚前缘开始向临空方向做悬臂梁弯曲，并逐渐向坡内发展。弯曲的板梁之间相互错动并伴有拉裂，弯曲体后缘出现裂缝，并形成平行于走向的反坡台阶和槽沟，最终岩体被剪断，发生突发性滑动（图 6-1-6）。

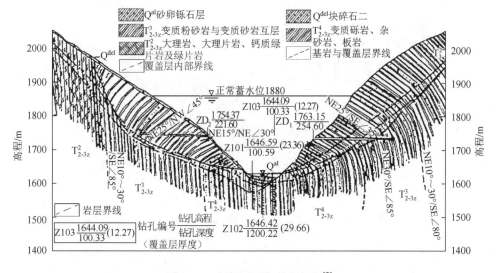

图 6-1-6 倾倒-拉裂-剪断机制[2]

2）形成过程

根据地质历史演变分析，反倾斜坡大多沿已有的结构面（层）发生失稳破坏，其层面一旦由于外动力地质作用而与地面贯通，就有顺其滑动的可能。因为反倾斜坡本身没有现存的可滑动的有利结构面，其滑动面或破坏面往往是在漫长的地质历史过程中通过自身的累积时效变形，导致破坏面逐渐孕育，最后累进性贯穿。在失稳之前有一个漫长的变形积累过程，从而积蓄形变应变能，最终通过脆性剪断（或张剪破坏）潜在滑动面上残存的"锁固段"，导致坡体突然失稳破坏，剧烈释放应变能，坡体高速下滑。这类滑坡的演化大致可以分为 3 个阶段：卸荷回弹陡倾面拉裂阶段；板梁弯曲，拉裂面向深部扩展并向坡后推移阶段；板梁根部折裂，压碎剪断阶段。

6.1.6　滑移-锁固-剪断模式[2, 4]

该模式是指边坡整体结构较为松弛（如强、弱风化带），但在边坡下部或中下部存在局部完整性和强度均很高的锁固段地质体，后者在整个边坡中，实际上起到了类似支挡的作用，它承担和"挑住"了因上部坡体变形而传递下来的巨大"推力"，起到了维系边坡整体稳定的关键作用。随着上部松弛岩土体的持续蠕变挤压和边坡变形的进一步演化发展，下部"锁固段"最终因为应力的持续集中而产生突发性的脆性破坏，形成高速滑坡。四川溪口滑坡（$150 \times 10^4 \mathrm{m}^3$）和云南昭通头寨滑坡（$900 \times 10^4 \mathrm{m}^3$）是这类机制的典型代表。其概念模型如图 6-1-7 和图 6-1-8 所示。

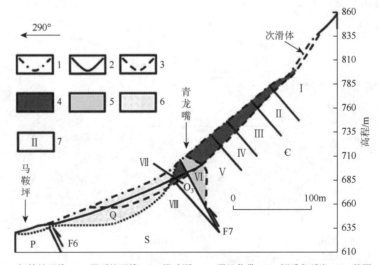

1—初始地形线；2—滑后地形线；3—滑动面；4—强风化带；5—钙质角砾岩；6—第四系崩坡积物；7—岩体结构分区 （Ⅰ：层块碎裂结构；Ⅱ：厚层状结构；Ⅲ：层状结构；Ⅳ：层状碎裂结构；Ⅴ：碎裂结构；Ⅵ：角砾状结构；Ⅶ：奥陶系层状灰岩；Ⅷ：志留系泥、页岩）；Ꞓ—寒武系地层；S—志留系地层；P—二叠系地层；Q—第四系地层

图 6-1-7　溪口滑坡滑源区斜坡结构地质示意图[4]

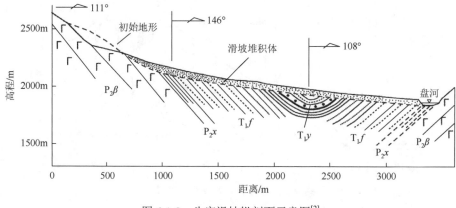

图 6-1-8　头寨滑坡纵剖面示意图[2]

6.2　巨型土质滑坡形成条件与复活机制模式

以往的研究普遍认为，均质土坡主要呈圆弧形的"蠕滑-拉裂"型破坏（图 6-2-1），这一般而言是符合客观实际的。但是，巨型土质滑坡的形成或复活机制往往较为复杂，在上述典型案例研究的基础上，从巨型滑坡的滑面形态特征、分区分级特征入手，提出了 5 种巨型土体滑坡的形成与复活机制模式。

6.2.1　整体型蠕滑-拉裂-剪断模式

这种滑坡模式既可以是土质滑坡的形成机制模式，又可以是复活机制模式，是堆积体巨型滑坡的一种典型变形破坏模式。这类模式主要发育在均质或类似均质土体斜坡中。在重力作用下，堆积体向坡前临空方向发生剪切蠕变，其后缘发育自坡面向深部发展的拉裂。在变形发展过程中，坡内有一可能发展为破坏面的潜在滑移面，如基覆界面、软弱带，它受最大剪应力面分布状况的控制。该面以上实际上为一自坡面向下递减的剪切蠕变带。随着蠕滑的进展，坡面下沉，拉裂面向深处扩展，往往达到潜在剪切面，造成剪切面上剪应力集中。地表水沿拉裂面渗入坡内，从而促进蠕滑的发展，削弱剪切面的抗剪强度，最后被剪断而导致滑坡。滑坡变形演化可以划分为 3 个阶段[3]：由表及里的蠕滑阶段，后缘拉裂阶段和潜在滑动面贯通剪断阶段，如图 6-2-1所示。

（1）蠕滑阶段：堆积体在自重作用下发生蠕滑变形，后缘产生拉应力。

（2）后缘拉裂阶段：后缘被拉裂后，造成潜在剪切面上的剪应力集中，促进了最大剪应力带的剪切变形。

（3）潜在滑动面贯通剪断阶段：随剪应变进一步发展，中部剪应力集中部位可被扰动扩容，使斜坡下半部分逐渐隆起。随着变形体开始发生转动，后缘明显下沉，拉裂面由初始的张开转为逐渐闭合。这些现象预示变形进入累进性破坏阶段，一旦潜在剪切面被剪断贯通，则发展为滑坡。

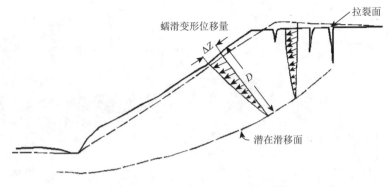

图 6-2-1　蠕滑-拉裂变形示意图[3]

整体型蠕滑-拉裂-剪断型的巨型滑坡往往发生在基覆界面或老滑带呈中-陡倾角的堆积体斜坡中，由于坡脚开挖、水库蓄水、地下水软化等因素削弱了前缘抗滑段的抗力，或者后缘加载增大下滑力，坡体沿下伏软弱面多发生整体性的圆弧形蠕滑-拉裂变形，当剪切变形突破抗滑段的锁固时，就会发生整体型的失稳破坏。典型实例有四川丹巴滑坡、滩头车站巨型滑坡等。

6.2.2　分区型蠕滑-拉裂-剪断模式

这是土体巨型滑坡的一种复活模式。往往发生在横向滑面形态变化大或多个滑坡组成的滑坡群及诱发因素具有分区性的古（老）滑坡中。例如，二郎山隧道出口榛子林滑坡受滑坡横向滑面特征及隧道开挖堆载诱发的联合影响，表现出分区复活的特点，可将其分为主滑区及牵引区蠕滑-拉裂-剪断式复活模式。在工程治理中也根据它的分区复活机制，采用不同的治理措施进行处治（详见第 7 章）。又如，长江三峡鸡扒子滑坡是典型暴雨和地下水渗流诱发的分区复活型老滑坡。

这类分区复活机制滑坡的演化过程往往依赖于滑坡的分区特征。一般每个区域自身的演化与整体型蠕滑-拉裂-剪断模式类似，可分为 3 个阶段，即蠕滑阶段、后缘拉裂阶段和潜在滑动面贯通剪断阶段。各个区域之间的相互影响和制约则根据滑坡特征的不同表现出不同的特点，一般可分为相互有影响的分区复活滑坡和相互无影响的分区复活滑坡。例如，榛子林滑坡和鸡扒子滑坡均为相互有影响的分区复活滑坡，而四川美姑县城滑坡为相互无影响的分区复活滑坡。

6.2.3　分级型蠕滑-拉裂-剪断模式

这是土体巨型滑坡的另一种复活模式，往往发生在纵向滑面形态和纵向地形形态变化大或诱发因素具有分级性及老滑坡本身就具有分级滑面的古（老）滑坡中，表现为滑坡的分级复活。例如，前述的八渡滑坡就是由于滑面纵向形态变化大，在铁路修建大规模开挖条件下又形成了地形临空区和加载区，再加上暴雨的诱发，从而形成了该滑坡在纵向上的分级复活。

这类分级复活机制滑坡的演化过程往往依赖于滑坡的分级特征。一般每级自身的演化与整体型蠕滑-拉裂-剪断模式类似，仍分为 3 个阶段。各级滑坡之间的相互影响和制约则根据滑坡特征的不同表现出不同的特点，一般可分为相互有影响的分级复活滑坡和相互无影响的分级复活滑坡。通常由于坡体局部地段形态的改变形成临空面，坡体沿软弱面向局部临空面蠕变滑移形成的分级复活是相互没有影响的或者影响较小。例如，八渡滑坡就是相互影响较小的分级型蠕滑-拉裂-剪断模式。完全受滑面形态控制的分级型滑坡往往各级滑坡间的影响较大。例如，攀枝花机场 12 号滑坡主动区滑坡形成后加载在被动区滑坡上，进而导致被动区滑坡复活。

6.2.4　蠕滑-锁固-溃滑模式

这种模式既可以是土体滑坡的形成机制模式，又可以是复活机制模式。具有这类形成或复活机制模式的土坡在坡体内存在锁固效应，往往有以下两种情况：一是空间上具有"卡门"效应或"支撑拱"效应的土坡；二是坡体内已设置有抗滑措施的滑坡体或高填方坡体，但抗滑桩的抗滑能力不够。

王兰生等[5]对新滩滑坡的复活机制研究表明，滑坡体后缘广家崖危岩逐年崩塌加载，促使滑坡上段堆积体形成滑移推动，但由于姜家坡一带基底地形突起，西侧缩窄，东侧恰好位于弯道处，存在一横跨滑体的"支撑拱"，随着其上部加载的增大，导致姜家坡段发生剪胀隆起，并最终突破"支撑拱锁固段"的阻力而下滑（图 6-2-2）。"支撑

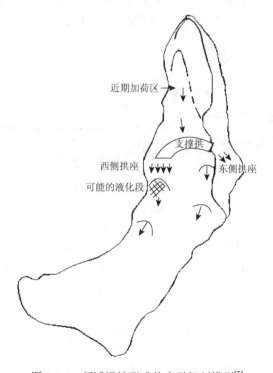

图 6-2-2　新滩滑坡形成的力学机制模型[5]

拱"的存在对堆积体滑坡的变形及稳定性具有重要的意义：它一方面阻挡拱后向下滑移的堆积物，使它在这一带压密、隆起，成为滑体中的应力集中部位；另一方面通过拱圈将滑体中心的部分下沿推力传递至两侧，从而阻碍上部堆积体向下部的变形与位移，并使后者成为应力相对更为集中的部位。但是若一个拱座失稳被突破，将迅速导致整个拱圈崩溃，过程中伴有弹性能的释放，形成溃滑型滑坡。

前述的攀枝花机场 12 号填筑体滑坡，基覆界面受地下水作用软化形成软弱带，高边坡在自身重力作用下沿该面向临空方向发生蠕滑变形，遇抗滑桩变形受阻，抗滑桩处应力集中，形成锁固段。随着桩的逐排剪断，坡体整体稳定性急剧降低，最终在暴雨作用溃滑失稳。

这类模式滑坡的形成过程可以分为 3 个阶段，即坡体整体蠕滑阶段、累进性变形与锁固阶段、锁固段剪断与高速溃滑阶段。

6.2.5　滑移-拉裂-剪断模式[2, 4]

这种滑坡模式除了在岩质斜坡中发生之外，同样可能在土质斜坡中发生，主要出现在坡脚发育近水平或缓倾坡外黄土层的高陡土质斜坡中。这类黄土斜坡在自重应力场作用下发生时效变形，沿软弱层带面向临空方向滑移，并逐渐往坡内发展；坡体后缘出现拉裂并逐渐向深部扩展；在其中部土体中形成变形应力集中带，其间锁固段被逐一剪断，直至最终形成贯通性滑动面，斜坡突然失稳下滑。变形演化过程一般可分为 3 个阶段：①应力卸荷回弹与沿近坡脚部位层面的重力蠕滑；②坡顶拉裂；③中部锁固段最终被剪断导致滑动面贯通（图 6-2-3）。典型实例如甘肃省的洒勒山滑坡。

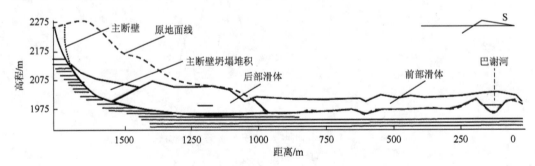

图 6-2-3　洒勒山滑坡滑后纵剖面[2]

这类滑坡在机制整体上属累进性破坏，始于相互促进的滑移与拉裂，终于中部锁固段阻抗单元的剪断。通常滑坡发生之前有很长的孕育阶段，发生时不需要显著的触发因素。

6.3　本　章　小　结

通过典型巨型滑坡案例的现场调研、离心模型试验和数值模拟，揭示和验证了巨型滑坡的分级滑动机制、分区滑动机制和锁固-溃滑机制。在此基础上对各类巨型滑坡形成或复活的地质力学模式进行了系统归纳和总结，提出了 6 种巨型岩质滑坡机制的地质-力学模式，即震动拉裂-剪切滑移模式、滑移-拉裂-平推模式、滑移-拉裂-剪断模式、滑移-弯曲-剪断模式、倾倒-拉裂-剪断模式和滑移-锁固-剪断模式，以及 5 种巨型土质滑坡机制的地质-力学模式，即整体型蠕滑-拉裂-剪断模式、分区型蠕滑-拉裂-剪断模式、分级型蠕滑-拉裂-剪断模式、蠕滑-锁固-溃滑模式、滑移-拉裂-剪断模式。

参 考 文 献

[1]　许强，董秀军. 汶川地震大型滑坡成因模式. 地球科学（中国地质大学学报），2011，36（6）：1134-1142.

[2]　黄润秋，许强，等. 中国典型灾难性滑坡. 北京：科学出版社，2008.

[3]　张倬元，王士天，王兰生，等. 工程地质分析原理. 3 版. 北京：地质出版社，2008.

[4]　黄润秋. 20 世纪以来中国的大型滑坡及其发生机制. 岩石力学与工程学报，2007，26（3）：433-454.

[5]　王兰生，詹铮，苏道刚，等. 新滩滑坡发育特征和启动、滑动及制动机制的初步研究//中国典型滑坡. 北京：科学出版社，1988.

第7章　巨型滑坡机制与防治工程

在前述巨型滑坡典型成因力学机制和地质力学模式研究总结的基础上,结合典型巨型滑坡防治工程成功与失败案例分析,总结分析巨型滑坡防治工程对策;同时依托典型工程实例,采用数值模拟、理论分析手段,对滑坡体与治理结构间的相互作用机理和过程进行深入分析,回答不同成因机制类型巨型滑坡治理措施的适宜性,并最终总结出巨型滑坡成因机制与防治工程对策的关系。

7.1　巨型滑坡防治工程典型案例分析

7.1.1　八渡滑坡综合整治工程[1-4]

1. 概况

南昆线八渡车站滑坡位于南盘江北岸的山坡上,山坡相对高差 480～560m。古滑坡体位于八渡背斜的北翼,坡体岩层总体倾向山里（北）,滑坡体总长约 700m,其中前缘宽540m,中部宽 350～400m,后缘宽 150～200m。滑体厚度上、下相差较大,下部厚 40m左右,中部厚 15～20m,上部厚 10～15m,总体积约 $420 \times 10^4 m^3$。滑坡体前缘向南盘江突出,形成明显的滑坡舌,后缘圈椅状外貌十分清楚,滑坡体中上部较东西侧山体在地形上低 15～20m,坡体明显呈上部凹陷,下部突出的典型台阶状滑坡外貌。

滑坡体范围内包含 3 座山头,从东向西依次编号为 2#、3#、4#,如图 7-1-1 所示。两条大的自然冲沟,即 2#～3#和 3#～4#山头之间的冲沟。滑坡两侧界分别依附于 1#～2#和

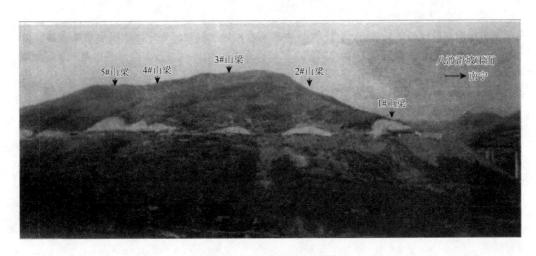

图 7-1-1　八渡滑坡全貌[1]

4#～5#山头之间的自然冲沟。从山头之间的冲沟平面上可将滑坡分为 3 条，即 2#、3#、4#山头各为一条。纵向上可将滑坡体分为 3 级，从线路左侧基岩陡坎到江边为下级，长约 400m；从线路到右侧高便道下的陡坎为中级，长约 200m；从高便道到最上部陡坎为上级，长 100～150m。1994 年铁路开挖诱发上级古滑坡体复活；1997 年 6 月强降雨诱发上级和下级古滑坡体复活（详见 4.3 节）。古滑坡复活机制模式为分级型蠕滑-拉裂-剪断模式。

2．滑坡整治工程

八渡滑坡整治方案采用抗滑支挡工程结合地表、地下联合排水工程综合治理方案，如图 7-1-2 和图 7-1-3 所示。

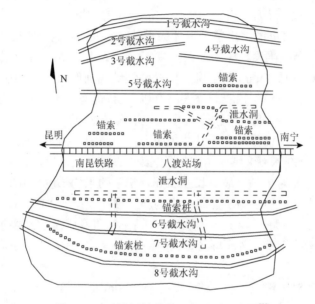

图 7-1-2　八渡滑坡整治工程平面示意图[2]

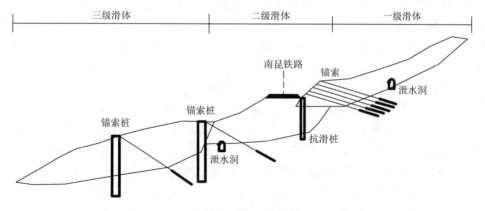

图 7-1-3　八渡滑坡整治工程剖面示意图[2]

1）抗滑支挡工程

抗滑支挡工程分为右侧（上级）锚索工程、抗滑桩工程和左侧（下级）锚索桩工程，如图 7-1-2 所示。线路左侧 100m 处设置第一排锚索桩，共 54 根，桩间距 7m，桩长 28～50m，截面为 2.5m×3.5m。线路左侧 170～220m 处设置第二排锚索桩 53 根，抗滑桩 6 根，桩间距 7m，桩长 23～55m，截面积 2.5m×4m。线路的右侧设置锚索，共 131 根。抗滑桩主要针对右侧次级滑坡设置，本工程在 1997 年雨季前共设抗滑桩 107 根，其中 76 根嵌入古滑坡面以下稳定基岩中（2#山梁 37 根，3#山梁 16 根，4#山梁 23 根），另 31 根（2#山梁 19 根，3#山梁 12 根）因当时只考虑作为边坡预加固桩，故未置入古滑面以下。

本工程在线路右侧次级滑坡体上，采用预应力锚索方案，用以加固位于次级滑坡前缘的 2#山梁、3#山梁路堑边坡。主要考虑预应力锚索施工期短、发挥作用快的特点。尤其是在滑体处于蠕动阶段，锚索往往能达到一发治千斤的效果。在滑体处于动与不动的临界状态时，一根锚索，就有可能制止整个滑体的滑动。本工程右侧在 2#山梁设预应力锚索 5 排 80 孔（6 束），在 3#山梁设预应力锚索 3 排 52 孔（6 束），总计 132 孔，锚索总长 6400 余米。锚索采用 6 束 Φ15.24mm 高强度、低松弛钢绞线制作，孔径 110mm。

预应力锚索桩是抗滑桩与预应力锚索的有机结合，能有效地减小桩截面及锚固段的长度，特别是能在危急时，采取临时预张拉预应力锚索措施，这对治理滑体厚、地下水丰富的滑坡是十分重要的。本工程采用无黏结预应力自由锚索，锚索的张拉力分别为 2000kN 和 1000kN，其中，2000kN 级的锚索由 12 根钢绞线制成，1000kN 级的锚索由 6 根钢绞线制成。锚索的最大长度为 75m，最小长度 55m，锚索的平均长度为 67m。

锚索桩均采用先索后桩法施工。其流程为施工桩井锁口或"U"形锁口，在护壁上定锚索孔、钻孔、安索、注浆、预留张拉段锚索—待邻桩桩身强度达到要求后开挖桩井—安装钢筋笼及顶端锚索孔钢管（钢管与已安装的锚索应在同一轴线上）—灌注桩身混凝土—进行锚索张拉等剩余工序。

预应力锚索桩针对主滑坡设置。在线路左侧 100m 处（第一排）设置了 54 根桩，在线路左侧 170～220m 处（第二排）设置了 53 根桩（在南宁端，另设置了 6 根抗滑桩），两排桩共计 113 根。桩截面（2～2.5）m×（2.5～4）m，最深桩长 55m，总深度为 4600 余米，挖方 4.6×10⁴ 余立方米，锁口及护壁混凝土为 1.4×10⁴m³，桩混凝土为 3.3×10⁴m³，工作平台挖土方约 7×10⁴m³。6 束锚索 186 根，长 45～70m，总计长度 11226m，12 束锚索 45 根，索长 65～75m，总计长度 2990m。

2）地表排水工程

排水工程设置在滑坡外缘及坡内，方向大致与线路方向平行，截排水均采用混凝土盖板箱涵。在滑坡上缘外及滑坡范围内，设置与线路方向大致平行的截、排水沟右侧 5 条，总长约 2000m，左侧 3 条，总长约 1500m，将滑坡上缘及滑坡范围内地表水拦截后引排至自然沟槽再排入南盘江。第一道截水沟设在距滑坡上缘（即高便道旁陡坎）30～40m 处，沟截面按地表径流流量设计，最大截面为 0.5m（底）×1.0m（深）的半梯形沟。其他截、排水沟大部分为梯形截面，少部分为半梯形或矩形截面，截面尺寸为 0.4m（底）×0.6m（深）及 0.6m（底）×0.6m（深）两种。截、排水沟均采用 C15 混凝土浇筑。施工中在右侧排水系统初步形成时，1997 年 10 月上旬、中旬 12 天中，最大日降雨量 56mm，总降雨量 280.3mm，由于排水系统发挥了明显效果没有引起滑坡活动。

3）泄水洞

由于大气降水入渗，滑体内地下水量增加，而且补给源是长期的。为了改变滑体土的物理力学性质，降低雨水在滑体内停留时间，采取了地下排水工程措施。地下排水工程原设计为盲沟排水，后改为泄水洞排水。泄水洞全长 843.93m。平行于线路方向，挡截滑床上地下水的称主泄水洞，垂直于线路方向引排地下水的称支泄水洞[1]。

线路右侧泄水洞为长 245m，洞身纵坡降 1.5%～21%，线路左侧泄水洞长 589.93m，洞身纵坡降 1.6%～22%。主洞净空高 2.3m、宽 2m，支洞净空高 2.55m、宽 2m（右侧支洞在洞口 54m 段高 2.75m、宽 3m）。泄水洞主洞截面尺寸 1.7m×1.4m，支洞截面尺寸 1.9m×1.9m，采用格栅钢架支撑，间距 0.5m，边墙插背板，局部打锚杆支护，风镐及钻爆开挖成洞。模注混凝土衬砌，衬砌厚 30cm，其中，拱部、洞底、洞口、穿桩地段、主洞与支洞交叉部位全衬砌，其余边墙按 lm 交错布置为花边墙衬砌，间距 lm。拱顶设间距 40cm 梅花形布置泄水孔。在泄水洞边墙底部每间隔 1m 预留 1m×1m 的方孔。拱顶中心线至地面设置梅花形竖向集水孔（兼通风孔），洞内见股状涌水点则增设排水管，间距 20～25m，竖向 127mm 钻孔穿至滑体，下 $\Phi80$mm 渗水软管形成集水井，把滑体水引入泄水洞。部分地段用 $\Phi110$mm 钢花管或渗水软管集水于洞内排放滑坡体中的地下水。为改善洞内通风条件，视需要下 $\Phi108$mm 花管兼作通风井，个别也临时作为投料井。共设集水孔 30 孔（左洞 22 孔，右洞 8 孔），计 735.74m[2]。

4）清方减载工程

清方减载工程也是治理滑坡的方法之一，属于力学平衡的范畴。1997 年 9 月 17～20 日，4 天连续降雨，降雨量 23.5mm。9 月 21 日，2#山梁距第二排抗滑桩 6～7m 处地面开裂，裂缝成弧形贯通，宽 1～2cm，长 40～50m。到 25 日，裂缝发展迅速，宽达 10cm，且出现了 20～30cm 错台，边坡显著变形。其原因是断层 F4 与 2#山梁主轴相交，交角很小，山梁土质较疏松，上部汇水面积较大，大量雨水流向 2#山梁，挖方施工破坏了次级滑坡的平衡。据此，决定对 2#山梁进行清方减载 1.71×10^4m³。在清方减载过程中及其后，对第二排桩稳定性进行了观测。到 10 月 20 日清方减载工程基本完成，根据 10 月 1～20 日降雨量达 208.3mm 的情况，如不及时清方减载，2×10^4 多立方米土体滑下，掩埋线路 2～3 股必定无疑。在右侧扩山梁治理过程中，边坡位移量出现了昆明侧小、南宁侧大的现象，除了锚索造孔影响不同、南宁侧稳定性较差外，清方减载自昆明侧开始实施，应是主要原因。这表明清方减载对滑坡稳定性具有明显影响[3]。

5）位移监测

滑坡位移监测是为了全面了解和掌握滑坡体滑动、蠕动的动态，正确评定滑坡稳定性，以确保线路在施工乃至将来安全正常运营。因此，对滑坡位移的动态监测是滑坡整治工程中一项十分重要和必不可少的内容。八渡滑坡的位移监测包括了钻孔深部位移监测、地面监测及抗滑桩监测、降雨量观测等项，为判定滑坡变形情况和整治效果提供了可信度很高的定量数据[4]。

A. 钻孔深部位移监测

钻孔深部位移监测是位移监测中的首要监测项目。采用钻孔测斜仪对主体滑坡的动态情况进行监测，深孔测斜在滑坡变形监测中是最行之有效的方法，可以提供系统的连续监测数据。它不仅能准确地测到滑坡滑动面的位置，还可以量测到土体在一定时间内侧向位移量，并可确定滑坡的滑动方向。对准确掌握滑坡的动态情况、指导和确保安全施工起到积极的作用。共设 13 个监测孔。依据监测资料成果，对滑坡体情况进行分析。

主滑坡体的变形特征，可分为：

主滑坡体蠕动变形期。这一阶段主要指 1996 年 11 月～1997 年 5 月，这一时期线路工程施工对次级滑坡体的影响比较大，对主滑坡体的影响相对而言比较小，加之此段时间当地降水量较小，滑体的变形不甚明显，仅在 3 月下旬有缓慢变形的迹象，坡体整体位移量不足 5.0mm。

主滑坡体蠕动加剧期。这一阶段主要指 1997 年 6 月～8 月上旬，5 月以后当地进入雨季，其中 5～7 月为主要的降雨月份，平均月降雨量均超过或接近 300.0mm，大量雨水的集中下渗，加之工程开挖破坏了地表水的逸流条件，致使大量地表水和工程用水、生活用水下渗，造成软弱带进一步软化，滑带土抗剪强度迅速降低，以及地下水骤然大增所带来的种种不利影响，主滑坡体即依附滑面加剧蠕动变形。此次变形时间短（大约 40 天），位移大（日均位移约 2.0mm），仅 7 月 1 个月，主滑坡体前部（包括 2#山梁、3#山梁、4#山梁）位移 30.0～50.0mm，造成三孔被剪断。

主滑坡体的减速变形期。这一阶段主要指 1997 年 8 月中旬～11 月中旬，随着集中降雨季节的过去，南盘江江水的回落，地下水形成的静水压力、动水压力的降低及地表水的有效排放，地表裂缝的及时回填夯实，均有效地扼制了坡体变形的进一步发展，变形迅速减缓了下来。从剩余 2 个监测孔的位移曲线可以看出，曲线变化比较平缓。

主滑坡体前部再次蠕动加剧期。这一阶段主要指 1997 年 11 月下旬～1998 年 4 月上旬，此次变形与第二排锚索抗滑桩施工全面展开有极大的关系。在抗滑桩开挖过程中不是采用常规的挑槽开挖、成桩的原则，为抢时间、赶工期，力争在雨季到来之前全部完成两排 113 根桩的灌注和锚索拉张工程，而采取了梯形开挖的方法，在一定程度上破坏了坡体的极限平衡，随着开挖深度和范围的逐步增加，滑体的变形也日益加剧，到 3 月下旬不但造成左侧部分监测孔的严重变形，三个监测孔再次被剪断，而且在已经开挖的桩顶护壁上出现严重的挤压裂缝。

主滑坡体的再次减速变形期。1998 年 4 月中旬至 6 月底，随着抗滑桩的相继灌注完成，坡体的变形也逐步减缓。

次级滑坡体的变形特征：

次级滑坡体自 1997 年 9 月设孔开始监测，在建成初期的 3 个月由于边坡排水工程和锚杆加固工程的施工，坡体变形比较突出，4 个监测孔在 20m 以上的土体均有变形现象，而且地表宏观迹象也相当明显，浆砌片石护坡严重开裂、外鼓。2#山梁还出现前移和抗滑桩桩身出现外倾、桩顶剪断等现象。12 月下旬工程完工后坡体的变形相继减缓，至 1998 年 6 月未进一步发展。

B. 地面监测及抗滑桩监测

建立、调整和完善以线路中线为重点的地面和抗滑桩变形观测网，增加观测地面裂缝的单点自动位移计，地表主要裂缝设裂缝简易观测。分别在抗滑桩顶、平台及滑坡前后缘总计设了 80 个地面观测点。平时 10 天观测 1 次，雨季 5 天观测 1 次。大雨后，重点观测点每天观测 1 次，并加强地下水位观测。对测得的数据及时汇总加以分析，发现重大异常情况，及时采取措施。

C. 降雨量观测

1997 年 9 月下旬在八渡车站建立了雨量观测站，采用降雨自动测量仪，准确及时地记录了当地降雨量，为滑坡的位移量与降雨量的关系研究，各项综合治理措施与降雨量的关系研究提供了可靠数据。

3. 工程效果

八渡滑坡综合整治工程：1997 年 10 月，对一级滑坡体实施应急锚索工程，抑制次级滑坡的变形，至 1998 年 1 月，泄水洞完工，上洞水量较小，雨后水量增大，下洞后期排水量变大且稳定，排水效果明显。1998 年完成锚索桩的全部施工，随着整治工程的实施，滑坡变形趋于稳定，综合治理效果显著。施工后持续观测表明滑坡已经稳定，无后续变形发生。

4. 治理成功原因分析

（1）通过扎实的地质勘察工作，查清了滑坡地层和滑体结构，掌握了该滑坡的成因机制，并在此基础上将滑坡分为上、中、下三级，再针对各级滑体的滑动特点及其稳定性进行了分析，使后续防治措施具有很强的针对性。

（2）分级支挡分解了巨大的滑坡推力，限制了滑坡体从中间变形剪出。

（3）实施了锚索、锚索桩、地面排水、地下排水、坡面防护、减载等多种工程措施，通过综合整治，达到了最佳治理效果。其综合整治思想必将为其他滑坡的整治提供很好借鉴。

（4）采用了先进的滑坡动态监测技术，对地面和地下位移均开展变形监测，从成因机理上及时把握了滑坡各级的变形动态和发展演化趋势，确保了治理工程对滑坡体处于有效控制之中。

7.1.2　榛子林滑坡综合整治工程[5]

1. 概况

榛子林滑坡位于川藏公路二郎山隧道西口引道公路 263+610～820 路段，距隧道西口 200m，为一复活的老滑坡，如图 7-1-4 所示。由于作为隧道弃渣场及施工单位基地和隧道施工用电变电站场地，滑坡的复活变形迹象渐趋明显。榛子林滑坡位于二郎山西坡，大渡河支流和平沟右岸，海拔约 2150m，处于四川盆地中亚热带季风湿润气候与青藏高原大陆性干冷气候区的交接地带。滑坡呈近南北向延伸的舌形，纵向长 470m，中上部最大宽度 210m，前缘宽度 150m，平均深度 25m，总体积约 $106 \times 10^4 m^3$。滑体前缘高程 2041m，后缘高程 2200m，高差约 160m。滑坡体表面平均坡度约 17°。滑坡后缘呈一圆弧状地貌，边坡坡度一般达 50°，与向斜的岩层面一致。在 2123～2150m 高程段及公路轴线 2160～2169m 高程段已堆有厚达 8～20m 的隧道弃渣。

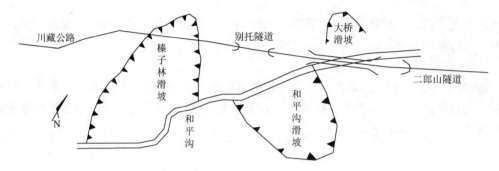

图 7-1-4　榛子林滑坡平面示意图[5]

2. 滑坡基本特征

滑坡位于一向北扬起的箕状向斜核部，由中泥盆统养马坝组（D_2y）的厚层-中厚层状灰岩夹薄层泥岩组成，如图 7-1-5 所示。向斜东翼产状为 225°～240°∠40°～55°，西翼产状为 135°∠45°～55°，转折端扬起部位产状 185°∠55°，向南渐转成 180°∠20°，滑坡轴线与向斜轴向近于一致，为 NE 5°。受 F1、F16 等断层破坏，形态不完整。堆积体西深东浅，平均厚 25m，主要由浅灰色至灰褐色块碎石土和碎石土夹块石组成，块碎石成分为泥盆系养马坝组（D_2y）的灰岩。堆积体中见多层灰白色-灰色含砾粉质黏土。

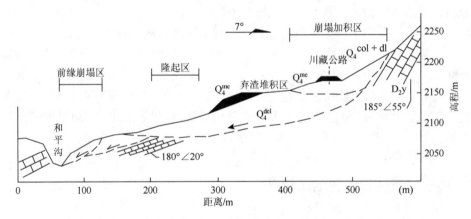

图 7-1-5　榛子林滑坡典型剖面图[5]

老滑坡划分为主滑区、牵动区、二次滑动区，如图 7-1-6 所示。

主滑区：位于滑坡区西部，宽约 100m，长 470m。后侧陷落区内充填有 20～30m 厚的崩坡积层，由块碎石组成，架空明显，滑体前缘超覆于和平沟，形成滑覆区。堆积体西深东浅，平均厚 25m，主要由浅灰色至灰褐色块碎石土和碎石土夹块石组成，块碎石成分为 D_2y 的灰岩。堆积体中见多层灰白色-灰色含砾粉质黏土。

牵动区：位于主滑体之东，西深东浅，平均深 20m。受主滑体下滑影响，岩体明显扰动，但仍大体保持原有结构。可见 NW 向拉张裂缝槽，为主滑体下滑造成的雁行式张扭裂缝。自上而下岩体松动程度减弱，地震波速由 760m/s 增至 980m/s。钻孔揭示岩体内无明显滑面。

二次滑动区：位于主滑体西侧下部，呈槽形地貌，后缘在 2115m 高程一带。滑体厚

30~50m。西侧裂缝贯通，东侧纵向裂缝相对较弱，后缘裂缝呈向北凸的圆弧状，为主滑体二次滑动所致。

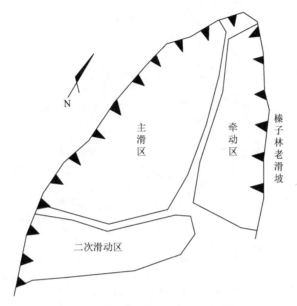

图 7-1-6 榛子林老滑坡分区图[5]

复活滑坡受老滑坡分区控制，复活变形也具有分区特征。

主滑区的整体复活，滑坡西界从 2125m 高程至坡底裂缝贯通，裂缝平面上呈左行雁行斜列，显示主滑体顺坡下滑的趋势；2125m 高程以上，裂缝因弃渣覆盖而不清。东侧裂缝未贯通，根据变形裂缝的分布、滑带的发育特征和地貌特征确定其与牵动区分界，此界线与老滑坡的分区界线基本一致。后缘主要表现为一些横向拉裂和松动。

牵动区的变形与扰动，受主滑体复活下错的扰动，牵动区内出现新的 NW30°和 NE75° 两组剪张裂缝。

前缘侧缘滑塌区，位于滑坡前缘和东侧缘，为和平沟下切和主滑体复活下滑引起。

3. 滑坡复活原因

滑坡复活原因归纳如下：

（1）后缘崩坡积物不断加积和前缘和平沟的侵蚀下切；

（2）主滑体上二郎山隧道施工弃渣堆积；

（3）工程扰动及隧道施工基地生活用水等地表水的影响；

（4）老滑坡成因及结构的分区性和近期的改造特征，决定了滑体不同部位复活原因及变形特征的差异。

4. 滑坡整治工程

榛子林滑坡规模巨大，根据滑坡体结构、形成复活机制、稳定性现状及分区特征，采取相应的治理措施，如图 7-1-7 所示，介绍如下[5]。

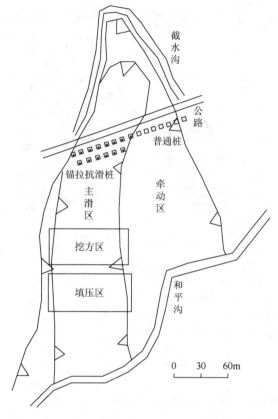

图 7-1-7　榛子林滑坡治理工程平面图[5]

（1）抗滑桩支挡：在滑坡中后部引道公路线路外侧设抗滑桩，以确保引道公路的安全。根据滑坡复活区的分区特点，在主滑区设置两排抗滑桩，牵动区设置一排抗滑桩进行支挡。

（2）削方堆载：由于弃渣不合理堆放引起滑坡体复活，设计采取对坡面填方堆积物进行削方减载，并将其填压于前缘滑坡隆起带的可能剪出部位，通过"砍头压脚"的方式来提高滑坡的整体稳定性。

（3）排水：在滑坡后部坡外做截水沟，导入公路排水系统；在坡体表面做适当的排水沟。清除滑坡后缘基岩边坡中危岩体；杜绝开挖边坡坡脚，以免引起后缘边坡的滑塌加积。

通过上述综合治理措施的实施，后期变形监测数据分析表明，滑坡变形趋于平稳，榛子林滑坡治理取得了成功。

5. 治理成功原因分析

治理成功的原因主要在于前期详细的滑坡勘察和深入透彻的成因机制分析，查明了该滑坡主要是人类工程活动（堆载）引发的老滑坡局部复活，通过后缘的堆载进程与主滑体前缘鼓胀裂缝发展的相关性分析，确认了该因素的存在。同时，地表生活用水的无序排放和前缘、平沟流水的持续掏蚀加剧了该滑坡的复活。在变形破坏程度上，通过勘察查明复活滑坡区分为主滑区和影响区。

　　治理方案和措施的实施采取的是"对症下药"，在深刻理解滑坡成因机制的基础上相应采取了分区治理的思路，即不同变形破坏程度的分区采取相应适度强度的治理措施，在主滑区设置双排锚索桩支挡，在影响区设置一排普通抗滑桩。同时辅以排水工程和削方减载，最终治理取得成功。

7.1.3　天台乡滑坡综合整治工程[6-8]

1. 概况

　　滑坡平面总体呈"圈椅"状（图 7-1-8），后缘陡壁高 10~30m。滑坡体纵向即滑动方向长 350~1100m，横向宽 1100~1500m。前缘高程 380~424m，后缘高程在 570m 左右，前缘剪出口高出原河床 30~35m。主滑方向 97°~107°。滑体厚度 15~35m，总计方量约为 $2500 \times 10^4 m^3$。

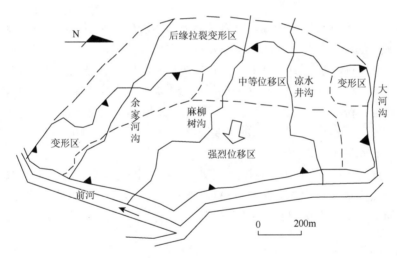

图 7-1-8　天台乡滑坡平面图[6]

　　滑前坡体地形坡度一般为 6°~20°，地形陡缓相间，形成台阶状。滑坡表面冲沟发育，冲沟在中部有较大转折，有时甚至突然转向，两侧主要冲沟具有双沟同源特征。总的来看，滑后地形坡度比滑前减缓，大致为 12°~15°，但在局部地形起伏增大，在滑坡后壁形成高达 30~40m 的陡坎。滑坡体由于滑移速度快、位移量达 50~140m。滑体物质在后部主要为碎裂的紫红色泥岩及块碎石土夹粉质黏土，前部则以粉质黏土为主。块石直径一般小于 2m。细粒土为紫红色粉质黏土，多呈可塑状态，少数呈硬塑状态。滑床倾角平缓，8°~10°，横向起伏不大。滑带土为棕红色粉质黏土，呈可塑-软塑状态，甚至流塑，厚度一般 20~30cm。

2. 滑坡基本特征[6]

滑坡区属于中等切割的构造剥蚀中山区，山顶的绝对高程 1100m 左右，前河河谷高程为 356m，宽度 80～100m，地形相对高差 800m。山体由中侏罗统遂宁组和蓬莱镇组砂岩、泥岩构成。砂岩形成陡壁，泥岩形成缓坡，构成台阶状斜坡地形。斜坡度为 10°～33°，前缘近河谷部分是陡坎地形，坎高 30～40m，如图 7-1-9 所示。

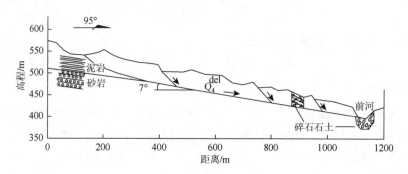

图 7-1-9　天台乡滑坡工程地质剖面图[6]

滑坡区位于五宝场背斜的东翼，背斜轴线方向 NE30°，两翼产状对称，倾角 10°。受构造作用影响，基岩构造节理和风化裂隙发育。主要有两组，一组倾向 40°，另一组倾向 110°。裂隙较为平直，倾角 70°～80°。岩石多切割成块体，斜坡完整性较差。

中侏罗统遂宁组（J_2sn）以紫红色粉砂质泥岩、泥质粉砂岩为主，夹数层紫灰色、青灰色细粒石英砂岩。粉砂质泥岩、泥质粉砂岩软弱、易风化，是滑坡体的主要物质；细粒石英砂岩坚硬，抗风化能力强，是滑床的主要岩层。岩层总体产状 110°～120°∠5°～10°，走向与岸坡总体走向近平行，属顺层岸坡。

由南向北发育余家河沟、麻柳树沟、凉水井沟、大河沟 4 条较大的天然冲沟，是滑坡区地表主要天然排水沟，沟道纵比降 153‰～197‰。余家河沟、麻柳树沟、凉水井沟与大河沟的南侧支沟呈"多沟同源"状发育，在滑坡体后部分水岭（中大坪）汇聚。

3. 滑坡形成机制

天台乡滑坡具有如下特点：①滑面倾角平缓，7°～10°；②厚度不大，两侧 10～20m，中部 20～30m；③分块特征明显；④变形和破裂过程，但下滑时间很短；⑤滑后原始地形坡度变化不大；⑥运动方式特殊，虽然总体方向一致，但各块速度、方向差异性较明显；⑦具有波浪式推进特征。

强降雨触发的天台乡滑坡，经研究发现形成演化机制可依次分为 3 个阶段：地下水汇聚-顶托、挤入-楔裂和溃裂-滑动。

在高强度暴雨情况下，地下水对坡体稳定的影响是多方面的，包括降雨入渗使坡体自重增加、坡体内软弱夹层饱水后抗剪强度降低等。在地表降雨持续入渗、坡体内形成连续地下水位的情况下，由渗流作用产生的动水压力也起作用。但在如此平缓的地层内产生如此大规模滑坡，地下水顶托、水垫效应及裂隙水压力对构造裂隙的"楔裂""撕开"作用是主导作用。因此,天台乡滑坡可归结为暴雨平推式滑坡[6]。暴雨平推式滑坡的产生,主要是斜坡结构具有间歇裂隙充水承压型水动力特征,在特大暴雨条件下,岩体在裂隙中充水的静水压力和沿滑移面空隙水扬压力联合作用下,坡体就有可能被平推滑出。总体来看,天台乡滑坡形成过程中,地下水作用是主要"病因",特定的平缓倾外的砂泥岩互层型地层结构和近垂直层面节理裂隙的发育为地下水活动创造了良好通道,裂隙中充水的静水压力和沿滑移面的空隙水扬压力联合作用导致滑坡启动。

4. 滑坡整治工程

通过上述成因机理分析可知,合理的排水设计是确保滑坡成功治理的关键。因此结合特定的成因机制,采取了以治水为核心的滑坡整治方案,即地表排水＋地下排水＋前缘局部抗滑支挡,最终取得了成功[7]。

1)地表排水系统工程

根据滑坡区及其周围地形条件,对滑坡区进行了产流分析,将产流过程分为流域蓄渗和坡地汇流两个过程,最终确定总汇水面积为 4.02km²。鉴于滑坡发生后滑坡区原有的 4 条纵向大冲沟基本还保持其原有的沟谷状地形,但淤塞严重。设计先疏通这 4 条大冲沟,并将其改建成大断面浆砌石排水主沟,再根据坡面平整后的地形条件,布置 16 条支沟,与前述主沟有机结合构成网状地表排水系统(图 7-1-10)。

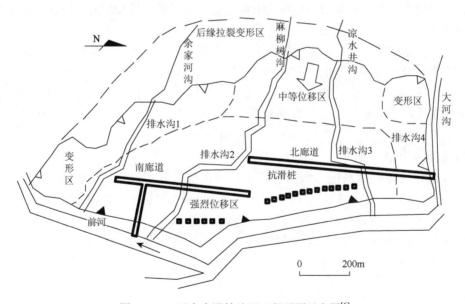

图 7-1-10　天台乡滑坡治理工程平面示意图[6]

(1)对于新近滑动区域,由于滑后土体松散,沉降量较大,一方面通过结构设计增加沟底整体性,具体做法是在沟底铺设 250mm 厚钢筋混凝土板;另一方面改善沟底土体力学性能,减少沉降,具体做法是对沟底做夯实处理。

(2)在排水沟通过拉陷槽和易汇水地段,为使坡体内浅层地下水能顺利汇入排水沟内,在沟壁每隔 2m 设置一孔径为 10cm、斜率 5%的泄水孔,泄水孔外侧设反滤层。

（3）滑体解体过程中，局部地段滑块以沟谷为临空面滑动，沟侧岩土体可能会对沟壁产生推挤，设计中该地段采用钢筋混凝土沟壁代替浆砌石沟壁。

（4）部分沟段纵坡较大，为防止沟底被冲蚀，采取消能和加糙处理。主要的消能措施为加设跌水和一定数量的消能井。

2）地下排水系统工程

滑坡发生后，滑体严重解体，异常松散，与滑床砂岩层相比，反成为相对透水层。勘察揭露，滑坡坡体内地下水含量非常丰富，大部分区域地下水头高约为滑体厚度的1/3。滑体前部地下水位更是接近地表，并出现片状积水和湿地。在滑体前缘陡坎部位滑体与滑床砂岩接触带可见大量的地下水散流状涌出。由此，为尽可能地降低滑体地下水位，有必要设置地下排水工程。

地下排水设计的关键是确定排水廊道的布置位置。为了使排水廊道达到良好的排水效果，根据勘察成果提供的地下水位等值线图，在滑带以下砂层岩中设置南侧和北侧两条地下排水廊道，在排水廊道硐顶布置竖向排水井群。南侧排水廊道平面上布置成"T"字形，北侧廊道平面上布置成直线形，总长约1500m。廊道设计为高1.8m、宽1.5m矩形截面。考虑滑床砂岩本身较为完整，廊道采用毛洞，仅在局部破碎地段做适当支护。排水廊道硐顶的垂直排水井群（幕）孔间距为15m，设计孔径为220mm，中置108mm排水花管，在孔壁与花管之间环形空间投放砂砾石透水层。排水廊道布置遵循以下几个原则。

（1）因地下水基本是从滑体后缘向前缘流动的，尽量将排水廊道布置在滑体中后部，以使滑坡排水廊道影响范围增大。

（2）因排水廊道作用是拦截并排出滑坡体内的地下水，尽可能降低坡体内地下水位，因此其走向尽量与地下水流动方向相垂直。

（3）宏观上确定了地下排水廊道位置后，需根据地下等水位线对其位置进行细调；争取将位置布置在地下水位线由密集变为稀疏的地方（即水力梯度由大变小的地方），以利于地下水汇集。

3）抗滑桩工程

在坡表和坡体进行系统排水的基础上，在前缘局部辅以抗滑支挡工程。抗滑桩共设19根，分别为Ⅰ型（桩长6m）和Ⅱ型（桩长8m），其中Ⅰ型13根，Ⅱ型6根。考虑一定安全储备，设计荷载取200kN/m，基岩地基水平抗力系数 K 取 $10\times10^5kN/m^3$，滑体碎块石土的地基比例系数取 $2000kPa/m^2$，要求各桩锚固嵌入滑床基岩深度不小于总桩长1/3。

5. 工程效果

1）地表排水效果

地表排水工程于2005年5月完成施工，目前都已投入正常运营。2005年7月8日达州再次普降暴雨，据当地气象资料，此次降雨与2004年9月5日诱发滑坡发生时的雨强基本相同。暴雨过程中滑坡体上各主排水沟均过流量较大，发挥了很好的地表排水作用。此外，由于滑坡堆积层中的潜水位较高，土体含水率高，排水沟两侧壁泄水孔有成股地下水涌出，起到了很好的排导浅层地下水的作用。

治理后的该滑坡经受住了此次特大暴雨和洪水的考验,初步证明了该地表排水工程的效果。

2）地下排水工程效果

地下排水工程也于 2005 年 8 月完工，为定量评价地下排水廊道的排水效果，采用美国地质调查局开发的 MODFLOW 软件进行廊道和垂直排水井群的渗流场分析，得出如下结论[8]。

（1）排水廊道的排水效果明显，在排水廊道附近地下水等水位线密集，对滑体内渗流场改变显著。

（2）由于北侧廊道横截地下水水位线长度较大，位置也较南侧廊道高，北侧廊道比南侧廊道排水效果好。随时间延续，排水廊道的影响范围不断地扩大。

（3）降雨 24h 后，南侧廊道的地下水疏干影响范围往滑坡体前缘方向扩展约 15m，向后缘大致扩展约 35m；北侧廊道地下水疏干影响范围上下游大致相等，在 15~20m。

（4）据估算，2004 年 9 月 3 日 20：00 至 9 月 6 日 20：00，平均每天灌入滑坡体的雨量为 124216.4m^3。强降雨时，大部分降雨将首先以坡面流形式排出，来不及排出的水才开始蓄积和下渗，因此廊道总排水量仅约占总降雨量的 5%。经模拟计算，两条排水廊道 24h 合计排水量为 6679.08m^3/d，这一流量与水力理论计算结果值相近。可见，排水廊道对滑坡体地下水的疏排起到了显著作用。图 7-1-11 给出了 24h 内，排水廊道排水量的缓慢增加、逐渐变化的过程，经对比发现其与地表排水存在一定的时间滞后。可见，降雨量与坡面排水量、地下排泄量、植被及水塘蓄水量和非饱和带持水组成了一个随降雨历时而变化的动态平衡滑坡水环境。

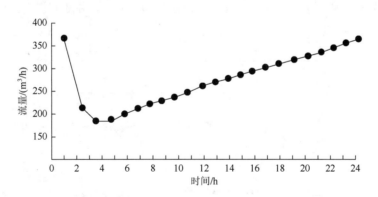

图 7-1-11　降雨过程中地下排水廊道排水量-降雨时间图[8]

6. 治理成功原因分析

天台乡滑坡是在平缓倾外砂泥岩互层型地层结构和近垂直层面节理裂隙发育的特定地质背景下发生的巨型滑坡。持续暴雨导致的裂隙中静水压力和沿滑移面空隙水扬压力的联合作用引发了滑坡。因此，"治水"是稳定该巨型滑坡的根本。

设计人员通过前期周密的工程地质勘察，彻底查明了该滑坡的成因机制，掌握了其"症结"所在。在治理设计方案中：①因地制宜设置了地表排水工程，利用坡体上原有的四条沟道进行排水沟的设计，结合滑坡体地表的变形破裂特征，对部分地段排水沟的地基进行处理，对部分地段的排水沟结构进行加强，使排水沟能抵御滑坡的变形，正常工作；②根据地层特点，在隔水滑带下设计两条排水廊道，对滑体地下水进行有效的排除，使滑体不再因高水头浮托而滑动，从根本上消除了滑坡的地下水害；③增加滑坡防治工程整体安全裕度，在滑坡前缘局部设置了抗滑支挡工程。

总体来看，上述综合治理措施充分考虑了天台乡巨型滑坡的成因机制，切中了其形成演化的要害，最终取得了成功。

7.1.4 攀枝花机场填方边坡抗滑工程失效分析

1. 概况

攀枝花机场 12 号滑坡位于机场跑道东侧 $P_{140} \sim P_{160}$ 高边坡及以下区域，发生于 2009 年 10 月 3 日 15 时左右。该滑坡的基本特征和形成机制已在第 3 章和第 5 章详述过（参见 3.3 节、5.2 节），在此不再赘述。

2. 填筑体加固工程

攀枝花机场 12 号滑坡滑动主要是主动滑区（Ⅰ区）机场填筑体的首先滑动破坏而引起的。因此，对填筑体滑动破坏和支挡结构破坏进行详细论述。

在产生滑坡的填筑体中，人工填筑时先后施作四排抗滑桩（图 7-1-12），起到加固土体、阻止滑坡的作用。滑坡发生后，四排抗滑桩全都被剪断，并随同滑动土体产生几十米的位移。

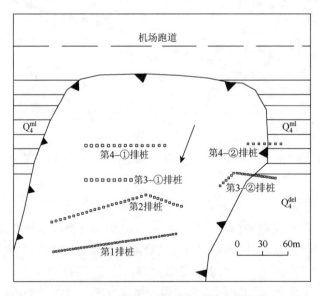

图 7-1-12 攀枝花机场填筑体支挡工程平面布置示意图

四排桩布置的方向都是平行坡表等高线方向，桩长 10～40m，截面 3m×2.4m 和 2.5m×1.8m，共 130 根，从坡脚到坡顶，每排桩的根数依次为 45 根、33 根、9 根、15 根、21 根、7 根，如图 7-1-13 所示。

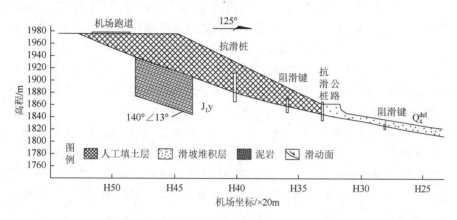

图 7-1-13　攀枝花机场滑坡滑前工程治理剖面图

3. 工程失败原因

（1）滑坡场地填方前原始地形为一平缓斜坡，基岩整体为顺向缓倾层状结构，以强-中风化碳质泥岩、砂岩互层为主。通过后期调查发现，早期大规模填方前，在施工上对填方基底换填不到位，即对下伏软弱岩层没有彻底清理。而且从填方剖面图（图 7-1-13）可看出，填筑体头重脚轻，最大填筑厚度高达 80m 左右，原本强度尚可的软弱岩层，在如此大厚度堆载的长期作用下，容易表现出明显的软岩流变特性，引发缓慢的基底变形。

（2）原始填方场地特定的深槽沟谷地形，使得填方体与基底界面成为地下水的汇集区和活跃地带，地下水长期作用于交界面附近的软弱岩层，使得泥岩或碳质泥岩的抗剪强度逐步恶化、进一步软化，从而导致这一受软弱层控制的高填方体沿基覆界面产生持续的缓慢蠕变，直至最终持续暴雨作用下，加速了其变形并导致整体性溃滑破坏。

（3）原设计的填筑体，在人工填筑时先后施作四排抗滑桩/键（图 7-1-12），原本期望起到加固土体阻止滑坡的作用，但由于桩身受荷段过长，达 10～30m，承受弯矩过大，同时抗滑键埋入地下，不能限制上部填土体变形，最终支挡结构无法抵挡大体量填方土体的蠕动变形破坏趋势，引发填土体剪断支挡、剪出破坏。

总体来看，治理工程失效的根本原因在于，对原有顺向缓倾基岩地层结构和原有沟谷水文地质环境的危害性认识不够，对该地质条件下大量填方土体堆载作用时，软岩受地下水长期软化作用后的力学性能把握不够。

7.1.5　小结

通过南昆铁路八渡滑坡、二郎山榛子林滑坡、宣汉天台乡滑坡和攀枝花机场 12 号滑坡 4 个西南地区典型巨型滑坡防治工程的案例分析，从概况介绍、基本特征、成因机制分析、治理工程介绍等入手，最终分别总结了其治理工程成功或失败的原因。

（1）整体来看，南昆铁路八渡滑坡、二郎山榛子林滑坡、宣汉天台乡滑坡治理取得成功主要是在设计前充分掌握了滑坡的成因机制和演化发展趋势，治理工程措施做到了"对症下药"。攀枝花机场 12 号滑坡治理工程失效的惨痛教训在于，设计前对场地岩土地质条件（有顺向缓倾软弱基岩地层结构、易汇水的沟谷水文地质环境）认识不够，对高填方土体堆载下，软岩受地下水长期软化作用后的力学性能和填方体变形演化预估及认识不足。因此，应该充分重视滑坡的岩土工程勘察和边坡变形演化的机制分析和预测，这是有效治理巨型滑坡的前提和关键。

（2）对每个案例从总体概况、滑坡基本特征、形成机制和滑坡整治工程 4 个方面进行分析，最后落脚点是在每个典型案例的防治工程上面，通过对滑坡工程地质情况的具体细致分析，提出每个滑坡的特点，最后从这些特点中总结提取出针对每个滑坡的形成演化机制，在此基础之上，再对滑坡进行有针对性的防治。这样治理滑坡才能使防治措施有的放矢，做到对症下药。

（3）在成功的案例中，八渡滑坡滑动机制为老滑坡分级滑动复活机制，针对老滑坡的分级复活，防治工程采用了上下多级支挡防治，同时在上、下两级坡体中分别设置横向排水隧洞，来排除地下水，提高滑带强度；榛子林滑坡的滑动机制是堆载作用下的老滑坡部分复活，针对该症结首先采取的是削方反压的治理措施，然后针对局部复活部分进行抗滑桩支挡和滑坡整体截排水来综合治理并取得成功；天台乡滑坡是持续暴雨期间，后缘裂隙中静水压力和滑面空隙水扬压力联合作用下产生的平推式滑坡，设计对症下药，采取的是疏导地下、地表水＋前缘抗滑支挡的措施，并取得了最终的成功。

（4）攀枝花机场滑坡是治理失败典型案例。填筑体本身坡形不佳，头重脚轻，加之无地下排水措施，填筑体下伏有顺层软弱岩层，综合暴雨因素形成冲破四排抗滑桩的巨型滑坡，究其原因主要还是对下伏顺层软弱岩层在大体量堆载和该处沟谷汇水环境下的软化效应重视不够，清基不够、排水不畅。

（5）通过案例分析，梳理了巨型滑坡机制与防治工程的关系，积累了巨型滑坡防治方面宝贵案例知识，为下一步进行典型巨型滑坡的数值模拟分析和防治模式的探讨提供了丰富的基础储备。

7.2　巨型滑坡与防治工程相互作用的数值模拟

选取两个典型巨型滑坡，即攀枝花机场 12 号滑坡、南昆铁路八渡滑坡作为工程原型，采用岩土体大变形分析理论与技术，模拟分析巨型滑坡体与防治工程结构间的相互作用[9]。

7.2.1　相互作用分析理论基础

计算采用 Itasca 咨询有限公司（Itasca Consulting Group，Inc.）开发的著名有限差分计算软件 FLAC^{3D}（fast lagrangian analysis of continua in 3 dimensions）进行，该软件特别适用于分析岩土工程问题，为岩土工程提供了精确有效分析的工具，可解决诸多有限元程序难以模拟的复杂工程问题，如分步开挖、大变形大应变、非线性及非稳定系统（甚至大面积屈服/失稳或完全塌方），可以模拟结构单元，如隧道衬砌、桩、排桩、锚索等与周围岩土体的相互作用，也可以进行岩土体的流固耦合分析，下面简要介绍 FLAC^{3D}基本原理。

1. 基本原理

FLAC^{3D} 应用有限差分方法建立了单元应力应变和节点位移等计算方程，使 FLAC^{3D}软件能够在使用较小内存、保证较高精度和保持较快运算速度的条件下建立大规模的数值模拟坐标，适合于建立大变形非线性模型，而且它以运动方程为基本差分方程。这样，能够模拟材料和结构逐渐稳定，进而发生塑性破坏，最后又逐渐稳定的动态过程，该软件主要适用于模拟计算岩土体材料的力学行为及岩土体材料达到屈服极限后产生的塑性流动。软件自身设计多种结构元素，可直接模拟这些加固体与岩土体的相互作用。计算所采用的数学模型是根据弹塑性理论的基本原理（应变定义、运动规律、能量守恒定律、平衡方程及理想材料的连续性方程等）而建立的。

2. 求解方程[10, 11]

FLAC^{3D} 在求解时使用了如下 3 种数值计算方法：①空间离散技术，连续介质被离散为若干互相连接的四节点单元，作用力均被集中在节点上；②有限差分技术，变量关于空间和时间的一阶导数均采用有限差分来近似；③动态松弛技术，用质点运动方程求解，通过阻尼使系统衰减至平衡状态。

基于以上 3 种方法，连续介质的运动定律可变为节点上的牛顿定律的离散形式，从而可通过显式有限差分法来求解一般的差分方程。等价介质空间偏导数用到了由速度定义的应变速率。因此，为了定义速度变量和相应的空间间距，介质需离散为常应变速率四面体单元，它的顶点即为网格的节点，如图 7-2-1 所示。

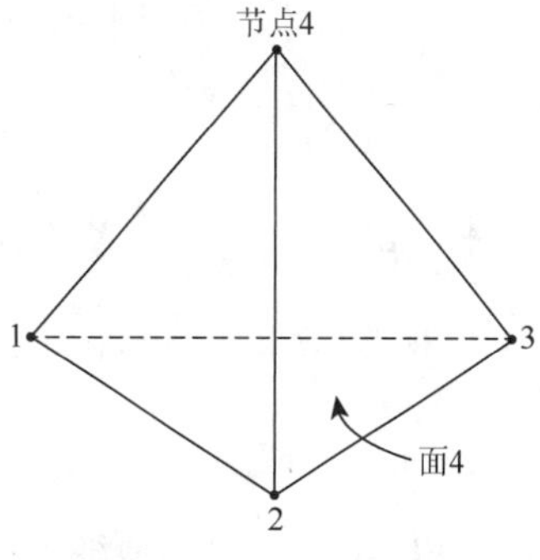

在 FLAC^{3D}模型中，描述节点状态的参数包括坐标位置、位移、速度、加速度及所处的应力状态，其中应力状态以 σ_{ij} 表示，其他参数以矢量状态描述为 $(x_i, u_i, v_i, \mathrm{d}v/\mathrm{d}t)$（$i=1,2,3$），由此确定该节点的应变速率张量 $\xi_{i,j}$ 和角速率张量 $\omega_{i,j}$ 为

图 7-2-1　四面体单元

$$\xi_{i,j}=\frac{1}{2}(v_{i,j}+v_{j,i}) \tag{7-2-1}$$

$$\omega_{i,j}=\frac{1}{2}(v_{i,j}-v_{j,i}) \tag{7-2-2}$$

任意四面体，设其节点编号为 1~4（图 7-2-1），面 n 表示与节点 n 相对的面，其内任意一点的速率分量为 v_i，则可由高斯公式得

$$\int_V v_{i,j} \mathrm{d}V = \int_S v_i n_j \mathrm{d}S \tag{7-2-3}$$

式中，$v_{i,j} = \dfrac{\partial v_i}{\partial v_j}$；$V$ 为四面体所围成的空间闭区域；S 为四面体的外表面；n_j 为外表面的单位法向向量分量，$i, j = 1, 2, 3$。

对于常应变单元，v_i 为线性分布，v_j 在每个面上为常量，由式（7-2-3）可得

$$v_{i,j} = -\frac{1}{3V} \sum_{I=1}^{4} v_i^I n_j^{(I)} S^{(I)} \tag{7-2-4}$$

式中，上标 I 为节点 I 的变量；上标 (I) 为面 I 的变量。

将式（7-2-4）代入式（7-2-1），得到常应变速率张量 $\xi_{i,j}$ 为

$$\xi_{i,j} = -\frac{1}{6V} \sum_{I=1}^{4} (v_i^I n_j^{(I)} + v_j^I n_i^{(I)}) S^{(I)} \tag{7-2-5}$$

FLAC^{3D} 以节点为计算对象，将力和质量均集中在节点上，然后通过运动方程在时域内进行求解。节点运动方程可表示为如下形式：

$$\frac{\mathrm{d}v_i^I}{\mathrm{d}t} = \frac{F_i^I(t)}{m^I} \tag{7-2-6}$$

式中，$F_i^I(t)$ 为 t 时步时节点 I 在 i 方向的不平衡力分量，可由虚功原理导出。每个四面体对其节点产生的不平衡力的计算公式如下：

$$p_i^I = \frac{1}{3} \sigma_{ij} n_i^{(I)} S^{(I)} + \frac{1}{4} \rho b_i V \tag{7-2-7}$$

式中，σ_{ij} 为四面体上对称的应力张量；ρ 为材料密度；b_i 为单位质量体积力；V 为四面体的体积。

任意一节点的节点不平衡力为包含该节点的每个四面体对其产生的不平衡力之和。对于每个四面体，采用虚拟质量以保证其数值稳定，其节点的虚拟质量为

$$m^I = \frac{a_1}{9V} \max\{[n_i^{(I)} S^{(I)}]^2, i = 1, 2, 3\} \tag{7-2-8}$$

式中，$a_1 = K + \dfrac{4}{3} G$，K 为体积模量；G 为剪切模量，上式成立的前提是计算时步 $\Delta t = 1$。

将式（7-2-6）左端用中心差分来近似，则

$$v_i^I \left(t + \frac{\Delta t}{2}\right) = v_i^I \left(t - \frac{\Delta t}{2}\right) + \frac{F_i^I(t)}{m^I} \Delta t \tag{7-2-9}$$

FLAC^{3D} 可以由应变速率求得某一时步单元的应变增量，为

$$\Delta \xi_{i,j} = \frac{1}{2} (v_{i,j} + v_{j,i}) \Delta t \tag{7-2-10}$$

假设材料的本构关系可以用函数 H 来表示，则应力增量可表示为

$$\Delta \sigma_{ij} = H(\Delta \xi_{i,j}, \sigma_{ij}, \cdots) + \Delta \sigma_{ij}^c \tag{7-2-11}$$

式中，$\Delta \sigma_{ij}^c$ 为在大变形情况下根据时步单元的转角对本时步前的应力进行的旋转修正，其公式为

$$\Delta \sigma_{ij}^c = (\omega_{ik} \sigma_{kj} - \sigma_{ik} \omega_{kj}) \Delta t \tag{7-2-12}$$

由各时步的应力增量进一步叠加即可得总应力,然后就可由虚功原理求出下一时步的节点不平衡力,进入下一时步的计算。

根据莫尔-库伦屈服准则,有

$$\tau_n = -\sigma_n \tan\varphi + c \tag{7-2-13}$$

将式(7-2-13)转换成单元应力表达形式:

$$f = \sigma_3 - N_\varphi \sigma_1 + 2c(N_\varphi)^{1/2} \tag{7-2-14}$$

式中,$N_\varphi = (1+\sin\varphi)/(1-\sin\varphi)$,根据单元受力 f 的大小,可由上述屈服判据判断单元是否发生屈服,$f<0$,单元屈服,;$f \geqslant 0$,单元未发生屈服。

7.2.2　攀枝花机场 12 号滑坡与防治工程结构相互作用分析

1. 模型建立

攀枝花机场 12 号滑坡是发生在填筑体内并导致其下部易家坪老滑坡复活的一个巨型滑坡。机场修筑在沟谷中,通过土石填方堆填而成。修筑前场地原地貌如图 7-2-2 所示。

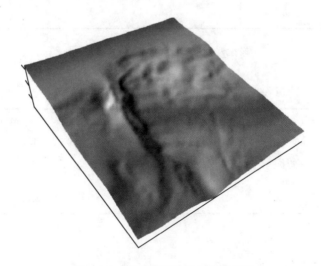

图 7-2-2　攀枝花机场填方前地貌图

填方后形成的高边坡坡脚与坡顶最大高差约为 120m,机场跑道长 2800m,宽 45m,滑坡位于跑道中部侧边的填方边坡内。整体形态呈上大下小的"长舌形",总体积约为 $510\times10^4\text{m}^3$,其中,填筑体滑坡体积约为 $260\times10^4\text{m}^3$,易家坪老滑坡复活区体积约为 $250\times10^4\text{m}^3$。本次模拟分析主要针对后缘填筑体滑坡建模,整体形态如图 7-2-3 所示。

考虑滑坡与下方基岩体的地层结构,模型共建立上下两层,上部为填土层,下部为基岩层,模型范围长 1100m,宽 1000m,高 430m。划分单元后,蓝色为填方边坡,红色为基岩山体,图中 x 轴为机场跑道方向,z 轴为高程方向(图 7-2-3)。

参考"攀枝花机场东侧 12 号滑坡及其后缘填筑体高边坡综合治理工程地质勘察报告",模型计算参数选取如表 7-2-1 所示。

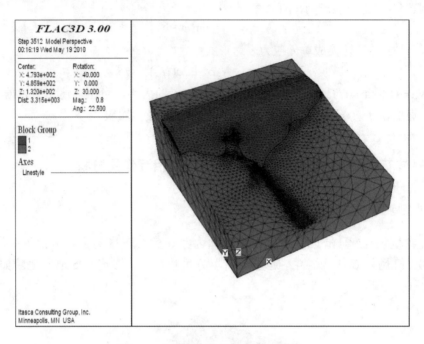

图 7-2-3　攀枝花机场边坡计算模型

表 7-2-1　攀枝花机场滑坡计算参数取值表

力学参数	密度/(kg/m³)	黏聚力/kPa	内摩擦角/(°)	弹性模量/MPa	泊松比
填土	2000	10	22	150	0.33
砂泥岩	2600	2000	35	20000	0.25
老滑坡土体	1900	8	20	120	0.30
抗滑桩	2500	—	—	30000	0.25

2. 无支挡措施工况分析

1）总体位移分析

填筑体下部基岩位移量很小,在 0～8cm;填方体中部产生了一个舌状的远距离滑坡,最大变形量达 31m,位于滑坡体中上部的中心位置。从位移云图(图 7-2-4～图 7-2-6)看,变形破坏首先发端于中上部局部小区域,然后随时间沿同心圆向四周呈放射状发展。从变形速度上看,填筑体的表层中部变形速度快,以同心球状梯度向四周递减,由此可以推断出潜在滑坡的运动全过程:首先填筑体边坡中上部拉裂破坏,运动到坡脚堆积,成为滑坡堆积体的前缘堆积部分。然后,边坡下部随之下滑,堆积于中部,形成滑体的主体,后缘形成陡倾滑壁。

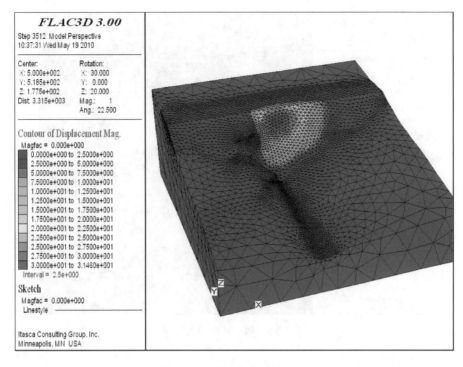

图 7-2-4　总体位移图（单位：m）

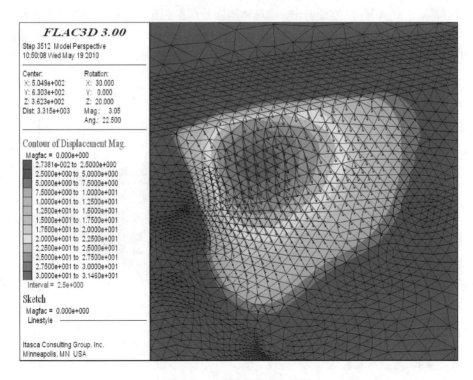

图 7-2-5　填筑体位移矢量图

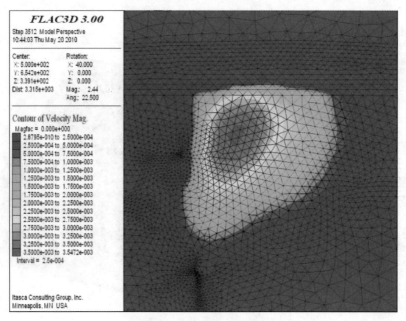

图 7-2-6　填筑体变形速度图

2)　填筑体位移分析

填筑体表层中上部位移最大，填方坡脚处位移最小（图 7-2-7），没有产生大的滑移，边坡从坡脚以上 5～10m 高度处剪出，填筑体滑面呈现圆弧形，后缘拉裂面位于机场跑道侧边上，滑动后的坡面使机场的中部宽度减小，影响跑道的正常运行，如果后缘继续向后发展，跑道中部很可能随填筑体一起全部下滑，使机场跑道拦腰截断，将彻底不能通航。

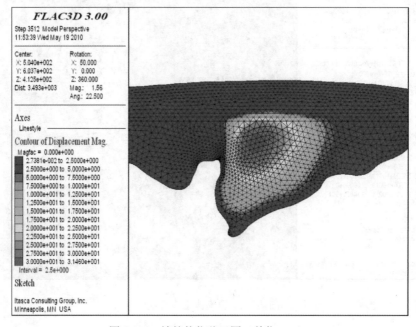

图 7-2-7　填筑体位移云图（单位：m）

　　填筑体底面的位移远小于表层（图 7-2-8），位移范围在 3.5～8.8cm，位移减小的梯度方向与滑坡滑动方向一致，位移等值线都平行跑道，均匀分布于底面，底面上部跑道处的位移量最大，在 7～8.8cm，底面的中部填筑体位移量在 5～7cm，底面的下部位移量最小，在 3.5～5cm，位移量小于上部土体。由此可判断，填筑体后部位移量大，前缘位移量小，后部运动推挤前部土体破坏，属推移式滑坡。

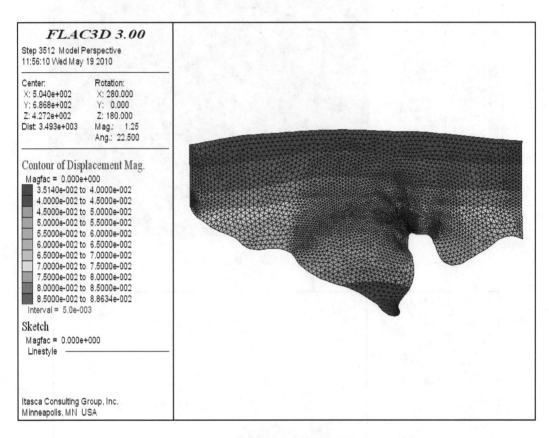

图 7-2-8　填筑体底面位移云图（单位：m）

　3）　典型剖面分析
　　据图 7-2-9 可知，填筑体 y 向（纵向）总体位移在 5～27m，与总位移分布云图十分相似，说明填筑体的主要变形方向是 y 向，即往坡脚方向，而且该变形最终将演化为滑坡失稳。由图 7-2-10 可见，潜在滑面为两头薄中间厚的圆弧形，沿着坡面向下到潜在滑面处，坡体表层位移最大，往坡体内逐步递减。
　　图 7-2-11～图 7-2-13 给出了填筑体的 z 向（即竖向）总体位移云图，由图可见填筑坡体的主要沉降区域在邻近坡顶处，并不在坡体的中上部。

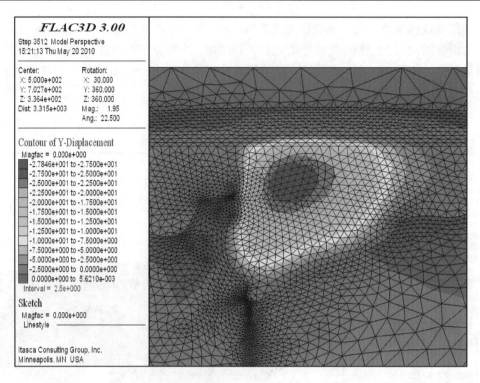

图 7-2-9　填筑体 y 向（纵向）位移云图（单位：m）

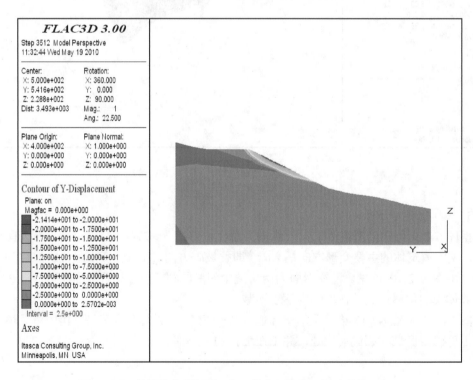

图 7-2-10　填筑体典型剖面 y 向（纵向）位移云图（单位：m）

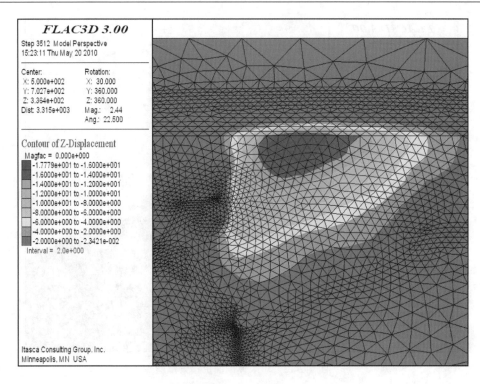

图 7-2-11　填筑体剖面 z 向位移图（1）（单位：m）

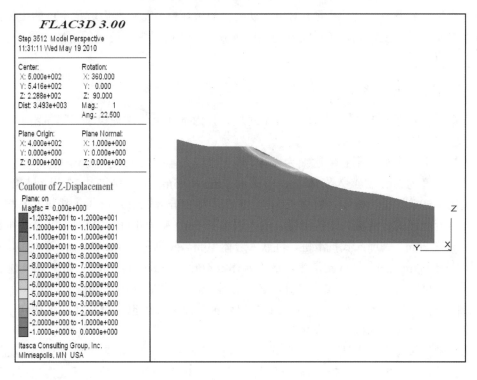

图 7-2-12　填筑体剖面 z 向位移图（2）（单位：m）

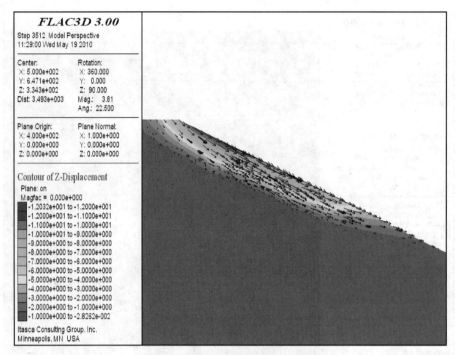

图 7-2-13　填筑体剖面位移矢量图

综合上述云图分析，无支挡措施加固的填筑体将发生失稳破坏，其变形破坏过程为滑体中上部位首先发生 y 向（纵向）剪出运动为主的破坏性变形；然后坡顶附近的土体由于下部失去支撑，产生以 z 向（竖向）为主的沉降变形；后缘中部位置的下错变形量最大，形成近竖直陡壁。

3. 多排抗滑桩支挡工况分析

根据工程实际施工情况，填筑过程中对填筑体由下往上依次埋设了 6 排抗滑桩，布置如图 7-2-14～图 7-2-16 所示。

桩排从下到上从左到右依次编为 4 排，第 1 排桩共 45 根，长度为 6m，埋入式抗滑桩，平均埋入深度为 5m，桩嵌入岩体 3m，桩截面 1.8m×2.5m；第 2 排桩共 33 根，桩长 20m，为桩端出露式抗滑桩，桩嵌入岩体长 8m，桩截面为 1.8m×2.5m；第 3-①排桩共 9 根，桩长 15m，为全埋式抗滑桩，即抗滑键，嵌入岩体长 5m，截面 1.8m×2.5m；第 3-②排桩共 21 根，长度 20m，为埋入式抗滑桩，桩嵌入岩体 10m，截面为 1.8m×2.5m；第 4-①排桩共 15 根，桩长 35m，为全埋式抗滑桩，嵌入岩体长 10m，桩截面为 3m×2.4m；第 4-②排桩共 7 根，长度 30m，为埋入式抗滑桩，嵌入岩体 10m，截面 3m×2.4m。

模型在前述基础上，添加 FLAC3D 中自带桩单元进行模拟，桩单元通过切向刚度弹簧和法向刚度弹簧与周围土体发生相互作用。

通过数值模拟得到上述支护工况下填筑体的位移场、应力场，与上节无支挡工况进行对比分析，即可初步评价支护措施的效果。同时，还可得到各桩的位移和受力情况，通过位移矢量分析，可初步判断桩的变形破坏情况，以及滑坡运动给桩带来的影响和桩抵抗滑坡运动的效果；通过桩体弯矩和剪力矢量分析，初步确定滑坡体推力量级，判断桩体设计参数的合理性、填方边坡坡比设计的合理性和填筑体支护桩加固措施的效果。其结果可为同类填筑边坡加固措施的合理选取提供参考。

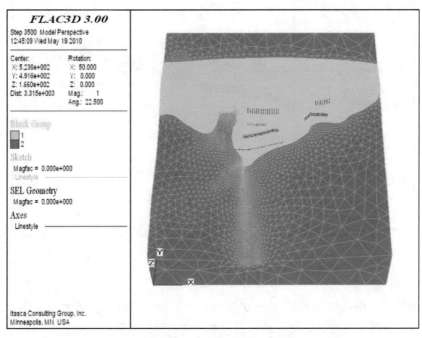

图 7-2-14　考虑抗滑桩结构的填筑体边坡三维数值模型图

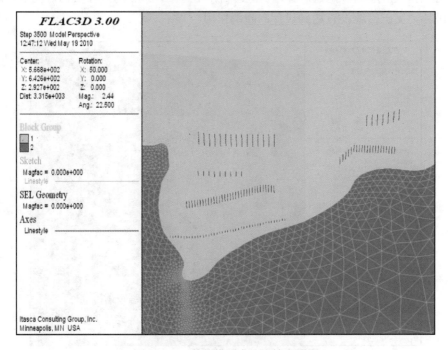

图 7-2-15　数值模型中抗滑桩布置图

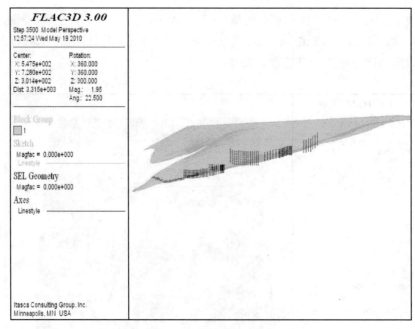

图 7-2-16　桩体嵌岩段示意图

1）位移分析

从斜坡位移云图（图 7-2-17 和图 7-2-18）中可知，斜坡位移最大为 20m，位于坡体中上部，与无支挡工况相比，位移场形态没有改变，但最大量值比无支护前减少 10m，可见支护对位移发展起到一定遏制作用。但遏制作用有限，20m 的位移量仍可能导致边坡的整体性破坏，支护措施没有达到设计的阻滑作用。

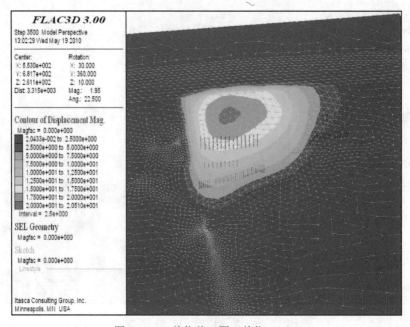

图 7-2-17　总位移云图（单位：m）

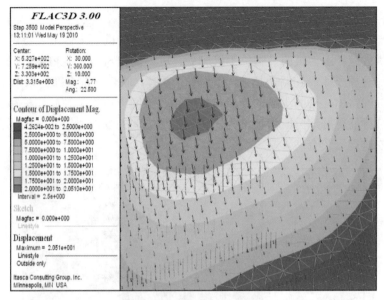

图 7-2-18　位移矢量云图

从剪切位移增量图（图 7-2-19）中看出第 4 排桩与左侧山梁之间的填土体发生了很大的剪切位移量，表明此处土体受桩排的阻挡，产生应力集中，发生较大的剪切位移量，从下文桩受力分析中可以对比发现，受力最大的桩就是位于土体剪应力集中处的第 4 排 1# 边桩。桩排之间的土体位移量有所减小，第 4 排桩前的剪切位移量要远大于其他几排桩，这就使得桩排的受力不均，没有起到很好的协调坡体变形、共同均衡滑坡推力、抵抗滑坡下滑的作用。

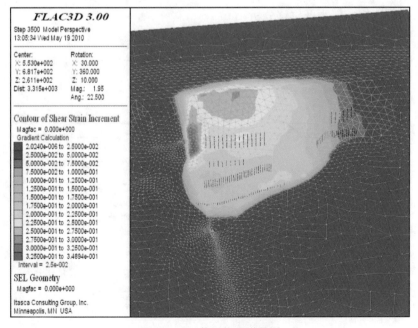

图 7-2-19　剪切位移增量图

2）桩周主应力分析

由桩周土体最大主应力图（图 7-2-20）可知，抗滑桩桩后土体出现蓝色主压应力拱，即出现了土拱效应。压力拱的拱脚位于桩脚处，压力值在 500～518kPa。土拱的出现可以很好地将桩与桩周土体一起调动起来，作为一个整体，联合抵抗上部传来的土压力，也能防止土体从桩间挤出，桩间土拱的形成与桩间距、桩间土体力学性质和桩后土压力有关，出现土拱的桩排能更好地分配滑坡推力，协调桩土之间的变形，第 4 排桩后土拱的形成，说明桩间距安排得比较合理。

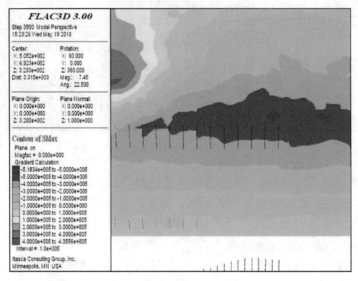

图 7-2-20　桩周土体最大主应力云图（单位：Pa）

3）抗滑桩弯矩、剪力及位移分析

为便于分析，绘出排桩布置平面图，如图 7-2-21 所示。

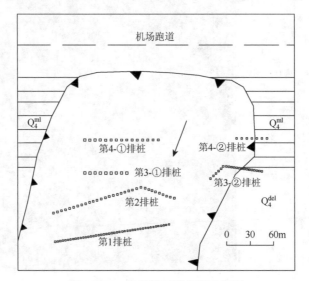

图 7-2-21　抗滑桩平面布置示意图

A. 第 1 排桩弯矩分析

第 1 排桩共 45 根，长度 6m，为埋入式抗滑桩，平均埋入深度为 5m，桩嵌入岩体长 3m，自由段 3m，桩截面为 1.8m×2.5m。按桩布置平面图从左到右顺序如图 7-2-21～图 7-2-23 所示，把第 1 排桩编为 1#～45#。第 1 排桩弯矩值见表 7-2-2。

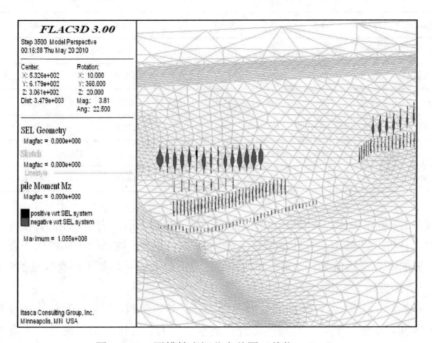

图 7-2-22 四排桩弯矩分布总图（单位：N·m）

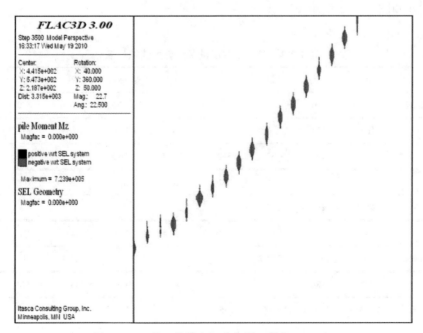

图 7-2-23 第 1 排桩弯矩分布图（单位：N·m）

表 7-2-2   第 1 排抗滑桩最大弯矩值统计表

桩号	1#	2#	3#	4#	5#	6#	7#	8#	9#
最大弯矩/(kN·m)	0.48	0.48	79.7	301.5	460.2	341.6	133.5	596.7	265.8
桩号	10#	11#	12#	13#	14#	15#	16#	17#	18#
最大弯矩/(kN·m)	**723.9**	366.4	474.6	538.3	534.8	387.8	504.1	497.7	532.3
桩号	19#	20#	21#	22#	23#	24#	25#	26#	27#
最大弯矩/(kN·m)	383.3	483.9	565.2	162.4	514.2	520.3	75.36	53.6	12.85
桩号	28#	29#	30#	31#	32#	33#	34#	35#	36#
最大弯矩/(kN·m)	74.64	368.8	141	290.1	132.7	171.1	293.9	69.22	31.22
桩号	37#	38#	39#	40#	41#	42#	43#	44#	45#
最大弯矩/(kN·m)	69.48	201	113.5	106.7	107.7	141.4	20.1	73.03	193.6

从表 7-2-2 可以看出，10#桩所受弯矩最大，为 723.9kN·m，表明 10#桩处在滑坡推力最大的位置，1#桩、2#桩由于处在滑坡区之外，基本不受力。桩排的中间桩受力要大于两边桩。此排桩的最大弯矩值处在 100～700kN·m。弯矩最大值基本处于桩身纵轴的中部位置。

B. 第 1 排桩剪力分析

从表 7-2-3 可以看出，10#桩所受剪力最大，为 536.9kN，表明 10#桩处在位置滑坡变形最大，1#桩、2#桩由于处在滑坡区之外，基本不受力。桩排的中间桩受剪力要大于两边桩。此排桩的最大剪力值处在 100～600kN。剪力最大值基本处于桩纵轴线 1/4 或 3/4 位置，如图 7-2-24 和图 7-2-25 所示。

表 7-2-3   第 1 排抗滑桩最大剪力值统计表

桩号	1#	2#	3#	4#	5#	6#	7#	8#	9#
最大剪力/kN	1.37	0.91	65.37	181.1	305.9	177.2	258.7	370	225.3
桩号	10#	11#	12#	13#	14#	15#	16#	17#	18#
最大剪力/kN	536.9	218.4	333.3	380.2	334.5	226.5	408.7	306.1	296.5
桩号	19#	20#	21#	22#	23#	24#	25#	26#	27#
最大剪力/kN	279.3	296	339.2	118.4	298.1	321.3	52	53	6.1
桩号	28#	29#	30#	31#	32#	33#	34#	35#	36#
最大剪力/kN	65.35	235.2	201.7	180.4	93.44	98.17	224.3	68.1	29.8
桩号	37#	38#	39#	40#	41#	42#	43#	44#	45#
最大剪力/kN	36.4	130.1	97	55.6	65.88	78.5	17.5	50.5	117.5

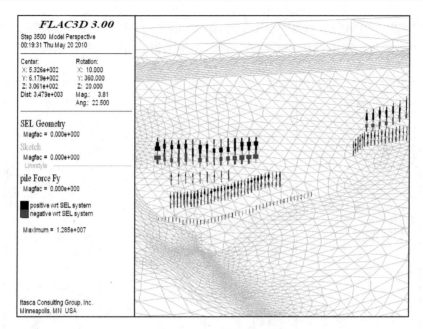

图 7-2-24 四排桩剪力分布总图（单位：N·m）

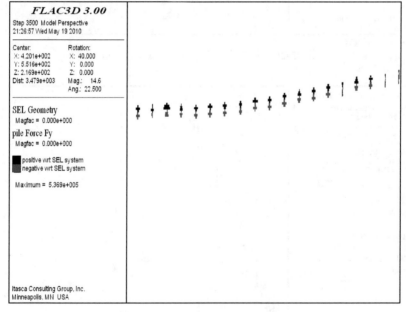

图 7-2-25 第 1 排桩剪力分布图（单位：N）

C. 第 1 排桩位移分析

第 1 排桩的位移量很小，平均只有几毫米，最大的位移为 10#桩的 1.7cm（表 7-2-4，图 7-2-26～图 7-2-28），对于位移没有达到厘米级的桩，其运动方式主要以平动为主；这排桩中部的滑坡土体位移比两边的大，中部是 3～5m，两边为 0.5～2m，说明桩排跨越土体位移等值线较多，桩排周围的土体位移差别大，桩排受力不均，产生各桩之间的位移差比较大；中部的抗滑桩位移大于两侧桩，这是由于滑坡的厚度和长度在滑坡的中部达到最大，并且也是滑坡主滑方向所处的位置，所以在桩的设计时中部的桩结构应当强于两边。

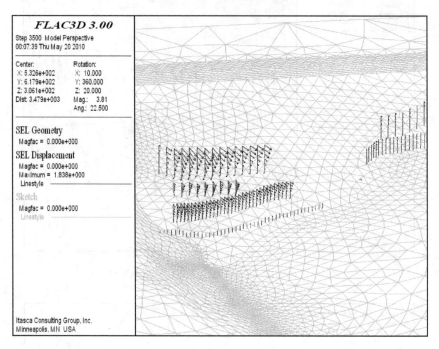

图 7-2-26　四排桩位移分布总图（单位：m）

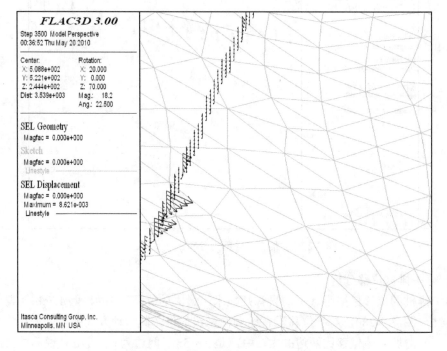

图 7-2-27　第 1 排桩位移矢量分布图

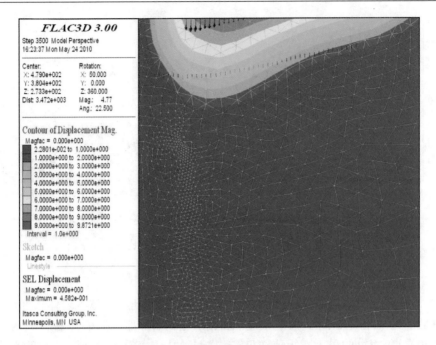

图 7-2-28　第 1 排桩处土体位移云图（单位：m）

表 7-2-4　第 1 排抗滑桩位移统计表

桩号	1#	2#	3#	4#	5#	6#	7#	8#	9#
最大位移/m	0.001	0.001	0.001	0.001	0.001	0.001	0.004	0.001	0.007
桩运动方式	平动	平动	平动	平动	转动	转动	转动	转动	转动
桩号	10#	11#	12#	13#	14#	15#	16#	17#	18#
最大位移/m	0.017	0.004	0.001	0.002	0.001	0.001	0.007	0.002	0.001
桩运动方式	转动	转动	转动	转动	转动	平动	转动	转动	平动
桩号	19#	20#	21#	22#	23#	24#	25#	26#	27#
最大位移/m	0.008	0.001	0.001	0.001	0.003	0.001	0.001	0.001	0.001
桩运动方式	转动	平动	平动	平动	转动	平动	平动	平动	平动
桩号	28#	29#	30#	31#	32#	33#	34#	35#	36#
最大位移/m	0.001	0.001	0.001	0.001	0.001	0.001	0.001	0.001	0.001
桩运动方式	平动	平动	平动	平动	平动	平动	平动	平动	平动
桩号	37#	38#	39#	40#	41#	42#	43#	44#	45#
最大位移/m	0.001	0.001	0.001	0.001	0.001	0.001	0.001	0.001	0.001
桩运动方式	平动	转动	转动	平动	平动	平动	平动	平动	平动

从桩的内力与位移对比图（图 7-2-29）看出，桩位移中间大于两侧，桩弯矩、剪力曲线波动大，中间各桩弯矩、剪力大，两侧小，受力不均匀，弯矩、剪力和位移曲线拟合得较好，说明这排桩布置得不合理。

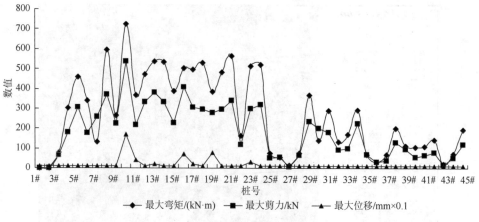

图 7-2-29　第 1 排桩的内力与位移对比图

D. 第 2 排桩弯矩分析

第 2 排桩共 33 根，桩长为 20m，为桩端出露式抗滑桩，桩嵌入岩体长 8m，自由段 12m。桩截面为 1.8m×2.5m。按桩布置平面图从左到右顺序，把第 2 排桩编为 1#～33#（图 7-2-30）。每根桩的最大弯矩值详见表 7-2-5。从该表看出 30#桩所受弯矩最大，为 24080kN·m，表明 30#桩所受滑坡推力最大，除 23#桩、31#桩最大弯矩值小于 10000kN·m 外，其余桩最大弯矩值均在 10000～25000kN·m。第 2 排桩自由段全部受荷，且自由端 12m，是第 1 排桩的 2 倍，所以最大弯矩值是第 1 排桩的 30～100 倍。第 2 排桩把上部滑坡推力拦截，使第 1 排桩所受推力很小。弯矩最大值基本处于桩身纵轴的中部位置。

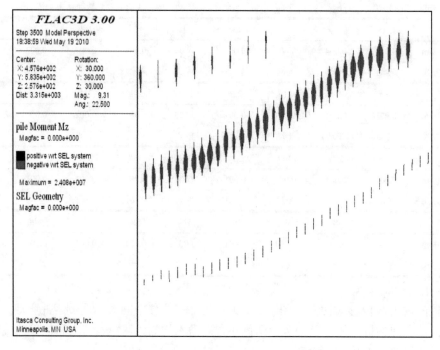

图 7-2-30　第 2 排桩弯矩分布图（单位：N·m）

表 7-2-5　第 2 排抗滑桩最大弯矩值统计表

桩号	1#	2#	3#	4#	5#	6#	7#	8#	9#
最大弯矩/(kN·m)	10220	12130	10540	12160	12850	15000	17370	21920	20200
桩号	10#	11#	12#	13#	14#	15#	16#	17#	18#
最大弯矩/(kN·m)	13750	15560	10800	14490	16150	14550	17240	10140	19400
桩号	19#	20#	21#	22#	23#	24#	25#	26#	27#
最大弯矩/(kN·m)	15820	17990	15450	15660	9475	16450	15190	13700	18720
桩号	28#	29#	30#	31#	32#	33#			
最大弯矩/(kN·m)	21390	14800	24080	8941	14570	11660			

E. 第 2 排桩剪力分析

第 2 排桩剪力值见表 7-2-6。由该表可知，18#桩所受剪力最大，为 3944kN，表明 18#桩所受滑坡推力最大，各桩最大剪力值均在 1000～4000kN。弯矩最大值基本处于桩身纵轴 1/4 或 3/4 位置（图 7-2-31）。

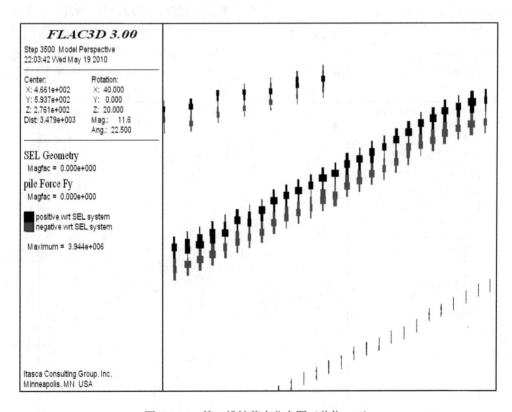

图 7-2-31　第 2 排桩剪力分布图（单位：N）

表 7-2-6　第 2 排抗滑桩最大剪力值统计表

桩号	1#	2#	3#	4#	5#	6#	7#	8#	9#
最大剪力/kN	2248	2858	1916	2272	2032	2445	3084	3733	2677
桩号	10#	11#	12#	13#	14#	15#	16#	17#	18#
最大剪力/kN	3119	2897	1853	3253	3514	2648	3486	2353	3944
桩号	19#	20#	21#	22#	23#	24#	25#	26#	27#
最大剪力/kN	3747	2808	3114	2671	2153	3119	3029	2706	3360
桩号	28#	29#	30#	31#	32#	33#			
最大剪力/kN	3513	2379	3712	1450	2368	2530			

F. 第 2 排桩位移分析

第 2 排桩位移最大为 28#桩的 0.79m，最小位移是 1#桩和 23#桩的 0.46m，各桩的位移差别不大（图 7-2-32 和表 7-2-7），说明桩排的布置方向与土体变形等值线的走向相契合，由土体位移云图（图 7-2-33）可看出，各桩周围的土体位移差别不大，在 8～10m，变形相对均匀，使抗滑桩的受力协调，没有产生如第 1 排桩一样的受力情况（两侧桩的受力很小，中间几根桩的受力很大），在桩的布置上，如果按照土体变形等值线布置，使一排桩中各桩承受土体变形量一致，就不会产生各桩之间受力不均的现象，即有的桩受力很大或已经破坏，有的桩却受力很小或没有受力，这种情况下，相当于一排桩中只有一部分桩在工作，另一部分是没有参与桩排的抗滑工作的，是多余的，当工作的桩不能抵抗土体变形被破坏后，滑坡就产生了。

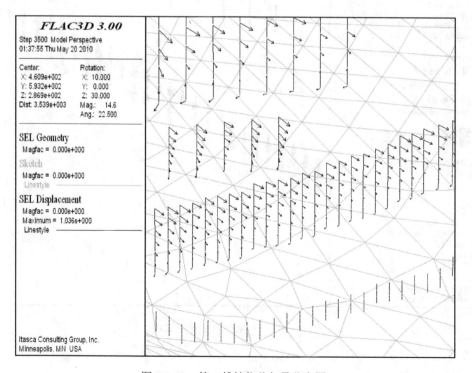

图 7-2-32　第 2 排桩位移矢量分布图

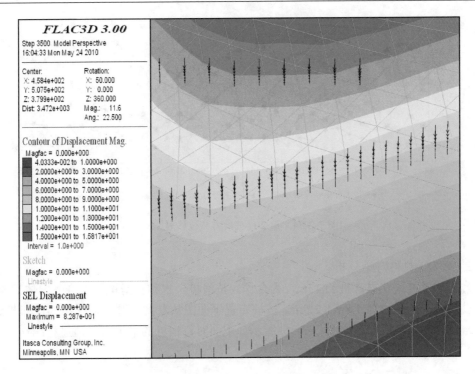

图 7-2-33　第 2 排桩处土体位移云图（单位：m）

表 7-2-7　第 2 排抗滑桩最大位移值统计表

桩号	1#	2#	3#	4#	5#	6#	7#	8#	9#
最大位移/m	0.46	0.73	0.75	0.72	0.69	0.67	0.77	0.77	0.64
运动方式	转动	转动	转动	转动	转动	转动	转动	转动	转动
桩号	10#	11#	12#	13#	14#	15#	16#	17#	18#
最大位移/m	0.67	0.7	0.67	0.66	0.74	0.72	0.72	0.68	0.57
运动方式	转动	转动	转动	转动	转动	转动	转动	转动	转动
桩号	19#	20#	21#	22#	23#	24#	25#	26#	27#
最大位移/m	0.64	0.7	0.56	0.59	0.46	0.61	0.62	0.77	0.77
运动方式	转动	转动	转动	转动	转动	转动	转动	转动	转动
桩号	28#	29#	30#	31#	32#	33#			
最大位移/m	**0.79**	0.75	0.78	0.76	0.66	0.66			
运动方式	转动	转动	转动	转动	转动	转动			

从第 2 排桩内力与位移对比图（图 7-2-34）看出，桩位移均匀，桩弯矩、剪力曲线波动不大，各桩受力均匀，弯矩、剪力和位移曲线之间拟合得较好，说明这排桩布置得较为合理。

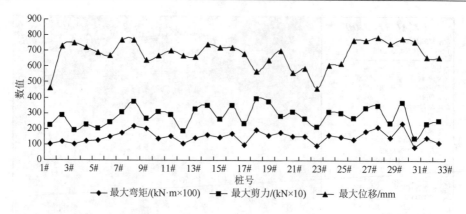

图 7-2-34　第 2 排桩内力与位移对比图

G. 第 3-①排桩弯矩分析

第 3-①排桩共 9 根，桩长 15m，为全埋式抗滑桩，也称抗滑键，桩嵌入岩体长 5m，自由段 10m。桩截面为 1.8m×2.5m。按桩布置平面图从左到右顺序，把第 3-①排桩编为 1#～9#。此排桩弯矩分布如图 7-2-35 所示。下面对每根桩的最大弯矩值进行统计，详见表 7-2-8。

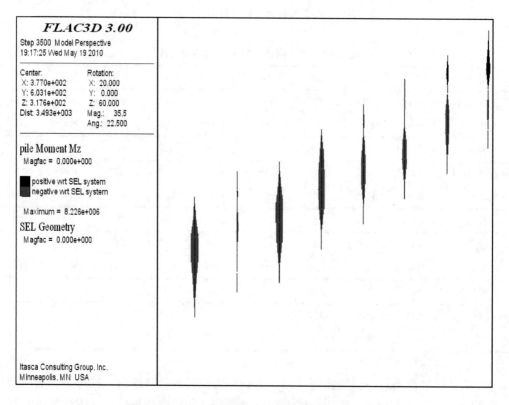

图 7-2-35　第 3-①排桩弯矩分布图（单位：N·m）

表 7-2-8　第 3-①排抗滑桩最大弯矩值统计表

桩号	1#	2#	3#	4#	5#	6#	7#	8#	9#
最大弯矩/(kN·m)	8179	8226	2500	7631	6648	4852	4901	4501	4477

从表 7-2-8 看出，2#桩所受弯矩最大，为 8226kN·m，6#桩、7#桩、8#桩、9#桩最大弯矩值在 4000～5000kN·m，相差不大，桩排受荷均匀，1#桩、2#桩、3#桩、4#桩、5#桩最大弯矩值在 2500～（6000～8000）kN·m，桩排受荷不均匀。弯矩最大值基本处于桩身纵轴的中部位置。虽然第 3-①排桩和第 2 排桩的自由端相当，但第 3-①排桩最大弯矩值是第 2 排的一半，这是因为，首先，第 3-①排为抗滑键，其桩端以上的滑体不受其控制，不断变形，最终下滑后，作用在下面第 2 排桩上。其次，第 3-①排桩只受它与第 4-①排桩之间滑体变形的影响，上面滑体变形由第 4-①排桩控制，不直接影响第 3-①排桩。

H. 第 3-①排桩剪力分析

从表 7-2-9 中看出，2#桩所受剪力最大，为 2661kN，弯矩最大处剪力为 0，6#桩、7#桩、8#桩、9#桩最大剪力值在 1300～1900kN，桩排受荷均匀，1#桩、2#桩、3#桩、4#桩、5#桩最大剪力在 1000～2700kN，桩排受荷不均匀。剪力最大值基本处于桩身纵轴的 1/4 或 3/4 位置（图 7-2-36）。

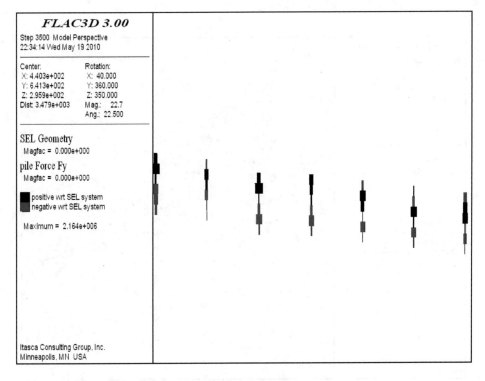

图 7-2-36　第 3-①排抗滑桩剪力分布图（单位：N）

表 7-2-9　　第 3-①排抗滑桩最大剪力值统计表

桩号	1#	2#	3#	4#	5#	6#	7#	8#	9#
最大剪力/kN	2616	**2661**	1042	2164	1376	1374	1742	1555	1809

I. 第 3-①排桩位移分析

第 3-①排桩的位移最大是第 9#桩，达到了 0.83m（表 7-2-10），最小是 1#桩，为 0.34m，这排桩的位移比较均匀，与第 2 排桩的位移范围一致，都在 40～80cm。由桩排处土体位移矢量分布图和位移云图（图 7-2-37 和图 7-2-38）可知，这排桩所在位置处土体的位移在 12～13m，位移相差不大，都以转动为主。

表 7-2-10　　第 3-①排抗滑桩最大位移值统计表

桩号	1#	2#	3#	4#	5#	6#	7#	8#	9#
最大位移/m	0.34	0.63	0.7	0.62	0.64	0.75	0.69	0.7	0.83
运动方式	转动	转动	转动	转动	转动	转动	转动	转动	转动

从第 3-①排桩内力与位移对比图（图 7-2-39）看出，左侧桩位移小于右侧桩位移，弯矩、剪力是左侧大于右侧，与弯矩、剪力曲线相位相反，说明位移较大的桩的弯矩、剪力都比较小。弯矩与剪力曲线拟合得较好。

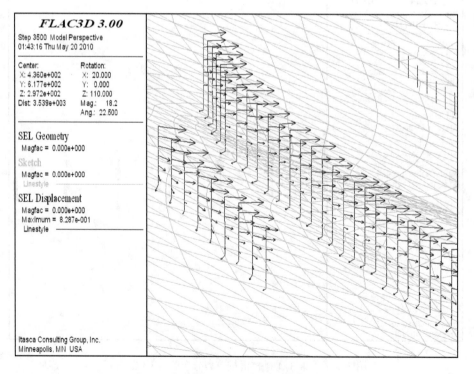

图 7-2-37　第 3-①排桩位移矢量分布图

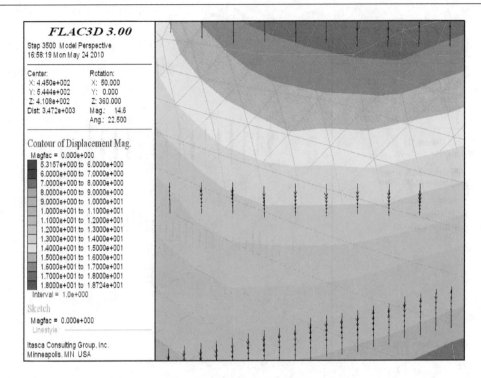

图 7-2-38　第 3-①排桩处土体位移云图（单位：m）

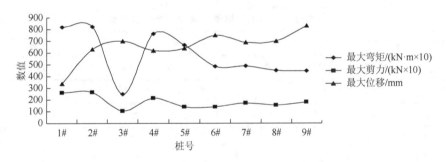

图 7-2-39　第 3-①排桩内力与位移对比图

J. 第 4-①排桩弯矩分析

第 4-①排桩共 15 根，桩长 35m，为全埋式抗滑桩，桩嵌入岩体长 10m，自由段 25m。桩截面为 3m×2.4m。按桩平面布置从左到右顺序，把第 4-①排桩编为 1#～15#。此排桩弯矩分布如图 7-2-40 所示。

下面对每根桩的最大弯矩值进行统计，详见表 7-2-11。从表中看出，1#桩所受弯矩最大，为 105500kN·m，表明 1#桩所受滑坡推力最大，平均水平为 50000～60000kN·m。第 4-①排桩自由段长 25m，是支挡边坡的第 1 排抗滑桩，且处在滑坡变形的中心位置，所以弯矩值在四排桩中最大，是前三排桩弯矩值的 10～100 倍。在边坡滑动破坏中，第 1 排桩可能首先被剪断，并随土石流整体向坡下运动。

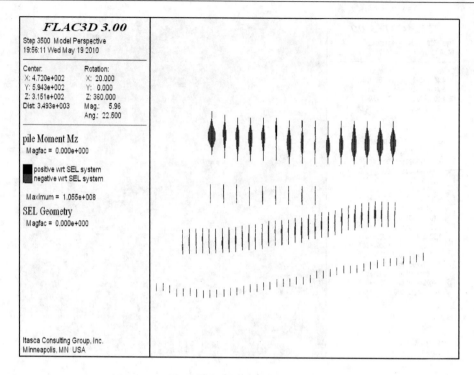

图 7-2-40　第 4-①排桩弯矩分布图（单位：N·m）

表 7-2-11　第 4-①排抗滑桩最大弯矩值统计表

桩号	1#	2#	3#	4#	5#	6#	7#	8#	9#
最大弯矩/(kN·m)	105500	51630	53150	60970	52870	25580	66300	39700	19240
桩号	10#	11#	12#	13#	14#	15#			
最大弯矩/(kN·m)	53400	56440	73830	71440	82970	82860			

K. 第 4-①排桩剪力分析

从表 7-2-12 看出，1#桩所受剪力最大，为 12850kN，但 1#桩所处位置滑坡变形最小，桩最大剪力值大部分在 5000～13000kN，平均水平为 5000～6000kN。剪力最大值基本处于桩身纵轴的 1/4 或 3/4 位置（图 7-2-41）。

表 7-2-12　第 4-①排抗滑桩最大剪力值统计表

桩号	1#	2#	3#	4#	5#	6#	7#	8#	9#
最大剪力/kN	12850	5054	5478	6127	4886	3053	6632	5127	4827
桩号	10#	11#	12#	13#	14#	15#			
最大剪力/kN	6807	7054	8332	8482	9696	10310			

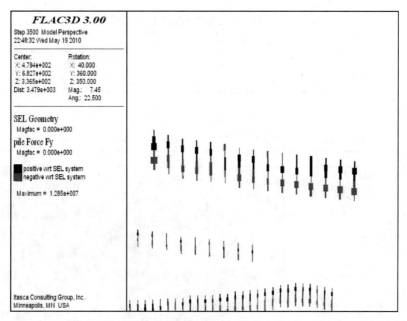

图 7-2-41　第 4-①排抗滑桩剪力分布图（单位：N）

L. 第 4-①排桩位移分析

第 4-①排桩的位移在四排桩中是最大的（图 7-2-42 和表 7-2-13），是其他排桩位移的 2～3 倍，这排桩最大位移是 7#桩的 1.84m，最小位移是 1#桩的 0.34m，除了 1#桩的位移在 1m 以下，其他桩最大位移都在 1～1.9m，这排桩处在斜坡变形最大处的前缘，由桩排处土体位移云图（图 7-2-43）看出，所处位置土体位移在 16～18m，受到上部土体变形带来的巨大压力，桩身都发生转动而倾斜。

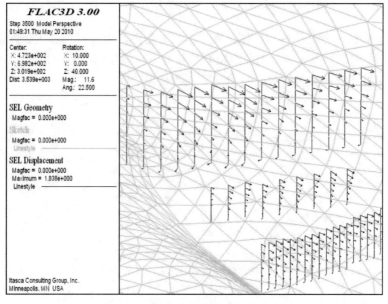

图 7-2-42　第 4-①排桩位移矢量分布图

表 7-2-13　第 4-①排抗滑桩最大位移值统计表

桩号	1#	2#	3#	4#	5#	6#	7#	8#	9#
最大位移/m	0.34	1.02	1.3	1.6	1.56	1.64	1.84	1.68	1.68
运动方式	转动	转动	转动	转动	转动	转动	转动	转动	转动

桩号	10#	11#	12#	13#	14#	15#
最大位移/m	1.48	1.57	1.37	1.51	1.38	1.46
运动方式	转动	转动	转动	转动	转动	转动

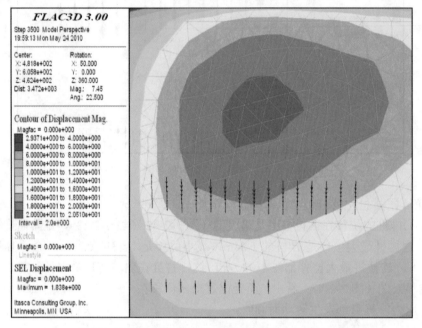

图 7-2-43　第 4-①排桩处土体位移云图（单位：m）

从第 4-①排桩内力与位移对比图（图 7-2-44）看出，中间桩位移大于两侧的桩位移，弯矩、剪力小于两侧，弯矩、剪力曲线拟合得较好，与位移曲线相位相反。说明中间桩已近破坏，两侧桩还处在弹性阶段，没有达到屈服极限。

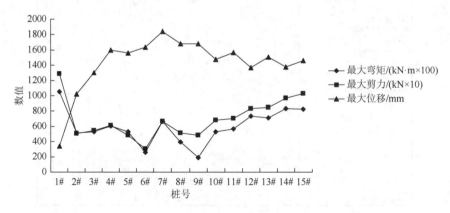

图 7-2-44　第 4-①排桩内力与位移对比图

M. 第 3-②排桩弯矩分析

第 3-②排桩共 21 根，长度 20m，为埋入式抗滑桩，桩嵌入岩体 10m，自由段 10m。桩截面为 1.8m×2.5m。按桩布置平面图从左到右顺序，把第 5 排桩编为 1#～21#。此排桩弯矩分布如图 7-2-45 所示。

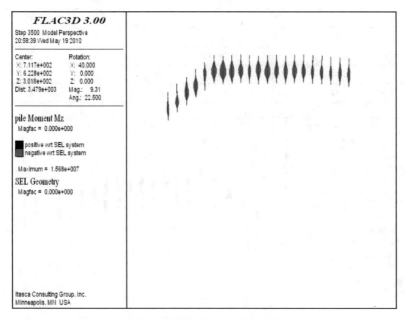

图 7-2-45　第 3-②排桩弯矩分布图（单位：N·m）

下面对其弯矩进行统计，详见表 7-2-14。

表 7-2-14　第 3-②排抗滑桩最大弯矩值统计表

桩号	1#	2#	3#	4#	5#	6#	7#	8#	9#
最大弯矩/(kN·m)	4616	8706	10030	10510	7576	12020	15680	12520	11320
桩号	10#	11#	12#	13#	14#	15#	16#	17#	18#
最大弯矩/(kN·m)	7290	12460	13790	9431	10270	11490	9185	6341	7505
桩号	19#	20#	21#						
最大弯矩/(kN·m)	5572	7575	6180						

从表 7-2-14 看出，7#桩所受弯矩最大，为 15680kN·m，表明 7#桩处在滑坡变形量最大的位置，1#桩、2#桩、18#桩、19#桩、20#桩、21#桩弯矩值均小于 10000kN·m。桩排的中间桩受力要大于两边桩。此排桩的最大弯矩值处在 4000～16000kN·m。桩排受力不均匀，弯矩最大值基本处于桩身纵轴的中部位置。

N. 第 3-②排桩剪力分析

从表 7-2-15 看出，12#桩所受剪力最大，为 2835kN，表明 12#桩处在滑坡变形量最大的位置，1#桩、18#桩、19#桩、20#桩、21#桩剪力值均小于 2000kN。桩排的中间桩受力要大于两边桩。此排桩的最大剪力值处在 900～3000kN。桩排受力不均匀，剪力最大值基本处于桩身纵轴的 1/4 或 3/4 位置（图 7-2-46）。

表 7-2-15　第 3-②排抗滑桩最大剪力值统计表

桩号	1#	2#	3#	4#	5#	6#	7#
最大剪力/kN	942.6	2011	2292	2228	1961	2015	2802
桩号	8#	9#	10#	11#	12#	13#	14#
最大剪力/kN	2283	2666	1684	2193	2835	2230	1781
桩号	15#	16#	17#	18#	19#	20#	21#
最大剪力/kN	2354	1906	1503	1624	1028	1445	1225

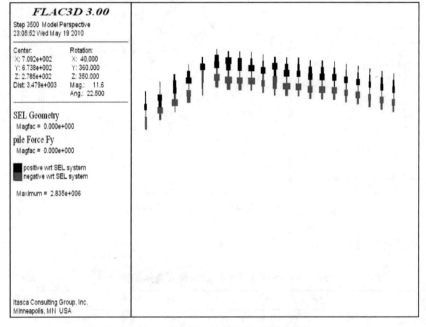

图 7-2-46　第 3-②排抗滑桩剪力分布图（单位：N）

O. 第 3-②排桩位移分析

第 3-②排桩最大位移是 5#桩的 0.33m，最小位移是 4mm，桩的位移差别大，2#～8#桩的位移在 8～33cm，9#～21#桩位移在 0.4～7cm（表 7-2-16）。由位移矢量分布图和土体位移云图（图 7-2-47 和图 7-2-48）可知，这是由两段桩所处的土体变形差别造成的，2#～8#桩处土体位移在 2～4m，9#～21#桩处的土体在 0.5～2m。总的来说，第 3-②排桩由于所在位置土体稳定，桩位移相对要小，主要以转动为主。

表 7-2-16　第 3-②排抗滑桩最大位移值统计表

桩号	1#	2#	3#	4#	5#	6#	7#
最大位移/m	0.02	0.09	0.08	0.19	**0.33**	0.13	0.13
运动方式	转动	转动	转动	转动	转动	转动	转动

续表

桩号	8#	9#	10#	11#	12#	13#	14#
最大位移/m	0.12	0.05	0.03	0.07	0.02	0.005	0.05
运动方式	转动	转动	转动	转动	转动	转动	转动
桩号	15#	16#	17#	18#	19#	20#	21#
最大位移/m	0.05	0.05	0.004	0.005	0.005	0.01	0.004
运动方式	转动	转动	转动	转动	转动	转动	转动

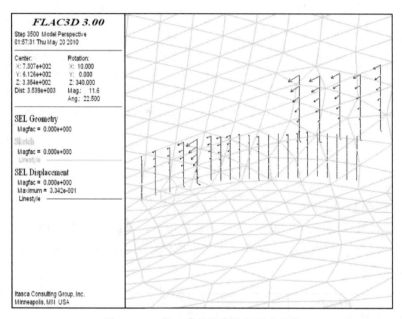

图 7-2-47　第 3-②排桩位移矢量分布图

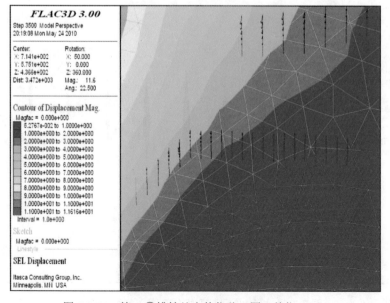

图 7-2-48　第 3-②排桩处土体位移云图（单位：m）

从第 3-②排桩内力与位移对比图（图 7-2-49）看出，左侧桩位移大于右侧的桩位移，弯矩、剪力中间桩大于两侧。

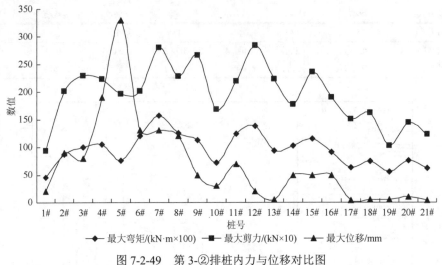

图 7-2-49　第 3-②排桩内力与位移对比图

P. 第 4-②排桩弯矩分析

第 4-②排桩共 7 根，长度 30m，为埋入式抗滑桩，桩嵌入岩体长 10m，自由段 20m。桩截面为 3m×2.4m。按桩布置平面图从左到右顺序，把第 4-②排桩编为 1#～7#。此排桩弯矩分布如图 7-2-50 所示。

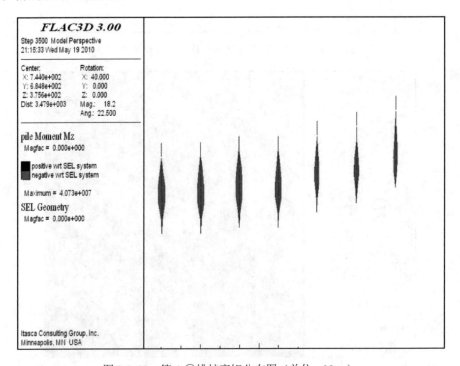

图 7-2-50　第 4-②排桩弯矩分布图（单位：N·m）

下面对其弯矩进行统计，详见表 7-2-17。

表 7-2-17　第 4-②排抗滑桩最大弯矩值统计表

桩号	1#	2#	3#	4#	5#	6#	7#
最大弯矩/(kN·m)	38470	40730	37800	36290	26980	28970	24270

从表 7-2-17 看出，2#桩所受弯矩最大，为 40730kN·m，表明 2#桩处在滑坡变形量最大的位置，各桩弯矩值均在 20000～41000kN·m。桩排受力均匀，各桩弯矩最大值基本处于桩身纵轴的中部位置。

Q. 第 4-②排桩剪力分析

从表 7-2-18 看出，2#桩所受剪力最大，为 5991kN，表明 2#桩处在滑坡变形量最大的位置，各桩剪力值均在 3000～6000kN。桩排受力均匀，剪力最大值基本处于桩身纵轴的 3/4 位置（图 7-2-51）。由于此排桩随滑坡位移较小，最大剪力位置较前几排要更靠桩底。前几排桩由于随滑坡土体发生平移和转动，剪力值最大值更靠近桩顶。

表 7-2-18　第 4-②排抗滑桩最大剪力值统计表

桩号	1#	2#	3#	4#	5#	6#	7#
最大剪力/kN	5046	5991	4912	5863	3576	3524	3321

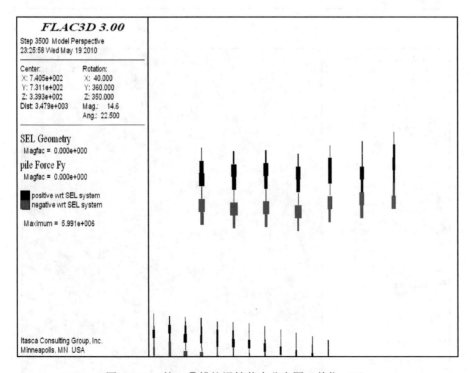

图 7-2-51　第 4-②排抗滑桩剪力分布图（单位：N）

R. 第 4-②排桩位移分析

第 4-②排桩位移最大为 1#桩，0.32m，最小为 6#桩，0.12m，各桩之间的位移差别不大，在 0.2～0.32m（表 7-2-19），桩所处位置的土体位移在 2～4m（表 7-2-19，图 7-2-52 和图 7-2-53），

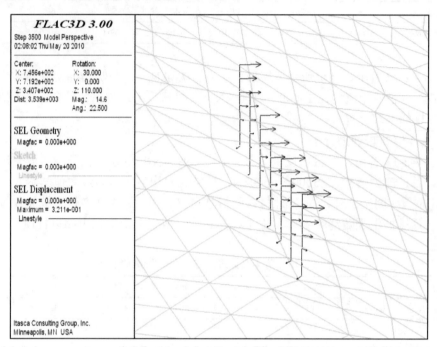

图 7-2-52　第 4-②排桩位移矢量分布图

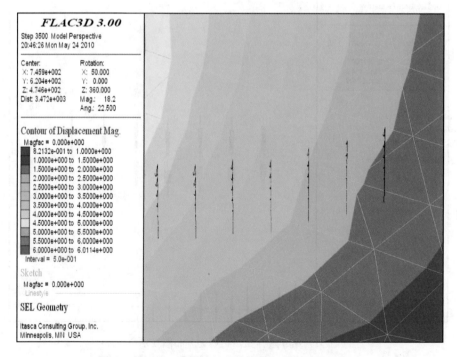

图 7-2-53　第 4-②排桩处土体位移云图（单位：m）

差别不大，第 4-②排桩虽然位移小于第 2 排桩和第 3-①排桩，但是所受的弯矩和剪力要比前两排大，这是由于第 4-②排桩是支护边坡的最前面的一排桩，前面没有桩排为其分担荷载，第 2 排桩、第 3-①排桩前面则有第 4-①排桩抵抗边坡的变形压力；再者，第 2 排桩、第 3-①排桩的受荷段要比第 4-②排桩的小，第 2 排桩、第 4-①排桩分别为 12m、10m，第 4-②排桩为 20m。

表 7-2-19　第 4-②排抗滑桩最大位移值统计表

桩号	1#	2#	3#	4#	5#	6#	7#
最大位移/m	0.32	0.3	0.27	0.2	0.22	0.12	0.24
运动方式	转动	转动	转动	转动	转动	转动	转动

从第 4-②排桩内力与位移对比图（图 7-2-54）看出，左侧桩位移大于右侧的桩位移，弯矩、剪力左侧桩大于右侧，弯矩、剪力和位移曲线拟合得较好。说明桩排右侧土体稳定，桩受力较左侧小。

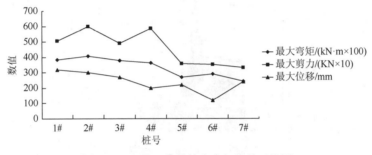

图 7-2-54　第 4-②排桩内力与位移对比图

S. 四排桩弯矩、剪力和位移的对比分析

在四排桩中第 4-①排桩的最大弯矩值、最大剪力值和最大位移值是最大的（图 7-2-55～图 7-2-57），这是由于第 4-①排桩位于坡体变形的中心，边坡破坏后首当其冲，最大弯矩达 $1.055 \times 10^5 \text{kN} \cdot \text{m}$，剪力达到 12850kN，实际桩已破坏；桩的最大位移达到 1.84m，实际已发生倾倒。

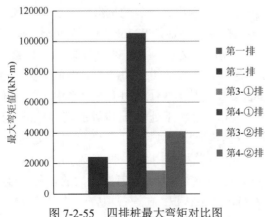

图 7-2-55　四排桩最大弯矩对比图

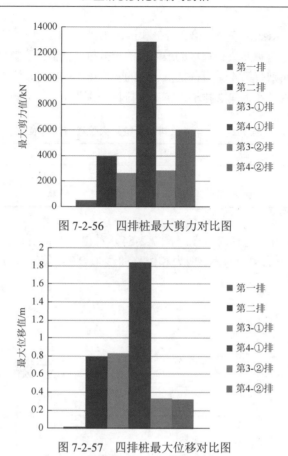

图 7-2-56　四排桩最大剪力对比图

图 7-2-57　四排桩最大位移对比图

第 4-②排桩的弯矩值和剪力值排在第 2 位，弯矩为 40730kN·m，剪力达到 5991kN，但是位移相对较小，最大只有 0.32m，弯矩和剪力值较大是因为第 4-②排桩位于坡体的支护桩排的最前排，抵抗斜坡变形承受的荷载相比后排桩要大，位移小的原因是这排桩处的斜坡较为稳定，没有大的变形。排在第 3 位的是第 2 排桩，最大弯矩值和最大剪力值分别是 24080kN·m 和 3944kN，位移与第 3-①排桩最大位移相当，达到 0.79m，这排桩虽然在第 3-①排桩的下面，但是第 3-①排桩为埋入式抗滑键，上方大部分土体破坏后都作用在了下面第 2 排桩身上，第 2 排桩为出露地表的抗滑桩，受荷段长。第 3-①排桩最大弯矩值和最大剪力值要小于第二排桩，分别是 8226kN·m 和 2661kN，这一方面是由于第 2 排桩位于第 4-①排桩的下面，滑坡推力有很大一部分被第 4-①排桩分担了，另一方面第 3-①排桩的受荷段短。第 3-②排桩最大弯矩值和最大剪力值与第 3-①排桩相当但略大些，分别是 15680kN·m 和 2835kN，这是第 3-①排桩和第 3-②排桩在坡体上布置的高程相当所致，但是，第 3-②排桩的位移要远小于处第 1 排外的其他排桩，为 0.33m，这是因为第 3-②排桩前面有第 4-②排桩为其分担荷载，加上第 3-②排桩处的土体稳定，所以土体位移小。第 1 排桩的弯矩、剪力和位移是桩排中最小的，分别为 723.9kN·m、536.9kN 和 0.017m，这是由于填土在此处很薄，自身稳定性好，没有发生大的位移，再者，其上有三排桩为其分担滑坡推力。因此可以得出如下认识：在沟谷填方边坡中桩排受力不均，从最前排到最后排，桩的受力和变形依次递减。

4. 锚索支护工况分析

针对高填方体边坡的支挡问题，本节对可能采取的锚索支护方案进行数值模拟，以分析其支护效果和措施适宜性。

1）锚索布置

锚索长度根据填方体锚固方向的厚度和锚索深入基岩的锚固长度来确定，攀枝花机场12 号滑坡上部堆填体的防治范围为从坡顶标高处向坡下依次施作锚索 25 排锚索，每排 95 根，锚索横向间距 5m，纵向排距 5m，沿坡面变形最大处布置，底排锚和顶排锚的高差为120m，锚索长度随高程变化有 100m、80m 和 60m 三种，从坡顶向下，第 1～6 排为 100m，第 7～20 排为 80m，第 20～25 排为 60m，锚索深入岩层 10～30m，锚索加固模型如图 7-2-58所示。

2）防治效果分析

A. 位移分析

从边坡锚固后位移图（图 7-2-59）看出，锚固后最大位移从原来的 30m 和 20m，降低到 2.73m，坡体的平均变形在 1m 左右，最大变形区的位置由原来坡面中上部上移至坡顶边线位置，说明中部不稳定区得到了加固。

从剪切应变增量图（图 7-2-60）可看出，边坡的剪切变形最大的区域由于锚固作用没有整体贯通，只在坡体的左侧和后缘贯通了，说明这里是坡体的变形危险区域，剪切变形在坡体的中部出现了负值，表明在锚索的锚拉下周围土体产生了向坡内的变形。

B. 锚索受力分析

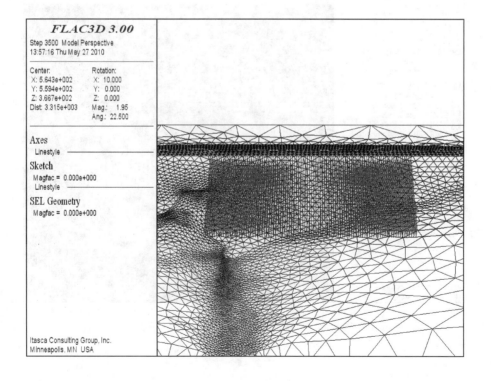

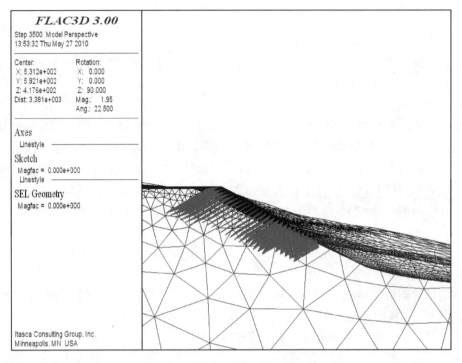

图 7-2-58　计算模型中锚索布置图

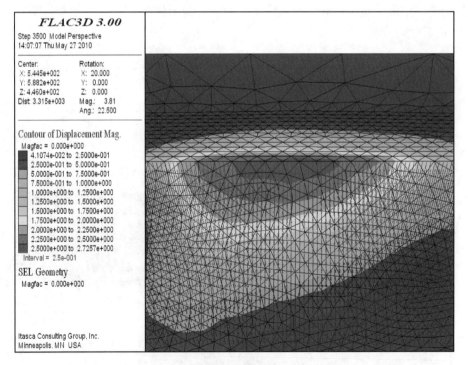

图 7-2-59　边坡锚固后位移图（单位：m）

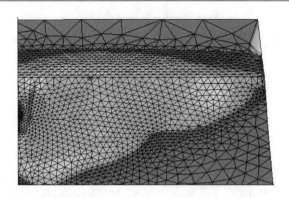

图 7-2-60　剪切应变增量图

　　锚索的设计为一束 10 根，单根抗拉极限强度为 259kN，锚孔孔径为 30cm，单位长度水泥浆的黏结力为 1000kN。锚索的受拉屈服区主要位于填方体中部变形最大区域，深入岩体中的锚索没有发生屈服，屈服段主要位于基覆界面处的填土中。这是由于达到了锚索的屈服极限强度值 2590kN。由于没有设受压屈服极限，没有出现受压屈服（图 7-2-61）。

　　锚索轴力在坡顶处三排以压力为主（图 7-2-62），其余都是以拉力为主，轴力中最大压力位于第 1 排，为 3733kN，最大拉力为 2590kN，最大压力大于最大拉力。锚索的最大拉压应力分布与轴力图相同，最大压应力 52840kPa，最大拉应力 36660kPa。

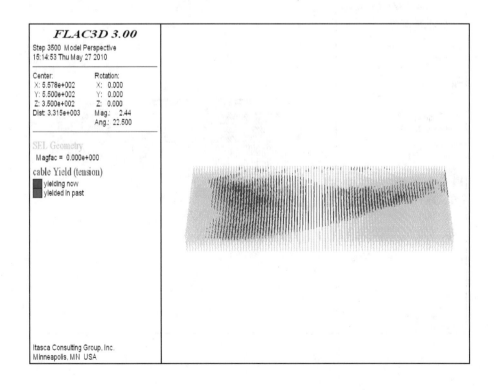

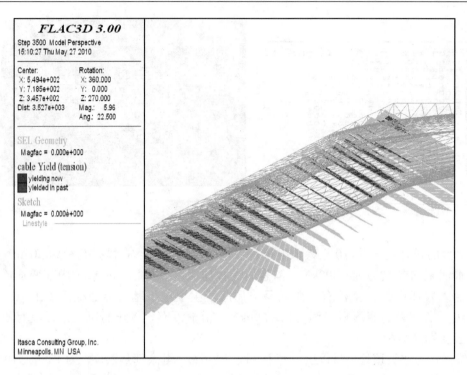

图 7-2-61　锚索的受拉屈服图

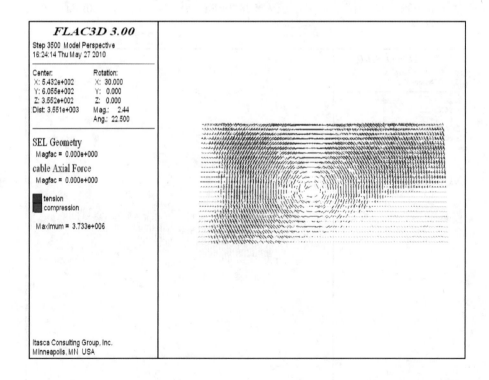

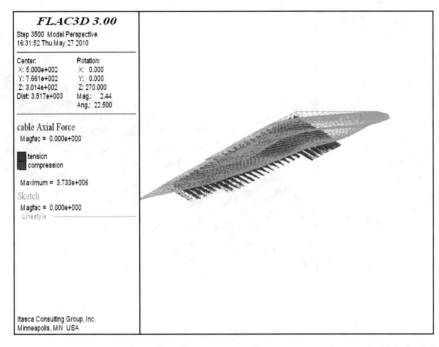

图 7-2-62　锚索的轴力图（单位：N）

水泥浆的黏结应力最大为 953.9kPa（图 7-2-63），位于最下面一排锚索的端部，锚索每排的端部最大应力呈现出由坡脚排到坡顶排递减的趋势。在锚索中部基覆界面附近填土侧有一段没有黏结应力，到基岩中黏结应力逐渐恢复，各排锚索砂浆的最大黏结力分布如图 7-2-64 所示。

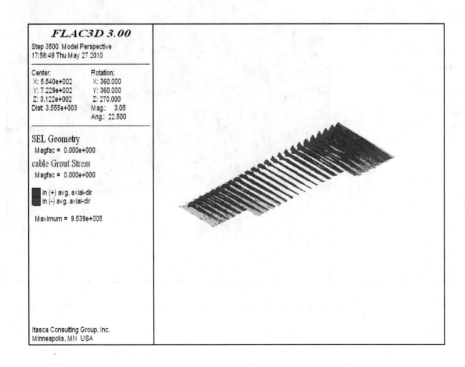

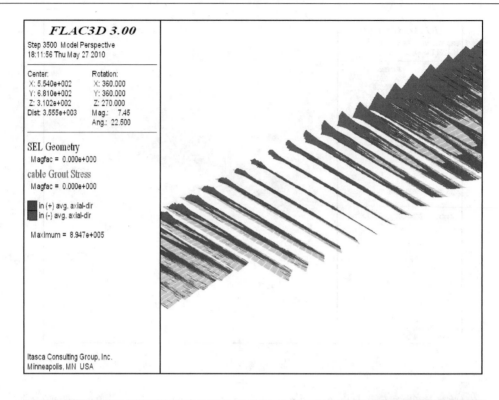

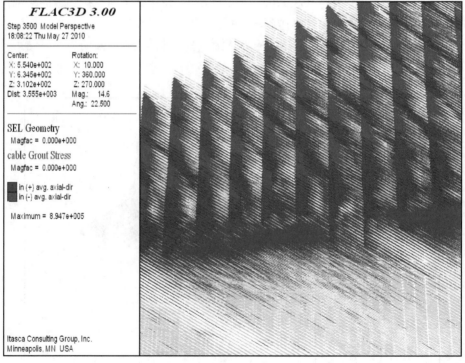

图 7-2-63　水泥浆黏结应力图（单位：Pa）

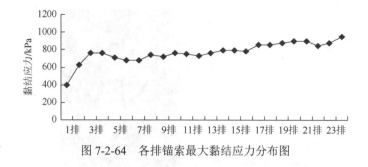

图 7-2-64　各排锚索最大黏结应力分布图

C. 锚索防治总结

通过锚索防治加固边坡后,边坡的变形得到明显抑制,比抗滑桩防治效果好,边坡没有产生大的滑动变形,但变形量仍达到了 2.73m,这表明要想根治滑坡,需要首先改变填方体的坡形,减小上方填土的方量后,通过上部减载,再施加锚索加固,才可能对位移进一步限制,并最终达到理想的稳定状态。

5. 老滑坡体复活区整治工程方案模拟分析

机场填筑体边坡的失稳,在前缘易家坪老滑坡后缘增加了新的推覆荷载,导致其复活。为了让将来治理后的新填筑体边坡稳定,必须首先保证易家坪老滑坡体复活区的稳定。本次对老滑坡体复活区的整治工程方案进行了模拟分析。

1)抗滑桩布置

填筑体滑坡和老滑坡位置关系及形态如图 7-2-65 所示,Group1 为填筑体,Group2 为老滑坡。

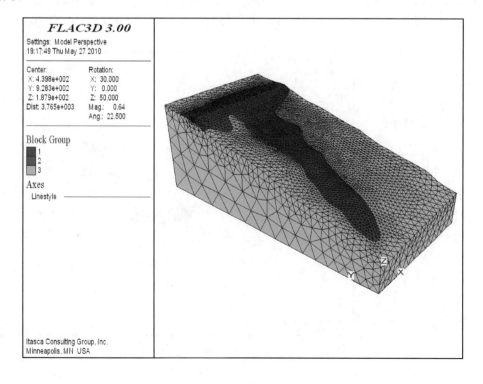

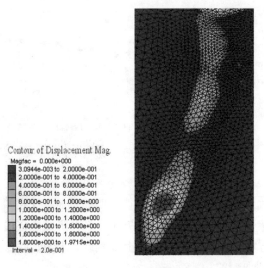

图 7-2-65　老滑坡模型及位移图（单位：m）

　　由 12 号滑坡在没有支挡以前的位移图可知（图 7-2-65），老滑坡坡体位移变化比较大的有 3 处，分别位于滑体的前部、中部、后部，前部最大位移为 2m，中部为 1.13m，后部为 1.12m。

　　拟设防治工程方案根据老滑坡体前中后的滑动位移不同，将老滑坡体分为 3 个次级滑体，各级滑体采用抗滑桩进行治理。抗滑桩分为 7 排，前两排支挡上级滑块，为"品"字形布桩，前排 24 根，后排 23 根；中间两排支挡中级滑块，为前后对齐式布桩，前排 26 根，后排 26 根；后三排支挡下级滑块，为梅花形布桩，前排 28 根，中排 27 根，后排 28 根；共用桩 182 根，桩截面为 2m×3m，桩长 15～40m。具体布置如图 7-2-66 所示。

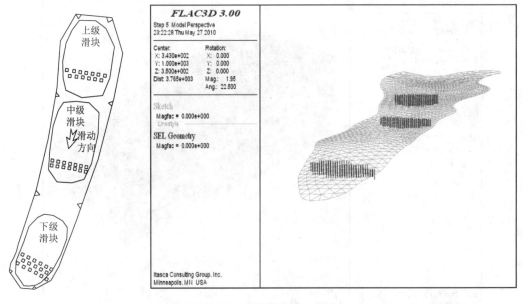

图 7-2-66　抗滑桩布置示意图

2）支挡后位移分析

支挡后 12 号滑坡在桩的最大位移由原来的 2m，减小到了 0.2m（图 7-2-67），滑坡体得到了加固，在桩支挡的位置位移得到很大限制，桩前和桩后滑坡的位移依然存在，这说明了桩支挡滑坡土体的影响范围有限。通过模拟发现土体在桩前能够形成塑流，试图绕过抗滑桩，继续向前运动（图 7-2-68）。

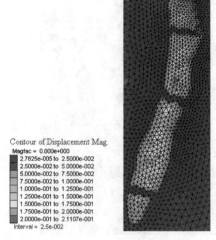

图 7-2-67　老滑坡支挡后位移图（单位：m）　　　　　图 7-2-68　桩前土体运动方向图

3）桩周土体变形分析

由图 7-2-69～图 7-2-74 可知，桩对土体变形均有限制作用，但并不能消除土体的位移，土体的位移会继续在桩间存在；在土体位移大的区域桩受力大，位移也大；通过桩支挡后的土体，桩前的位移大于桩后，桩后位移变小；总体上，滑坡中部的桩位移和受力要大于滑坡体两侧桩的位移和受力。

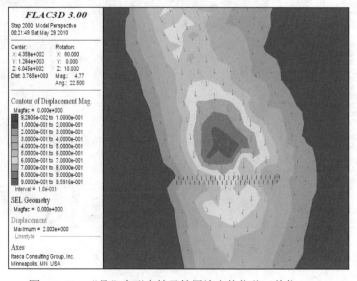

图 7-2-69　"品"字形布桩及桩周边土体位移（单位：m）

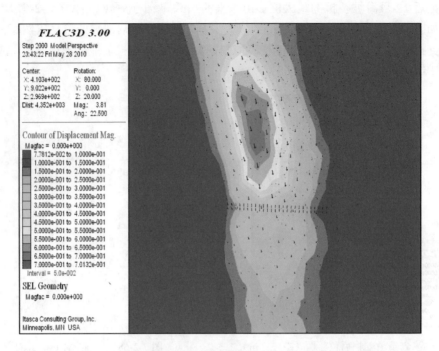

图 7-2-70　对齐形布桩及桩周边土体位移（单位：m）

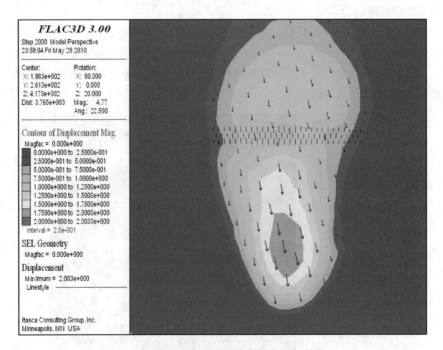

图 7-2-71　梅花形布桩及桩周边土体位移（单位：m）

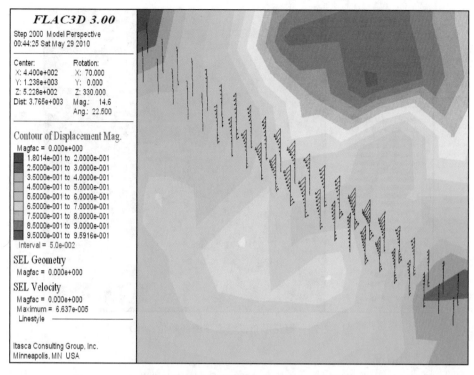

图 7-2-72　"品"字形布桩桩位移图（单位：m）

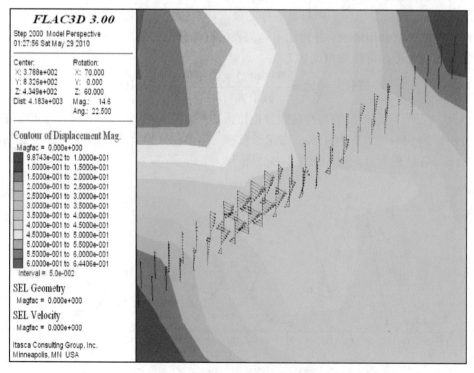

图 7-2-73　对齐形布桩桩位移图（单位：m）

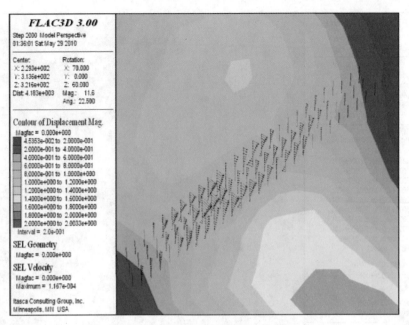

图 7-2-74　梅花形布桩桩位移图（单位：m）

4）桩排受力情况

通过统计不同桩排间的受力情况，计算出每排桩的荷载分担比例，来判断各种桩排的布置优劣。这里通过桩的最大弯矩值来近似表征桩的受荷情况。通过把两排桩中每根桩的最大弯矩求和，然后算出前后两排桩各排的最大弯矩值之和在总和中的比例，进而来判断前后两排桩的荷载分担情况，各排比重均匀表明桩排分担荷载好，分担比不均，则说明桩排的布置不甚合理，荷载分担比为

$$荷载分担比 = \frac{单排桩最大弯矩值之和}{桩最大弯矩值总和} \times 100\%$$

据此，"品"字形布桩的前排荷载分担比为 50%，后排为 50%；前后对齐式布桩前排荷载分担比为 55%，后排为 45%；梅花形布桩前排荷载分担比为 45%，中排为 33%，后排为 22%。各桩最大弯矩值如图 7-2-75～图 7-2-77 所示。

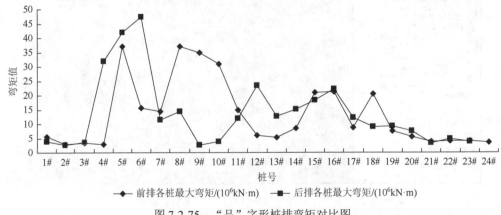

图 7-2-75　"品"字形桩排弯矩对比图

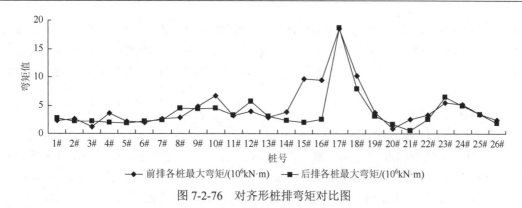

图 7-2-76　对齐形桩排弯矩对比图

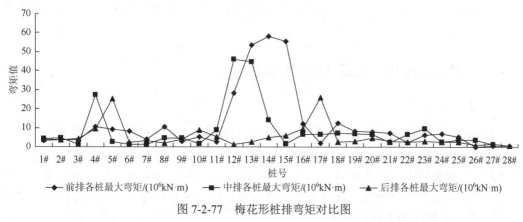

图 7-2-77　梅花形桩排弯矩对比图

由上面统计得到,总体上桩排的前排比后排受荷多,桩的布置形式对荷载分担有影响,"品"字形布桩荷载在桩排间分布较均匀;前后对齐式布桩不及"品"字布桩,前后差 10 个百分点;梅花形布桩第 1 排与第 2 排差 12 个百分点,后两排相差 11 个百分点,荷载分布较不均匀。由以上分析看出,"品"字形布桩桩排间荷载分担较其他两种均匀,前后对齐式次之,梅花形布桩的荷载分担不及前两种均匀。

6. 小结

1）攀枝花机场 12 号滑坡变形破坏特征

通过模拟分析得到,填方体滑坡的变形和运动特征:攀枝花机场填方体滑坡属于推移式滑坡;沟谷填筑体滑坡竖向运动主体部分在后部滑块,水平运动主体部分在中部,侧移的主体部分在两侧;滑面上出现拉剪区和压剪区,滑面后段处在拉剪区,滑面中段处在压剪区。通过对易家坪老滑坡位移场的分析,将滑体分为上中下三级滑块,上部滑块受到填方体滑坡的推挤,属于推移式滑坡,下部滑块的后缘稳定,前缘变形量大,属于牵引式滑坡,根据此巨型滑坡滑体分级分块的特点,可对其进行上中下三级支挡治理。

2）抗滑桩桩排受力特点

总体来说,桩排中部桩受荷大于两侧,前排桩受荷大于后排;桩排中抗滑键的受荷段小,抗滑键上部会出现土体的剪出滑移;小位移下桩以平动为主,大的位移下桩以转动为主;桩的受力与支护土体的变形有关,变形大的土体处桩的受荷大,桩的位移也大;桩能减小周围土体的变形量,对与其距离较远的土体位移场影响较小,桩不能消除支护土体的变形,土体会通过桩间继续移动;在多排桩支护滑坡的情况下,布桩形式对桩的荷载分担有影响,"品"字形布桩桩荷载分布均匀,前后对齐式次之,梅花形布桩荷载在桩排间呈递减趋势分担。

3)堆积体防滑工程启示

在无支护下填方边坡的最大位移为 30m,通过六排抗滑桩支护后,边坡最大位移仍达 20m,表明排桩的设置并没有从根本上改善边坡的稳定性。通过运用锚索对填方边坡加固后,边坡的最大位移控制在 2.7m 左右,虽然小很多,但对于机场跑道安全运行而言,该位移值仍偏大,表明填筑体边坡上段土体过厚,稳定性差,要治理此种推移式滑动变形,需要对坡体中上部进行削方,改变坡形后,再进行锚固,这样才能从根本上抑制边坡的变形演化。

7.2.3 八渡滑坡与防治工程结构相互作用分析

1. 模型建立

八渡滑坡工程概况如 7.1.1 节所述,为人类工程活动作用下引发的古滑坡局部复活。滑坡体总长约 700m,其中前缘宽 540m,中部宽 350~400m,后缘宽 150~200m,滑体厚度上、下相差较大,下部厚 40m 左右,中部厚 15~20m,上部厚 10~15m,总体积约 420×10⁴m³,分为主次两级,次级滑坡前缘压覆于主滑坡后缘之上(主滑坡约为 290×10⁴m³,次级滑坡约为 130×10⁴m³)。

滑坡分三级治理。第一级和第二级使用锚索桩,锚索桩设计参数为桩长 60m,嵌入基岩 20m,桩间距 7m,桩截面 2m×3m;锚索长 80m,伸入基岩 20~30m,采用非预应力全黏结锚索模拟。第三级使用 5 排锚索锚固,设计参数为锚索长 40m,深入基岩 10~20m,排距 5m,横向间距 5m,每股锚索采用 6 束 Φ15.24mm 高强度、低松弛钢绞线,孔径 150mm,采用非预应力模拟锚索的加固情况。滑坡治理工程措施的具体布置如图 7-2-78 所示。基于该滑坡地质原型,通过对典型剖面、方量和滑坡边界等影响滑坡的主要因素进行控制,对八渡滑坡体进行抽象概化,采用 FLAC3D 建立三维数值模拟模型,如图 7-2-79 所示。

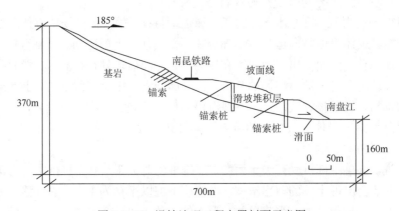

图 7-2-78 滑坡治理工程布置剖面示意图

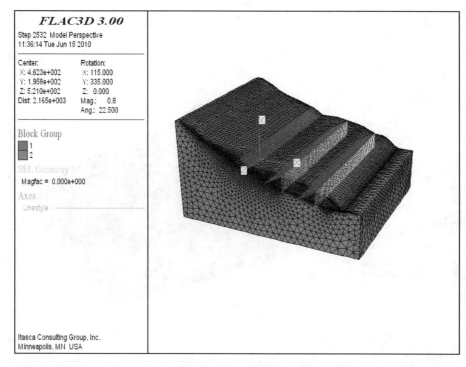

图 7-2-79　滑坡治理工程模型示意图

通过参考相关地勘资料等，采用表 7-2-20 中岩土体物理力学参数模拟计算。

表 7-2-20　八渡滑坡数值计算参数取值表

力学参数	密度/(kg/m³)	黏聚力/kPa	内摩擦角/(°)	弹性模量/MPa	泊松比
滑体	2000	40	19	15	0.30
砂岩	2700	2000	35	20000	0.25
抗滑桩	2500	—	—	80000	0.25
锚索	—	—	—	20000	—

2. 无支挡措施工况分析

1）位移分析

从位移图（图 7-2-80～图 7-2-82）上看出，滑坡最大位移达到 1.2m，位于前缘主滑体上。在位移最大区域滑体变形特点是从坡表向下位移随深度逐渐递减，进入基岩逐步稳定。主滑体位移主要介于 0.5～0.9m。前缘位移大于后缘，前部牵引后部滑动，表现为牵引式滑坡。上部的次级滑坡，即铁路路堑边坡的最大位移为 0.3m，出现在路堑边坡坡顶部位。由此看出滑坡体出现前后两个变形破坏区域，出现了分级滑动的特点。

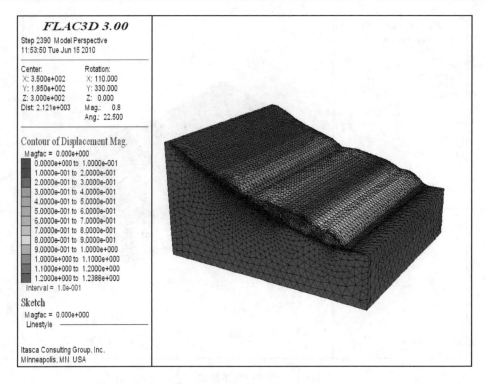

图 7-2-80　滑坡总位移图（单位：m）

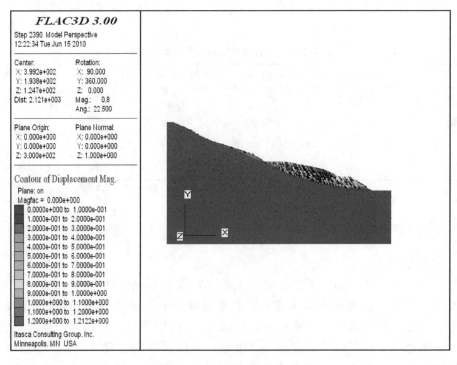

图 7-2-81　滑坡剖面位移矢量图

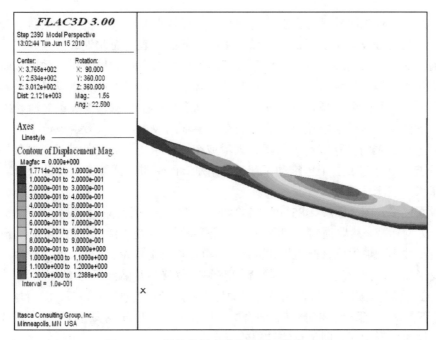

图 7-2-82　滑坡分级变形位移图（单位：m）

从滑坡剪切位移增量图（图 7-2-83 和图 7-2-84）看出，滑坡主要的剪切变形在主滑体的滑面附近，滑面中部变形最为剧烈，并且前后几乎贯通。路堑边坡处的剪切位移在次级

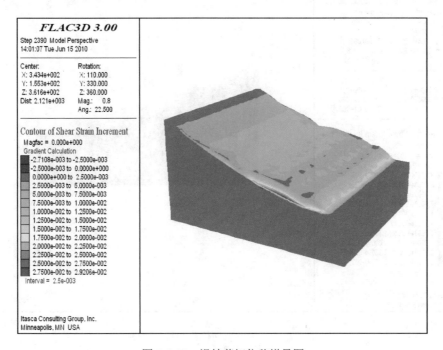

图 7-2-83　滑坡剪切位移增量图

滑体中最大，剪应变增量最为突出。这种剪切变形特点与攀枝花机场边坡剪切变形特点是不同的，机场边坡剪切变形最大区域位于中上部的坡表，而此处最大区域位于滑体中部滑面处；攀枝花机场边坡的最大位移区域与剪应变增量最大区域是一致的，而此处剪应变增量最大区域与滑坡最大位移区域是不一致的，这表明攀枝花机场滑坡是表层滑动带动深部滑移，而此处滑坡是滑体深部滑动带动表层产生平移，滑坡最先滑动破坏区域即滑坡滑动的动力区，攀枝花机场边坡是在中上部的坡表，而八渡滑坡位于主滑体的中部滑面附近。这表明推移式滑坡与牵引式滑坡在坡体中变形破坏的特征是截然不同的。推移式滑坡是中上部表层土体推动下部土体滑动，而牵引式滑坡是滑体前缘滑块中的深部土体牵引上层土体滑动。

　　从滑面位移云图（图 7-2-85 和图 7-2-86）看出，滑面位移等值线垂直于滑动方向，并随滑动方向递减，从坡顶到坡脚滑面位移逐渐减小。这是受滑坡体位移影响，滑坡滑面附近滑块从坡脚到坡顶位移产生累积效应，即滑坡坡脚滑块位移最小，其后部滑块位移等于自身变形加上前部滑块位移，于是，后部滑块的位移是其前部所有滑块的位移之和，所以，表现在滑面处就形成从坡顶到坡脚滑面位移逐渐减小的现象；再者，滑面与下部基岩相连，受下部基岩沉降变形的影响，即岩层的位移值自坡顶向坡脚逐渐变小，表现在滑面处出现同样的变形特征，即位移的累积效应。

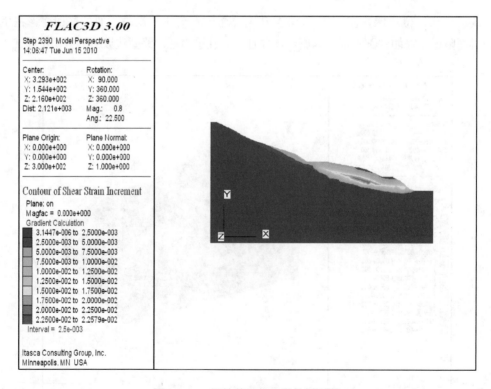

图 7-2-84　滑坡剪切位移增量剖面图

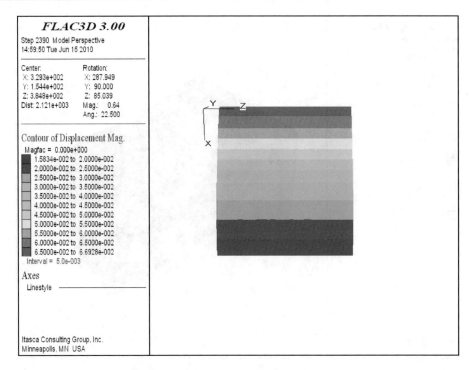

图 7-2-85　滑坡滑面位移云图（1）（单位：m）

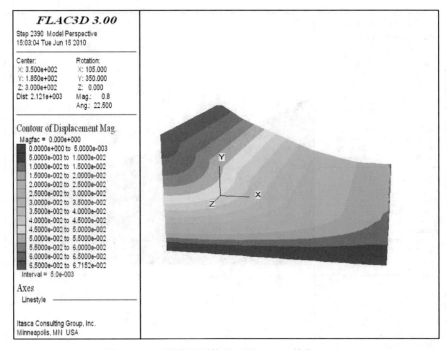

图 7-2-86　滑坡滑面位移云图（2）（单位：m）

2）塑性区分析

从滑坡塑性区图和滑坡剖面塑性区图（图 7-2-87 和图 7-2-88）看出，塑性区与剪切

图 7-2-87　滑坡塑性区图

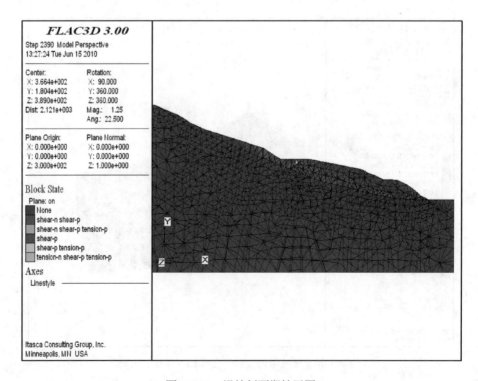

图 7-2-88　滑坡剖面塑性区图

位移增量较大区域是一致的。滑坡有前、后两个剪出口，分别位于主滑坡的前缘和次级滑坡的前缘，这两个区域分别发生了剪切破坏，出现了塑性变形。在主滑体后缘即车站平台位置出现拉破坏区。从剖面图中可以看出，主滑体的塑性剪破坏区沿滑面分布，前后基本贯通，产生滑动。次级滑体的塑性破坏区主要位于路堑边坡处，主要是受剪破坏。主滑体和次级滑体坡表没有出现塑性破坏区，表明滑坡的破坏变形位于滑坡的前后缘及滑面处，没有影响到滑体中上部的土体，但滑体中上部土体位移大于下部土体位移。下部土体位移发生牵连运动，即整体平动，叠加自身的弹性变形，就表现出滑体上部位移大于下部，而上部并没有产生破坏的现象。

3. 设支挡措施工况分析

相应于无支挡措施工况，对该滑坡设置三级支挡工程（即第一级、第二级使用锚索桩，第三级为多排锚索锚固）工况进行了数值模拟分析。

1）位移分析

从图 7-2-89～图 7-2-92 看出，滑坡分级治理后位移得到了减小，主滑体位移从原来的 1～1.2m，减小到现在的 0.4～0.8m，减小了 0.4～0.6m。次级滑体位移从原来 0.8m，减小到现在的 0.2～0.3m，减小了 0.5～0.6m。可见，治理后的滑坡体位移得到减小，滑坡体得到稳定。

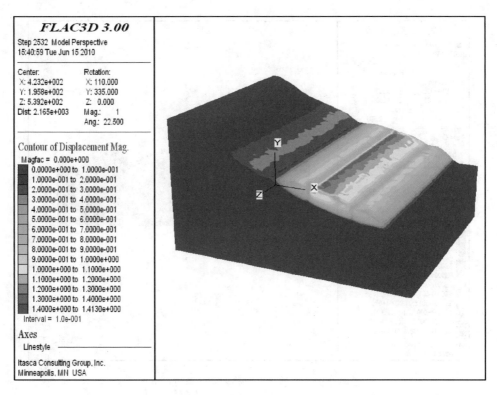

图 7-2-89　滑坡位移云图（单位：m）

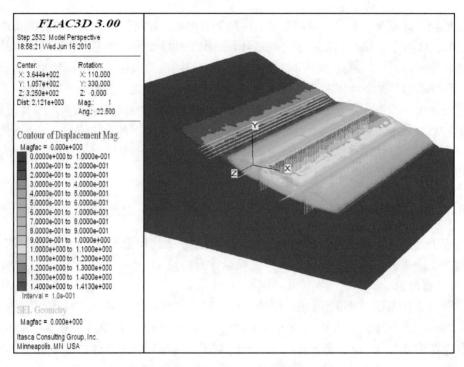

图 7-2-90　滑坡位移云图与支挡工程（单位：m）

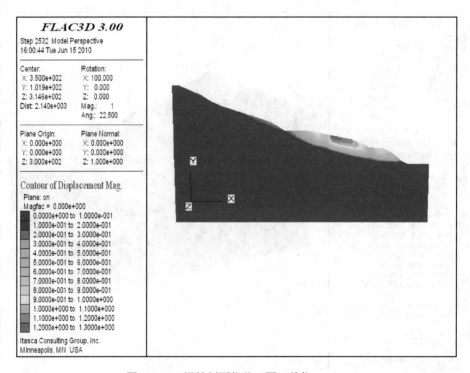

图 7-2-91　滑坡剖面位移云图（单位：m）

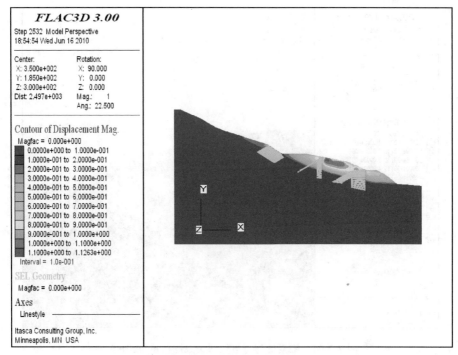

图 7-2-92　滑坡剖面位移云图与支挡措施（单位：m）

从图 7-2-93 和图 7-2-94 看出，桩周土体位移为 0.5～0.7m，位移分布比较均匀，锚索周围土体位移为 0.2～0.3m。从剪切位移增量云图（图 7-2-95 和图 7-2-96）看出，滑坡的

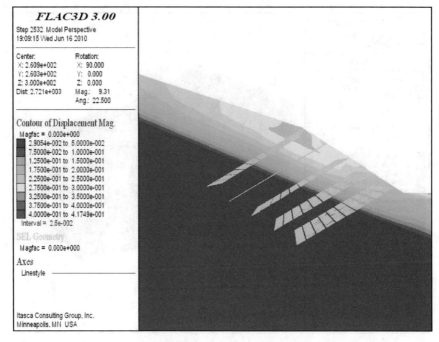

图 7-2-93　锚索与滑坡位移关系图（单位：m）

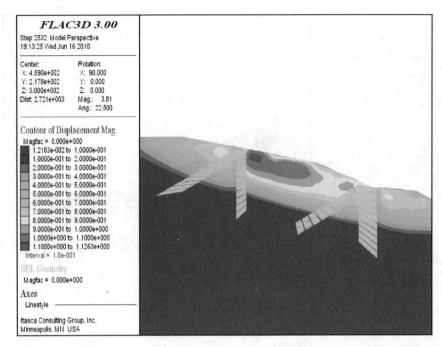

图 7-2-94　锚索桩与滑坡位移关系图（单位：m）

剪切位移变形主要集中在主滑体，但受到两排锚索桩的支挡作用，剪切变形区没有贯通，后部路堑边坡处的剪切变形得到了抑制，由此看出锚索加固下坡体的位移得到了收敛，锚索加固边坡的效果显著。

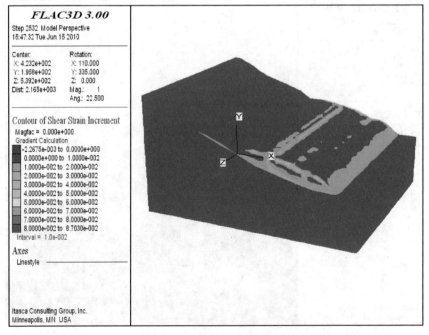

图 7-2-95　滑坡剪切位移增量云图

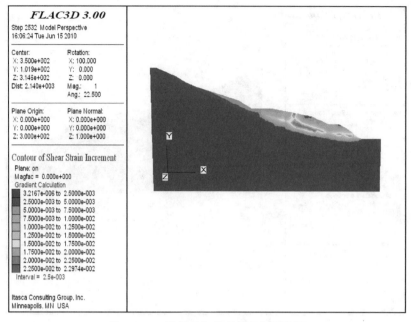

图 7-2-96　滑坡剪切位移增量剖面云图

2）塑性区分析

从图 7-2-97 和图 7-2-98 看出，主滑体滑面处的剪切破坏塑性区得到了抑制，滑面塑性区在锚索桩支挡处得到控制，消除了塑性变形，加固了滑面，使剪切变形区没有沿滑面贯通，滑体得到了加固。在次级滑坡处，滑坡的剪切变形也得到了控制，剪破坏塑性区受到锚索的控制，区域减小。

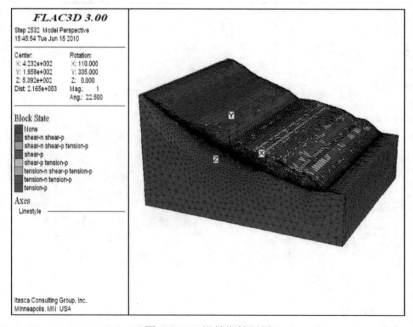

图 7-2-97　滑坡塑性区图

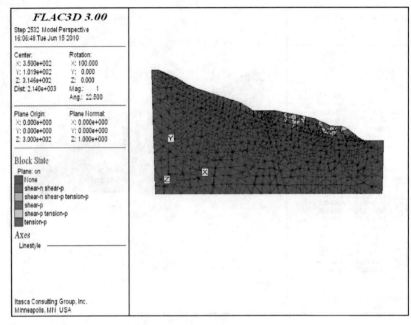

图 7-2-98　滑坡塑性区剖面图

3）应力分析

从图 7-2-99 和图 7-2-100 看出，滑坡滑面以下基岩中存在一个最大主应力和最小主应力集中区，该区域是锚索桩中锚索和五排锚索锚固段所在区域，受到锚索的锚拉作用，该区域的拉应力远远大于周围应力水平，出现了拉应力集中区。

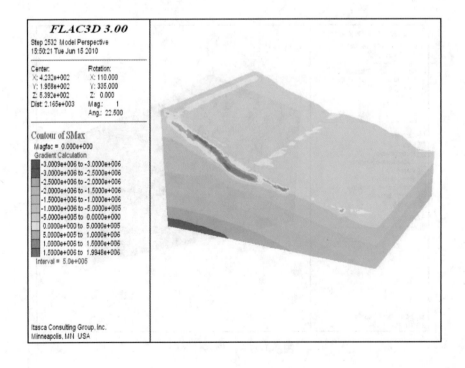

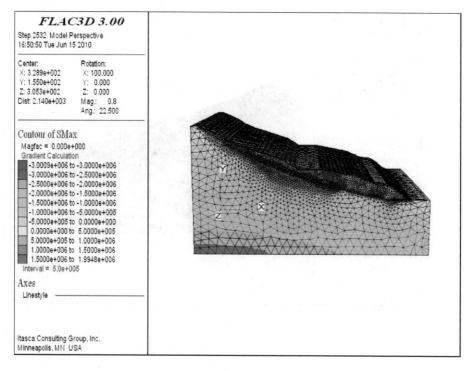

图 7-2-99　滑坡最大主应力图（单位：Pa）

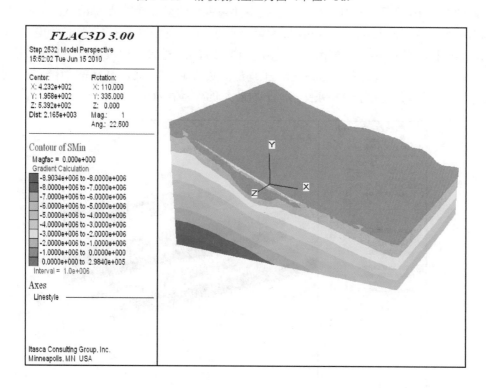

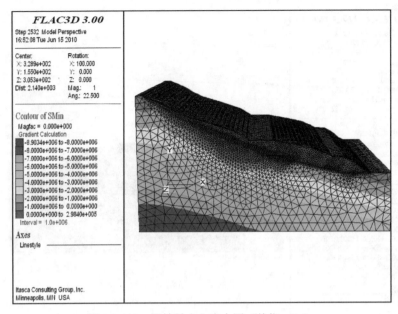

图 7-2-100　滑坡最小主应力图（单位：Pa）

4）锚索桩受力分析

A. 弯矩分析

从图 7-2-101 和图 7-2-102 看出，下级滑块锚索桩的最大弯矩值为 61980kN·m，中级块锚索桩最大弯矩值为 64560kN·m，最大弯矩值位于距桩底 1/3 桩长位置处，如图 7-2-103 所示，由于桩头受到锚拉力作用，在抗滑桩的上端有 1/3 桩段出现负弯矩。下级滑块锚索桩的平均最大正弯矩值为 49293kN·m，平均最大负弯矩值为 12024kN·m；中级滑块锚索桩的平均最大正弯矩值为 42209kN·m，平均最大负弯矩值为 21398kN·m。

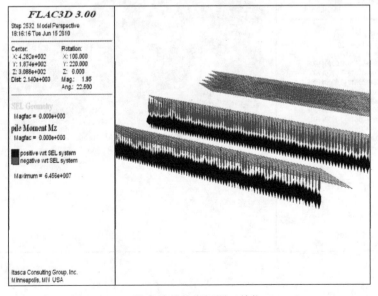

图 7-2-101　锚索桩整体弯矩图（单位：N·m）

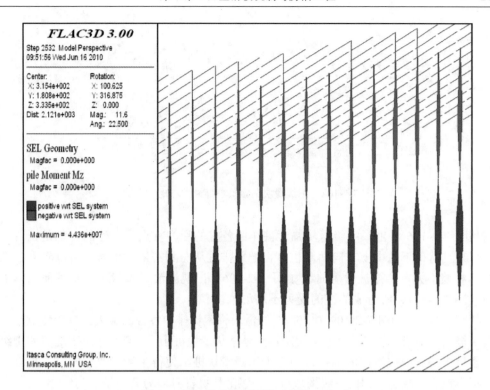

图 7-2-102 锚索桩弯矩图（单位：N·m）

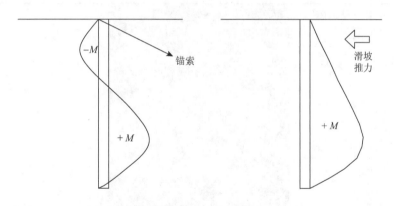

图 7-2-103 锚索桩与悬臂桩桩身弯矩示意图

从图 7-2-104 看出，下级滑块锚索桩排中各桩的受力特点是一致的，都是正弯矩大于负弯矩，从山下往山上方向面对桩排，把每排桩从左到右依次编号，可以看到各桩所受弯矩相差不大。每排桩弯矩曲线（图 7-2-104）出现波浪式起伏，这是桩前土体土拱效应（图 7-2-105）所造成的桩的受力不均现象。应力拱的拱脚不是正好跨在相邻桩桩身上，而是有所间隔，也就是土拱跨度偏大，致使中间所间隔各桩受力小于两侧承载土拱的两个桩，于是出现了波浪起伏式的弯矩曲线。

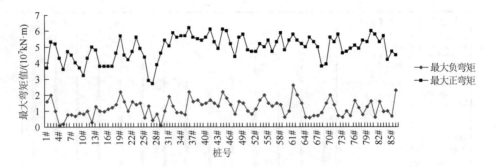

图 7-2-104　下级滑块锚索桩桩身最大弯矩示意图

从图 7-2-106 看出，中级滑块锚索桩排中各桩的受力特点是一致的，都是正弯矩大于负弯矩，从山下往山上方向面对桩排，把每排桩从左到右依次编号，可以看到各桩所受弯矩相差不大。每排桩弯矩曲线（图 7-2-106）出现波浪式起伏，这是桩前土体土拱效应（图 7-2-107）所造成的桩的受力不均现象。

从图 7-2-108 和图 7-2-109 看出，两级滑块锚索桩排中各桩的最大正弯矩特点是，下级滑块桩大于中级滑块桩，最大负弯矩特点是下级滑块桩小于中级滑块桩。这表明中级滑块锚索桩中锚索对抗滑桩的锚拉作用强于下级滑块桩，使得中级滑块桩的负弯矩有所增大，正弯矩有所减小，相比下级滑块桩，中级滑块桩桩身内力分布较均匀。

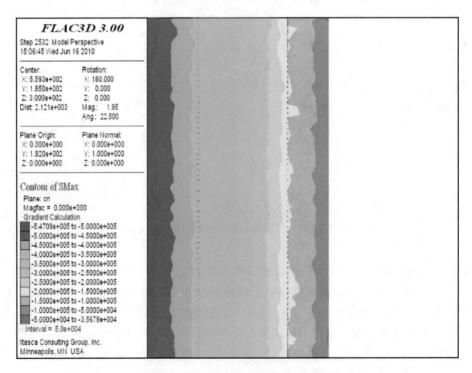

图 7-2-105　下级滑块锚索桩桩周土体最大主应力图（单位：Pa）

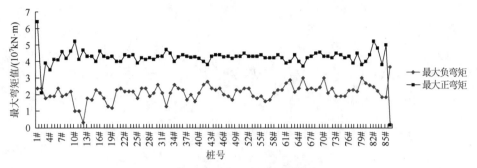

图 7-2-106　中级滑块锚索桩桩身最大弯矩示意图

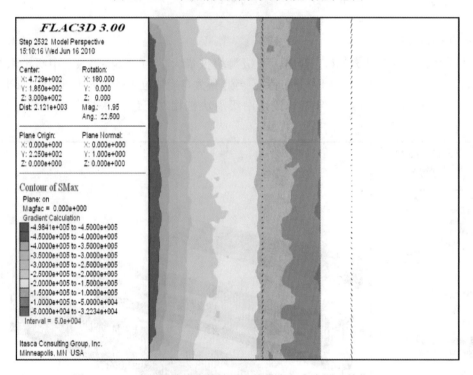

图 7-2-107　中级滑块锚索桩桩周土体最大主应力图（单位：Pa）

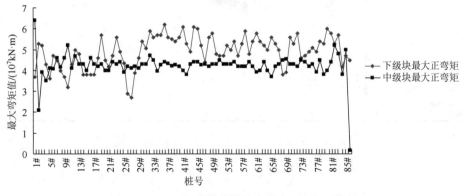

图 7-2-108　两滑块锚索桩桩身最大正弯矩对比图

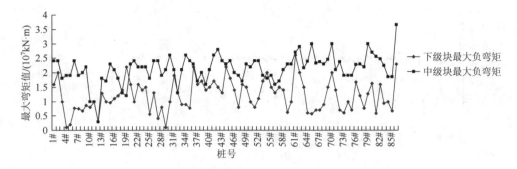

图 7-2-109　锚索桩桩身最大负弯矩对比图

B. 剪力分析

从图 7-2-110 和图 7-2-111 看出，下级滑块桩最大剪力为 6682kN，中级滑块桩最大剪力为 10560kN，各桩桩身剪力分布特征一致，最大弯矩值位于桩身的中部（图 7-2-112），前后两排桩剪力分布特点与弯矩一致，中级滑块桩相对下级滑块桩分布均匀、合理。

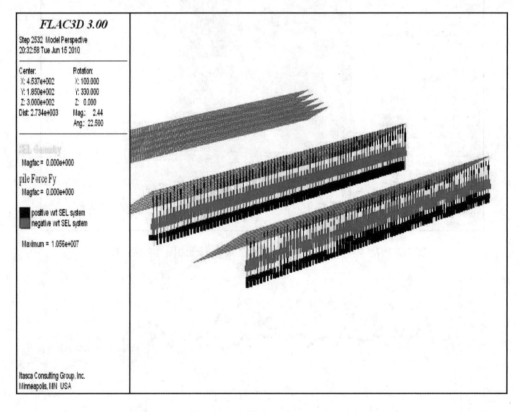

图 7-2-110　锚索桩桩身剪力示意图（1）（单位：N）

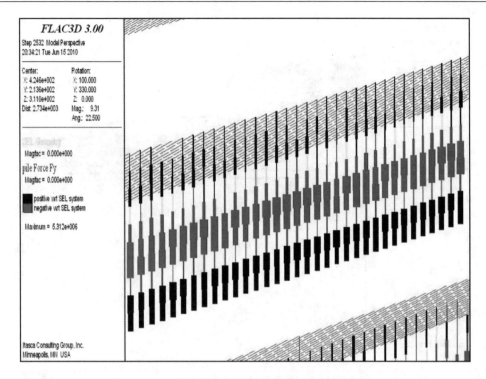

图 7-2-111　锚索桩桩身剪力示意图（2）（单位：N）

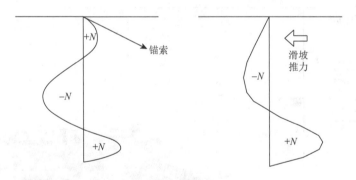

图 7-2-112　锚索桩与悬臂桩桩身剪力示意图

C. 锚索桩及锚索位移分析

从图 7-2-113 和图 7-2-114 看出，下级锚桩、中级锚桩中锚索最大位移位于顶端，分别为 0.838m、0.84m，方向与其周围土体移动方向一致，向下前方移动，位移量从锚顶向锚底递减，在基岩中位移逐渐消失。由于锚拉作用两排桩的位移都很小，最大值为 10cm，位于距桩顶 1/4 桩长处。

从图 7-2-115 和图 7-2-116 看出，五排锚索中最大位移值为 0.349m，位于坡顶排锚索的端部，五排锚索最大位移分布规律是从坡顶到坡底逐渐减小，从坡底到坡顶依次是 0.23m、0.26m、0.29m、0.32m、0.349m。这是由于锚索受周围土体位移场影响，路堑边坡坡面位移特征是从坡顶到坡底位移量逐渐减小。

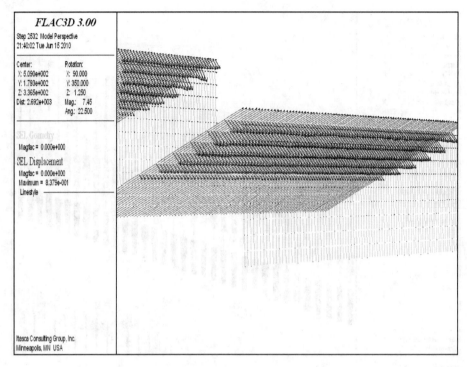

图 7-2-113 下级滑块锚索桩位移图（单位：m）

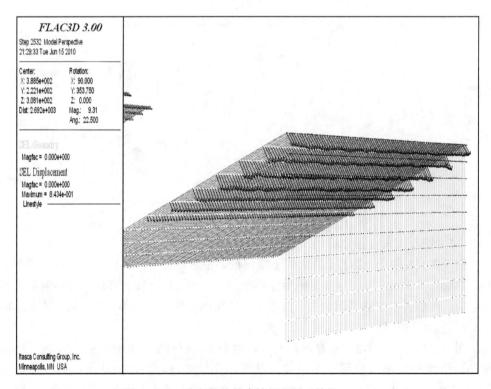

图 7-2-114 中级滑块锚索桩位移图（单位：m）

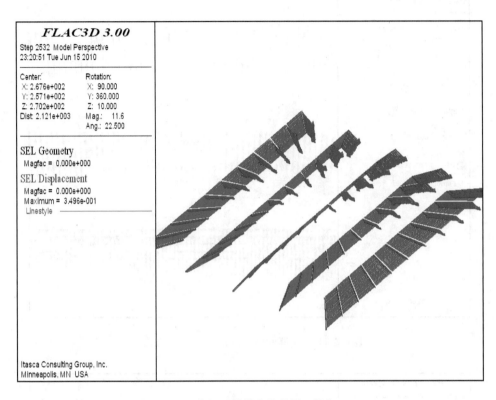

图 7-2-115　上级五排锚索位移图（单位：m）

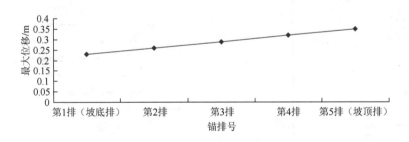

图 7-2-116　各排锚索最大位移分布图

D. 锚索受力分析

下级滑块中锚索桩的锚索最大黏结应力为 322.3kPa（图 7-2-117～图 7-2-119）；中级滑块中锚索桩的锚索的最大黏结应力为 352.2kPa（图 7-2-120 和图 7-2-121）；上级滑块中五排锚索的最大黏结应力为 541.7kPa（图 7-2-122 和图 7-2-123），从中可以看出锚索的黏结应力从高到低依次递减。

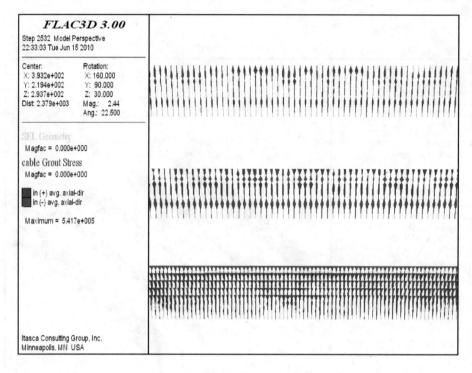

图 7-2-117　锚索黏结应力总图（单位：Pa）

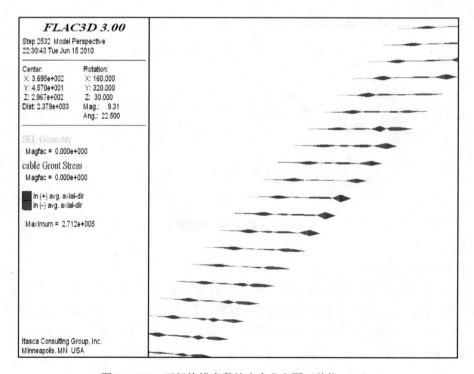

图 7-2-118　下级块锚索黏结应力分布图（单位：Pa）

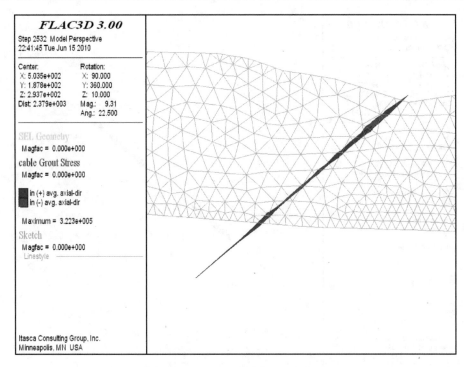

图 7-2-119　下级块锚索与滑面关系图

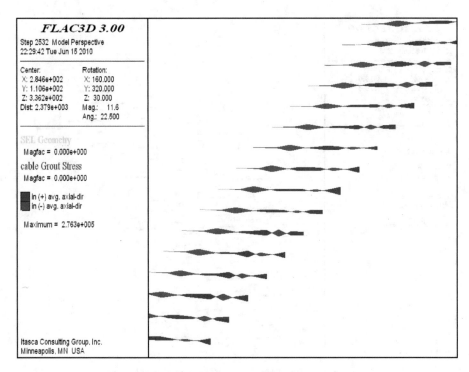

图 7-2-120　中级块锚索黏结应力分布图（单位：Pa）

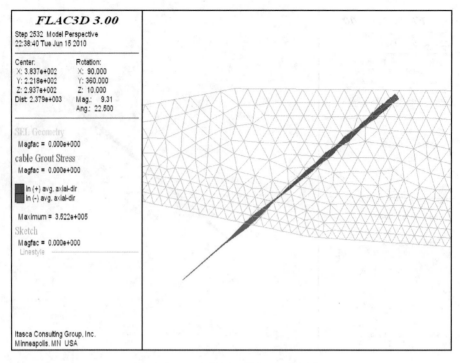

图 7-2-121　中级块锚索与滑面关系图

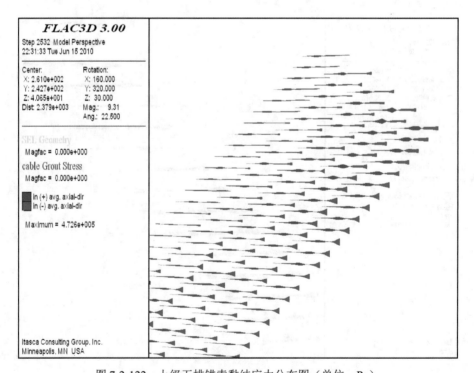

图 7-2-122　上级五排锚索黏结应力分布图（单位：Pa）

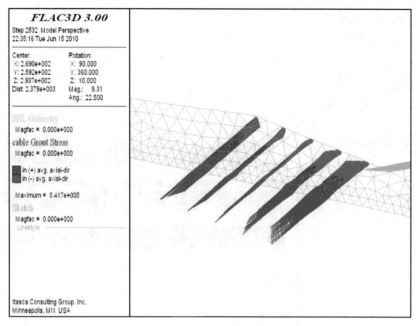

图 7-2-123　上级五排锚索与滑面关系图

各锚索的最大轴力都没有超过抗拉屈服强度 1554kN（图 7-2-124 和图 7-2-125）。下级滑块中锚索桩的锚索最大轴力为拉力 1215kN（图 7-2-126 和图 7-2-127），中级滑块中锚索桩的锚索的最大轴力为压力 1425kN（图 7-2-128 和图 7-2-129），上级滑块中五排描索的最大轴力为拉力 1234kN（图 7-2-130 和图 7-2-131）。

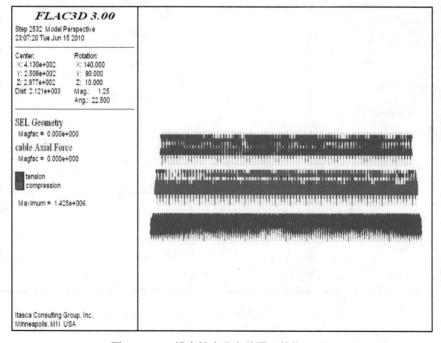

图 7-2-124　锚索轴力分布总图（单位：N）

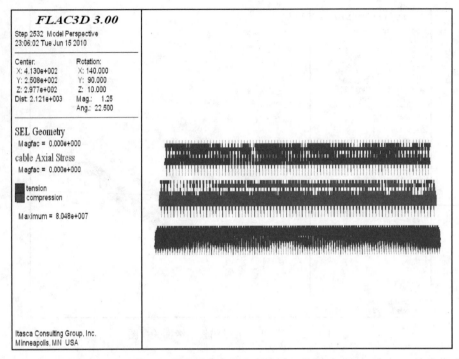

图 7-2-125　锚索轴向应力分布总图（单位：N）

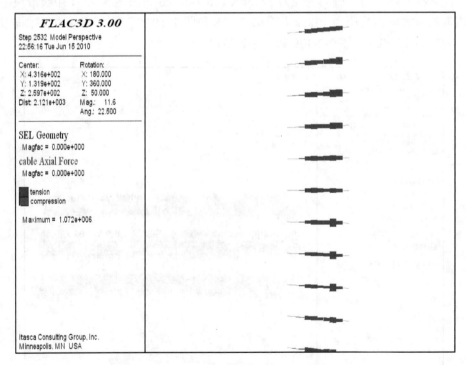

图 7-2-126　下级块锚索轴力分布图（单位：N）

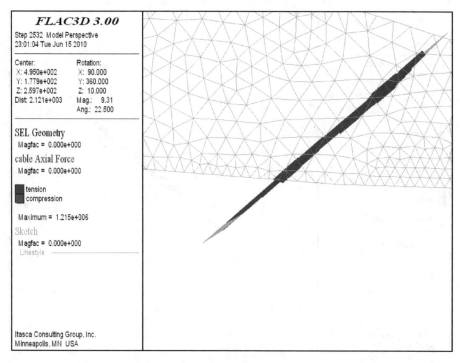

图 7-2-127　下级块锚索轴力与滑面关系图

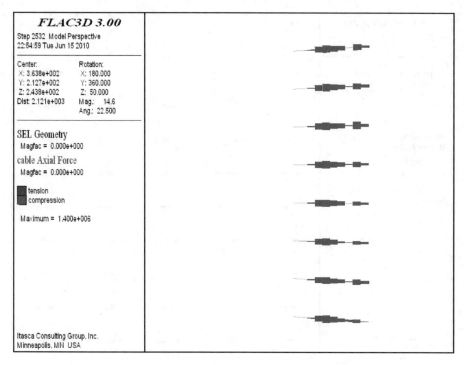

图 7-2-128　中级块锚索轴力分布图（单位：N）

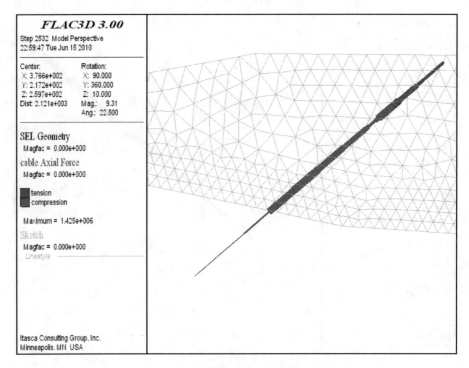

图 7-2-129　中级块锚索轴力与滑面关系图

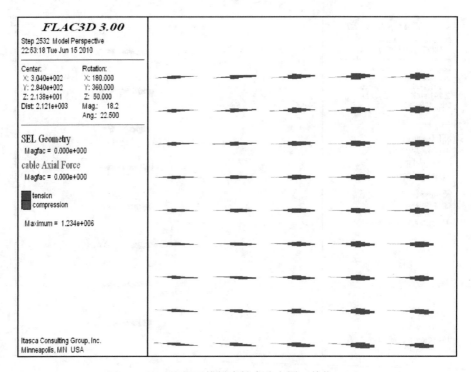

图 7-2-130　上级五排锚索轴力分布图（单位：N）

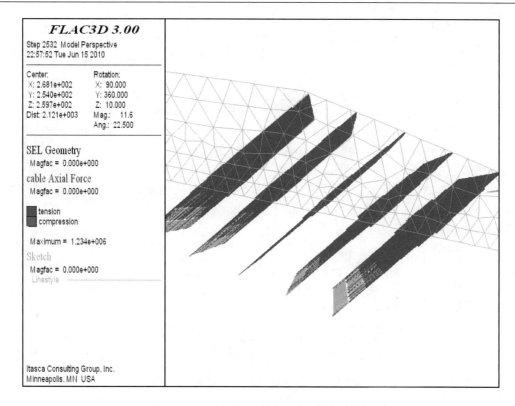

图 7-2-131　上级五排锚索轴力与滑面关系图

下级滑块中锚索桩的锚索的最大轴向应力为拉应力 68620kPa，中级滑块中锚索桩的锚索的最大轴向应力为压应力 80480kPa，上级滑块中五排锚索的最大轴向应力为拉应力 69720kPa。

如图 7-2-132 所示，上级五排锚索最大黏结应力从路堑边坡底部到顶部依次为 490.9kPa、541.7kPa、398.5kPa、451.3kPa、390.4kPa。

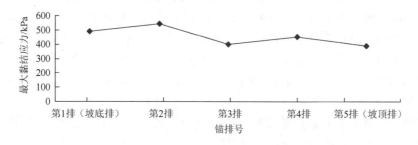

图 7-2-132　各排锚索最大黏结应力分布图

如图 7-2-133 所示，上级五排锚索最大轴力从路堑边坡底部到顶部依次为 1234kN、1026kN、900kN、730kN、727kN。

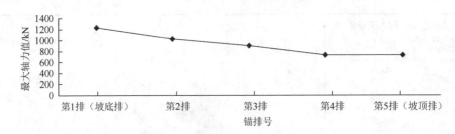

图 7-2-133　各排锚索最大轴力分布图

如图 7-2-134 所示，上级五排锚索最大轴向应力从路堑边坡底部到顶部依次为 69720kPa、57960kPa、50860kPa、41240kPa、37830kPa。

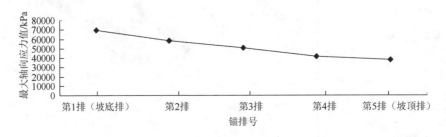

图 7-2-134　各排锚索最大轴向应力分布图

三种力的分布规律从坡顶到坡底逐渐增大，与位移的分布规律恰好相反。这是由于锚索受周围土体应力场影响，路堑边坡坡体应力分布特征是从坡顶到坡底逐渐增大的。坡顶应力松弛，坡底应力集中。

4. 小结

（1）无支挡措施工况下的数值模拟分析结果表明，坡体出现了上下两个集中变形破坏区域，即出现了老滑坡分级滑动复活的特点，对其应采取分级治理方案。

（2）对该滑坡设置三级支挡工程（即第一级、第二级使用锚索桩，第三级多排锚索锚固）工况后的数值模拟分析表明，经过治理后，主滑体最大位移从 1.2m 降低到 0.5m，次级滑体（路堑边坡）最大位移从 0.3m 降低到 0.1m。因此，现有的分级支挡，外加行之有效的排水工程的综合治理措施，明显抑制了滑坡的变形演化，起到了良好的治理效果。

（3）桩间土体的土拱效应造成桩排中桩受力不均，出现了波浪起伏式的弯矩分布曲线，抗滑支挡优化设计中应该对此予以重视。

（4）中级块桩桩身内力分布较下级块桩均匀。下级滑块锚索桩的平均最大正弯矩值为 49293kN·m，平均最大负弯矩值为 12024kN·m；中级滑块锚索桩的平均最大正弯矩值为 42209kN·m，平均最大负弯矩值为 21398kN·m。下级滑块中锚索桩的锚索的最大黏结应力为 322.3kPa，最大轴力 1215kN，最大轴向应力 68620kPa；中级滑块中锚索桩的锚索的最大黏结应力为 352.3kPa，最大轴力 1425kN，最大轴向应力 80480kPa；上级滑块中五排锚索的最大黏结应力为 541.7kPa，最大轴力 1234kN，最大轴向应力 69720kPa。

（5）上部路堑边坡五排锚索受力分布规律：从坡顶到坡底逐渐增大；位移的分布规律：从坡顶到坡底逐渐减小。支挡结构优化设计中应对此予以重视。

7.3　排水对巨型滑坡与防治影响的数值模拟

根据实例调查，地下水的赋存状态和活动特征往往在滑坡的变形演化过程和稳定状态分析中扮演着非常重要的角色。特别是巨型滑坡，对坡体内地下水和坡表水体的合理处治往往对其治理有着重大的意义。本节从巨型滑坡体内的水文地质环境特征入手，分析地下水活动对巨型滑坡稳定性的弱化机理，然后通过数值模拟-流固耦合分析方法，从排水措施类型和布置上深入研究其对巨型滑坡治理工程效果的影响。

7.3.1　巨型滑坡的水文地质环境特征

1. 地下水分类

一般有两类分类方式：一类是按地下水的埋藏条件进行分类；另一类是按含水空隙特征进行分类[12]。

1）按地下水埋藏条件分类

地下水埋藏条件指滑坡体内含水层在地质剖面中所处的部位及受隔水层限制的情况，可分为上层滞水、潜水、承压水三类。前者存在于包气带中，后两者则属饱水带水，是主要研究的对象。这三种不同埋藏类型的地下水，既可赋存于松散的孔隙介质中，又可赋存于坚硬基岩的裂隙介质和岩溶介质中。

上层滞水分布最接近地表，接受大气降水的补给，以蒸发形式消耗或者向隔水层边缘排泄。上层滞水含水层其实是潜水含水层的特殊情况。在滑坡体中黏土等隔水层透镜体之上常常具有上层滞水含水层。当分布范围较小而补给不经常时，不能时常保持有水，由于其水量一般不大，含水层厚度不大，动态变化显著，只能在缺水地区才能发挥其真正意义上的作用，可供小型集水或暂时性集水水源。

潜水含水层上面不存在隔水层，直接与包气带相连，在其全部分布范围内都可以通过包气带接受大气降水、地表水等的补给。潜水面不承压，其水体运动主要在重力作用下由水位高的地方向水位低的地方径流。一般情况下，潜水面通常是个波状起伏的面，起伏大致与地形一致，其曲面具有向排泄区倾斜的趋势，与含水层的补给、排泄和渗透性能等有关。在滑坡体以碎块石土等透水层为主的滑坡区，坡体松散、空隙度较大，主要接受大气降水或高处地表水的补给直接渗透至坡体，导致坡体饱水增重，增大滑坡的下滑力，促进滑坡下滑。此时滑坡体中的潜水起到主要作用，对滑坡的发生发展起到促进和推动作用。

承压水受到隔水层的限制，与地表水圈、大气圈的联系较弱，主要通过含水层出露地表的补给区获得补给。当承压含水层接受补给时，水量增加，静水压力加大，含水层中的水对上覆岩层的浮力随之增大。在滑坡体以粉质黏土或泥岩等隔水层为主的滑坡区，承压水主要通过坡体上的裂缝、基岩内裂隙接受大气降水或高处地表水的补给，在隔水层下的滑带或破碎带中渗透径流，产生静水压力、浮托力、渗透力等力学作用促使滑坡向临空面滑动。

2）按含水空隙特征分类

按含水空隙特征可以将地下水分为孔隙水、裂隙水和岩溶水等。

孔隙水分布广泛，表现为堆积平原冲积层、洪积层孔隙水，山间盆地冲积层孔隙水，滨海平原冲积层、海积层孔隙水，内陆盆地山带冲积层、洪积层孔隙水，黄土高原黄土层孔隙水等。土质滑坡中主要研究的就是这类地下水。在松散岩土层中，由于空隙分布连续均匀，易于构成统一水力联系、水量分布均匀的层状孔隙水系统[9]。

基岩裂隙水按其赋存的裂隙成因不同可分为成岩裂隙水和构造裂隙水。表现为丘陵、高原碎屑岩裂隙水，山地、丘陵岩浆岩裂隙水，山地变质岩裂隙水，熔岩孔隙裂隙水。

岩溶水多发育于可溶岩地区，并具有以下特点：①岩溶水不断改变着自己的赋存与运动环境，通过差异溶蚀作用，使可溶岩中原有的空隙"管道化"，尽可能将大范围内的水汇集成一个完整的地下水系；②岩溶水在一定程度上带有地表水的特点，即空间分布极不均匀、时间上变化强烈、流动迅速、排泄集中；③岩溶水可以是潜水，也可以是承压水，其潜水也往往局部承压。

2. 滑坡区地下水赋存分布特征

滑坡区地下水的分布和活动规律极其复杂多变，无统一规律可循。

坡体内地下水位动态变化差异大。一个滑坡，往往存在多层地下水；水位高低悬殊，无统一完整有规律的地下水位线。

滑坡区地下水往往具有其独特的运移规律，一般与周边区域地下水没有水力联系或联系较小，其主要是由滑坡体的物质组成决定的。

一般特大型或大型滑坡的产生都要经历一系列的复杂演化过程，致使滑坡体物质形成独特的成层并具有分区性。滑坡体物质大多含块石粉质黏土、碎块石夹黏土、碎块石土及基岩风化物，随滑坡经过一次或多次滑移、解体和后期改造，结构构造具有多样性，物质分布差异性非常大，具有非均质、各向异性、厚度变化大等特点。滑体物质主要为黏土的，多具有隔水性能，易饱水软化，形成上层滞水和承压水；滑体物质主要为碎块石土的，具有强透水性能，易饱和增重滑坡体，形成潜水和上层滞水[13]。

对于处于库区的巨型滑坡体，坡体内地下水与库区水位之间往往保持密切的水力联系，地下水径流强度与库水水位消涨幅度相关，幅度越大，径流强度越大。当坡体渗透性很差时，且在水库水位达到一定水位时间后库水位骤降，坡体内地下水随之向库区排泄，由坡体渗透性能差而导致坡脚处动静水压力迅速增长，容易引起斜坡失稳；当斜坡岩土体渗透性能很强时，且在库区水位骤升时，库水迅速渗入坡体内并在斜坡坡脚处形成很高的扬压力，对坡体产生顶托、悬浮，使坡体犹如失去支撑一样，减小了岩土体的摩阻力，易造成斜坡失稳，形成滑坡。因此，对于库区的巨型滑坡体，库区水位的骤升或骤降易诱发坡体失稳[14]。

3. 降水入渗过程

地表降水渗入边坡到达潜水面需要经历一个饱和-非饱和的渗流过程。雨水入渗过程中，典型含水率分布剖面可分为 4 个区（图 7-3-1），即表层为一薄层，为饱和带，以下为含水率变化较大的过渡带，再往下为含水率分布较均匀的传导层，最底部为湿润程度随深度减小的湿润层，该层湿度梯度越向下越陡，直到湿润峰[15]。随着入渗时间延续，传导层会不断向深层发展，湿润层和湿润峰会下移，含水率分布曲线逐渐变平缓。

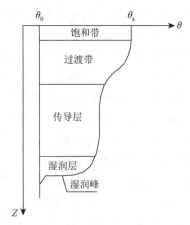

降水渗入边坡体的强度主要取决于降水的方式、降水强度及土体渗水性能[13]。①如果土体渗水性能较强，大于外界供水强度，则入渗强度主要取决于外界供水强度，在入渗过程中边坡表面含水率随入渗而逐渐提高，直至达到一稳定值；②如果降水强度较大，超过了土体的渗水能力，入渗强度就取决于土体的入渗性能，这样就会形成径流，形成地表积水。这两种情况可能发生在入渗过程的不同阶段，在稳定的降水强度下，开始时降水强度小于土体的入渗能力，入渗率等于降水强度；经过一段时间后，土体入渗能力减少，降水强度大于土体入渗能力，于是产生径流。

图 7-3-1　降水入渗过程中，典型含水率剖面[13]

开始时入渗速率较高，以后逐渐减小。入渗速率随时间而变化，与非饱和土的原始湿度和基质吸力有关，同时也与边坡岩土体条件、结构等因素有关。一般开始入渗阶段，边坡岩土体表层的水势梯度较陡，所以入渗速率较大，但随着降水渗入边坡体中，边坡土体的基质吸力下降。湿润层的下移使基质吸力梯度减小。入渗速率逐渐减小最后接近于一常量，而达到稳定入渗阶段。在垂直入渗情况下，如降水强度较大，使边坡达到饱和，当入渗强度等于岩体饱和土水力传导度时，将达到稳定入渗阶段。如降水强度较小，小于饱和土的水力传导度时，达到稳定入渗阶段的入渗强度将等于该湿度条件下的非饱和土水力传导度[16-18]。

7.3.2　地下水活动对巨型滑坡稳定性的弱化机理

1. 滑坡地下水与岩土体间的相互作用

地下水作为一种重要的地质营力，是一种赋存于摩擦面间的活动的润滑介质。地下水与滑坡岩土介质之间存在着复杂的相互作用，具体表现：一方面地下水改变着岩土体的物理性质、化学性质及力学性质；另一方面岩土体也改变着地下水自身的物理性质、力学性质及化学组分[19]。

其中，处于运移状态的滑坡体内地下水对岩土体产生三种作用，即物理作用（包括润滑作用、软化和渗透作用、结合水的强化作用等）、化学作用（包括离子交换、溶解作用、水化作用、水解作用、溶蚀作用、氧化还原作用、沉淀作用及泥化作用等）及力学作用（包括孔隙静水压力和动水压力作用等）。

1）对岩土体产生的物理作用

地下水对岩土体的物理作用，包括润滑作用、软化和渗透作用、结合水的强化作用等。润滑作用使不连续结构构造面上（如未固结的沉积物及土壤的颗粒表面或坚硬岩石中的裂隙面、节理面和断层面等）的摩阻力减小和作用在不连续结构构造面上的剪应力效应增强，结果沿不连续结构构造面诱发岩土体的剪切运动。这个过程在斜坡受降水入渗影响，地下水位线上升到滑动面以上时体现得尤其明显。地下水对岩土体产生的润滑作用反映在力学上，就是使岩土体的摩擦角减小，摩阻力减小。

地下水对岩土体的软化作用表现在对岩土体和岩体结构面中亲水性充填物的物理性状的改变上，土体和岩体结构面中充填物随含水量的变化，发生由固态向塑态直至液态的软化效应。一般在断层带易发生泥化现象，大多数滑坡的滑带土物质属于一些亲水性的黏土或泥状物质，遇水易于软化，是滑坡的直接诱因。软化作用使岩土体的力学性能大大降低，内聚力和摩擦角值减小。

结合水的强化作用，对于包气带土体来说，由于土体处于非饱和状态，其中的地下水处于负压状态，此时土壤中的地下水不是重力水，而是结合水，按照有效应力原理，非饱和土体中的有效应力大于土体的总应力，地下水的作用是强化了土体的力学性能，即增加了土体的强度。当土体中无水时，包气带的砂土孔隙全被空气充填，空气的压力为正，此时砂土的有效应力小于其总应力，因而是一盘散沙，当加入适量水后砂土的强度迅速提高。当包气带土体中出现重力水时，水的作用就变成了（润滑土粒和软化土体）弱化土体的作用。

2）对岩土体产生的化学作用

滑坡地下水对岩土体产生的化学作用主要是通过地下水与岩土体之间的离子交换、溶解作用（黄土湿陷及岩溶）、水化作用（膨胀岩的膨胀）、水解作用、溶蚀作用、氧化还原作用、沉淀作用及泥化作用等来实现的。离子交换主要是使天然地下水软化，增加渗透性能。地下水与岩土体之间的离子交换使得岩土体的结构改变，从而影响岩土体的力学性质。能够进行离子交换的物质是黏土矿物，如高岭土、蒙脱土、伊利石、绿泥石、硅石、沸石等。溶解和溶蚀作用的结果使岩体产生溶蚀裂隙、溶蚀空隙及溶洞等，增大了岩体的空隙率及渗透性。水化作用使岩石的结构发生微观、细观及宏观的改变，减小了岩土体的内聚力。水解作用一方面改变着地下水的 pH，另一方面使岩土体物质发生改变，从而影响岩土体的力学性质。地下水与岩土体之间发生的氧化还原作用，既改变着岩土体中的矿物组成，又改变着地下水的化学组分及侵蚀性，从而影响岩土体的力学特性[19]。

3）对岩土体产生的力学作用[20]

滑坡地下水对岩土体产生的力学作用主要通过孔隙静水压力和动水压力作用对岩土体的力学性质施加影响。前者减小岩土体的有效应力，而降低岩土体的强度，在裂隙岩体中的孔隙静水压力可使裂隙产生扩容变形；后者对岩土体产生切向的推力以增大下滑力。地下水在松散土体、松散破碎岩体及软弱夹层中运动时对土颗粒施加一体积力，在孔隙动水压力的作用下可使岩土体中的细颗粒物质产生移动,甚至被携出岩土体之外,产生潜蚀而使岩土体破坏,这就是管涌现象。岩体裂隙或断层中的地下水对裂隙壁施加两种力,一是垂直于裂隙壁的孔隙静水压力,该力使裂隙产生垂向变形;二是平行于裂隙壁的孔隙动水压力,该力使裂隙产生切向变形。

总体来看,滑坡体内地下水与岩土体间的相互作用影响着岩土体的变形性和强度,同时也降低了滑坡的稳定性。

2. 滑坡地下水力学作用效应

依据滑坡体中地下水的动力特征及渗流场作用方式,地下水的力学作用类型可划分为静水压力效应、浮托力效应、渗透压力(或动水压力)效应、滑体充水增重效应和滑带土饱水软化效应。它们在滑坡体中通常不是独立存在的,往往是多种类型共同作用,只是在影响滑坡的稳定性计算上侧重点不一样,具体到某一滑坡的力学效应的轻重层次有别。归根结底,这些力学作用效应对滑坡体的影响本质上都是降低滑坡的抗剪强度和稳定性系数[21, 22]。

1) 静水压力效应

当降水入渗使岩土空隙为重力水饱和时,水对固体骨架产生一种正应力,其矢量指向空隙壁面,此即空隙水压力,在土体中则为孔隙水压力,统称为静水压力。由于重力水服从静水压力分布规律,即孔隙水压力值由水头决定,地下某点孔隙静水压力 P_w 之值为

$$P_w = \rho_w g h \text{ 或 } P_w = r_w h \tag{7-3-1}$$

式中,ρ_w 为水的密度;g 为重力加速度;h 为水头高度;r_w 为水的重度。

2) 浮托力效应

库水浸没滑体形成的孔隙水压力或地下水入渗滑体下基岩承压含水层对岩土骨架起浮托作用,使得地下水对上覆滑体产生顶托作用或"悬浮减重",从而削减了通过骨架起作用的有效应力,其关系式为

$$\sigma' = \sigma - P_w \tag{7-3-2}$$

式中,σ'、σ 分别为有效应力、总应力。

3) 渗透压力效应

地下水在孔隙中渗流时,会对周围骨架产生渗透压力(或动水压力),如果其渗透压力矢量方向指向坡外,则将降低坡体上岩土体的稳定性,极可能诱发滑坡。

渗流作用在土骨架上的力就是渗透所遇阻力的反作用力,其作用方向与渗流方向一致,所以有拖拽土体或土粒向渗流方向前进的趋势,因而单位体积土体所受的渗透力即为渗透压力。渗透压力的大小取决于水力梯度的大小。渗透压力普遍作用于渗流场中的所有土粒上,它由孔隙水压力转化而来,即渗透水流的外力转化为均匀分布的内力或体积力。水力梯度越大,则渗透压力(或动水压力)越大。

4) 滑体充水增重效应

此种效应下的滑坡体具有结构松散、透水性能好的特点。大气降水补给入渗滑坡体,导致滑坡体饱水,增加滑坡体自重,增大滑坡下滑力,在适当的斜坡坡度下滑坡发生滑动。

这种效应下滑坡发生滑动往往需具备一定的斜坡坡度,同时坡体下滑力必须足够大。

在西南中低山山区，基岩产状 25°～35°，坡体为碎块石土等透水性较强的物质，且覆盖层相对较厚，利于饱水，滑动面为基覆界面时，发生滑坡的可能性极大。

5）滑带土饱水软化效应

滑带土在地下水的浸泡作用下，黏性土中蒙脱石、绿泥石含量高，其吸附水膜厚度显著增大，从而使滑带土饱水。当总应力一定时，孔隙水压力增加，势必相应地减少有效应力，从而影响岩体的强度和稳定性。孔隙水压力对岩土体强度的影响，可以用莫尔-库仑破坏准则反映：

$$\tau_f = (\sigma_n - P)\tan\varphi + c \qquad\qquad (7\text{-}3\text{-}3)$$

式中，τ_f 为岩土体抗剪强度；σ_n 为正应力；P 为孔隙水压力；c 为岩土体黏聚力；φ 为岩土体内摩擦角。

7.3.3　排水工程效应的数值模拟分析

1. 流固耦合理论基础

1）非饱和孔隙介质渗流特性

A. 土-水特征曲线

饱和孔隙介质水的流动和非饱和土体中水流动的一个区别在于渗透系数。非饱和土体中的部分孔隙被气体占据，故其导水率低于饱和土的渗透系数。非饱和土的渗透系数随含水量的变化而变化，如要得到非饱和多孔介质的渗透特性，必须得到渗透系数的特征曲线。非饱和区的负孔压力水头 h 是随土体的体积含水量 θ 而变化的，把它们之间的关系曲线称为土体的水分特征曲线，简称土-水特征曲线，图 7-3-2 为某土的土水特征曲线。所以，土体水的土水特征曲线也就是土的体积含水量 θ 或饱和度 s 与基质吸力的关系曲线。吸力有无是饱和土与非饱和土的分水岭，而吸力的量测是很难的技术问题。为了克服以上技术上的难题，一般将数学预测模型作为分析问题的首选，下面介绍幂函数形式的数学模型[23]。

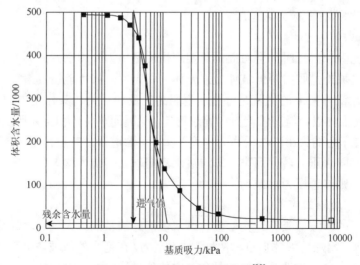

图 7-3-2　某土的土水特征曲线[22]

van Genuchten[24]通过对土水特征曲线的研究，得出非饱和土体含水量与基质吸力之间的幂函数形式的关系式：

$$\frac{\theta - \theta_r}{\theta_s - \theta_r} = F(\varphi) = \frac{1}{\left[1 + (\varphi / a)^b\right]^{\left(1 - \frac{1}{b}\right)}} \tag{7-3-4}$$

式中，a、b 为拟合参数；φ 为基质吸力，取值范围为 $\varphi \in [0,\ \varphi_r]$；$\varphi_r$ 为残余含水量 θ_r 所对应的基质吸力；θ 为体积含水量，取值范围为 $\theta \in [\theta_r,\ \theta_s]$；$\theta_s$ 为饱和体积含水量。式（7-3-4）适用于描述基质吸力变化范围为 $\varphi \in [0,\ \varphi_r]$ 的土水特征曲线。

B. 非饱和土体渗透系数

对非饱和多孔介质来说，其渗透系数为饱和度和体积含水量的函数，由于体积含水量和饱和度与基质吸力之间的关系可以用土水特征曲线来体现，渗透系数也是基质吸力的函数。同样，下面简要介绍 VG（van Genuchten）渗透系数函数的预测模型：

van Genuchten[24]于 1980 年提出了模型来描述水力渗透系数作为土介质的基质吸力的函数形式：

$$k_w = \frac{k_s \left[1 - (a\psi^{n-1}) \cdot (1 + (a\psi)^n)^{-m}\right]^2}{(1 + (a\psi)^n)^{m/2}} \tag{7-3-5}$$

式中，k_s 为饱和渗透系数；a、n、m 为曲线拟合参数，其中，$m = 1 - 1/n$；ψ 为基质吸力范围。van Genuchten 认为，曲线拟合参数可以从体积含水量函数曲线图上直接估算，根据 VG 模型求解拟合曲线的参数，最佳的体积含水量变量取值应在饱和体积含水量与残余体积含水量之间。

2）非饱和渗流微分方程[25]

A. 控制方程的推导

如图 7-3-3 所示，设在连续介质渗流区内取一微分单元体 abcdefgh，其体积为 $\Delta x \Delta y \Delta z$，由于该立方体很小，在各个面上的每一点流速可以认为是相等的，设其流速为 v_x、v_y、v_z，R 为源（汇）项，在 $t \sim t + \Delta t$ 时段内，流入立方体的质量为

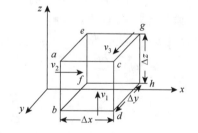

图 7-3-3 三维直角坐标系中单元体

$$M_{in} = \rho v_x \Delta y \Delta z \Delta t + \rho v_y \Delta x \Delta z \Delta t + \rho v_z \Delta x \Delta y \Delta t + R \tag{7-3-6}$$

流出立方体的质量为

$$M_{out} = \left(\rho v_x + \frac{\partial(\rho v_x)}{\partial x}\Delta x\right)\Delta y \Delta z \Delta t + \left(\rho v_y + \frac{\partial(\rho v_y)}{\partial y}\Delta y\right)\Delta x \Delta z \Delta t + \left(\rho v_z + \frac{\partial(\rho v_z)}{\partial z}\Delta z\right)\Delta x \Delta y \Delta t$$

$$\tag{7-3-7}$$

流入和流出立方体的质量差为

$$\Delta M = M_{in} - M_{out} = -\left(\frac{\partial(\rho v_x)}{\partial x} + \frac{\partial(\rho v_y)}{\partial y} + \frac{\partial(\rho v_z)}{\partial z}\right)\Delta x \Delta y \Delta z \Delta t + R \tag{7-3-8}$$

设 n 为立方体的饱和含水率，则在 Δt 时间内立方体内质量变化又可写为

$$\Delta M = \frac{\partial(\rho n)}{\partial t} \Delta x \Delta y \Delta z \Delta t \tag{7-3-9}$$

非饱和流中，将上式中的 n 换为不饱和含水率 θ，根据质量平衡原理，式（7-3-9）与式（7-3-10）应相等，则

$$\frac{\partial(\rho\theta)}{\partial t} = -\frac{\partial(\rho v_i)}{\partial x_i} + R \quad (i = 1, 2, 3) \tag{7-3-10}$$

将两者统一，则饱和-非饱和渗流控制方程为

$$\frac{\partial}{\partial t}(\rho\theta) = -\frac{\partial(\rho v_i)}{\partial x_i} + R \tag{7-3-11}$$

由 Darcy 定律得

$$v_i = -k_{ij}(\theta)\frac{\partial H}{\partial x_i} \tag{7-3-12}$$

因此，式（7-3-12）可写成如下形式：

$$\frac{\partial}{\partial t}(\rho\theta) = \frac{\partial}{\partial x_i}\left[\rho k_{ij}(\theta)\frac{\partial H}{\partial x_i}\right] + R \tag{7-3-13}$$

上式即孔隙连续介质非饱和渗流的基本方程。式中，k_{ij} 为非饱和渗透张量；x_1、x_2、x_3 分别为笛卡儿坐标系中的 x 轴、y 轴、z 轴；含水量 θ 在成层土中或不均匀介质中分布一般是不连续的，因此，在求解上述两种问题时不宜用以含水量 θ 为因变量的基本方程，对均质土层使用该方程较方便且定解条件较易给出。为了渗流程序的适用性，宜把式（7-3-13）表示成以总水头 H 为因变量的基本方程。因为在渗流场中压力水头分布是连续的，可以利用数学上的连续性函数求解问题，用求解统一系统的饱和-非饱和渗流运动和分层土的水分运动计算。因此，将式（7-3-13）转换成以总水头 H 为因变量的方程。

令 $C(h) = \dfrac{\partial\theta}{\partial h}$，则

$$\frac{\partial\theta}{\partial t} = \frac{\partial\theta}{\partial h}\frac{\partial h}{\partial t} = C(h)\frac{\partial h}{\partial t} = C(h)\frac{\partial H}{\partial t} \tag{7-3-14}$$

同时，将非饱和渗透系数 k 用 $k(h)$ 表示，考虑 $h = H - z$，则式（7-3-14）可写为

$$\frac{\partial}{\partial x_i}\left(k_{ij}(h)\frac{\partial H}{\partial x_i}\right) + R = C(h)\frac{\partial H}{\partial t} \tag{7-3-15}$$

式（7-3-15）即以基质势为因变量的等效连续介质非饱和渗流基本方程。式中，$C(h)$ 为比水容量（或称容水度），表示压力水头减小一个单位时，自单位体积介质中所释放出来的水的体积，在饱和区 $C = 0$。

容水度的计算公式为

$$m_w = -\frac{\partial\theta}{\partial(u_a - u_w)} \tag{7-3-16}$$

式（7-3-16）也称为土水特征曲线坡度，它表征单位基质吸力变化导致的体积含水量的变化，可以看出它们本质是一样的。饱和、非饱和状态下的应力都可用 $(u_a - u_w)$ 和 $(\sigma - u_a)$

两个状态变量来描述，在假定土骨架不可压缩下，总的应力是一个常数，假定土中孔压力与大气压相同，因此，可认为$(\sigma - u_a)$也为常量，则体积含水量仅与基质吸力的变化有关。因此，非饱和渗流的控制方程又写为

$$\frac{\partial}{\partial x_i}\left(k_{ij}(h)\frac{\partial H}{\partial x_i}\right) + R = m_w \gamma_w \frac{\partial H}{\partial t} \qquad (7\text{-}3\text{-}17)$$

B. 方程的定解条件

非饱和渗流基本方程的定解条件包括初始条件和边界条件。其初始条件只是坐标的函数，可写为

$$H(x_i,0) = H_0(x_i) \quad (i = 1,\ 2,\ 3) \qquad (7\text{-}3\text{-}18)$$

边界条件又分为压力水头边界（又称第一类边界条件）和流量边界（又称第二类边界条件）两类，可分别写为

（1）第一类边界条件（水头已知的边界 Γ_1）：

$$H = H(x_i,t) \quad (i = 1,\ 2,\ 3) \qquad (7\text{-}3\text{-}19)$$

（2）第二类边界条件（流量已知的边界 Γ_2）：

$$\left(k_{ij}\frac{\partial H}{\partial x_j} + k_{i3}\right)n_i = -q(x_i,t) \quad (i = 1,\ 2,\ 3) \qquad (7\text{-}3\text{-}20)$$

式中，H 及 q 为标定的 x_i 及 t 的函数；n_i 为边界 Γ_2 上的单位外法向分量。

3）非饱和土的莫尔-库仑理论

Fredlund[26]通过大量的实验认为，由于非饱和土中还存在基质吸力（$u_a - u_w$），所以其抗剪强度应用（$\sigma - u_a$）和（$u_a - u_w$）这两个独立的状态变量来表示，且非饱和土的破坏仍符合莫尔-库仑准则，而且利用这两个应力状态变量建立了相似的抗剪强度公式，即

$$\tau_f = c' + (\sigma_f - u_a)_f \tan\varphi' + (u_a - u_w)_f \tan\varphi^b \qquad (7\text{-}3\text{-}21)$$

式中，τ_f 为土的抗剪强度；c' 为土的有效黏聚力；$(\sigma_f - u_a)_f$ 为破坏时破坏面上的净法向应力；$(u_a - u_w)_f$ 为破坏时破坏面上基质吸力；φ^b 为吸力摩擦角，表示抗剪强度随基质吸力（$u_a - u_w$）而增加的速率。

根据已有 φ^b 资料，φ^b 的大小一般小于或等于 φ。对于一定基质吸力条件下，非饱和土抗剪强度公式可改变成 $\tau_f = c + (\sigma_f - u_a)_f \tan\varphi^b$，其中，$c = c' + (u_a - u_w)_f \tan\varphi^b$，在一定的基质吸力条件下，由基质吸力产生的强度可以视作黏聚力的一部分。

4）渗流场与应力场的相互影响[27-36]

A. 渗流场对应力场的影响

在渗流工程实际中，多孔岩土介质中在存在水头差的情况下，会引起其中水体的渗流运动，产生渗流的动水力以渗流体积力的形式作用于岩土介质，会使岩土介质应力场发生变化，应力场的改变造成岩土介质位移场的随之变化；目前在对多孔岩土介质进行应力场分析时常常忽略渗流场的影响，将渗流场中水体的影响用静水压力来表示。由前文可知，水载荷即渗透体积力的大小与渗流场的分布情况关系密切，在其他条件不变的情况下，渗流场的分布和渗透体积力的分布一一对应，渗流场的变化必将引起渗透体积力分布的变化。

　　渗透体积力的计算如下：对于土体和其他等效连续介质来说，由水力学原理可知，渗流体积力与水力梯度成正比，即

$$
\left\{\begin{array}{c} f_x \\ f_y \\ f_z \end{array}\right\} = \left\{\begin{array}{c} -\gamma_w = \dfrac{\partial H}{\partial x} \\ -\gamma_w = \dfrac{\partial H}{\partial y} \\ -\gamma_w = \dfrac{\partial H}{\partial z} \end{array}\right\} = \left\{\begin{array}{c} \gamma_w J_x \\ \gamma_w J_y \\ \gamma_w J_z \end{array}\right\} \tag{7-3-22}
$$

$$
f = \sqrt{f_x^2 + f_y^2 + f_z^2} \tag{7-3-23}
$$

$$
\theta_1 = \arctan\frac{f_x}{f} ; \quad \theta_2 = \arctan\frac{f_y}{f} ; \quad \theta_3 = \arctan\frac{f_z}{f} \tag{7-3-24}
$$

式中，f 为渗流产生的体积力大小；γ_w 为水容重；f_x、f_y、f_z 分别为渗透体积力 f 在 x、y、z 方向的分力；θ_1、θ_2、θ_3 分别为 f_x、f_y、f_z 的夹角；J_x、J_y、J_z 分别为单元在 x、y、z 方向水力坡度。对于二维渗流问题，渗流体积力只取式（7-3-23）的一、三两项。采用有限元等数值方法对应力场进行计算时，可以将式（7-3-23）所表示的渗流产生的体积力转化为单元结点的外荷载而进行计算。

　　通过下面的式子可以将单元的渗透体积力转化为单元的等效结点荷载：

$$
\{F_s\} = \int_{\Omega} [N]^{\mathrm{T}} \left\{\begin{array}{c} f_x \\ f_y \\ f_z \end{array}\right\} \mathrm{d}x\mathrm{d}y\mathrm{d}z \tag{7-3-25}
$$

$$
\{\Delta F_s\} = \int_{\Omega} [N]^{\mathrm{T}} \left\{\begin{array}{c} \Delta f_x \\ \Delta f_y \\ \Delta f_z \end{array}\right\} \mathrm{d}x\mathrm{d}y\mathrm{d}z \tag{7-3-26}
$$

式中，$\{F_s\}$ 为由渗流体积力所引起的等效结点力；$\{\Delta F_s\}$ 为由渗流体积力增量引起的等效结点力增量；$[N]$ 为单元形函数。

　　B. 应力场对渗流场的影响

　　渗流场产生的渗流体积力作用于岩土介质，会使岩土介质应力场和位移场发生变化；岩土介质应力状态的变化将改变其渗流性质，即应力场和位移场的变化使得岩土介质的孔隙比、孔隙率发生变化。同时，由于多孔介质的渗透系数与其孔隙的分布关系密切，所以说岩土渗流性质的变化又将改变渗流分布规律，同时也改变其渗透力；应力场对渗流场的影响实质，是应力场改变了岩土介质中孔隙的分布状况，从而改变了岩土介质的渗透性特征。其渗透系数的计算如下：从达西定律的理论出发，水体的渗透系数用渗透率来表达：

$$
k = k_0\frac{\rho g}{\mu} = k_0\frac{\gamma_w}{\mu} = k_0\frac{g}{v} \tag{7-3-27}
$$

式中，k_0 为渗透率（L^2）；μ 为水的绝对黏度；v 为运动黏滞系数。

　　从式（7-3-27）可以知道，影响多孔岩土介质的渗透性能的因素主要有两个方面：一方面是土体的流体性质，包括流体的密度和黏度等；另一方面是土体的骨架性质。其中，

γ_w / μ 是流体的性质体现，土体骨架的性质体现在渗透率 k_0。影响土体骨架性能的指标主要包括以下几个方面：孔隙率、颗粒大小和性状、比表面、平均传导率等，其中，孔隙率影响最为显著。一般来说，土体的孔隙率越大，其渗透系数也越大。大量试验研究表明，土体等多孔介质的渗透率 k_0 或 k 表示为孔隙率 n 或孔隙比 e 的函数，具体如下。

（1）对于砂性土体，当其他条件相同情况下，渗透系数 k 和 $e^3/(1+e)$ 之间存在着线性关系；黏性土的渗透系数 k 和 $e^3/(1+e)$ 虽然不存在线性关系，但渗透系数的对数 $\log k$ 与孔隙比 e 之间存在线性关系。具体表达式：

$$e = \alpha + \beta \log k \qquad (7\text{-}3\text{-}28)$$

$$\alpha = 10k \qquad (7\text{-}3\text{-}29)$$

$$\beta = 0.01 I_p + \delta \qquad (7\text{-}3\text{-}30)$$

式中，α、β 为常数；I_p 为土体的塑性指数；δ 为与土体的类型有关的常数，其平均值一般取 0.05。

（2）砂性土的渗透率：

$$k_0 = C_2 D_{10}^{2.32} C_u^{0.6} \frac{n^3}{(1-n)^2} \qquad (7\text{-}3\text{-}31)$$

式中，C_2、C_u 分别为试验确定的常数、均匀系数；D_{10} 为有效粒径。

（3）正常固结黏性土的渗透率：

$$k_0 = C_3 \frac{n^m}{(1-n)^{m-1}} \qquad (7\text{-}3\text{-}32)$$

式中，C_3、m 均为试验常数。

（4）渗透系数随孔隙率变化的经验公式：

$$k = k_0 \left\{ \frac{n(1-n_0)}{n_0(1-n)} \right\}^3 \qquad (7\text{-}3\text{-}33)$$

式中，n_0、n 分别为土体初始的孔隙率、变化后的孔隙率；k_0、k 分别为与孔隙率相对应的渗透系数。

由于在计算过程中不考虑土颗粒的压缩和水体的密度变化，可以认为计算所得的体积应变完全是由孔隙体积变化引起的，发生体积应变后单元的孔隙率 n 为

$$n = 1 - \frac{1-n_0}{1+\varepsilon_v} \qquad (7\text{-}3\text{-}34)$$

当发生小的体积应变时，上式简化为

$$n = n_0 + \varepsilon_v \qquad (7\text{-}3\text{-}35)$$

计算时，根据应力场和位移场的计算结果，按上式计算新的孔隙率和孔隙比，以此对渗透系数进行调整，重新计算渗流场。另外，因体积应变是由应力场决定的，所以土体的渗透系数也可以表示为应力状态的函数，即

$$k = k(\sigma_{ij}) \qquad (7\text{-}3\text{-}36)$$

5）流固耦合场的有限元求解

从以上推导可以得出以位移增量和孔隙水压力增量为方程域变量的饱和-非饱和岩土

体耦合固结控制方程。总之，有限元分析的耦合方程是以平衡方程为本质方程的，也可写成以下矩阵形式：

$$[K]\{\Delta\delta\} + [L_d]\{\Delta u_w\} = \{\Delta F\} \tag{7-3-37}$$

$$\beta[L_r]\{\Delta\delta\} - \left(\frac{\Delta t}{\gamma_w}[K_t] + \omega[M_M]\right)\{\Delta u_w\} = \Delta t\left(\{Q\}|_{t+\Delta t} + \frac{1}{\gamma_w}[K_f]\{u_w\}|_t\right) \tag{7-3-38}$$

式（7-3-38）中：

$$\beta = \frac{E}{H}\frac{1}{(1-2v)} = \frac{3K_B}{H} \tag{7-3-39}$$

$$\omega = \frac{1}{R} - \frac{3\beta}{H} \tag{7-3-40}$$

$$[G]\{\Delta\Phi_n\} = \{\Delta F\} \tag{7-3-41}$$

式中，$[G]$可以称为广义刚度矩阵，表达式为

$$[G] = [KL_d] \tag{7-3-42}$$

式（7-3-41）中，$\{\Delta\Phi_n\}$可以称为第 n 步待求的位移增量、水头增量列阵，表达式为

$$\{\Delta\Phi_n\} = \begin{Bmatrix} \Delta\delta \\ \Delta u_w \end{Bmatrix} \tag{7-3-43}$$

式（7-3-42）中：

$$[K] = \sum[B]^T[D][B]$$

$$[L_d] = \sum[B]^T[D]\{m_n\}[N]$$

$$\{m_n\}^T = \begin{bmatrix} \dfrac{1}{H} & \dfrac{1}{H} & \dfrac{1}{H} & 0 \end{bmatrix}$$

$$[K_f] = \sum[B]^T[K_w][B]$$

$$[L_f] = \sum[N]^T\{m\}[B]$$

为使上式满足全饱和状态时的耦合方程，可以设定 $\beta = 1$，$\omega = 0$，而且$[L_d]^T = [L_f]$；$[B]$为应变矩阵；$[D]$为有效应力-应变本构矩阵；$[K]$为刚度矩阵。

由于应力场和渗流场存在空间上的差异性和时间上的非稳态性，进行耦合场有限元分析要比一般弹塑性有限元分析困难得多。在进行各矩阵计算的过程中，要区别饱和区和非饱和区，即要考虑单元与自由面的关系。如果单元位于水下，则要考虑地下水的渗流和静水压力等问题；如果单元位于水上，处于非饱和状态，则可认为单元内各点渗透流速为 0，不存在渗流力和静水压力。另外，在岩土体体积改变时，其体积改变量并不等于单元体中水量的改变量。

2. 排水工程效应的二维流固耦合分析

这里以八渡滑坡为例，探讨排水对滑坡的工程效应。

1）地下水稳态渗流场模拟

采用非饱和土体渗流分析软件 SEEP/W 中的稳态分析模式，模拟在年平均降水量影响下八渡滑坡内部地下水的自然渗流场。

A. 计算模型的建立

建立的 SEEP/W 模型如图 7-3-4 所示。建立模型长 700m，方向为滑坡滑动方向，模型高 370m。模型由上部堆积层滑坡体和下部基岩组成，在上部滑坡体和下部滑坡体的基覆界面附近（滑床内）分别设置两道横向排水隧洞，来模拟八渡滑坡防治工程中，地下排水隧洞排出地下水和抑制滑坡变形的效果。

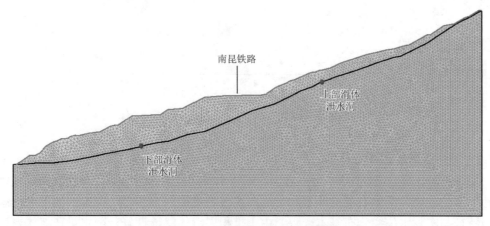

图 7-3-4　八渡滑坡有限元计算模型

B. 边界条件设置

由于八渡滑坡区多年平均降水量 1131.63～1217.17mm，换算后取 $3.8×10^{-8}$m/s 的单位降水量边界施加于八渡滑坡表面。滑坡前缘设置恒定水头和潜在渗流面的组合边界条件来模拟地下水的排出。

C. 参数设置

堆积层滑坡采用饱和-非饱和材料模型，模拟其稳态渗流场需设置渗透性函数。渗透性函数根据 van Genuchten 模型来拟合：通过输入实测的饱和渗透系数和拟合的土水特征曲线实现。土水特征曲线的拟合通过输入饱和含水量和 SEEP/W 提供的同类土样本实现。渗透性函数和土水特征曲线定义如图 7-3-5 和图 7-3-6 所示。

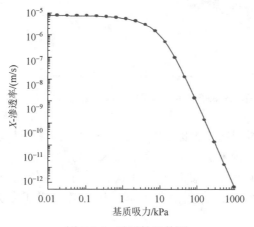

图 7-3-5　渗透性函数图

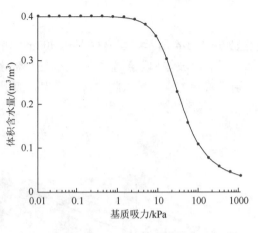

图 7-3-6　土水特征曲线

D. 地下水渗流场模拟结果

从渗流场计算结果图 7-3-7 可以看出，地下水浸润线基本沿着岩土界面展布，坡体前缘地下水位较高。滑体表层的非饱和带逐渐过渡为底层的饱和带，模拟的地下水浸润线分布特征与实际水位线分布基本一致。由于堆积层滑体渗透性好，降水量在坡体表层处于非饱和状态下便入渗至坡体底面岩土界面上。在达到稳态渗流场前，由于平缓岩土界面排水能力弱及下部基岩层渗透性很小，降水沿岩土界面逐渐汇聚成狭长饱和带，浸润线逐渐升高。当饱和带扩展至一定程度，地下水渗流量与降水量平衡时，最终形成稳定的渗流场。

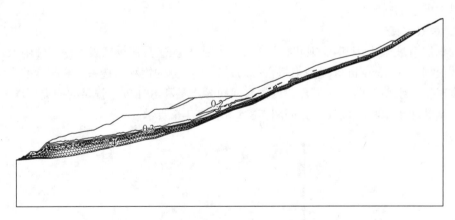

图 7-3-7　滑坡体含水量等值线、渗流速度矢量及地下水浸润线

从空隙水压力等值线图 7-3-8 可以看出，在地下水渗流场影响下，空隙水压力等值线基本沿着岩土界面展布，坡体前缘空隙水压力量值较高。孔压为 0 的等值线即为地下水浸润线，浸润线上土体呈非饱和状态，为负值的孔压表示基质吸力的存在；浸润线下土体呈饱和状态，孔压由负变正，基质吸力逐渐丧失，最大空隙水压力达 180kPa。

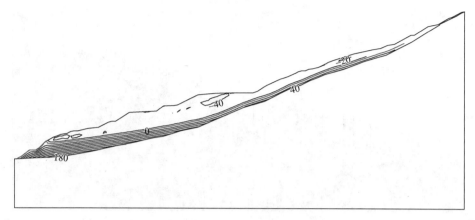

图 7-3-8　滑坡体空隙水压力等值线（单位：kPa）

2）地下水影响下八渡滑坡的稳定性分析

A. 地下水影响下堆积层滑体的非饱和强度特征

非饱和土强度采用 Fredlund 双变量强度理论，Fredlund 通过大量试验资料，认为非饱和土抗剪强度公式可以用独立的应力变量表达，如下：

$$\tau_{ff} = c' + (\sigma_f - \mu_a)\tan\phi' + (\mu_a - \mu_w)\tan\varphi^b \qquad (7\text{-}3\text{-}44)$$

在地下水浸润线以下的堆积层坡体，孔隙水压力 u_w 接近于孔隙气压力 u_a，基质吸力（$u_a - u_w$）趋近 0，即式中的基质吸力项消失，土体的抗剪强度也随之下降，从而变为饱和土的公式。因此，利用式（7-3-44）可分析出受地下水分布影响的堆积层滑体非饱和强度特征，地下水浸润线以上，滑体呈非饱和状态，其抗剪强度组成中包含基质吸力的贡献；浸润线下，基质吸力丧失，土体抗剪强度降低。基质吸力的分布特征导致了堆积层滑体由顶部往底部的抗剪强度的逐层弱化（图 7-3-9），最终表现为沿岩土界面分布的软弱土体。此时，堆积层滑体安全系数为 0.997，处于欠稳定的状态（图 7-3-10）。

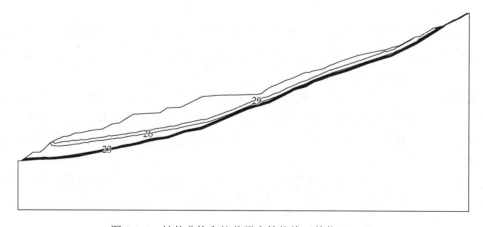

图 7-3-9　坡体非饱和抗剪强度等值线（单位：kPa）

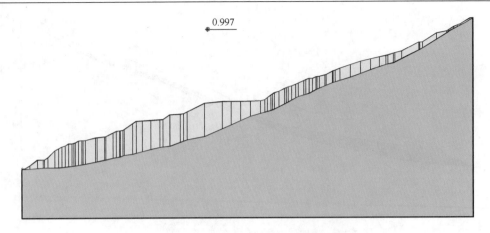

图 7-3-10　地下水影响下坡体安全系数

B. 地下水影响下堆积层滑体的应力变形

采用 SIGMA/W 的流固耦合（应力-孔压）分析模块来模拟堆积层滑体在地下水影响下的应力变形特征，计算参数渗透性函数和土水特征曲线，定义如图 7-3-5 和图 7-3-6 所示，力学模型采用莫尔-库仑弹塑性模型，计算参数如表 7-3-1 所示。

表 7-3-1　岩土体物理力学参数

名称	天然重度/(kN/m³)	有效内聚力 c'/kPa	有效内摩擦角 φ'/(°)	弹性模量/MPa	泊松比
滑体	21	18.2	19	15	0.3
砂岩	27	2000	35	2000	0.25

弹塑性模型中，基质吸力对土黏聚力的影响可以用下式表示：

$$c = c' + (\mu_a - \mu_w)\tan\varphi' \frac{\theta - \theta_r}{\theta_s - \theta_r} \tag{7-3-45}$$

式中，$(\mu_a - \mu_w)$ 为基质吸力，这里含水量函数本质上是用来分清吸力对强度贡献的，当含水量为残余含水量（$\theta = \theta_r$）时，吸力全部贡献给了强度；当含水量为饱和含水量（$\theta = \theta_s$）时，吸力对强度没有贡献。

从最大主应力、最小主应力图（图 7-3-11 和图 7-3-12）可以看出，岩土界面附近出现了明显的应力集中现象，表明滑体沿着岩土界面发生蠕滑变形。从最小主应力图可以看出滑体后缘存在一个拉应力分布区，拉应力最大可达200kPa，表明滑体后缘存在拉裂变形。

从剪应变增量图 7-3-13 可以看出，上部滑体和下部滑体分别存在贯通的剪应变增量集中带，表明堆积层滑体存在潜在分级滑动变形现象。

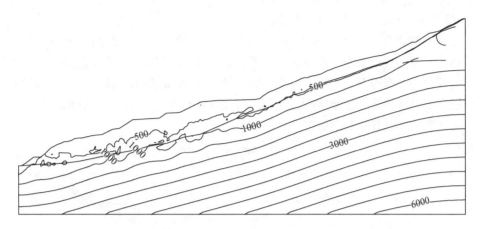

图 7-3-11　地下水影响下坡体最大主应力等值线（单位：kPa）

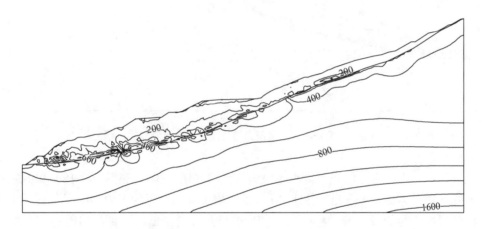

图 7-3-12　地下水影响下坡体最小主应力等值线（单位：kPa）

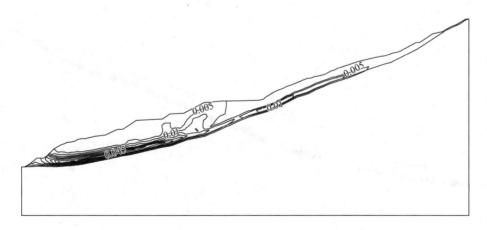

图 7-3-13　地下水影响下坡体剪应变增量等值线

3）排水措施作用下八渡滑坡的稳定性分析

A. 排水 40 天后八渡滑坡稳定性分析

从坡体空隙水压力等值线及地下水浸润线、非饱和抗剪强度等值线（图 7-3-14 和图 7-3-15）和坡体安全系数（图 7-3-16）看出，排水 40 天后，地下水浸润线有了明显下降，基质吸力分布范围有所扩展，最大基质吸力从–35kPa 变为–40kPa；滑体非饱和抗剪强度特征有了显著提升，最低抗剪强度等值线由 23kPa 上升为 26kPa；此时坡体安全系数上升为 1.053，处于暂时稳定状态。

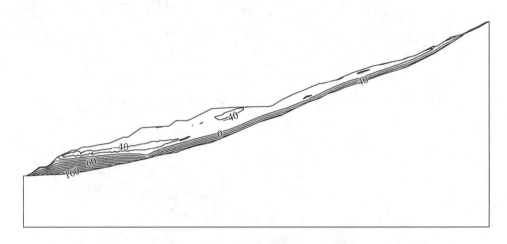

图 7-3-14　排水 40 天坡体空隙水压力等值线及地下水浸润线（单位：kPa）

从坡体最大主应力等值线、最小主应力等值线（图 7-3-17 和图 7-3-18）和剪应变增量等值线（图 7-3-19）可看出，排水 40 天后，岩土界面附近的应力集中现象有了明显衰弱，滑体后缘不再出现拉应力集中区；剪应变增量显著降低，下部滑体的剪应变增量集中带贯通范围有明显缩减。

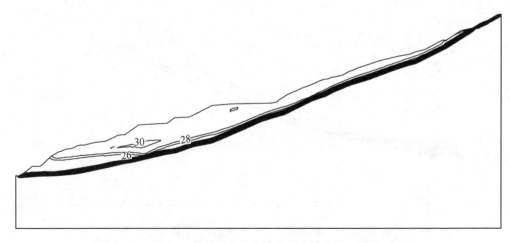

图 7-3-15　排水 40 天坡体非饱和抗剪强度等值线（单位：kPa）

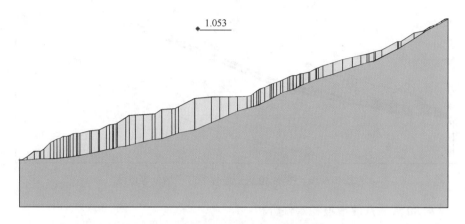

图 7-3-16　排水 40 天后坡体安全系数

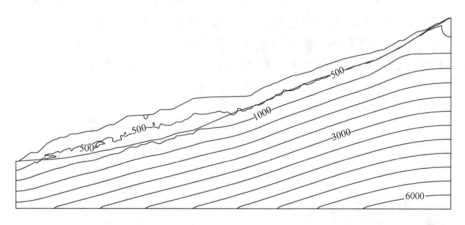

图 7-3-17　排水 40 天后坡体最大主应力等值线（单位：kPa）

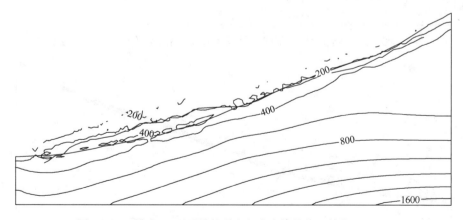

图 7-3-18　排水 40 天后坡体最小主应力等值线（单位：kPa）

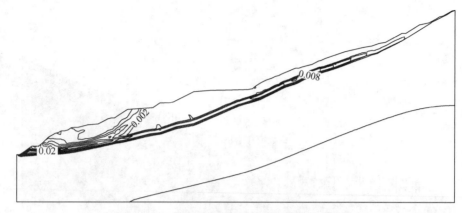

图 7-3-19　排水 40 天后坡体剪应变增量等值线

B. 排水 80 天后八渡滑坡稳定性分析

从坡体空隙水压力等值线及地下水浸润线、非饱和抗剪强度等值线（图 7-3-20 和图 7-3-21）和坡体安全系数（图 7-3-22）看出，排水 80 天后，地下水浸润线除滑体前缘外，都降低至岩土界面附近，最大空隙水压力由 160kPa 降低至 100kPa，基质吸力的分布范围进一步扩展；滑体非饱和抗剪强度特征有了进一步提升，最低抗剪强度等值线由 26kPa 上升为 28kPa；此时坡体安全系数上升为 1.142，处于稳定状态。

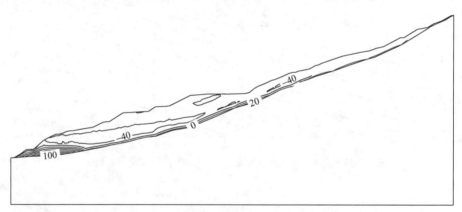

图 7-3-20　排水 80 天坡体空隙水压力等值线及地下水浸润线（单位：kPa）

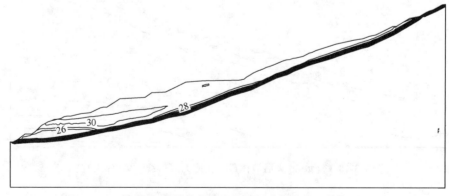

图 7-3-21　排水 80 天坡体非饱和抗剪强度等值线（单位：kPa）

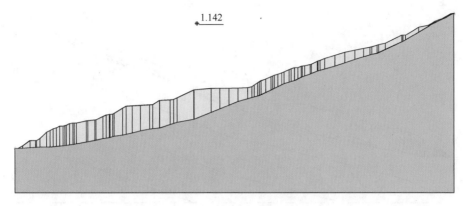

图 7-3-22　排水 80 天坡体安全系数

从坡体最大主应力等值线、最小主应力等值线（图 7-3-23 和图 7-3-24）和剪应变增量等值线（图 7-3-25）看出，排水 80 天后，岩土界面附近的应力集中现象基本消失，滑体后缘不再出现拉应力集中区；剪应变增量量值进一步降低，下部滑体的剪应变增量集中带已不存在贯通范围，仅在坡脚出现轻微集中。

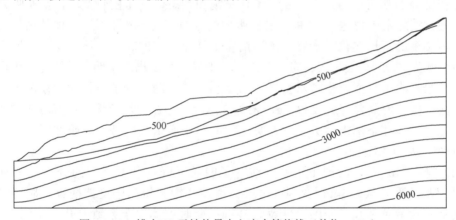

图 7-3-23　排水 80 天坡体最大主应力等值线（单位：kPa）

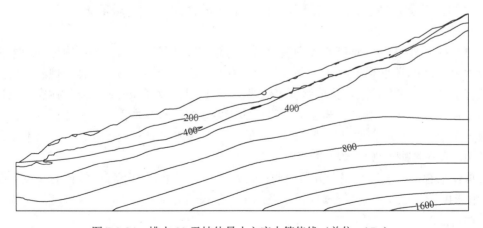

图 7-3-24　排水 80 天坡体最小主应力等值线（单位：kPa）

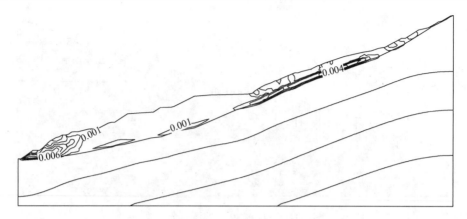

图 7-3-25　排水 80 天坡体剪应变增量等值线

4）排水工程效应总结

（1）在地下水渗流场影响下，空隙水压力等值线基本沿着岩土界面展布，坡体前缘空隙水压力量值较高。孔压为 0 的等值线即为地下水浸润线，浸润线上土体呈非饱和状态，存在部分的基质吸力；浸润线下土体呈饱和状态，孔压由负变正，基质吸力逐渐丧失，最大空隙水压力达 180kPa。基质吸力的分布特征导致了堆积层滑体由顶部往底部的抗剪强度的逐层弱化，最终表现为沿岩土界面分布的软弱土体。此时，堆积层滑体安全系数为 0.997，处于欠稳定的状态。岩土界面附近出现了明显的应力集中现象，表明滑体沿着岩土界面发生蠕滑变形。从最小主应力图可看出滑体后缘存在一个拉应力分布区，拉应力最大可达 200kPa，表明滑体后缘存在拉裂变形。从剪应变增量图可看出，上部滑体和下部滑体分别存在贯通的剪应变增量集中带，表明堆积层滑体存在分级滑动现象。

（2）排水 40 天后，地下水浸润线有了明显下降，基质吸力的分布范围有所扩展，最大基质吸力从–35kPa 变为–40kPa；滑体非饱和抗剪强度特征有了显著提升，最低抗剪强度等值线由 23kPa 上升为 26kPa；此时坡体安全系数上升为 1.053，处于暂时稳定状态。岩土界面附近的应力集中现象有了明显衰弱，滑体后缘不再出现拉应力集中区。剪应变增量量值显著降低，下部滑体的剪应变增量集中带贯通范围有了明显缩减。

（3）排水 80 天后，地下水浸润线除滑体前缘外，都降低至岩土界面附近，最大空隙水压力由 160kPa 降低至 100kPa，基质吸力的分布范围进一步扩展；滑体非饱和抗剪强度特征有了进一步提升，最低抗剪强度等值线由 26kPa 上升为 28kPa；此时坡体安全系数上升为 1.142，处于稳定状态。岩土界面附近的应力集中现象基本消失，滑体后缘不再出现拉应力集中区；剪应变增量量值进一步降低，下部滑体的剪应变增量集中带已不存在贯通范围，仅在坡脚出现轻微集中。

总体来看，二维流固耦合分析表明：在八渡上部滑坡体和下部滑坡体的基覆界面附近（滑床内）分别设置的两道横向排水隧洞工作效果良好，明显抑制了滑坡变形，提高了滑坡稳定性。

3. 排水工程效应的三维数值模拟分析

仍然以八渡滑坡为例开展研究。

1）模型建立

由于大气降水入渗，滑体内地下水量增加，而且补给源是长期的。为了改变滑体土的物理力学性质，降低降水在滑体内停留时间，采取了地下排水工程措施。地下排水工程原设计为盲沟排水，后改为泄水洞排水工程。泄水洞全长 843.93m，平行于线路方向，挡截滑床上地下水的称主泄水洞，垂直干线路方向引排地下水的称支泄水洞。泄水洞分别布设在上下两级滑体中，上洞洞径 4m，下洞洞径 5m。

通过对八渡滑坡典型剖面、方量和滑坡边界等影响滑坡的主要因素进行控制，对其三维模型进行地质体抽象概化，建立模型长 700m，宽 600m，前后缘高差 370m，根据实际情况在坡体内设置两道横向排水隧洞，采用 FLAC3D 中流固耦合模块，通过对比分析无排水隧道与设置排水隧洞两种工况，研究其三维排水的治理工程效果。

参数取值与上一小节"排水工程效应的二维流固耦合分析"相同。

2）无地下排水工况下滑坡数值模拟及结果分析

A. 无排水条件下渗流场中位移分析

地下水从滑体向滑坡前缘南盘江汇入，在滑体中形成渗流场（图7-3-26），在稳定流场中滑体的最大变形量为 1.6m，位于滑坡体前缘的主滑体上，铁路通过处的路堑边坡也有变形，变形量为 0.4~0.5m，通过位移分析八渡滑坡为牵引式滑坡。因此，在滑坡下部主滑体前缘和路堑边坡上应当施加支护措施，防止暴雨时滑坡在动水压力作用下产生大的变形破坏。

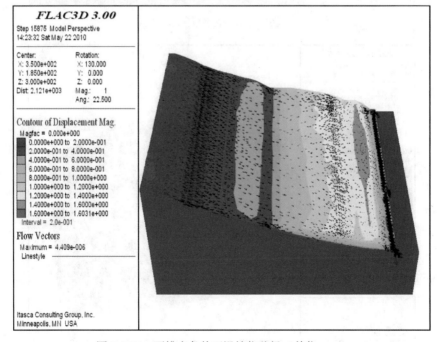

图 7-3-26　不排水条件下滑坡位移场（单位：m）

B. 渗流场分析

渗流矢量图（图7-3-27）看出，渗流从坡上向下流动中，在坡体的中心线上产生分流，向侧边流动，这是受地形变化的影响，在坡体两侧产生了两个低孔压区，坡体的渗流速度也随地形起伏变化，坡度陡的地方渗流速度明显增大，缓坡处流速变慢，流速变化剧烈处，也是坡体变形相对较大的区域，因此，对这些区域应当考虑使用盲沟或水平钻孔来消减动水压力对坡体稳定的影响。从孔隙水压力云图（图7-3-28）看出，坡体的孔隙水压力在$0 \sim -858.6$kPa。

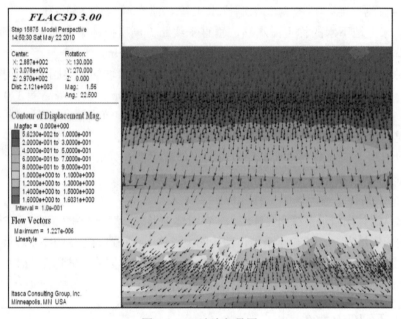

图 7-3-27　渗流矢量图

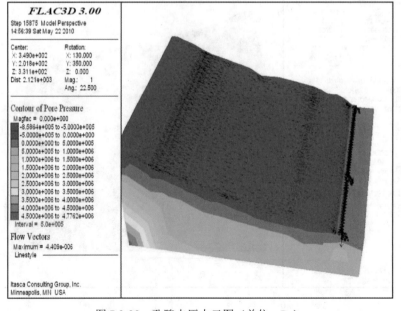

图 7-3-28　孔隙水压力云图（单位：Pa）

C. 剪切位移增量分析

没有排水隧洞情况下，滑坡的剪切位移贯通整个基覆界面（图 7-3-29 和图 7-3-30），前部主滑体剪切位移逐渐向基岩延伸，前缘剪出口滑面呈弧形，从南盘江江底剪出；南昆铁路左侧的次级滑体，其前缘为路堑边坡，路堑边坡的下部剪切位移也已向基岩延伸，并贯通边坡，需对路堑边坡进行加固和排水处理。下部深厚滑体最厚处 50m，除了排水外还需要进行支挡加固或削方处理。

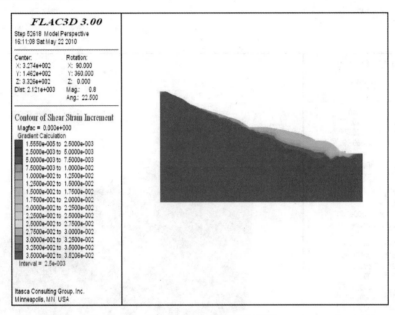

图 7-3-29　剪切应变增量云图

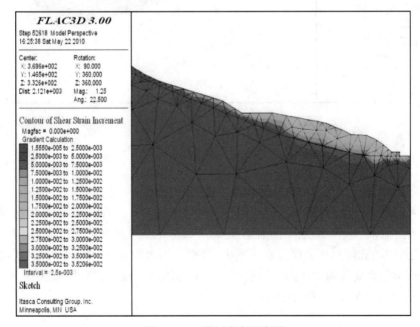

图 7-3-30　剪切应变深度图

　　3）有地下排水工况下滑坡数值模拟及结果分析

　　A. 有排水条件下渗流场中位移分析

　　在坡体中设置排水隧洞后，地下水向隧洞中排泄，使坡体最大位移由原来的 1.6m 降到 1.3m，上部路堑边坡的位移为 0.3～0.4m，比不排水工况减小 0.1～0.2m。由此可见，滑坡位移场主要由重力场引发，但是地下水是滑坡变形演化的重要因素；通过地下水的排导，滑坡的变形演化趋势得到有效遏制。排水隧洞在该滑坡治理中起到减滑和提高滑坡体安全裕度的作用（图 7-3-31）。

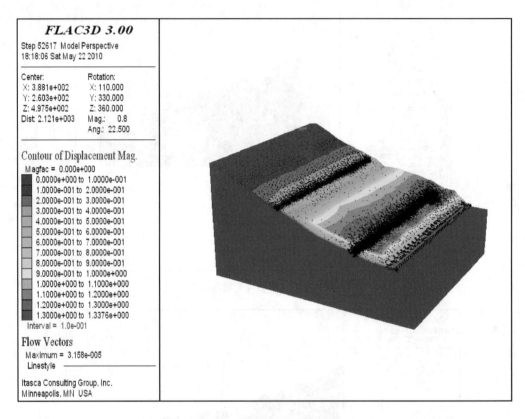

图 7-3-31　渗流场中滑坡位移图（单位：m）

　　B. 渗流场分析

　　排水隧洞布设后，地下水向隧洞排泄，从渗流矢量图（图 7-3-32）可以看出，一部分地下水汇入隧洞，一部分地下水越过隧洞顶部，流向坡下；在两个隧洞之间形成分水岭，一部分汇入上隧洞，一部分汇入下隧洞，还有一部分地下水越过两个排水隧洞汇入到南盘江中。滑坡体中的孔隙水压力比排水前减小，最小负压由原来的–800kPa 降到了–1000kPa。两条排水隧洞附近的孔隙水压力梯度明显高于其他区域（图 7-3-33），表明地下水在隧洞处得到排泄，孔隙水压力得到快速削减。

C. 剪切位移增量分析

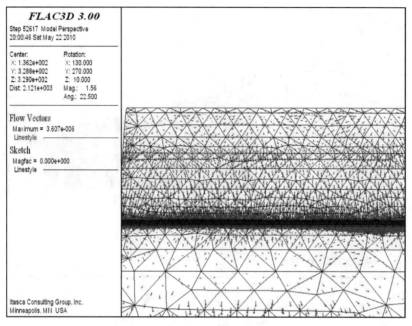

图 7-3-32　渗流矢量图

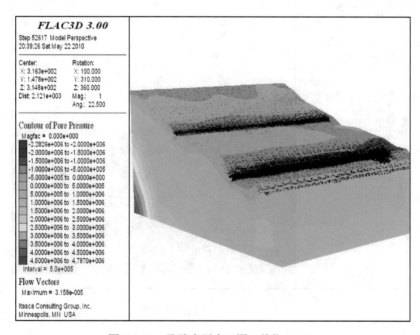

图 7-3-33　孔隙水压力云图（单位：Pa）

　　由剪切应变增量云图和剪切应变深度图（图7-3-34和图7-3-35）可以看出，在隧洞排水后，剪切位移的影响范围明显降低，只在滑坡体的前缘主滑体中有少量剪应变集中，上部次级滑体中无剪应变集中，由此表明滑坡的剪切变形通过排水隧洞的排水后，得到了很好的抑制。

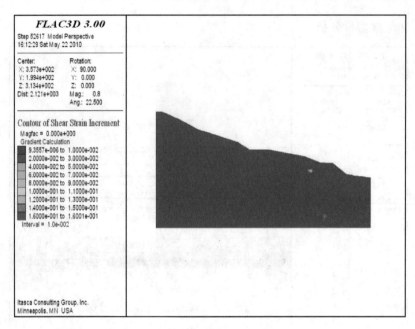

图 7-3-34　剪切应变增量云图

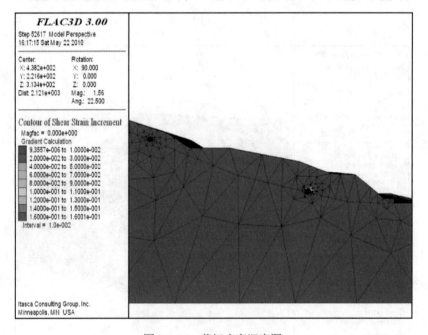

图 7-3-35　剪切应变深度图

7.3.4　小结

（1）巨型滑坡体内的地下水的分布和活动规律极其复杂多变，地下水往往具有其独特的运移规律。滑坡区地下水的赋存状态和活动特征往往在滑坡变形演化过程和稳定状态分析中扮演着非常重要的角色。

（2）地下水作为一种重要的地质营力，是一种赋存于摩擦面间的活动的润滑介质。地下水与滑坡岩土介质之间存在着复杂的相互作用，具体表现[19]：一方面地下水改变着岩土体的物理性质、化学性质及力学性质；另一方面岩土体也改变着地下水的物理性质、力学性质及化学组分。处于运移状态的滑坡体内地下水对岩土体产生三种作用，即物理作用（包括润滑作用、软化和渗透作用、结合水的强化作用等）、化学作用（包括离子交换、溶解作用、水化作用、水解作用、溶蚀作用、氧化还原作用、沉淀作用及泥化作用等）及力学作用（包括孔隙静水压力和孔隙动水压力作用等）。

（3）滑坡体地下水的力学作用类型可划分为静水压力效应、浮托力效应、渗透压力（或动水压力）效应、滑体充水增重效应和滑带土饱水软化效应。它们在滑坡体中通常不是独立存在的，往往是多种类型共同作用，只是在影响滑坡的稳定性计算上侧重点不一样。

（4）八渡滑坡设置排水工程前后的二维、三维流固耦合对比分析表明：对于巨型滑坡，对坡体内地下水和坡表水体的合理处治往往对其治理有着重大的意义。排水措施类型和布置往往对巨型滑坡治理工程效果影响巨大。

7.4　巨型滑坡机制与防治对策关系分析

7.4.1　滑面形态与防治对策关系分析

从滑面发育形态特征来看，可将巨型滑坡分为后陡前缓型（折线型）、缓长滑面型、顺层滑面型、多级滑面型、多剪出口型等多种滑面模式。下面分别针对各种滑面模式探讨防治工程对策。

1. 后陡前缓型（折线型）滑面的巨型滑坡

后陡前缓型（折线型）滑面的滑坡通常为填筑体滑坡、崩滑堆积体滑坡、岩质滑坡，其滑面单一，滑坡下滑推力的力源主要是坡体后部（图 7-4-1）。对于填筑体滑坡和崩滑堆积体滑坡，应通过在坡体前缘堆载反压和增设抗滑支挡结构，后部削方减载和增设锚索等进行治理，此外对于暴雨诱发的上述滑坡，还应增设地表和地下排水措施。对

图 7-4-1　上硬下软坡体结构折线型滑面突滑模式

于折线型滑面的岩质滑坡，其主要的坡体结构有两种：一种是具有上硬下软坡体结构特征的斜坡，随着底部软岩如泥岩、页岩等的不断蠕（流）变，上部硬岩体逐渐失去支撑，促使大体积的滑体容易沿单滑面发生突然滑动（图 7-4-1），如溪口滑坡、岩口滑坡、烂泥沟滑坡等；另一种是软岩，如泥岩、页岩、片岩、千枚岩等巨型斜坡体，由于反倾互层状岩体不断风化和重力蠕滑变形，形成"点头哈腰"式坡体结构（图 7-4-2），滑面沿着岩体弯折处不断发展延伸直至贯通，一旦变形坡体下滑力超过其抗滑力，大规模的滑坡活动就会启动，如榛子林老滑坡、狮子梁老滑坡等。上述两种

岩质滑坡的失稳破坏突然，破坏过程历时短，来势迅猛，不易察觉，工程勘察期间应尽量查明上述岩层或岩体结构组合类型，绕避这种巨型岩质滑坡，在无法绕避的情况下，对具有上硬下软坡体结构的巨型滑坡整治的重点要放在对下部软岩蠕动变形的控制上，对"点头哈腰"式坡体结构的巨型滑坡整治的重点则是坡体中后部"砍头"削方和锚固。

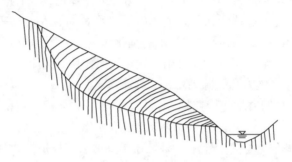

图 7-4-2　　"点头哈腰"式坡体结构折线型滑面突滑模式

2. 缓长滑面型的巨型滑坡

该类滑坡滑面后缘较陡，中前缘倾角较为平缓且滑面较长，滑面单一，阻滑段抗滑特征明显。此类滑坡主要在其前缘阻滑段设置抗滑桩或抗滑挡墙进行治理，如果是暴雨或水库蓄水诱发的此类滑坡，还应增设地表和地下排水措施。

3. 顺层滑面型的巨型滑坡

该类滑坡顺层面或软弱结构面滑动，主滑段为直线形，前缘抗滑段较小，阻滑特征不明显。此类滑坡主要是开挖、河水淘蚀坡脚和暴雨等诱发。此类滑坡的治理对策主要为"锚索锁腰"、"堆载压脚"和"抗滑桩固脚"；此类滑坡在工程开挖时，应施以必要的预加固工程，如果是暴雨诱发的滑坡，还应增设地表和地下排水措施。

4. 多级滑面型的巨型滑坡

该类滑坡的滑面由单一底滑面和多级似弧形拉裂面组合而成，由于整个滑坡不同区域滑体的变形大小和变形速度的不同，滑体分划出多个次级滑块，沿同一底滑面下滑，具有后退式多次滑动特点，常见的有崩滑堆积层滑坡、黄土滑坡、岩质滑坡等。特别是平缓层状的软硬岩互层斜坡在暴雨情况下，裂缝充水后，在高裂隙水头作用下，容易产生破坏性的突然滑动，滑动速度快，破坏过程历时短，也就是常说的暴雨平推式滑坡机制。此类滑坡治理应以地表、地下排水工程为主，辅以前缘抗滑支挡工程。此外，顺层岩质斜坡、含顺向软弱层斜坡由于铁路（公路）开挖、人工堆载、水库蓄水、河流淘蚀坡脚等容易引起多级滑面滑动。此类滑坡在工程开挖时，应施以必要的预加固工程，若发生滑动应采用多级抗滑支挡、堆载反压、辅以地表排水等措施。

另外，在某些滑坡体中发育了多个楔形体滑块，滑块沿着反倾滑动面错落下滑，如图 7-4-3 所示，整个滑体呈现出扩容趋势，滑坡体整体具有一向下滑动的底滑面，如曾家包包滑坡。此类滑体厚度大，总体治理难度大，可对局部破坏区域进行有针对性的治理，若具有下伏软弱岩层的蠕动导致滑坡的滑动，可对软弱岩层进行加固处理。

图 7-4-3　沿多级滑面扩离错落滑动模式

5. 多剪出口型的巨型滑坡

该类滑坡有两个及以上剪出口，属多级滑坡，一般采取分级抗滑支挡治理。根据滑面在纵向上的分布形式，又可分为多级直线型滑面（图 7-4-4）和多级台阶型滑面（图 7-4-5）。

1）多级直线型滑面的巨型滑坡

该类滑坡的滑面由上部滑面逐渐向下部延深发展，逐渐形成沿多个滑面滑动的巨型滑坡，此类滑坡通常是铁路（公路）开挖、人工堆载、水

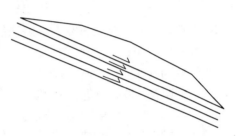

图 7-4-4　次递延深多滑面滑动型

库蓄水、河流淘蚀坡脚诱发的，常见的有岩质滑坡、崩滑堆积体滑坡，如美姑城南滑坡、螺丝冲滑坡、向家坡滑坡、三凯高速滑坡、韩城电厂滑坡、李家峡滑坡等；滑体中多个滑面主要沿顺层基岩面、原生结构面、软弱层、断层带等。此类滑坡治理中由于多个滑面的存在容易出现二次滑动的现象，使原来治理措施失效。通常建议采用多级锚索或桩锚结构稳定滑坡，以尽可能减少施工期间对坡体结构的扰动，并做好监测工作。另外，上述滑坡在工程开挖时应设置预加固工程以防止工程滑坡的发生。

2）多级台阶型滑面的巨型滑坡

该类滑坡各级滑块沿不同高程滑面滑动剪出，滑坡有多个剪出口，上下多级滑块之间存在超覆和牵引的相互作用，如图 7-4-5 所示，常见的有崩滑堆积层滑坡，或者老滑坡的复活，如八渡滑坡、张家坪滑坡、安龙滑坡、宝龙潮田 2 号滑坡等。此类滑坡治理可在多个剪出口位置进行抗滑支挡，即实施多级支挡，分解整个滑坡体的下滑推力。

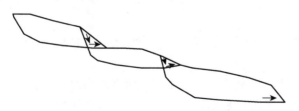

图 7-4-5　多级阶状滑块滑动型

7.4.2　滑坡形成机制与防治工程关系分析

1. 震动拉裂-剪切滑移型

这类滑坡由人类不可抗拒因素——地震力所引发,从防治角度而言,只能在勘测阶段尽量绕避高烈度地震带;在无法绕避情况下,只能尽量采取技术手段避免线路从潜在危险的高陡岩质边坡下部通过。

2. 滑移-拉裂-平推型

此类滑坡主要是低渗透性岩层堵水造成高裂隙静水压力和岩层底板的扬压力联合作用触发所致。这类滑坡产生与其特殊的坡体结构有关,滑带和滑床相对于滑坡体岩层要隔水和致密许多,导致突然增加的地下水一时无法排除,引发空隙水头通过裂缝对滑体产生推移和顶托作用。其治理要点可归结为"排水疏导 + 适当支挡",具体如下。

（1）调查滑坡区内地下水和地表水的补、径、排特点,依此特点排除地表水和地下水。

（2）找到堵水岩层,施作疏导工程,岩层缓倾坡外的滑坡体,可施作水平排水钻孔,水平岩层坡体,则利用集水井或排水廊道排除地下水。

（3）也可沿深大竖向裂隙面打孔排水,消减水头。

（4）若排水后,下滑仍继续且推力很大,可在前缘设置适当的支挡抗滑工程（如抗滑桩）来阻滑。

这种滑动机制下滑坡的典型治理实例有宣汉天台乡滑坡治理工程,通过勘察查明滑坡体隔水层所在位置,然后通过实施横向的排水廊道对坡体中圈闭的地下水进行疏通,由于滑坡体的滑动分段性,可以判断地下水体在坡体内聚集分区的特点,可以在坡体中前后分多级排水廊道进行排水,如图 7-4-6 所示。

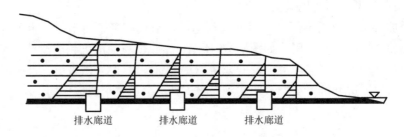

排水廊道　　　排水廊道　　　排水廊道

图 7-4-6　平推式滑坡与防治工程关系示意图

监测表明,实施地表排水和排水廊道后,排水效果显著,特别是雨季暴雨过后,排水廊道的排水流量大于平时正常流量,经过排水滑坡体在雨季没有产生滑动,说明排水廊道治理工程的适用性和有效性。

3. 滑移-拉裂-剪断型

发生该类破坏模式的巨型滑坡其坡体变形破坏具有分三段分期发育的特征，即下部沿近水平或缓倾坡外（内）结构面蠕滑、后缘拉裂、中部锁固段剪断。通常是坡体前缘有近水平状岩层，且软硬相间。变形破坏在时间上有阶段性、多期性特点，在空间上有传递性特点。根据这些特点，其变形破坏可依次划分成以下期段：

（1）坡体下缘滑移，后缘逐渐失去支撑，使坡体上部有滑动的空间，变形缓慢；

（2）前缘坡体已滑脱，中部坡体的岩层承重、变形，变形速度加快；

（3）中部的不断变形使上部岩体受牵引，拉裂，失稳，坐在中部锁固段上，变形加剧；

（4）上部裂缝不断加大、加深，中部的承重量不断增加；

（5）中部继续变形，并继续传递给上部，循环发展；

（6）中部达到强度极限，破坏，滑坡完成。

可根据滑坡的不同演化期来进行该类滑坡防治，即当滑坡处于第（1）期、第（2）期时，可进行主动治理，因为前期发现的变形迹象，主要是软岩的挤出或软硬相间岩层差异风化产生的移动空间所造成的，山体上部未动，可主治软岩，在下部确定软岩变形区，加固软岩。如若已发育至第（3）期后，上部拉裂缝出现，变形进入加速阶段。由于变形的高速性，主动治理已不可能，加上此类坡体上部陡峻，不宜施工，可进行变形监测，及时预警和科学有序组织人员撤离。

因此，这类巨型滑坡的治理原则为早，治理；晚，撤离。

4. 滑移-弯曲-剪断型

这类滑坡经历长期的演化而成，重力为其滑动主要驱动力，可在后缘进行适当的削方减载和多级锚固，降低后缘下滑力。前缘的剪出段虽可作为抗滑段施作抗滑桩，但其下部岩层受上部剪出带的牵引产生弯折变形、架空，不宜作为抗滑桩的锁固段。

若坡脚岩层处在弯曲鼓出阶段，还没有被剪断，此种情况下可考虑在弯曲段滑坡体注浆提高岩体结构完整性，并沿垂直岩层层面方向，向坡体内施作多级纵向相连的地梁锚索，锁固岩层，限制岩层弯曲外鼓。

上部顺层滑坡体为驱动段，滑面往往由软弱夹层组成，地下水渗流、汇聚于此，软化滑面，导致滑面抗剪强度降低。因此，可考虑在滑带下用排水隧洞疏干滑带地下水，提高滑带抗滑能力。

5. 倾倒-拉裂-剪断型

此类滑坡的形成往往要经历长期的演化过程，上部岩层经历长期倾倒扰动变形和风化，已类似松散覆盖层，有基岩向覆盖层演变的趋势，滑动趋势就沿此基覆界面产生。通常滑体较厚，滑面线曲折不平，防治工程可考虑锚索框架梁进行深部的锚固，而且反倾岩层有利于锚固的实施，达到有效遏制这种倾倒变形演化发展的效果。

倾倒变形演化也与上部岩体巨大自重有关系，工程条件许可时，可考虑顶部清方减载，减轻自重，削弱变形趋势。同时，辅以排水工程和注浆工程减轻滑体自重、提高潜在滑带强度。

由于滑体较厚，不宜采用抗滑桩，且由于可能衍生多级滑面，有可能导致抗滑支挡失效，使整根桩随岩层一起倾倒变形，不起抗滑作用。

6. 滑移-锁固-剪断型

工程勘查应格外注意这类坡体地质结构和岩层组合形式，坡体锁固段以下较为松散的地层不宜进行大型人类活动，若出现人工开挖等扰动，将降低锁固段的锁闭效应，加速坡体变形。

在坡体变形早期，即宜对坡体锁固段以下"软基"进行加固，可考虑采用注浆、抗滑支挡或锚固措施，延缓其受上部挤压的蠕变变形和锁固段的应力集中。对坡度相对较陡的坡体上部蠕滑段可考虑采取削方、锚固、排水等多种综合手段减少下滑推力。总之，治理既要首尾兼顾，延缓其变形发展，又要强调保护和加固中部锁固段。

在坡体变形中后期，应注意加强监测，开展应急治理或避让。

7. 分区蠕滑-拉裂-剪断型

这种滑坡类型指的是巨型滑坡体沿老滑坡不同区域复活后，形成若干个变形区，一部分区域变形破坏严重形成滑坡的主滑区，一部分变形小受主滑区牵引形成滑坡的变形影响区。这种分区蠕滑-拉裂-剪断型滑坡应采取分区治理方案。对其主滑区域采用强支挡加固，对其变形影响区采取较弱的支挡加固，做到滑坡防治主次分明，突出重点，快速高效阻止滑坡的不断滑动变形和破坏。滑坡分区与防治工程关系如图7-4-7所示。

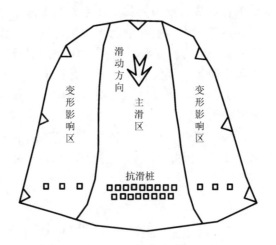

图 7-4-7　滑坡分区与防治工程关系

典型实例有二郎山榛子林滑坡治理工程，通过勘察查明榛子林滑坡是在原来老滑坡上局部复活而成的，榛子林滑坡分为主滑区和影响区两个滑动变形区域，其中滑坡的主要变形集中在主滑区，与主滑区相邻的影响区受主滑区的牵引影响产生变形，由此可以根据滑坡变形分区的特点对滑坡进行分区治理，在滑坡的主滑区使用抗滑桩对滑坡进行支挡，由于变形严重，变形量大于影响区，使用了两排锚索抗滑桩进行加强治理，在滑坡的影响区使用一排普通抗滑桩进行支挡治理，两区抗滑桩沿川藏公路外侧布置，相互连接，总体上成为一个整体的抗滑桩排支挡体系。

8. 分级蠕滑-拉裂-剪断型

该类型巨型滑坡体由多个发生"蠕滑-拉裂-剪断"变形破坏模式的多级滑块组合而成，每一级滑块都具有蠕滑拉裂变形破坏特征。此类巨型滑坡可以使用分级治理模式进行治理。多级滑块前缘发育多级剪出口，针对不同标高滑体剪出口，对每一级滑块进行抗滑处理，如图 7-4-8 所示，在每级剪出口实施抗滑措施，使巨型滑坡体被分而治之。

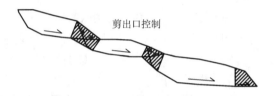

图 7-4-8　多级潜在剪出口及控制示意图

典型实例有南昆铁路八渡滑坡治理工程，该工程根据滑坡体多级复活滑动特点，实施了分级治理方案：首先，滑坡被划分为上、中、下三个次级滑块。其次，在每级滑块前缘剪出口处实施抗滑处理，由于下级块滑体厚，受上级块推挤，下滑推力大，在下级块实施一排锚索桩对下级块进行抗滑处理。然后，在中级块剪出口处也实施一排锚索桩，对中级块进行抗滑处理，稳定中级滑块和其上部八渡车站的稳定，在中级块前缘与下级块交汇处地表以下实施一条横向排水隧洞，疏干滑坡体内地下水，提高滑体和滑带土体的强度。最后，在滑坡上级块的前缘路堑边坡处进行锚索加固处理，由修筑铁路而形成的路堑边坡成为上级块剪出位置，在此处坡面进行多级锚索加固坡体，可有效防治上级滑体通过其陡倾坡面剪出破坏，比起抗滑桩此处锚索更有优势，在上级滑块的滑面处实施一条横向排水隧洞排除地下水，提高上级滑块的抗滑力。

由此可见，分级蠕滑-拉裂-剪断型滑坡治理应采取分级防治措施。分级后把巨大滑体推力分解在每一级块上，不但解决了原来单一滑体巨大推力无法治理的问题，而且消除了滑坡体沿多个剪出口剪出破坏的可能。

9. 蠕滑-锁固-溃滑型

这种模式既可以是土体滑坡的形成机制模式，又可以是复活机制模式。具有这类成因机制的斜坡在坡体内局部存在锁固效应，通常为以下两种情况之一：一是空间上具有"卡门"效应或"支撑拱"效应的土坡；二是坡体内已设置有抗滑措施的滑坡体或高填方坡体，但抗滑能力不够。

对这类滑坡治理的关键：①对锁固段以上段坡体的加固，可考虑采用抗滑支挡、锚固措施、截排水等综合措施，延缓其受重力影响蠕变变形进程，减小对锁固段挤压效应；②对锁固段的保护，可结合该段具体地质条件因地制宜采取相应的加固措施。

7.5　本　章　小　结

（1）通过对各类不同巨型滑坡防治工程的成功与失败典型案例的分析和总结，提炼出了相应的防治对策和工程治理经验。对南昆铁路八渡滑坡的滑动机制和成功治理的分析，揭示出分级蠕滑-拉裂-剪断机制的巨型滑坡，防治工程应采用上下多级支挡防治措施。对川藏公路榛子林滑坡的滑动机制和成功整治分析，揭示出分区蠕滑-拉裂-剪断机制的巨型滑坡，其整治工程应针对不同分区的变形阶段采用分区治理的方案与措施。对四川天台乡滑坡的滑坡机制和处治措施分析，揭示出滑移-拉裂-平推机制的巨型滑坡，其治理工程应采取地表排水＋地下排水＋前缘局部抗滑支挡（即疏挡结合治理）的措施。对攀枝花机场12#滑坡机制和治理措施分析，揭示出坡体中软弱层和地下水的致命控滑作用、多排抗滑桩设计中传统方法的不足及基于滑坡与抗滑桩相互作用分析的桩的力学行为，为巨型滑坡设计提供了可供参考的方法。

（2）从滑坡滑面形态角度，对后陡前缓型（折线型）滑面、缓长滑面型、顺层滑面型、多级滑面型、多剪出口型五种类型的巨型滑坡，提出了相应的防治对策和要点；针对6种巨型岩质滑坡的典型地质-力学模式和5种巨型土质滑坡的典型地质-力学模式特点，阐明了滑坡机制模式与防治工程的关系，指出了不同机制模式滑坡整治工程的要点。

参 考 文 献

[1]　孙德永. 南昆铁路八渡车站的滑坡与整治. 铁道工程学报，2005，（增刊）：320-325.

[2]　卿三惠. 南昆铁路八渡车站滑坡综合治理. 路基工程，2000，（1）：43-47.

[3]　李现宾. 南昆线八渡车站滑坡的整治. 岩土钻掘工程，1999，11（2）：81-84.

[4]　魏永幸. 南昆铁路八渡车站巨型滑坡整治工程设计. 昆明：内地与香港建筑发展、合作及开拓市场研讨会——斜坡安全与斜坡上建筑，2001：14-20.

[5]　沈军辉，王兰生，赵其华，等. 川藏公路二郎山隧道西引道地质灾害特征及整治. 公路交通科技，2002，19（2）：6-10.

[6]　范宣梅，许强，黄润秋，等. 四川宣汉天台特大滑坡的成因机理及排水工程措施研究. 成都理工大学学报（自然科学版），2006，33（5）：448-454.

[7]　黄润秋，赵松江，宋肖冰，等. 四川省宣汉县天台乡滑坡形成过程和机理分析. 水文地质工程地质，2005，（1）：13-15.

[8]　范宣梅. 平推式滑坡成因机制与防治对策研究. 成都：成都理工大学，2007.

[9]　徐峰. 西南地区典型巨型滑坡机制与防治工程的关系研究. 成都：成都理工大学，2010.

[10]　刘静. 基于桩土共同作用下的抗滑桩的计算与应用研究. 长沙：中南大学，2007.

[11]　刘慧明. 矿渣堆积型边坡滑动机理研究. 长春：吉林大学，2018.

[12]　廖小平. 滑坡地下水调查方法的探讨. 路基工程，1992，（6）：57-60.

[13]　王发读. 浅层堆积物滑坡特征及其与降雨的关系初探. 水文地质工程地质，1995，（1）：20-23.

[14]　李晓. 重庆地区的强降雨过程与地质灾害的相关分析. 中国地质灾害与防治学报，1995，6（3）：39-42.

[15]　韩同春，黄福明. 双层结构土质边坡降雨入渗过程及稳定性分析. 浙江大学学报（工学版），2012，46（1）：39-45.

[16]　柳源. 滑坡临界暴雨强度. 水文地质工程地质，1998，（3）：43-45.

[17] 陈伟, 莫海鸿, 陈乐求. 非饱和土边坡降雨入渗过程及最大入渗深度研究. 矿冶工程, 2009, 29 (6): 13-21.

[18] 胡冉, 陈益峰, 周创兵. 降雨入渗过程中土质边坡的固-液-气三相耦合分析. 中国科学, 2011, 41 (11): 1469-1482.

[19] 徐则民. 水岩化学作用对斜坡水文地质及滑坡的影响. 自然灾害学报, 2007, 16 (5): 17-23.

[20] 谭超. 地下水对滑坡的力学作用研究. 成都: 成都理工大学, 2009.

[21] 朱向东. 官家村滑坡的地下水作用机理及防治对策研究. 杭州: 浙江大学, 2007.

[22] 殷坤龙, 汪洋, 唐仲华. 降雨对滑坡的作用机理及动态模拟研究. 地质科技情报, 2002, 21 (1): 75-78.

[23] 戚国庆. 降雨诱发滑坡机理及其评价方法研究-非饱和土力学理论在降雨型滑坡研究中的应用. 成都: 成都理工大学, 2004.

[24] van Genuchten M. A closed-form equation for predicting the hydraulic conductivity of unsaturated soils. Soil Science Society of America Journal, 1980, 44 (5): 892-898.

[25] 王祥. 八渡滑坡渗流场特征及排水工程效应研究. 成都: 成都理工大学, 2013.

[26] Fredlund D G. Slope stability analysis in corporating the effect of soil suction. Slope Stability, 1987: 113-114.

[27] 汪斌. 库水作用下滑坡流固耦合作用及变形研究. 武汉: 中国地质大学, 2007.

[28] 孙红月, 尚岳全, 龚晓南. 工程措施影响滑坡地下水动态的数值模拟研究. 工程地质学报, 2004, 12 (4): 436-440.

[29] 孙红月, 吴红梅, 李焕强. 松散堆积土中的隔水层对边坡稳定性的影响. 浙江大学学报 (工学版), 2010, 44 (10): 2016-2020.

[30] 陈崇希, 成建梅. 关于滑坡防治中排水模式的思考-以长江三峡黄腊石滑坡为例. 地球科学-中国地质大学学报, 1998, 23 (6): 628-630.

[31] 罗先启, 李海岭, 葛修润, 等. 降雨条件下滑坡灾害及滑坡排水效果研究. 岩土力学, 2000, 21 (3): 231-234.

[32] 陈国金, 张陵, 张华庆, 等. 黄腊石滑坡地下排水效果分析. 中国地质灾害与防治学报, 1998, 9 (4): 53-60.

[33] 黄涛, 罗喜元, 邬强. 地表入渗环境下边坡稳定性的模型试验研究. 岩石力学与工程学报, 2004, 23 (16): 2671-2675.

[34] 俞伯汀, 孙红月, 尚岳全. 管网渗流系统对边坡剩余下滑推力影响的物理模拟研究. 岩石力学与工程学报, 2007, 26 (2): 331-337.

[35] 严绍军, 唐辉明, 项伟. 地下排水对滑坡稳定性影响动态研究. 岩土力学, 2008, 29 (6): 1639-1643.

[36] 杨文东. 降雨型滑坡特征及其稳定分析研究. 武汉: 武汉理工大学, 2006.

第8章　巨型滑坡防治对策及防治模式研究

巨型滑坡防治是一个还没有完全解决好的技术难题。本章将从巨型滑坡风险评估方法体系、巨型滑坡治理设计原则和巨型滑坡治理模式等方面阐述巨型滑坡防治的途径和技术方法。

8.1　巨型滑坡防治风险分析与风险评估

巨型滑坡，因其形成与演化机理复杂，且治理工程实施困难，其治理工程一直存在"设计难""评估难""决策难"的问题，存在因诸多不确定性而带来的风险。巨型滑坡，其规模大、滑体厚，治理工程难度大、周期长、投资大，且因巨型滑坡形成演化机制复杂，如对滑坡形成机制判别不准，可能出现治理工程的针对性不够，导致不必要的工程增加或者出现工程失效，造成工程报废，带来经济、工期、环保等的损失。

为防范风险，在巨型滑坡治理工程实施前，应进行滑坡治理风险评估。在对巨型滑坡形成演化机制全面、深刻认识的基础上，评估治理的必要性、可行性，评估治理工程的可靠性，根据风险评估结果和滑坡灾害可接受风险水平，采取适当的防治措施或方案，这将有利于巨型滑坡的科学防治，既安全又节省工程造价，以最小代价达到理想的治理效果。

本节将分析巨型滑坡防治面临的滑动风险、治理决策风险、治理工程风险，并以西南地区巨型滑坡为对象，从滑坡易损性、破坏效应、承灾概率等角度系统研究滑坡风险评估方法，建立巨型滑坡风险评估的方法体系和工作流程。

8.1.1　巨型滑坡防治面临的风险分析

巨型滑坡防治面临的风险，归纳起来包括3个层面：①滑坡滑动风险；②滑坡治理决策风险；③滑坡治理工程风险。

滑坡滑动风险，是指影响巨型滑坡稳定的因素多，科学评估滑坡滑动的可能性，以及滑坡滑动可能造成的损失十分重要，这是巨型滑坡防治决策的重要基础。

滑坡治理决策风险，包括滑坡治理工程的必要性、可行性和可靠性，以及滑坡治理工程失效可能造成的损失等。

滑坡治理工程风险，则主要指滑坡治理工程的设计风险、滑坡治理工程的施工风险，以及滑坡治理工程的实施效果未达到预期的风险。

滑坡治理工程的设计风险，包括勘察风险——因巨型滑坡的范围、规模、性质等未查明，防治工程设计依据不充分，防治工程针对性、有效性不强；设计风险——对巨型滑坡形成演化机制的判识有误，导致防治工程缺乏针对性，以及防治工程系统性不强，或工程可靠度不足，而导致防治工程有效性不足。

滑坡治理工程的施工风险，主要是巨型滑坡治理工程施工出现问题或事故，导致工程失效或造成工程报废。

滑坡治理工程的实施效果与预期不符，可能与滑坡形成演化机制分析及治理工程的勘察、设计、施工等多环节、多因素有关。巨型滑坡治理效果与预期不符的风险，属于系统性风险。防范系统性风险，必须从防范子系统风险入手。

滑坡治理工程的设计风险，应加强以下四个方面的工作：一是加强巨型滑坡勘察的前期工作，如空-天-地相结合的地质分析与判识，以把握巨型滑坡的整体特征，为勘察工作的合理布置提供充分依据。同时，应充分利用现代勘察和监测手段查明滑坡的演化机制、演化模式及控滑关键因子。还要加强勘察实施方案的评审，加强勘察资料的验收评审。二是加强巨型滑坡形成演化机制的分析，由于巨型滑坡范围广、滑体厚、体积大，加之滑床形态通常多样复杂，大部分滑坡都在平面上存在"分区"滑动，在滑动主轴断面上存在"分级"滑动的现象，要强化整体的数值模拟分析，防治工程要针对滑坡"分区""分级"特征，采取相应的分区、分级治理对策。三是加强治理工程系统性的、有效性的分析，针对巨型滑坡"分区""分级"治理，分析工程的有效性和系统性。四是加强治理工程的可靠性分析，既要保证单项工程的可靠性，又要保证巨型滑坡"分区""分级"治理工程的可靠性，更需要保证巨型滑坡防治工程整体的可靠性。

针对滑坡治理工程的施工风险，应加强施工工艺风险的辨识，要加强巨型滑坡"分区""分级"治理工程施工相互影响的分析，以及施工次序对滑坡稳定性的影响的分析。应加强滑坡施工环节的风险识别与控制，设置滑坡变形监测系统，加强变形监测信息的综合分析与应用，根据施工揭示的情况动态调整防治工程，确保施工安全和工程的有效性、可靠性。针对效果风险，除加强前述勘察设计施工风险的识别与控制外，还要加强滑坡施工环节的风险识别与控制，根据施工揭示的情况动态调整防治工程；要设置滑坡变形监测系统，加强变形监测信息的综合分析与应用。

8.1.2　滑坡风险评估现状概述

1. 几个基本概念

滑坡灾害的研究涉及两个重要的方面：一是滑坡灾害发生的可能性问题；二是人类自身、社会及环境等对象对滑坡灾害的抵御能力问题。滑坡的危险性是指特定范围内某种潜在滑坡灾害现象在一定时期内发生的概率；滑坡的易损性是指某种滑坡灾害现象以一定的强度（规模、速度、运动距离等）发生而对承灾体可能造成的损失程度；承灾体是指特定区域内受滑坡灾害威胁的各种对象，包括人口、财产、经济活动、公共设施、土地、资源、环境等；灾情是灾害所造成的人员伤亡、财产损失、资源毁坏，以及社会-经济系统失控等一系列社会-经济现象；风险强度是指在一定时期内，某承灾体所可能受到的某种滑坡灾害过程袭击而造成的损失程度；滑坡风险是指滑坡灾害过程中可能导致一系列后果，包括直接和间接经济损失、人员伤亡、环境破坏等的期望值。

2. 滑坡风险评估研究现状

滑坡风险评估的流程一般包括范围的确定、危险性分析、危害分析、风险计算四大步骤。滑坡风险评估是 4 个步骤逐步递进的分析计算过程。其中,危险性分析是基础,易损性评估计算是关键,风险损失评估是核心,相应的技术难点也主要集中在这 3 个层次。滑坡的危险性分析涉及滑坡在空间上的危险性分区和在时间上的预测。以下对滑坡风险评估的各个问题的研究现状进行阐述。

1)滑坡空间危险性研究

滑坡灾害空间危险性分区在国外早就得到研究与报道。Sheko[1]认为区域性滑坡灾害评估应被理解为空间位置、时间及运动方式的一种科学性评估,这种评估基于滑坡的分布规律及滑坡的发展状况。Hansen[2]较详细地回归了滑坡灾害分析的进展和研究成果,并从地貌学的观点,提出了针对区域性的滑坡灾害区划分析的有关方法。Einstein[3]对滑坡灾害的危险性评价进行了系统分析。Carrara 等[4]提出了用 Bayesian 方法进行滑坡灾害风险概率评估,提出了根据相关条件对滑坡灾害的可能性做出定量判断。Ragozin[5]从理论上研究了当前滑坡灾害及风险评估中的危险性、易损性和风险三个基本概念。滑坡灾害空间危险性分区在我国也得到了广泛的研究。殷坤龙和晏同珍[6]采用信息量模型和多元统计模型在我国陕南秦巴山区的变质岩地区开展了滑坡灾害空间预测。晏同珍等[7]提出了滑坡灾害空间评估的理论基础在于滑坡发生的工程地质条件的类比,认为滑坡灾害的空间分布具有丛集性规律,提出了易滑坡地层的概念。张梁和张业成[8]、柳源[9]提出了基于历史滑坡灾害发生特点的危险性指标评价方法。

当前,由于成灾机理研究水平和滑坡成灾的复杂性,难以在空间上建立滑坡发生与其影响因素间的定量关系或函数,开展区域滑坡空间概率分析计算的研究较多[10-15]。滑坡空间概率或敏感性可以用不同的方法和途径来分析计算,总体说来,这些方法归纳起来有 4 类:①基于滑坡编录的概率分析方法,Chau 等[16]在完备的滑坡数据库基础上,利用概率模型和经验修正系数综合分析了边坡失稳的概率;刘传正等[17]在长江三峡库区地质灾害空间评价中利用滑坡灾害的"发育度"和"潜势度"衡量了敏感性程度。②定性分析推理方法,主要包括层次分析法、网络分析法、模糊数学和专家系统。Neaupane 和 Piantanakulchai[18]将这些定性分析推理方法和 GIS 结合实现了滑坡敏感性制图。③利用相关数学模型(如检验模型、数理统计模型、信息模型、模糊判别模型、灰色模型、模式识别模型、非线性模型等)的半定量方法,近年来的研究热点在于这些方法与 GIS 技术的结合运用制图[10, 19-21]。④确定性模型方法,主要利用边坡稳定性计算的力学或以滑坡诱发机制为基础的物理力学算法或模型,常利用 GIS 软件为这些算法或模型准备数据,并表达模型计算结果。以上研究均运用了最新的 GIS 技术,也存在着一些不足:①将滑坡的影响和控制因素简化,缺少对滑坡机理和诱发机制的分析;②缺少对其所采用的模型或方法的质量评估,包括适用性、可靠性、敏感性和预测技术的客观定量分析;③评价结果的正确与否、判断标准和检验方法过于定性或片面。

2)滑坡风险评估研究

从 20 世纪 60 年代开始,一些滑坡多发国家,如美国、法国、意大利、日本及苏联(1991 年苏联解体)等,开展了滑坡灾害规律研究,认为滑坡灾害的防治必须与国土开发规划结合在一起考虑,其预测研究对策取得了一定的成效。近 20 年来,滑坡研究已由过去的单个滑坡的现象描述、分类治理发展到现在以定性、定量描述为基础的定量预测预报研究，但其作为灾害研究则是近十多年的事。70 年代以后，随着滑坡灾害破坏损失的急剧增加，人类把减灾工作提高到前所未有的程度。一些学者和发达国家首先拓宽了滑坡灾害研究领域，在继续深入研究滑坡灾害机理的同时，开始进行滑坡灾害评价研究工作。美国首先对加利福尼亚州的地震、滑坡等 10 种自然灾害进行了风险评价。Finlay 和 Fell[22] 对澳大利亚和香港的滑坡灾害进行了调查，并对土地开发原则、滑坡灾害的分类、滑坡灾害造成的生命财产损失可接受概率等进行了研究。Finlay 等[23]建立了基于滑坡灾害几何条件的预测滑坡灾害水平运动距离的多元回归模型。Conor 和 Royle[24]研究了滑坡承灾体城市居民的易损性，分析了滑坡致灾因子及其影响，并提出了相应的滑坡灾害风险管理措施。Dai 和 Lee[25]对滑坡灾害的危险性进行了研究，研究了降雨与滑坡灾害频率及其体积间的关系。Guzzetti 等[26]建立了意大利 1279～1999 年滑坡灾害导致生命死亡的数据库，对致命滑坡的发生频率及其致命率的评价进行了系统的研究。Uromeihy 和 Mahdavifar[27]用滑坡灾害分区图评价了滑坡灾害的潜在风险，考虑了各种致灾因子，用模糊集理论计算了各单元的潜在危害性指标值，以此来绘制滑坡灾害分区图。Carrara 和 Guzzetti[28]用 GIS 研究了滑坡灾害分布图。Rautela 和 Lakhera[29]利用 GIS 和遥感技术对印度的 Giri 和 Tons 河流域的滑坡灾害进行了风险评价研究。Temesgen 等[30]利用 GIS 和遥感技术研究了滑坡灾害与致灾因子之间的统计关系，并用风险系数值[0，1]来评价滑坡灾害风险。

　　我国近年来在地质灾害领域的风险评价研究开始兴起，20 世纪 80 年代以前，地质灾害研究主要局限于对灾害分布规律、形成机理、趋势预测等方面的分析。80 年代以后，地质灾害研究开始突破传统的研究模式，研究水平不断提高，研究内容日益丰富，开始向新的独立学科发展，随之，灾害风险评价开始起步。刘希林[31]、苏经宇等[32]提出了判别泥石流危险性分布的标志和方法。张业成和张梁[33]初步论证了地质灾害的属性特征和风险评价的经济分析方法。张业成和郑学信[34]以灾害度为指标，评价了中国地质灾害危险分布特征，还对云南省昆明市东川区泥石流灾害进行了风险分析。刘玉恒等[35]建立了土坝滑坡灾害风险计算模型，采用蒙特卡罗法计算了某水库土坝滑坡风险。张志龙等[36]以川藏公路二郎山隧道西出口的和平沟滑坡灾害为研究对象，对滑坡灾害的可能失稳规模、方式及其危害性进行了研究。朱良峰等[37]研究开发了基于 GIS 的区域地质灾害风险分析系统，对全国范围的滑坡灾害进行了危险性分析、易损性分析和最终的风险评价。

　　近 10 年来国内外滑坡灾害风险评价受到越来越广泛的重视，研究内容越来越广泛，研究方法越来越丰富。研究内容主要涉及滑坡灾害的危险性评价、滑坡灾害承灾体的易损性评价、确定滑坡灾害的可接受风险水平、滑坡灾害破坏损失评价、滑坡灾害防治工程评价及滑坡灾害风险管理等。还存在许多需要解决的问题：①对巨型滑坡及巨型滑坡产生的次生灾害的风险评价问题涉及较少；②滑坡灾害破坏损失评价只考虑了直接经济损失，对滑坡灾害间接经济损失评价方法的研究报道还较少；③对滑坡由暴雨产生的风险评价较多，而对由强烈地震产生滑坡的风险评价较少；④对工程滑坡灾害风险评价研究较少；⑤没有规范涉及可接受的滑坡灾害风险水平值。总之，在滑坡灾害风险评价这一领域的研究还远不成熟，滑坡灾害风险评价理论方法还没建立起来，国内在这一领域的研究尤其薄弱，有的是刚起步，而有的是还未开展相关的研究工作。

8.1.3　巨型滑坡风险分析思路及要点

1. 巨型滑坡风险分析思路

在大量收集和整理前人对滑坡风险评估的研究资料基础上，结合当前既有巨型滑坡的防治、评价工作展开西南地区巨型滑坡风险评估的研究。以滑坡危险性分析为基础，突出时间和空间概率、暴雨和地震诱发因素的研究；以易损性评估为关键，系统分析滑坡灾害易损性的构成、评价内容与方法，滑坡灾害承灾体类型及受害方式，滑坡灾害承灾体价值和承灾体损毁等级划分[38]；以风险评价为核心，从总体上分析危险性概率、易损性概率和损失的情况，得出风险评价可接受的风险水平指标和限值。采用原型调研和室内分析相结合、层次分析和系统评价相结合的思路，通过对典型滑坡的资料收集、机制研究、敏感性分析、易损性分析和风险评估，运用地质学、土力学、概率论、层次分析方法、经济评价原理对西南地区巨型滑坡的风险评估进行研究，具体的研究方案和技术路线说明如下。

1）西南地区巨型滑坡数据库的建立

全面收集国内外巨型滑坡风险评价的资料，并建立数据库，通过对比分析和相关分析，从国内外不同的巨型滑坡风险评价中，研究巨型滑坡的形成机制、诱发因素、承灾体类型及受灾方式和可接受的风险评价水平。

（1）建立国内外巨型滑坡数据库，特别是西南地区巨型滑坡的数据库。

（2）通过数据库，进行滑坡各诱发因素和滑坡危险性的数理统计模型。

2）西南地区巨型滑坡危险性研究

通过历史资料分析和现场调研的手段，分析西南地区巨型滑坡危险性的影响因素，找出其主要诱发因素和主要控制因素，建立各因素与滑坡危险性概率的相关关系模型。

（1）对典型巨型滑坡（以攀枝花机场 12 号滑坡、西藏拉月滑坡为本项研究的典型实例）进行现场调研，分析典型巨型滑坡危险性的影响因素，包括对滑坡现场的地形地貌、工程地质、水文地质、暴雨分布和地震因素的调研。用地质勘察的方法获得典型滑坡的地质条件；通过物理实验的方法获得滑坡的力学参数；通过历史资料获得当地的水文和暴雨分布数据；通过现场调查和历史资料获得典型滑坡主控因素的数据。

（2）通过数值模拟的方法对典型滑坡的稳定性（即危险性）进行计算分析。根据研究需要改变不同的影响因素来计算滑坡的稳定性，找出各种因素与滑坡稳定性的相关关系。

（3）通过层次分析法和模糊评价法找出西南地区巨型滑坡的主要诱发因素和主要控制因素，并分析各因素对滑坡危险性概率影响的权重。

（4）建立暴雨诱发因素（暴雨的分布、频次、持续时间、强度）和滑坡危险性概率的关系模型。

（5）建立地震诱发因素（震级、烈度和震中距）和滑坡危险性概率的关系模型。

3）西南地区巨型滑坡易损性研究

系统地分析西南地区巨型滑坡灾害易损性构成、评价内容与方法、滑坡灾害承灾体类型及受害方式、滑坡灾害承灾体价值和承灾体损毁等级划分及价值损失率的确定。同时，考虑滑坡灾害直接经济损失和滑坡灾害间接经济损失、滑坡灾害所造成的直接灾害损失和滑坡灾害破坏所引起的次生灾害损失[38, 39]，进行西南地区典型巨型滑坡易损性研究和区域滑坡易损性研究。

（1）对典型巨型滑坡易损性进行现场调研，对其致灾体的特性（岩石物理力学性质、断裂密度、地形坡度、暴雨强度、地震震级）和承灾体（人口密度、建筑资产密度、土地类型及总价值密度）进行调研，分析滑坡灾害的承灾敏感度，以不同承灾体的破坏率、损失率及单位时间、单位面积的损失强度来评价典型巨型滑坡的易损性[38-40]。

（2）区域滑坡易损性分析，区域评价使用基础信息和非量化的相对指标，对其致灾体（岩石类型、新构造活动程度、地貌类型、气候类型）和承灾体（社会经济指标）进行社会调查统计，最后得出区域滑坡的易损性。

（3）巨型滑坡灾害的直接损失和间接损失的研究。直接损失采用成本价值及修复成本价值损失核算、收益损失核算和成本-收益价值损失核算的方法进行计算[41]；间接损失采用投入产出法进行计算。上述计算方法在滑坡灾害的易损性评价中采用的还不多，本项研究将在探索中前进，争取形成一套成熟的计算方法。

（4）巨型滑坡灾害的原生灾害损失和次生灾害损失的研究，可应用系统可靠性分析技术来研究滑坡引发的次生灾害破坏损失。

4）西南地区巨型滑坡风险性研究

风险评估水平指标研究，分三个方面：滑坡危险性指标，即滑坡滑动的概率；滑坡易损性指标，人员伤亡采用 F（滑坡概率）-N（人员伤亡）准则，经济损失采用损益比；滑坡治理前后的风险水平，采用治理投入和风险度之比。遵从个体到区域，先个性再共性的研究思路。先在个体实例（以攀枝花机场 12 号滑坡、西藏拉月滑坡为研究的典型实例）中研究以上各个指标，再在整个区域中研究各个指标的规律性，最终得出西南地区巨型滑坡风险水平指标和指标限值。

（1）对典型巨型滑坡易损性进行风险性评价，采用模糊评价、灰色聚类评价和多元多极评价的方法对典型滑坡的风险进行评价，并对 3 种方法进行对比。

（2）致灾体危险性指标和承灾体灾害损失率的研究，结合前面的研究提出典型滑坡致灾体危险性指标和承灾体损失率的概率。

（3）通过典型巨型滑坡结合统计数据和相关分析数据建立西南地区巨型滑坡易损性综合评价体系和评价方法。

（4）利用概率分析法、后果分析法和方案分析法对西南地区典型巨型滑坡的风险性进行定量分析计算，确定滑坡可接受的风险水平及其限值。利用统计和社会调查的方法把典型滑坡的风险水平指标修正运用到区域滑坡。

（5）对典型滑坡进行治理前后的风险性评价对比。

西南地区巨型滑坡风险评价的技术路线见图 8-1-1。

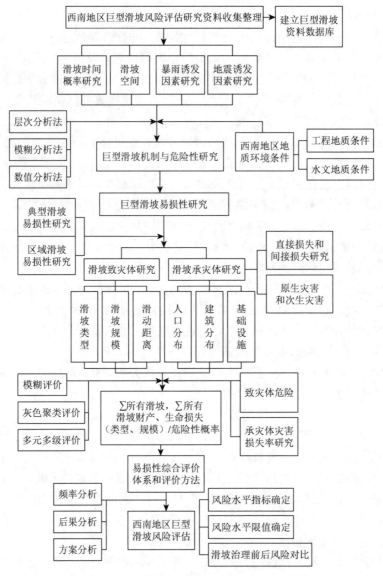

图 8-1-1　西南地区巨型滑坡风险评价的技术路线

2. 巨型滑坡危险性分析要点

1）滑坡调查

滑坡的危险性与滑坡体的特征、滑坡变形活动特征和滑坡成因息息相关。滑坡体特征的调查主要包括形态、规模、边界、岩体结构、岩性组成、滑坡数量及物质成分、滑动面特征及其与其他结构面的关系、地下水活动与赋存情况。滑坡变形活动特征的调查主要包括变形活动现状、变形活动阶段、滑动方向与滑动距离、滑动的方式与力学机制、稳定现状及发展趋势等方面。而滑坡成因主要包括自然与人类工程经济活动对滑坡形成与演化的影响。

2）稳定性分析

斜坡的稳定分析一直是岩土工程的一个重要研究内容。斜坡稳定性分析的一般流程为实际斜坡-力学模型-数学模型-计算方法-结论。其核心内容是力学模型、数学模型和计算方法的研究。不同的斜坡工程常赋存于不同的工程地质环境中，不同的斜坡稳定性分析方法又各具特点，有一定的使用条件[39]。因而，应当根据具体斜坡的工程地质条件，合理有效地选用与之较为匹配的稳定性分析方法，一般来讲，定性分析结合定量分析即可有效地解决工程问题。

3）滑动特征分析

滑坡的滑动特征可以分为坠落、倾覆、滑动、扩散与流动，这种分类同时考虑了滑坡运动时的物质性状（脆性或塑性）、运动速度及运动距离。不同的运动方式是对岩土体不同破坏机制的反应，在开展滑坡危险性评价时，不仅需要滑坡编录信息，更需要滑坡滑动特征信息[42]。

其中，滑动速度的判断主要通过地质地貌记录信息、数值模拟计算与滑动距离进行反演，影响滑动速度的是滑坡破坏机制。滑坡滑动距离的计算公式主要有地貌法、几何法和体积改变法[43]。

野外调查分析和影像解译是地貌分析确定滑坡滑动距离的主要手段，估计古滑坡和新滑坡的堆积范围是确定潜在滑坡活动距离的基础。地貌学方法是纯经验的、主观的，其结果不适用于别的地方，边界值往往是通过滑坡堆积体的边界来确定[42]。地貌方法不能给出关于发生机理的线索，此外，引发已有滑坡的斜坡几何形状和环境因素已经发生了变化，因此在一个区域得到的结果不能轻易地用于别的地方。由于危险性评价一般不需要精确到米以内的高精度，目前使用的都是经验公式，是在结合了观测数据、滑坡特征、滑坡滑移轨迹及对滑坡体滑移距离之间的关系分析的基础上建立起来的，滑坡数据资料的收集有助于进行简单的统计分析[42,44]。

滑动速度的确定取决于滑坡的滑动机制，各种方法都遵循能量守恒定律与动能定理[42]，分析方法意在用动态的固体和流体力学原理来模拟滑坡，大多数模型用数值方法来求解。

4）失稳概率分析

计算滑坡发生概率的方法有很多种：①利用研究区或相似的（地质、地貌特征）地区以往的数据资料；②基于边坡稳定性分级系统得出的相关经验方法；③运用地貌学证据加上以往数据或根据专家的判断；④将频率与诱发事件（降水、地震等）的强度联系起来；⑤参考概念模型，如利用故障树法，根据专家的判断直接评估；⑥模拟主要变量，如孔隙水压力与诱发因素的关系并耦合各种级别的形态和剪切强度；⑦应用概率论方法，考虑边坡形态、剪切强度、破坏机制和孔隙水压力。既可以用可靠性分析，又可以用破坏频率等方法。可根据实际情况选取一种方法或多种方法联合运用[42,45]。

滑坡发生概率一般可根据以下4种情况给定：①研究区内具备一定特征的滑坡在一年内发生的数量；②在给定年限内一定特征的边坡可能发生滑动的概率；③下滑力超过抗滑力的概率或可能性，在分析中，通过考虑超出临界孔隙水压力的年概率来决定滑坡风险发生的频率；④考虑极端降水量、强震、人工切坡对特定滑坡发生频率的影响和控制作用[42,45]。

3. 巨型滑坡易损性分析要点

1）滑坡灾害易损性构成[42,45]

在承灾体条件中，影响成灾结果的直接要素是评价区（或滑坡灾害危害范围内）承灾体的种类、数量、不同承灾体对灾害的承灾能力和可能损毁程度，以及灾后的可恢复性。在同等滑坡灾害规模条件下，承灾体的数量越多，承灾体对灾害的抗御能力和可恢复性越差，灾害造成的破坏损失越严重。易损性所要表征的正是这些对成灾结果具有直接影响的承灾体特征。上述承灾体特征都是对一定社会经济条件的反映。在滑坡灾害评价中，有的承灾体特征要素可以通过专门调查统计直接获得，有的承灾体特征要素则无法进行调查统计。特别在大范围的区域灾害评价中，主要的要素指标只能根据社会经济统计指标间接地进行分析核算。因此，评价区的社会经济条件是易损性的背景要素。通过以上分析可知，社会经济易损性由社会经济条件和承灾体直接条件两方面基本要素构成。反映社会经济条件的背景要素主要包括人口分布、城镇布局、土地资源分布、水资源分布、交通设施分布、大型企业分布、产值分布等；反映承灾体条件的直接要素主要包括承灾体类型、数量、价值、遭受不同强度灾害危害时的损毁程度与价值损失率。

2）易损性评价的主要内容及方法[38]

滑坡灾害易损性评价的基本目标是获取各方面易损性要素参数，为破坏损失评价提供基础资料，根据易损性构成，滑坡灾害易损性评价的内容主要包括：

（1）划分受灾体类型；

（2）调查统计各类受灾体数量及分布情况；

（3）核算受灾体价值；

（4）分析各种受灾体遭受滑坡灾害危害时的破坏程度及其价值损失率。

在点评估或较小范围的面评估中，获取这些要素的基本方法是专门性勘查，即通过全面调查，统计受灾体数量，按照资产评估方法核算受灾体价值，并根据受灾体分布情况绘制受灾体类型分布图和受灾体价值分布图；根据历史资料统计、实地观测和模拟试验等方法，确定受灾体破坏程度，建立不同类型受灾体与滑坡灾害的相关关系，确定受灾体损失率。

在区域评估和范围较大、社会经济条件比较复杂的面评估中，无法对受灾体进行全面调查，此时首先进行易损性区划，在此基础上，通过对不同等级易损区的典型抽样调查，确定易损性的直接要素。

3）滑坡灾害破坏效应[38]

分析滑坡灾害破坏效应，是界定承灾体范围、划分承灾体类型、分析承灾体易损性的基础。不同滑坡的破坏效应不尽相同，归纳起来主要有以下几个方面：①威胁人的生命安全，造成人员伤亡。与地震、洪水等自然灾害相比，滑坡灾害虽然对人的生命安全的威胁程度比较低，但滑坡灾害突发性强，常会造成一定程度的人员伤亡。②破坏城镇、市政及房屋等工程设施。滑坡灾害有时会对山区城镇、企业造成毁灭性破坏。滑坡灾害还可能破坏交通设施、生命线工程、水利工程等，因此，滑坡灾害不但造成直接经济损失，而且有时会造成严重的间接损失。③破坏土地资源及室内财产。滑坡灾害可使耕地被冲毁、淤埋、陷落积水，导致耕地难以耕种。除这种直接破坏作用，滑坡灾害活动还降低了土地开发利用价值，特别是在城镇和经济开发区，受滑坡灾害威胁的土地不适宜商贸、住宅等开发项目，其价值明显低于无灾害威胁地区。滑坡灾害可冲毁、淤埋各种室内物品和物资，造成一定程度的损失。由于滑坡灾害承灾体较繁杂，在滑坡灾害风险评价中，不可能逐一核算它们的价值损失，只能将承灾体划分为若干类型，然后分类进行统计分析，这样才能获得滑坡灾害评价所需要的易损性参数。划分滑坡灾害承灾体类型的依据和原则主要为根据滑坡灾害破坏效应，界定承灾体范围；充分考虑不同承灾体的共性和个性特征，同类型承灾体的性能、功能、破坏方式及价值属性和核算方法基本相同或相似。根据上述原则，可将滑坡灾害承灾体大致划分为 17 类，见表 8-1-1。

表 8-1-1　承载体类型划分[38]

序号	滑坡灾害类型		主要承灾体	计量单位	主要受害方式
1	人		常住人口、流动人口	人	死亡、重伤、轻伤、失踪、无家可归
2	禽畜和养殖品		牛、羊、马、猪、鸡、鸭、兔、鱼等	头、只、匹等	死亡、流失
3	农作物	粮食作物	小麦、水稻、玉米等	hm²、株	摧毁、掩埋
		经济作物	棉花、烟草、甘蔗、水果		
		油料作物	大豆、花生、油菜等		
		其他作物	蔬菜、瓜果等		
4	林木	一般林木	防护林、经济林、稀有古树	hm²、株	摧毁、倒折、掩埋
		珍稀林木	专门保护的稀有古树等		
5	草地	天然草地	草原、草场等	hm²	摧毁、掩埋
		人工草地	城镇绿地、苗圃		
6	耕地		农用地、园地、菜地等	hm²	摧毁、掩埋
7	房屋	钢结构	饭店、商场、厂房等	m²、间	变形、开裂、掩埋
		钢混结构	住宅、办公楼、厂房等		
		砖结构	住宅、商用楼、厂房等		
		简易房屋	住宅、棚圈等		
8	生命线工程	供水系统	水厂、管线、泵站等	m、个、座、处	变形、开裂、掩埋、泄漏
		供电系统	电厂、线路、变电站等		
		供气系统	气厂、管线、储气站等		
		供热系统	厂（站）、管线、泵房等		
		通信系统	发射接收站、线路等		
9	水利工程设施		水库、大坝、水电站、堤防、水闸、渠道、渡槽、机井等	座、m、眼	开裂、变形、垮塌、掩埋
10	铁路设施		路基、轨道、隧道、涵洞、车站、信号与防护设施等	m、座	变形、悬空、倒塌、掩埋、失效
11	公路和城市道路		路基、路面、隧道、涵洞、防护工程等	m、座	开裂、变形、摧毁、掩埋
12	桥梁		正桥、引桥、防护工程等	座	开裂、变形、垮塌
13	港口和航道		航道、码头、航标等	m、座	堵塞、摧毁、失效
14	生产与生活构筑物		水塔、烟囱、高炉、储器、容器、井架等	座、个	开裂、变形、折断、掩埋
15	机器设备，各种物资		机械设备、工业材料和产品、农用物资、商业物资等	台、件、辆、m、t 等	毁坏、掩埋
16	室内个人财产		家用电器、生产、生活用品等	件、处	摧毁、掩埋
17	其他		特殊设施、古迹、保护区等	座、处、个	摧毁、掩埋、损坏等

4）承灾概率计算

A. 承灾概率的定义

承灾概率可以理解为假设一个特定风险的滑坡发生，受威胁的空间范围遭受影响的概率[39]。概率等级标准见表 8-1-2。

表 8-1-2　概率等级标准[46]

概率范围	中心值	概率等级描述	概率等级
>0.3	1	很可能	5
0.03～0.3	0.1	可能	4
0.003～0.03	0.01	偶然	3
0.0003～0.003	0.001	不可能	2
<0.0003	0.0001	很不可能	1

注：当概率值难以取得时，可用频率代替概率；中心值代表所给区间的对数平均值。

B. 承灾范围的确定[39]

根据承灾概率的定义，在计算承灾概率之前，必须确定"空间影响范围"，这个"空间影响范围"也就是滑坡危害范围。滑坡灾害的危害范围是决定灾情的基本因素。危害范围的大小，主要取决于滑坡灾害的活动规模和活动方式。滑坡灾害的危害范围一般包括 3 个部分：滑坡发育区、滑坡活动区、滑坡引起的次生灾害的危害区。在这 3 种危害范围组成中，滑坡发育区可以通过专门地质勘察直接圈定。次生灾害发生的机会比较少，而且情况十分复杂，只能因事而异地逐一界定。滑坡活动区则可以根据滑坡动力因素进行分析，得出具有普遍意义的确定方法。决定滑坡灾害运动范围的基本要素是滑体体积、滑体滑动速度和滑体滑动距离。

C. 承灾概率的计算[39]

当确定了滑坡运移距离和危害宽度后，圈定危害范围，检视承灾体是否在该范围内，如果落在该范围内，则承灾体承灾概率为 1，否则为 0。

5）灾害体价值分析[38, 46-49]

滑坡灾害风险评价的核心目标是定量化评价滑坡灾害的破坏损失程度。滑坡灾害风险评价不仅要反映各种受灾体遭受破坏的数量及程度，还需将各受灾体的破坏效应转化成货币形式的经济损失。因此，滑坡灾害的受灾体价值分析是社会经济易损性研究的重要内容。滑坡灾害受灾体价值分析的主要工作内容就是调查统计受灾体的分布情况，核算受灾体的价值并以单元价值额或价值密度等为指标，反映滑坡评价区内受灾体的价值分布。

A. 承灾体的价值核算方法

上节总结分析的各类承灾体，虽然其功能各异，但除了人的生命风险难以用货币价值衡量外，其他各类承灾体的价值都可用货币的形式反映。这些承灾体的价值可归结为两大类：一类是人类劳动创造的有形财产，如房屋、铁路、桥梁、设备、室内财产等，属于资产价值；另一类如土地、森林等是人类生存与发展的基础，属于资源价值。经济损失等级标准可参见表 8-1-3。

表 8-1-3　经济损失等级标准[47]

后果定性描述	灾难性的	很严重的	严重的	较大的	轻微的
后果等级	5	4	3	2	1
经济损失	直接经济损失> 1000 万元或潜在经 济损失>10000 万元	直接经济损失 300 万~1000 万元或潜 在经济损失 3000 万~10000 万元	直接经济损失 100 万~300 万元或潜 在经济损失 1000 万~3000 万元	直接经济损失 30 万~100 万元或潜 在经济损失 300 万~1000 万元	直接经济损失<30 万元或潜在经济损 失<300 万元

（1）资产价值核算。资产价值可采用资产评价方法进行核算，除特殊的承灾体需要考虑效益价值外，一般承灾体的价值为成本价值或成本价值叠加利润价值，即市场价值。因资产购置时间久远或其他原因，难以确定资产原值时，可根据评价区当年物价水平，采用重置成本方法或市场价值类比法核算资产现值。市场价格类比法是以市场上类似的资产交易价格为参照，确定评价对象的资产价值。如果考虑承灾体的折旧和灾后的残值，评价对象的现值按下式核算：

$$V_n = P_r \times [（1-R）\times N_d + R]　　　　　　　(8-1-1)$$

式中，V_n 为承灾体现值；P_r 为重置价格；R 为残值率；N_d 为成新度。

重置价格是指重新生产或建造该类物品的价格。房屋的重置价格是拆迁补偿中原有的概念，是指上一年按房屋生产条件和市场情况，重新建造与该房屋相同结构、相同标准、相同质量的房屋的价格。重置价格的计算范围是房屋的单方工程造价。残值率是指建筑物及其他承灾体遭受滑坡灾害破坏所剩余的残留价值。不同承灾体的残值率不同，我国对建筑物的残值率已有技术规定，如钢结构建筑为 0、砖混结构为 27%等。没有专门规定的可参照同类物体确定残值率。成新度指的是评价对象的新旧程度。

（2）资源价值核算。滑坡灾害对自然资源破坏作用最主要的是破坏土地资源，因此在易损性评价中，主要分析这种资源价值的核算方法。自然资源价值主要包括两部分：一是自然资源本身的价值，它是资源所固有的，具有"潜在"性质的价值，即为潜在价值或固有价值；二是人类为开发利用自然资源所投入的人力、物力、财力成本，它是非自然的，具有成本性质的价值，即为成本价值。对两种价值的分析不完全相同：前者可根据地租理论进行研究核算；后者可根据生产价格理论进行研究核算。应用理论公式虽然能够核算土地资源价值，但公式中不少参数不容易准确地确定，特别是我国资源经济研究刚刚起步，目前对这些参数的定义和取值范围还缺少相应的标准和参考数值，因此应用于实际仍然是一种探索性的实践。鉴于这种情况，除了采用理论公式计算土地价值外，还可以根据评价区现行土地使用费或土地出让价，直接确定土地资源价格，这不失为一种简便而又实用的方法。

（3）承灾体密度与价值分布。承灾体密度与价值分布是指单位面积承灾体数量或承灾体价值。它们是标示承灾体密集程度的基本指标。一般情况下，灾害危害范围内承灾体越多，价值越高，灾害的破坏损失越严重。因此，在灾害评价中，不仅要统计承灾体的数量和价值，还要分析它们的分布情况，这也是易损性评价的基础内容。

B. 承灾体损毁等级划分及价值损失率确定

（1）承灾体损毁等级划分。承灾体遭受滑坡灾害危害后其破坏程度表现出较大差别，在灾害评价中，为了统计承灾体破坏程度，根据不同承灾体的典型破坏表现，以等级的方式标志承灾体的损毁程度。承灾体损毁等级是对各类承灾体破坏程度的归类分析量化，借此可进一步确定承灾体价值损失率和灾害经济损失。根据划分承灾体损毁等级的基本原则，可将"3）滑坡灾害破坏效应"一节所列的 17 类承灾体的损毁程度均划为 3 个等级：

其中，人的生命风险分为轻伤、重伤、死亡；其他承灾体分为轻微损坏（Ⅰ级）、中等损坏（Ⅱ级）、严重损坏（Ⅲ级）。

（2）承灾体价值损失率。

承灾体价值损失率 R_p 是指承灾体遭受灾害破坏损失的价值与受灾前承灾体价值的比率。承灾体价值损失率是核算期望损失的重要数据，因此是社会经济易损性评价的重要内容。承灾体价值损失是由承灾体构件、性能（功能）发生破坏而产生的。灾害发生以后的评价，可以通过对承灾体的调查，根据承灾体的实际损毁程度，评价核算承灾体的价值损失额和价值损失率。但在以期望损失为基本目标的灾害评价中，只能根据承灾体遭受某种强度的滑坡灾害危害时可能发生的破坏程度，分析预测承灾体的价值损失额和价值损失率。因此，结合滑坡灾害特点，同时参考其他自然灾害的研究成果，可初步建立滑坡灾害承灾体损毁程度与承灾体价值损失率的对应关系（表 8-1-4）。这些数据可作为灾害评价的参考值，具体应用可根据实际情况在区间内取值，或者做必要的修正：在难以获取实际资料的情况下，可采用平均值。

表 8-1-4　滑坡灾害价值损失率[38, 48, 49]

损毁等级	承灾体		
	Ⅰ	Ⅱ	Ⅲ
价值损失率范围	0～30%	30%～70%	70%～100%
平均价值损失率	15%	50%	85%

6）滑坡灾害破坏损失构成与评价分析[38, 41, 48, 49]

从广泛意义上分析滑坡灾害的破坏损失，它是由生命损失、经济损失、社会损失、资源与环境损失构成的。但从滑坡灾害的这几种损失与人类关系程度和它们的可量化程度看，生命损失和经济损失与人类不但有直接的关系，而且比较容易进行量化统计评价，社会损失和资源与环境损失虽然对社会经济发展也具有重要作用，但主要表现为间接作用，而且这两种损失目前还难以进行量化统计评价。图 8-1-2 给出了滑坡灾害损失构成因素。

定量化分析滑坡灾害损失程度的过程就是滑坡灾害的破坏损失评价。它是在滑坡灾害危险性评价和易损性评价基础上进行的，即在滑坡灾害发生概率、破坏危害强度和承灾体损毁程度分析基础上，进一步研究滑坡灾害的经济损失构成，分析经济损失程度和分布情况。这里主要对直接经济损失做主要评价。

滑坡灾害经济损失主要是由承灾体价值损失形成，所以核算承灾体价值损失是分析滑坡灾害破坏损失的基础。由于不同承灾体遭受灾害破坏后的价值损失不同，价值损失核算的途径也不同，其大致可分为 3 种方法。

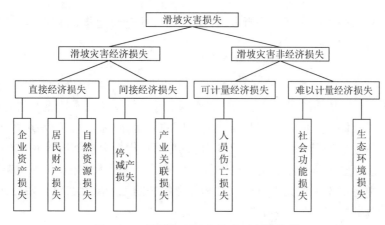

图 8-1-2 滑坡灾害损失构成因素[38, 48, 49]

（1）成本价值或修复成本价值损失核算。以承灾体成本价值为基数，根据其灾损程度或者修复成本投入核算承灾体的价值损失。房屋、铁路、公路、桥梁、生命线工程、水利工程、构筑物、设备及室内财产等绝大多数承灾体均适宜采用该方法核算价值损失。核算的基本模型为

$$P_L = C_h \times R_p \tag{8-1-2}$$

$$或 \ P_L = C_r \tag{8-1-3}$$

式中，P_L 为承灾体价值损失；C_h 为承灾体成本价值；R_p 为承灾体价值损失率；C_r 为承灾体修复成本。

（2）收益损失核算。以承灾体的可能收益为基数，根据其灾害损失程度核算承灾体价值损失。该方法主要适用于农作物价值损失核算。因此在滑坡灾害评价中，以农作物收益损失代替灾害所造成的经济损失。其核算模型为

$$P_c = C_c \times R_c \tag{8-1-4}$$

式中，P_c 为农作物价值损失；C_c 为无灾情况下农作物收益价值；R_c 为农作物减产比率。

（3）成本-收益价值损失。土地价值的高低主要取决于自然条件和社会经济条件。在自然条件中，灾害威胁程度是决定性因素之一。实践表明，同一城镇或地区，由于滑坡灾害危险性程度不同，土地的开发条件和利用价值相差巨大。基于这种情况，可采用地价差值代替滑坡灾害所造成的土地价值损失，即根据评价区的现行地价（基准地价或出让、租用地价）与其他同类条件但无灾害威胁地区（地段）地价相比较，以二者的差值作为土地价值损失。不同地区的土地价值实质上是其成本价值和效益价值的综合体现。

8.1.4 巨型滑坡的实用风险评估方法

1. 危险性的层次分析-模糊综合评判法[50]

层次分析-模糊综合评判法是一种多准则决策方法。它把一个复杂的系统分解成目标层、准则层、方案层等多个层次，并在此基础上进行定性和定量分析，运用层次分析法和

模糊综合评价相结合的综合评价分析方法，建立了基于部分定量、部分定性指标的滑坡危险性评估体系。

1）层次分析法

在应用层次分析法解决各类决策问题时，应建立递阶层次评价模型和比较判断矩阵，具体如下：首先应把复杂的问题分解为若干组成元素，并将各元素按照不同的属性自上而下分解成若干层。同一层的诸元素从属于上一层的元素并对上一层的元素有一定的作用，同时对下一层起支配作用并受下一层元素的影响；然后根据分层情况建立一个递阶层次结构评价模型。递阶层次结构评价模型建立后，上下层次间元素的隶属关系就被确定了。多层次结构模型中各层次上的元素可以依次和与之相关的上一层元素进行两两比较，从而建立一系列比较判断矩阵，见表 8-1-5。

表 8-1-5　比较判断矩阵 $A\text{-}B_i = (b_{ij})_{n \times n}$[50]

$A\text{-}B_i$	B_1	B_2	$\cdots$	B_n
B_1	B_{11}	B_{12}	$\cdots$	B_{1n}
B_2	B_{21}	B_{22}	$\cdots$	B_{2n}
$\vdots$	$\vdots$	$\vdots$		$\vdots$
B_n	B_{n1}	B_{n2}	$\cdots$	B_{nn}

比较判断矩阵 $A\text{-}B_i = (b_{ij})_{n \times n}$ 的性质如下：

$$b_{ij} > 0, \quad b_{ij} = 1/b_{ji}, \quad b_{ii} = 1$$

式中，b_{ij} 为相对于与其相关的上一层元素 A，元素 B_i 较元素 B_j 的重要性，其度量的标准采用 1~9 标度方法，其具体意义见表 8-1-6。

表 8-1-6　比较判断矩阵标度及含义[50]

标度	意义
1	两个元素相比，具有同等重要性
3	两个元素相比，一个元素比另一个元素稍微重要
5	两个元素相比，一个元素比另一个元素明显重要
7	两个元素相比，一个元素比另一个元素强烈重要
9	两个元素相比，一个元素比另一个元素极端重要
2，4，6，8	为上述两相邻判断的中间值

2）影响因素权重向量计算

计算影响因素权重向量 ω_i，采用常用的特征根法。设判断矩阵的最大特征根为 $\lambda_{\max}$，相应的特征向量为 ω，则第 i 个影响因素的权重 ω_i 与判断矩阵 $\lambda_{\max}$ 的计算公式为

$$\omega_i = \left(\prod_{j=1}^{n} b_{ij} \right)^{\frac{1}{n}}, \quad \omega_i^0 = \frac{\omega_i}{\sum\limits_{i=1}^{n} \omega_i} （\text{向量归一化}） \tag{8-1-5}$$

$$\lambda_{\max} = \sum_{i=1}^{n} \frac{(A \cdot \omega)_i}{n\omega_i} \tag{8-1-6}$$

3）模糊综合评价

A. 建立因素集和评价集

因素集 U 是以影响评判对象的各种因素为元素组成的集合，$U = \{u_1, u_2, \cdots, u_n\}$。评价集 V 是以评判者对评判对象可能做出的各种总的评判结果为元素组成的集合，$V = \{v_1, v_2, \cdots, v_n\}$。为了更精确地对滑坡危险性进行评价，在此选择 7 个评价级组成一个评价集，见表 8-1-7。

表 8-1-7　滑坡危险性评价集

评价集 V	绝对安全	较安全	安全	欠安全	危险	较危险	极端危险
分数 S	≥90	80	70	60	50	40	≤30

B. 隶属度的确定

根据表 8-1-7 给出的危险性评价集，采用三角形分布函数作为隶属度函数来确定评价因素对危险性等级的隶属度，可以得出如图 8-1-3 所示的危险性等级划分区间，隶属度函数的计算公式如下。

绝对安全：

$$u_x = \begin{cases} 0, & 0 \leqslant x < 80 \\ (x-80)/10, & 80 \leqslant x < 90 \\ 1, & 90 \leqslant x \leqslant 100 \end{cases} \tag{8-1-7}$$

较安全：

$$u_x = \begin{cases} 0, & 0 \leqslant x < 70 \\ (x-70)/10, & 70 \leqslant x < 80 \\ 1, & x = 80 \\ (90-x)/10, & 80 < x < 90 \\ 0, & 90 \leqslant x \leqslant 100 \end{cases} \tag{8-1-8}$$

安全：

$$u_x = \begin{cases} 0, & 0 \leqslant x < 60 \\ (x-60)/10, & 60 \leqslant x < 70 \\ 1, & x = 70 \\ (80-x)/10, & 70 < x < 80 \\ 0, & 80 \leqslant x \leqslant 100 \end{cases} \tag{8-1-9}$$

欠安全：

$$u_x = \begin{cases} 0, & 0 \leqslant x < 50 \\ (x-50)/10, & 50 \leqslant x < 60 \\ 1, & x = 60 \\ (70-x)/10, & 60 < x < 70 \\ 0, & 70 \leqslant x \leqslant 100 \end{cases} \tag{8-1-10}$$

危险：

$$u_x = \begin{cases} 0, & 0 \leqslant x < 40 \\ (x-40)/10, & 40 \leqslant x < 50 \\ 1, & x = 50 \\ (60-x)/10, & 50 < x < 60 \\ 0, & 60 \leqslant x \leqslant 100 \end{cases} \qquad (8\text{-}1\text{-}11)$$

较危险：

$$u_x = \begin{cases} 0, & 0 \leqslant x < 30 \\ (x-30)/10, & 30 \leqslant x < 40 \\ 1, & x = 40 \\ (50-x)/10, & 40 < x < 50 \\ 0, & 50 \leqslant x \leqslant 100 \end{cases} \qquad (8\text{-}1\text{-}12)$$

极端危险：

$$u_x = \begin{cases} 0, & 0 \leqslant x < 30 \\ (40-x)/10, & 30 < x < 40 \\ 0, & 40 \leqslant x \leqslant 100 \end{cases} \qquad (8\text{-}1\text{-}13)$$

式中，u_x 为隶属度函数；x 为某影响因素依据评价集给定的分值。

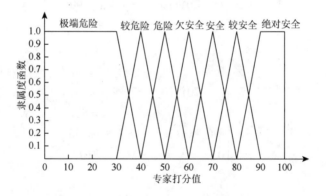

图 8-1-3　危险性等级划分区间

C. 建立模糊判断矩阵

根据上面建立的隶属度函数和专家打分可建立如下形式的判断矩阵：

$$R = \begin{bmatrix} R_1 \\ R_2 \\ \vdots \\ R_n \end{bmatrix} = \begin{bmatrix} r_{11} & r_{12} & \cdots & r_{1n} \\ r_{21} & r_{22} & \cdots & r_{2n} \\ \vdots & \vdots & & \vdots \\ r_{n1} & r_{n2} & \cdots & r_{nn} \end{bmatrix} \qquad (8\text{-}1\text{-}14)$$

判断矩阵 R 中的元素 r_{ij} 是 j 对象在因素 i 上关于评价集的特性指标，称为隶属度。

D. 层次分析-模糊综合评价法

将前述层次分析法得出的影响因素权重向量引入模糊综合评价系统，建立层次分析-

模糊综合评价体系。其具体计算步骤如下。

（1）方案层指标评价向量：$B_i = \omega_{1i} \times R_i$，$\omega_{1i}$ 为方案层影响因素权重向量。

（2）形成准则层评价矩阵：$B = [B_1, B_2, \cdots, B_n]^T$。

（3）求目标层评价向量：$A = \omega_{2i} \times B$，ω_{2i} 为准则层影响因素权重向量。

（4）求最终评价总得分：$K = A \times S^T$，其中，$S = [90\ \ 80\ \ 70\ \ 60\ \ 50\ \ 40\ \ 30]$，将该总得分与评价集进行比较即可知滑坡危险性程度。

通过以上方法并结合专家调查表中每位专家所给标度，分别建立判断矩阵，再将所有的判断矩阵所求出的权重值算术平均，得到总的评价权重值。例如，根据一位专家所给标度，可建立如表 8-1-8 所示判断矩阵。

表 8-1-8　判断矩阵

A	B_1	B_2	B_3	B_4	B_5	B_6
B_1	1	1/2	1/6	1/6	1/4	1/6
B_2	2	1	1/6	1/4	1/4	1/4
B_3	6	6	1	1/2	1/2	1/2
B_4	6	4	2	1	1/4	1/4
B_5	4	4	2	4	1	1/4
B_6	6	4	2	4	4	1

由此判断矩阵并通过上述公式可算得准则层的权重分别为 $B_1 = 0.0362$；$B_2 = 0.0520$；$B_3 = 0.1606$；$B_4 = 0.1501$；$B_5 = 0.2228$；$B_6 = 0.3783$。其中，由式（8-1-15）得 $B_1 = 0.0362$。

$$\omega_i = \left(\prod_{j=1}^{6} b_{ij} \right)^{\frac{1}{6}}, \quad B_i = \frac{w_i}{\sum\limits_{i=1}^{6} w_i} \quad (i = 1 \sim 6) \tag{8-1-15}$$

各方案层判断矩阵如表 8-1-9 所示。

表 8-1-9　方案层判断矩阵元素表

B_1	C_1	C_2
C_1	1	6
C_2	1/6	1

B_2	C_1	C_2	C_3	C_4
C_1	1	1/4	4	1/2
C_2	4	1	4	1/4
C_3	1/4	1/4	1	1/6
C_4	2	4	6	1

B_3	C_1	C_2	C_3	C_4
C_1	1	4	1/4	4
C_2	1/4	1	1/4	1/4
C_3	4	4	1	1/4
C_4	1/4	4	4	1

B_4	C_1	C_2
C_1	1	4
C_2	1/4	1

B_5	C_1	C_2	C_3	C_4
C_1	1	4	4	1/6
C_2	1/4	1	4	1/6
C_3	1/4	1/4	1	1/6
C_4	6	6	6	1

同理，可得各方案层的权重，根据准则层和方案层的判断矩阵值，再由式（8-1-5）得到准则层和方案层各层的权重（表8-1-10）。

表 8-1-10　滑坡危险性评价权重表

目标层	准则层	权重	方案层	权重
巨型滑坡危险性评估	滑坡的总体特征	0.1133	规模	0.6169
			滑坡治理难易度	0.3831
	滑坡的形态特征	0.0968	前后缘高差	0.1669
			平均坡角	0.1806
			滑面形态	0.2868
			滑面平均坡度	0.3657
	坡体结构特征	0.1969	滑坡坡体结构	0.2445
			滑坡岩性特征	0.1154
			滑带特征	0.3730
			水文地质（考虑地下水位、水量、水流途径）	0.2671
	变形破坏特征	0.1247	裂缝的贯通性、开裂程度	0.4424
			变形发展特征（定量，加速度；定性，发展阶段）	0.5576
	诱发因素	0.2580	降雨强度	0.2474
			人类活动强度	0.1957
			水库蓄水	0.2611
			地震	0.2958
	滑坡稳定系数	0.2103	滑坡稳定系数	1.0000

得出准则层和方案层的权重值后，根据专家对各方案层的打分情况（表 8-1-11），结合权重值和危险评价集即可得到滑坡的危险性值，再与评价集进行比对即可知滑坡所处的危险程度。

表 8-1-11　专家打分参照标准

方案层		专家打分参考值				
滑坡规模/m²		≥500×10⁴	（300～500）×10⁴	（200～300）×10⁴	（100～200）×10⁴	≤100×10⁴
		20～30	30～40	40～50	50～60	60～90
滑坡治理难易程度		治理十分困难		治理较为困难		治理容易
		0～30		30～60		60～80
前后缘高差/m		≥500		100～500		≤100
		0～30		30～60		60～90
平均坡角	堆积层滑坡	≥45°	45°～30°		30°～15°	15°～5°
		0～10	10～30		30～60	60～90
	岩质滑坡	≥60°		60°～30°		30°～5°
		0～10		10～30		30～70
滑面形态		顺层型	多剪出口型		后陡前缓型	缓长形
		10～30	30～50		50～60	60～70
滑面平均坡度		≥45°	45°～30°		30°～15°	5°～15°
		0～30	30～50		50～70	70～90
滑坡坡体结构	岩质	缓倾外	中倾外	陡倾外	平缓	中倾内	陡倾内
		0～20	20～40	40～50	50～70	30～60	50～70
	堆积体	滑坡堆积体		崩塌堆积体		残坡积堆积体
		10～30		30～50		50～70
滑坡岩土体特征		第四系地层	"上硬下软"或软弱互层结构的灰岩、砂岩、泥岩等		变质岩为代表的板裂层状结构	除前三种外的其他岩性
		0～30	30～40		40～50	50～80
滑带特征		滑动带上大颗粒物质较多，滑面滑出较深擦痕		滑动带上少数小颗粒物质，滑面滑出擦痕较浅		滑动带上滑动迹象不明显
		0～30		30～60		60～90
水文地质		地下水发育		地下水较发育		地下水不发育
		10～30		30～50		50～80
裂缝的贯通性、开裂程度		裂缝基本贯通、张开		裂缝部分贯通、开裂		裂缝未贯通、微张～闭合
		0～30		30～60		60～90
变形发展特征		累进性破坏阶段		稳定破裂发展阶段		压密～弹性变形阶段
		0～30		30～60		60～90
降雨强度		特大暴雨（12h雨量≥140mm）	大暴雨（12h雨量≥70mm）	暴雨（12h雨量≥30mm）	大雨（12h内雨量15～29.9mm）	中雨（12h内雨量5～14.9mm）	小雨（12h内雨量＜5mm）
		0～30	30～40	40～50	40～50	50～60	60～70

续表

方案层	专家打分参考值				
人类活动强度	坡顶部加载		坡前部减载		坡面修建蓄水设施
	0～60		0～60		20～60
水库蓄水	水位高于原始坡脚 50m 以上		水位高于原始坡脚 20～50m		水位高于原始坡脚 20m 以下
	0～30		30～60		60～90
地震（烈度）	>9	9	8	7	6	<6
	0～10	10～20	20～30	30～40	40～50	50～100
滑坡稳定系数	<1.0		1.0～1.1		>1.1
	0～30		30～60		60～90

2. 危险性的可靠性分析[38, 51]

这里以可靠性理论为基础，提出滑坡灾害危险性评价的可靠性分析方法，即用危险性概率来评价滑坡灾害的危险性。滑坡灾害的危险性应包含滑坡失稳与失稳后造成危害双层含义，即应该为滑坡失稳事件与失稳后造成危害事件的交集。假设滑坡失稳事件为 E，滑坡失稳后造成危害事件为 E'，则滑坡灾害的危险性概率 P 为

$$P = P(E \cap E') = P_f \cap P_f' \tag{8-1-16}$$

式中，P 为滑坡灾害的危险性概率；P_f 为滑坡失稳概率；P_f' 为滑坡失稳后造成危害的发生概率。

滑坡灾害的危险性概率计算的重点是滑坡失稳概率，因此，这里主要研究滑坡失稳概率 P_f 的计算。本书以可靠性理论为基础，建立基于 Bishop 法的滑坡失稳概率的计算方法。具体如下：滑坡失稳概率可定义为作用于滑坡灾害的荷载超过其抗力，导致滑坡失稳的概率，即 $P_f = P(R<S)$，这里，荷载 R 为滑坡灾害的抗滑力矩；S 为滑坡灾害的滑动力矩。

1）滑坡失稳概率计算模型的建立及其求解

根据岩土力学的有关理论，当作用于滑坡体的滑动力矩 S 大于其抗滑力矩 R 时，导致滑坡失稳。据此，可建立滑坡失稳概率计算模型。

设滑坡功能函数为

$$G(R, S) = R - S = G(\bullet) \tag{8-1-17}$$

$$P_f = P(S>R) = \iint\limits_{G(\cdot)} f_{R,S}(r,s)\mathrm{d}r\mathrm{d}s \tag{8-1-18}$$

式中，$f_{R,S}(r, s)$ 为滑坡的滑动力矩 S 和抗滑力矩 R 的联合概率密度函数。显然，直接用式（8-1-18）计算危险概率极为困难。若滑动力矩 S 和抗滑力矩 R 是相互独立的随机变量，则式（8-1-18）变为

$$P_f = \int_{-\infty}^{+\infty}\left(\int_0^s f_R(r)\mathrm{d}r\right)f_s(s)\mathrm{d}s = \int_{-\infty}^{+\infty} F_R(s)f_s(s)\mathrm{d}s \tag{8-1-19}$$

在滑坡灾害中，影响 R 和 S 的因素很多，简化成 R 和 S，只是为了便于数学模型的研究。现设极限状态方程为

$$Z = G（X_1，X_2，\cdots，X_n）= 0 \tag{8-1-20}$$

式中，X_i（$i = 1$，2，$\cdots$，n）为有关的各随机变量，其分布函数可由多重积分求得

$$G(X_1, X_2, \cdots, X_n) = \iint_D f_{x_1, x_2, \cdots, x_n} x_1, x_2, \cdots, x_n (x_1, x_2, \cdots, x_n) \mathrm{d}x_1 \mathrm{d}x_2 \cdots \mathrm{d}x_n \tag{8-1-21}$$

若在积分域 D 上的积分 $G(X_1, X_2, \cdots, X_n) < 0$，则为滑坡灾害的失稳概率。式中，$f_{x_1, x_2, \cdots, x_n}(x_1, x_2, \cdots, x_n)$ 为 $(X_1, X_2, \cdots, X_n)$ 联合概率密度函数。若 X_i（$i = 1$，2，3，$\cdots$，n）为相互独立的随机变量，则

$$f_{x_1, x_2, \cdots, x_n}(x_1, x_2, \cdots, x_n) = f_{x_1}(x_1) f_{x_2}(x_2) \cdots f_{x_n}(x_n) \tag{8-1-22}$$

式（8-1-19）～式（8-1-21）是求解滑坡失稳的精确概率式，无论极限方程是线性的，还是非线性的，都适用。但在实际工程应用中，当功能函数 G 的形式简单且呈线性、n 又很少时，尚可应用式（8-1-19）～式（8-1-21）求解滑坡失稳概率。不过始终存在两个问题：第一，很难有充足的数据来确定 n 个基本变量的联合概率密度函数，也很难有足够的数据来保证边缘分布函数和协方差是可信的；第二，即使联合概率密度函数是已知的，多维积分也难以实现。所以，对于大多数实际问题不存在解析解，而必须求助于数值方法。

2）基于 Bishop 法的滑坡失稳概率的计算方法

为了利用一次二阶矩法计算滑坡的失稳概率，针对滑坡稳定性分析中的条分法，提出从极限条件出发，通过在滑坡最上面一分条上施加一假象力，使滑坡体处于极限平衡状态来构造基于 Bishop 法进行滑坡灾害失稳概率计算的功能函数。

从分条中取出任一分条（除最上一分条外），在利用 Bishop 法分析的情况下，作用于任意 i 分条上的荷载有 W_i、Q_i 及 U_i，待求的反力、内力为 N_i、S_i 及 ΔE_i，其中，W_i 为垂直荷载合力；Q_i 为水平荷载合力；U_i 为分条底部水压力；N_i 为分条底部反作用力；S_i 为分条底部凝聚力和静摩擦力的合力；ΔE_i 为上下两分条对第 i 分条水平作用力的合力。

在最上一分条上作用一水平力 E，使分析的滑坡体处于极限平衡状态。根据第 i 分条的受力平衡条件有

$$\Delta E_i = -\sec a_i (c_i l_i + N_i f_i) + W_i \tan a_i \tag{8-1-23}$$

又由 $\sum F_y = 0$，有

$$N_i + U_i + (Q_i - \Delta E_i) \sin a_i - W_i \cos a_i = 0 \tag{8-1-24}$$

$$N_i = W_i \cos a_i - (Q_i - \Delta E_i) \sin a_i - U_i \tag{8-1-25}$$

由式（8-1-23）和式（8-1-25）有

$$\Delta E_i = \{-\sec a_i [c_i l_i + f_i (W_i \cos a_i - (Q_i - \Delta E_i) \sin a_i - U_i)] + Q_i + W_i \tan a_i\} / (1 + f_i \tan a_i) \tag{8-1-26}$$

对于第一分条有

$$\Delta E_1 = \{-\sec a_1 [c_1 l_1 + f_1 (W_1 \cos a_1 - (Q_1 - \Delta E_1) \sin a_1 - U_1)] + Q_1 + W_1 \tan a_1\} / (1 + f_1 \tan a_1)$$

$$\tag{8-1-27}$$

由 $\Delta E_1 = E_1 - E$；$\Delta E_2 = E_2 - E_1$；$\cdots$；$\Delta E_n = E_n - E_{n-1}$，即 $\sum \Delta E_n + E = E_n = 0$，有

$$E = \sum \{\sec a_i [c_i l_i + f_i (W_i \cos a_i - (Q_i - \Delta E_i) \sin a_i - U_i)] - Q_i - W_i \tan a_i\} / (1 + f_i \tan a_i)$$

$$\tag{8-1-28}$$

则可定义功能函数为 $G = E$，即 $G = 0$，滑坡处于极限状态；$G > 0$，滑坡处于稳定状态；

$G<0$，滑坡处于失稳状态。利用功能函数式（8-1-28），采用一次二阶矩法，就可在 Bishop 分析方法的基础上，对滑坡失稳概率进行计算。

3. 可接受风险水平分析

在做滑坡灾害风险评价时会遇到以下问题：何种条件下的风险是可以接受的，何种条件下的风险是不能接受的，这就需要有一标准能够帮助决策者对风险的接受与否做出科学判断，这就是可接受风险准则问题。滑坡灾害可接受风险一般以人员伤亡、经济损失及社会环境价值损失来表征。对人员伤亡来说，目前主要采用 F（滑坡概率）-N（人员伤亡）准则法；对于经济损失，一般采用损益比、不同年概率条件下的经济损失值等来表示[38]。人员伤亡、经济损失与社会环境价值损失标准见表 8-1-12～表 8-1-14。

表 8-1-12　人员伤亡等级标准[38]

后果定性描述	灾难性的	很严重的	严重的	较大的	轻微的
后果等级	5	4	3	2	1
人员伤亡数/人	$F>9$	$2<F\leqslant9$ 或 SI>10	$1\leqslant F\leqslant2$ 或 $1<$SI$\leqslant10$	SI = 1 或 $1<$MI$\leqslant10$	MI = 1

注：F = 死亡人数；SI = 重伤；MI = 轻伤。

表 8-1-13　社会环境价值等级标准[38]

等级	判断标准	环境影响描述
1. 轻微的	涉及范围很小，无群体性影响，需紧急转移安置人数 50 人以下	临时但轻微的
2. 较大的	涉及范围很小，一般群体性影响，需紧急转移安置人数 50 人以上 100 人以下	临时但严重的
3. 严重的	涉及范围大，区域正常经济、社会活动受影响，需紧急转移安置人数 100 人以上 500 人以下	长期的
4. 很严重的	涉及范围很大，区域生态功能部分丧失，需紧急转移安置人数 500 人以上 1000 人以下	永久且轻微
5. 灾难性的	涉及范围非常大，区域内周边生态功能严重丧失，需紧急转移安置人数 1000 人以上，正常的经济、社会活动受到严重影响	永久且严重的

注："临时的"含义为在施工工期以内可以消除；"长期的"含义为在施工工期以内不能消除，但不会是永久的；"永久的"含义为不可逆转或不可恢复的。

表 8-1-14　经济损失等级标准[38]

后果定性描述	灾难性的	很严重的	严重的	较大的	轻微的
后果等级	5	4	3	2	1
经济损失	直接经济失≥1000 万元或潜在经济损失≥10000 万元	直接经济损失 300 万～1000 万元或潜在经济损失 3000 万～10000 万元	直接经济损失 100 万～300 万元或潜在经济损失 1000 万～3000 万元	直接经济损失 30 万～100 万元或潜在经济损失 300 万～1000 万元	直接经济损失≤30 万元或潜在经济损失≤300 万元

滑坡灾害可接受风险水平并非一成不变的，而是因地、因时而异的。通过对世界上的一些大型、灾难性滑坡及巨型滑坡数据库的分析（表 8-1-15），可得到单个巨型滑坡灾害

的可接受风险水平（死亡率）为 1×10^{-6}，相关的风险等级标准和风险可接受准则及防范对策见表 8-1-16 和表 8-1-17。

表 8-1-15　部分国家和地区的年平均滑坡灾害死亡人数[52]

国家及地区	每年平均死亡人数/人	人口/千万	滑坡造成人员死亡年概率
日本	150	15	$1/1 \times 10^6$
韩国	56	7	$1/1 \times 10^6$
美国	25～50	25	$1/1 \times 10^7 \sim 1/5 \times 10^6$
澳大利亚	<1	1.7	$<1/17 \times 10^6$
加拿大	5	3	$1/6 \times 10^6$
中国香港	1	0.58	$1/6 \times 10^6$

表 8-1-16　风险等级标准[53]

概率等级		风险等级 轻微的	较大的	严重的	很严重的	灾难性的
		1	2	3	4	5
很可能	5	较低	中等	较高	高	高
可能	4	较低	中等	中等	较高	高
偶然	3	较低	较低	中等	中等	较高
不可能	2	低	较低	较低	中等	中等
很不可能	1	低	低	较低	较低	较低

表 8-1-17　风险可接受准则及防范对策[54]

风险等级	接受准则	防范对策
低	可忽略	此类风险小，不需采取风险处理措施和监测
较低	可接受	此类风险较小，不需采取风险处理措施，但需要监测
中等	原则上可接受	此类风险属于中等，应采取相应风险措施降低风险
较高	不期望	此类风险较大，必须采取风险处理措施降低风险并加强监测，且满足降低风险的成本不高于风险发生后的损失
高	不可接受	此类风险最大，必须高度重视，一般应规避，否则要不惜代价将风险至少降低到不期望的程度

8.1.5　攀枝花机场 12 号滑坡风险评估

1. 危险性评价

1）滑坡概况

攀枝花机场 12 号滑坡位于机场跑道东侧 $P_{140} \sim P_{160}$ 高边坡及以下区域，发生时间为 2009 年 10 月 3 日 15 时。滑坡呈上大下小的"长舌形"，滑坡主滑方向为 125°，滑坡后缘、前缘高程分别为 1975m、1550m，滑动距离 100～300m，滑坡全长 1600m，宽度 200～400m，厚度 10～25m，总体积约 $510×10^4m^3$。滑坡分为填筑体滑块和易家坪老滑坡滑块两个部分，填筑体滑块体积 $260×10^4m^3$，易家坪老滑坡体积 $250×10^4m^3$。

2）评价结果

根据 8.1.4 节关于危险性评估的层次分析-模糊综合评价法及相关的专家调查表，可得到 12 号滑坡危险性评价权重及分值（表 8-1-18）。

表 8-1-18　攀枝花滑坡危险性评价权重及分值表

目标层	准则层	权重	方案层	权重	分数	隶属度						
						绝对安全	较安全	安全	欠安全	危险	较危险	极端危险
巨型滑坡危险性评估	滑坡总体特征	0.1133	滑坡规模	0.6169	30	0	0	0	0	0	0	1
			滑坡治理难易度	0.3831	30	0	0	0	0	0	0	1
	滑坡的形态特征	0.0968	前后缘高差	0.1669	35	0	0	0	0	0	0.5	0.5
			平均坡角	0.1806	35	0	0	0	0	0	0.5	0.5
			滑面形态	0.2868	30	0	0	0	0	0	0	1
			滑面平均坡度	0.3657	75	0	0.5	0.5	0	0	0	0
	坡体结构特征	0.1969	滑坡坡体结构	0.2445	30	0	0	0	0	0	0	1
			滑坡岩性特征	0.1154	50	0	0	0	0	1	0	0
			滑带特征	0.3730	40	0	0	0	0	0	1	0
			水文地质	0.2671	30	0	0	0	0	0	0	1
	变形破坏特征	0.1247	裂缝的贯通性、开裂程度	0.4424	50	0	0	0	0	1	0	0
			变形发展特征	0.5576	50	0	0	0	0	1	0	0
	诱发因素	0.2580	降雨强度	0.2474	45	0	0	0	0	0.5	0.5	0
			人类活动强度	0.1957	30	0	0	0	0	0	0	1
			水库蓄水	0.2611	90	1	0	0	0	0	0	0
			地震	0.2958	35	0	0	0	0	0	0.5	0.5
	滑坡稳定系数	0.2103	滑坡稳定系数	1.0000	30	0	0	0	0	0	0	1

由 8.1.4 节中相关公式计算获得滑坡危险性评价值为 40.9165。根据滑坡危险性评价集，可知滑坡在降水工况下处于较危险-危险状态。评价结果表明，此时滑坡已处于欠稳定状态，随时可能发生滑动，必须对滑坡进行必要的支护。评价结果与现场发生的情况吻合较好，具有较高的可信度。

2. 易损性评价[52, 55]

易损性研究是滑坡灾害研究领域最新的问题之一，它是滑坡自然属性与其所可能造成的人员伤亡、经济损失等社会属性两方面的结合。易损性评价的主要对象是承灾体，目的是确定各类承灾体的易损性参数，为滑坡灾害风险预测提供基础。滑坡灾害易损性由承灾体自身条件和社会经济条件所决定，前者主要包括承灾体类型、数量和分布情况等；后者包括人口分布、城镇布局、厂矿企业分布、交通通信设施等。主要评价内容包括划分承灾体类型，调查统计各类承灾体数量及其分布情况，确定承灾体价值，分析各种承灾体遭受不同类型、不同强度滑坡灾害危害时的破坏程度及其价值损失率。随着人类科学技术水平的提高和社会经济的发展，人类活动范围和领域不断扩大，滑坡灾害对人类的影响也越来越广泛。根据滑坡灾害的特点及滑坡灾害所造成的可能破坏对象——承灾体的类型，可以把滑坡灾害易损性归并为两大类型：人口易损性、经济易损性（包括资产和资源的易损性）。

1）人口易损性评价

人口包括城镇人口和农村人口。人口易损性评价的重点内容是研究区居民的风险观念和减灾意识，其影响因素主要包括两个方面：

（1）评价单元内人口年龄结构。一般情况下，老年人和少年儿童对滑坡灾害的防御能力比成人低，老年人和少年儿童的比例越大，这一地区人口易损性越高。用评价单元内老人和少年儿童人口的比例来表示人口年龄结构，可称为人口年龄系数（C_a），$C_a = 0 \sim 1$，0 表示研究区人口全部为成年人，1 表示研究区人口全部为老年人与少年儿童。

（2）评价单元内居民对地质灾害的认识程度及防范风险的意识和观念。一般情况下用高等、中等、低等定性指标来衡量，一个地区居民对地质灾害的认识程度越高，该地区人口易损性越低，反之则易损性越高。根据公布的《中国老龄事业发展"十五"计划纲要（2001~2005 年）》的数据，中国老年人（>65 岁）占总人口比例的 10.2%，0~14 岁的青少年儿童比例在 30%左右，确定老年人和少年儿童人口的比例为 0.4，即 $C_a = 0.4$。人员死亡预测公式为

$$Z_R = \sum_{i=1}^{n=1} G_w R_{wi} R \qquad (8\text{-}1\text{-}29)$$

式中，Z_R 为人员死亡数；下标 w 为滑坡灾害危险性等级，据危险性评价结果确定；G_w 和 R_{wi} 分别为某一危险等级滑坡灾害发生概率和相应危险等级灾害的人员死亡率，据调查资料确定攀枝花机场 12 号滑坡 G_w 为 0.8，R_{wi} 为 0.7；R 为评价区受危害人口数。

计算结果为 $Z_R = 0.8 \times 0.7 \times 100 = 56$ 人。

2）经济易损性评价

经济易损性研究的重要内容是确定承灾体价值损失率，它是指承灾体遭受破坏损失的价值与受灾前承灾体价值的比率。在灾后评估中，可通过对承灾体的调查，根据其实际损毁程度，评估核算承灾体的价值损失率。但在以期望损失为目标的风险预测中，准确评价研究区各类承灾体的易损性非常困难。但易损性与滑坡发生强度密切相关，可根据承灾体遭受某种强度的滑坡灾害时可能发生的破坏程度，分析预测承灾体的易损性。滑坡活动越强烈，承灾体的易损性相应越高，并且不同承灾体对不同类型和不同活动强度的滑坡灾害的承受能力不一样，可能的损毁程度及灾后的可恢复性也存在着差异。目前国内外对滑坡发生强度的预测从内容上看可分为 3 类：①滑坡规模；②滑坡发生频次；③滑坡速度和滑

坡冲程。在前两类研究中，利用历史数据进行统计分析占主导趋势。区域滑坡评价时，滑坡规模、速度及冲程等的确定较为困难，本章按照滑坡灾害易发性分区来确定滑坡强度（相当于根据滑坡发生频次来确定），即高易发区（该区域内滑坡分布密集，滑坡发生的可能性较大）对应滑坡发生高强度区，不易发区（该区域内基本没有滑坡发生）对应无滑坡危害区。

A. 建筑物易损性评价

建筑物的易损性与其所处滑坡体的位置、滑坡体的规模及速度、基础埋置深度与滑面的关系和基础自身结构都有关系，建筑物的易损性值可以用式（8-1-30）表示：

$$V_b = V_1 \times V_2 \tag{8-1-30}$$

式中，V_1 为考虑建筑物与滑坡影响范围的关系、建筑物基础埋深与滑面的关系、滑坡速度等综合得出的易损性值；V_2 为考虑建筑物结构得出的易损性值。评价单体滑坡时，可用式（8-1-30）计算建筑物的易损性。对于区域滑坡中建筑物易损性的确定，仅根据一般情况下不同结构建筑物和滑坡发生的强度给出了建筑物的易损性值（表 8-1-19），这些数据可为灾害评价工作提供参考。

表 8-1-19　滑坡灾害强度分区与对应的建筑物易损性[52, 55]

	V	建筑物结构类型			
		钢结构	钢筋混凝土结构	砖结构	简易结构
滑坡灾害强度分区	无危害区	0	0	0	0
	轻危害区	0.1	0.2	0.3	0.4
	中等危害区	0.3	0.5	0.7	0.9
	严重危害区	0.5	0.7	0.9	1.0

根据调查，最初产生滑动后，滑坡有加剧活动的趋势，坡体内出现了大量的裂缝，滑坡后缘可见明显的错落，滑坡前缘民宅墙体出现裂缝宽达 5.0cm，将墙体错开，且房屋产生不均匀沉降，若任其发展，该滑坡将直接影响污水处理池、滑坡南西侧下方的飞机场公路、飞机场公安分局和职工宿舍楼变电站等的安全，对机场的正常运营造成不利影响。变电站受滑坡牵引已成危房，该房屋为单层砖混结构，现浇钢筋混凝土梁、板，基础为现浇素混凝土条形基础，总建筑面积为 600m²，房屋总价约 8.6×10^5 元。目前墙体受损 42 处，梁受损 4 处，板受损 17 处，砖柱受损 9 处，经鉴定为危房，所以建筑易损性定为 0.7。

建筑损失价值 $V_1 = 0.7 \times 8.6 \times 10^5 = 6.02 \times 10^5$ 元。

B. 交通设施易损性评价

道路遭受滑坡灾害破坏后直接经济影响是道路恢复使用需要花费的成本，间接影响是造成交通中断，导致大量间接损失。因间接损失的核算非常复杂，涉及各种情况和各个方面，故不评价间接损失，仅就滑坡灾害发生后给路面、路基等造成的破坏程度进行评价。表 8-1-20 为滑坡灾害强度分区与对应的交通破坏状态及价值损失率，具体应用时可根据实际情况在区间内取值，在难以获取实际资料的情况下可采用平均值。

表 8-1-20　滑坡灾害强度分区与对应的交通破坏状态及价值损失率[52, 55]

滑坡灾害强度分区	交通破坏状态	易损性区间	平均值
无危害区	无损坏	0	0
轻微危害区	路基局部下沉，路面出现少量裂缝，对车辆通行的影响较小，小规模修整可恢复正常使用	0～0.3	0.15
中等危害区	路基严重下沉，路面出现大量裂缝，沉陷，部分路面被滑坡物质掩埋，一般车辆无法正常通行，专门修复后恢复使用	0.3～0.7	0.5
严重危害区	路基严重坍塌，路面严重开裂，沉陷，部分路面被大量滑坡物质掩埋，交通完全中断，大规模专门修复方可恢复使用	0.7～0.9	0.85

根据调查，滑坡发生后可能会阻断当地居民的乡村公路，此乡村公路为二级公路，是该地与周围交通的重要公路之一，车流量为 35 辆/h，预计阻断交通每天损失 $1.04×10^7$ 元，因此，易损性为 0.7。

交通破坏损失值 $V_2 = 0.7×1.04×10^7 = 7.28×10^6$ 元。

C. 农作物易损性评价

农作物受灾后的直接表现是生长受到挫折或死亡、毁灭，最终后果是农作物减产或绝收。所以，农作物受灾后不仅使已投入的成本遭受损失，更为关键的是耽误农时，使收益减少。因此，在这类承灾体易损性评价中，以农作物收益损失代替灾害所造成的经济损失。表 8-1-21 为滑坡灾害强度分区与对应的农作物、森林破坏情况及价值损失率，它们对滑坡灾害的易损性要明显小于各类建筑物的易损性。

表 8-1-21　滑坡灾害强度分区与对应的农作物、森林破坏情况及价值损失率[52, 55]

滑坡灾害强度分区	农作物破坏状态	林木破坏状态	易损性区间	平均值
无危害区	无损坏	0	0	0
轻微危害区	生长受到轻微影响	少量树木被冲毁，折断，淤埋	0～0.1	0.05
中等危害区	生长受到明显影响	部分树木被冲毁，折断，淤埋	0.1～0.3	0.25
严重危害区	生长受到严重影响	大量树木冲毁，折断，淤埋	0.3～0.8	0.5

根据调查，滑坡附近农作物和树木较为稀少，总体估算价值为 $4.2×10^5$ 元，易损性为 0.1。

农作物和森林破坏损失值 $V_3 = 0.1×4.2×10^5 = 4.2×10^4$ 元。

D. 土地资源易损性评价

滑坡灾害对资源与环境的影响主要是指破坏人类生存与发展的资源和环境，主要包括土地资源及水资源、生物资源、生态环境等，其中一般评价较多的是土地资源。对土地价值损失的核算采用成本-收益价值。滑坡灾害的发生可能直接造成土地开发利用价值的降低。在农业区可能导致耕地难以耕种，甚至荒废；在城镇或经济开发区，受滑坡灾害威胁的土地不适宜公用设施及房屋建筑的修筑。这时土地资源的易损性可用土地价值损失量与原土地价值的比值来确定，即用土地价值损失率来表示。不同类型的土地土地价值损失不同。对于耕地，损失可通过耕地产量减少情况来反映，也可通过恢复土地原耕种条件所需花费的整治费来反映。对于城区土地而言，损失可结合市场比价，通过土地价格的直接减少量来反映，也可通过可能灾害损失及防治工程费用的大小来反映。表 8-1-22 给出了不同强度滑坡灾害发生后土地资源的价值损失率，难以获取实际资料的情况下采用平均值。

表 8-1-22　滑坡灾害强度分区与对应的土地破坏状态及价值损失率[52, 55]

滑坡灾害强度分区	土地破坏状态	易损性	平均值
无危害区	无损坏	0	0
轻微危害区	凹凸不平或局部被石掩埋	0～0.3	0.15
中等危害区	严重凹凸不平，严重影响使用	0.3～0.7	0.5
严重危害区	变为荒地，已无法使用	0.7～1	0.8

根据调查，滑坡发生后会影响机场跑道，严重凹凸不平，机场每日客流量为 3.0×10^4 人，收入为 3.0×10^7 元，加上造成乘客的间接经济损失 5.0×10^7 元，易损系数为 0.5。若发生滑坡将受损失的土地约 500 亩（1 亩 $\approx666.67\mathrm{m}^2$），按每亩土地 10 万元计算土地破坏状态价值损失为 $V_4=500\times10^5=5.0\times10^7$ 元。

各类损失值和可接受风险值如表 8-1-23 所示。

表 8-1-23　各承灾体损失值及可接受风险值表

序号	滑坡受灾体类型	主要承灾体	计量单位	死亡、重伤、轻伤、失踪、无家可归等	易损性	可接受风险水平	受损值
1	人	常住人口，流动人口	人	死亡、流失	0.8	0.1	56 人
2	禽畜和养殖品	牛、羊、马、猪等	头/只/匹等	摧毁、掩埋	0.7	0.1	6×10^4 元
3	农作物	小麦、玉米、蔬菜、瓜果、大豆等	hm²/株	摧毁、倒折、掩埋	0.1	0.01	2.94×10^4 元
4	林木	防护林、经济林、稀有古树等	hm²/株	摧毁、掩埋	0.1	0.01	1×10^4 元
5	草地	草原、草场、园圃等	hm²	摧毁、掩埋	0.1	0.01	0.3×10^4 元
6	耕地	农用地、园地、菜地等	hm²	摧毁、掩埋	0.7	0.2	5.0×10^7 元
7	房屋	饭店、厂房、办公楼、住房等	m²/间	变形、开裂、掩埋	0.7	0.1	4.21×10^5 元
8	生命线工程	水厂、电厂、气厂等	m²/个/座/处	变形型、开裂、掩埋、泄露	0.1	0.1	6×10^4 元
9	水利工程设施	水库、大坝、水电站、堤防等	m²/座	开裂、变形、垮塌、掩埋	0	0.1	0 元
10	铁路设施	路基、轨道、隧道、涵洞等	m²/座	变形、悬空、倒塌、掩埋、失效等	0	0.1	0 元
11	公路和城市道路	路基、路面、涵洞、隧道等	m²/座	开裂、变形、垮塌	0.7	0.05	5.09×10^6 元

续表

序号	滑坡受灾体类型	主要承灾体	计量单位	死亡、重伤、轻伤、失踪、无家可归等	易损性	可接受风险水平	受损值
12	桥梁	正桥、引桥、防护工程等	座	开裂、变形、垮塌	0	0.05	0 元
13	港口和航道	航道、码头、航标等	m^2/座	堵塞、摧毁、失效	0.7	0.01	2.8×10^8 元
14	生产与生活构筑物	水塔、烟囱、高炉、储器等	座/个	开裂、变形、折断、掩埋	0.1	0.1	0.6×10^4 元
15	机器设备,各种物资	机械设备、工业材料和产品等	台/件/辆/m^2/t 等	摧毁、掩埋	0.7	0.3	0.6×10^4 元
16	室内个人财产	家用电器、生产、生活用品等	件/处	摧毁、掩埋	0.7	0.5	3×10^4 元
17	其他	特殊设施、古迹、保护区等	座/处/个	摧毁、掩埋、损坏等	0	0.1	0 元
	合计			3.357×10^8 元			

3. 风险可接受水平研究

风险可接受水平的研究旨在制订相应的防灾减灾预案,确保经济合理地安排地质灾害的防治。具体来讲,就是根据对风险可接受水平的研究来判断究竟是就地防治还是避让搬迁,哪一种方案更能做到既保证人民的生命财产安全又能经济节约。

由表 8-1-16～表 8-1-21 中相关标准及易损性评价中的相关指标,可知人员伤亡属于灾难性的;经济损失等级属于严重的,直接经济损失 100 万～300 万元或潜在经济损失 1000 万～3000 万元;环境影响等级属于严重的,即涉及范围大,区域正常经济、社会活动受影响,需紧急转移安置人数在 100 人以上 500 人以下;概率等级属于偶然,后果等级属于严重的;风险等级为高度,接收准则为不期望,处理措施为必须采取风险处理措施降低风险并加强监测,且满足降低风险的成本不高于风险发生后的损失。

8.1.6　西藏拉月滑坡风险评估

1. 拉月滑坡概述

拉月滑坡发生后 50 多年以来,坡体没再发生大规模的滑动,如今斜坡已经形成上陡下缓并且向内凹的舒缓坡形,原来滑动之前斜坡的上部及下部较陡、中部相对较缓并且向外凸出的不利地形条件已经得到彻底改善。如今滑坡后部的坡度约为 40°,中、前部坡度为 30°左右;斜坡前缘宽度约 650m,中部宽度约 450m,长约 500m;滑坡堆积体的厚度则呈中西部较薄,而东部相对较厚的特点,中、西部厚 20～30m,东部的厚度则大于 50m,均厚 45m。拉月滑坡坡体上的碎石土主要由残坡积物、崩坡积物和滑坡堆积物组成,厚度 5～10m,块碎石岩性以花岗片麻岩为主,含量在 40%～60%,小于 2mm 的细粒物质含量占 40%～50%。在细粒物质中,砂粒含量约占 75%,粉黏土约占 25%。碎石土的物理力学分析结果显示，拉月滑坡坡体上的碎石土峰值抗剪强度（φ_f）为 16.1°～27.5°，黏聚力（c_f）为 5～27kPa，残余抗剪强度（φ_r）为 11°～21.2°，残余黏聚力（c_r）为 4～19kPa。

2. 拉月滑坡危险性评价

根据拉月滑坡工程地质条件进行综合分析，在拉月大型崩滑之后，坡体内积聚的应力已基本释放，堆积体也在达到休止角后自稳于坡体之上；并且在崩滑之后，地形条件明显改善，原来高陡且向外凸出的不利地形条件得到明显改善，如今呈现为内凹的舒缓坡形。坡体 50 多年来并无明显变形迹象，并未有明显裂缝、凹槽出现，加之如今坡体上植被茂密，具有一定的固坡作用。据此，认为拉月滑坡自 1967 年活动后，滑体内部聚积的能量已全部释放，坡面荷载减小，地形坡度减缓，势能降低，有利于坡体稳定平衡，天然状态下自稳情况较好，在无强烈地震或极端降雨、大型人类工程活动等外界条件的激发下，坡体不会出现大的整体滑动。然而对于滑坡堆积体而言，尽管经过 50 多年的固结密实，其黏聚力仍然较小，整体强度仍然较低；且有大量研究表明堆积体的基覆界面是滑坡的第一不连续面，常常成为控制坡体稳定性的关键分界面，极易在极端降雨作用下触发大型滑坡灾害。不仅如此，拉月滑坡区域上位于强地震影响区，该区地震动峰值加速度为 0.20g，反应谱特征周期为 0.50s，相当于地震基本烈度Ⅷ度，斜坡也可能在强地震动力作用下产生崩滑灾害。故需对其稳定性及在降雨、地震影响下的危险性进行进一步分析。经计算拉月滑坡在天然工况下稳定性系数为 2.66，在无外界条件的激发下处于整体稳定状态[56]。

利用 8.1.4 节中层次分析-模糊综合评价法及相关的专家调查表，对滑坡在降水与地震作用下的危险性进行进一步评价，详见表 8-1-24。

表 8-1-24　滑坡危险性评价权重及分值表

目标层	准则层	权重	方案层	权重	分数	隶属度						
						几乎不可能	可能性很小	可能性小	偶然	可能	较为可能	几乎确定
滑坡危险性评估	滑坡总体特征	0.1133	滑坡规模	0.6169	30	0	0	0	0	0	0	1
			滑坡治理难易度	0.3831	50	0	0	0	0	0	1	0
	滑坡的形态特征	0.0968	前后缘高差	0.1669	30	0	0	0	0	0	0	1
			平均坡角	0.1806	30	0	0	0	0	0	0	1
			滑面形态	0.2868	65	0	0	0.5	0.5	0	0	0
			滑面平均坡度	0.3657	50	0	0	0	0	1	0	0
	坡体结构特征	0.1969	滑坡坡体结构	0.2445	30	0	0	0	0	0	0	1
			滑坡岩性特征	0.1154	20	0	0	0	0	1	0	0
			滑带特征	0.3730	80	0	0	0	0	0	1	0
			水文地质	0.2671	65	0	0	0.5	0.5	0	0	0
	变形破坏特征	0.1247	裂缝贯通性	0.4424	80	0	1	0	0	0	0	0
			变形发展特征	0.5576	80	0	0	0	0	0	0	0

续表

目标层	准则层	权重	方案层	权重	分数	隶属度						
						几乎不可能	可能性很小	可能性小	偶然	可能	较为可能	几乎确定
滑坡危险性评估	诱发因素	0.2580	降雨强度	0.2474	45	0	0	0	0	0.5	0.5	0
			人类活动强度	0.1957	30	0	0	0	0	0	0	1
			水库蓄水	0.2611	90	1	0	0	0	0	0	0
			地震	0.2958	30	0	0	0	0	0	0	1
	滑坡稳定系数	0.2103	滑坡稳定系数	1.0000	90	1	0	0	0	0	0	0

经计算拉月滑坡危险性评价值为 61.69，参照危险性评价集表（表 8-1-7），拉月滑坡堆积体在降雨、地震诱发因素作用下其危险性处于安全-欠安全之间，说明拉月滑坡堆积体在天然条件下整体稳定，但在极端降雨、地震等诱发因素作用下，仍有一定复活的可能性。

3. 拉月滑坡危害与易损性分析

根据现场调查，该滑坡所涉及的承灾体类型主要为人口、线状公路。具体来说，由于拉月滑坡堆积体距离场镇较远，其危害范围内只有一条三级公路（318 国道），其承灾体为公路设施及滑坡滑动后堆积范围的过往车辆、乘客。

1）人口易损性及损失评价：

$$E = \frac{WTn}{v} \tag{8-1-31}$$

式中，E 为滑坡灾害造成的预期死亡人数；T 为该公路设计每小时通车流量，此处参照三级公路流量设计标准与 318 国道常年平均通车流量，取均值 4000 辆/d；W 为滑坡发生后堆积掩埋的道路长度，可依据地形取堆积体宽度，此处取 400m；v 为该段公路设计时速，取 40km/h；n 为每小时内每一过往车辆携带乘客的平均人数，基于统计取 2.35。这里采取保守估计，认为一旦车辆被滑坡体掩埋，人口易损性为 1。故人口死亡计算结果为 $E = \frac{166.7 \times 0.4 \times 2.35}{40} = 3.91 \approx 4$（人）。

2）交通设施易损性评价

道路遭受滑坡灾害破坏后直接经济影响是道路恢复使用需要花费的成本及其过往车辆遭掩埋的损失，间接影响是造成交通中断，导致大量间接损失。因间接损失的核算非常复杂，涉及各种情况和各个方面，故不评价间接损失，仅就滑坡灾害发生后给路面、路基等造成的破坏程度和车辆损失情况进行简单估算。表 8-1-20 为滑坡灾害强度分区与对应的交通破坏状态及价值损失率，具体应用时可根据实际情况在区间内取值，在难以获取实际资料的情况下可采用平均值。此处采取保守估计，认为一旦车辆被滑坡体掩埋，车辆易损性为 0.4，并认为车辆单价均值为 20 万元/辆。交通破坏损失值：$200 \times 1 \times 0.4 + \frac{166.7 \times 0.4}{40} \times 20 = 113.34$（万元）。

4. 拉月滑坡复活风险分析

根据上述预期人口死亡数、经济损失结果，可得人口死亡等级为"严重"，经济损失等级为"较严重"；根据国家防灾减灾要领，以人为重，故最终拉月滑坡灾害后果等级定为"严重"；据此参考表 8-1-17 风险等级标准可得出，拉月滑坡堆积体复活属于"高风险"，必须采取风险处理措施降低风险并加强监测，并且满足降低风险的成本不高于风险发生后的损失。

5. 拉月滑坡堵江危险性分析[60]

由上所述，拉月滑坡堆积体可能在极端降雨、地震下触发，而一旦滑坡发生，由于地形限制该滑坡临空方向受阻，运动距离受到河流阻隔，滑坡体停积于河道之中，具有形成堵江堰塞坝的潜在风险。据此，对拉月滑坡堆积体再次启动堵江的可能性进行分析。

1）滑坡影响范围分析

滑坡运动距离是其势能的直接表现，是决定堵江与否的重要因素。由上文分析认为滑坡仅在极端降雨、地震诱发下沿基覆界面发生整体滑动，其预测滑动距离见表 8-1-25。

表 8-1-25 拉月滑坡堆积体未受阻隔预测滑动距离

预测距离计算公式	预测滑动距离值/m
$L_E = \dfrac{h}{1.001 - 0.379E}$ [57]	1305.4
$\ln R_T = 0.826 + 0.171 \cdot \ln V + 0.538 \cdot \ln h - 0.488 \cdot \ln(h/L_1)$ [58]	1332.1
$L_G = 1.701 V^{0.216} \cdot h^{0.510} \cdot (\tan\alpha)^{-0.107}$ [59]	1364.2

基于上述计算可得拉月滑坡堆积体未受到阻隔的滑动距离期望值为 1333.9m。

2）滑坡速度分析

沟谷型滑坡所具有的强大破坏力很大程度上依赖于其高速特点，针对拉月滑坡堆积体在极端诱发因素作用下整体滑动的特点，并基于滑坡堆积体并不具备典型剧动式滑坡的启程剧动效应的现实条件，认为其启动初速度为 0m/s。考虑滑体在下滑过程中的势能转换及滑程中摩擦的损耗，根据能量守恒定律，滑体系统的总能量等于行程运动中系统每一瞬间所具有的总能量。崩滑体滑落时某一瞬间的能量平衡方程式如下：

$$\frac{1}{2}mV^2 = \frac{1}{2}mV_{e0}^2 + mgh - mghf_1 \cdot \cot\alpha \tag{8-1-32}$$

式中：V_{e0} 为滑坡体剧发速度；h 为滑落体由静止开始下落的垂直高度；f_1 为动摩擦因数；α 为滑床面倾角；V 为滑落体某一瞬间的速度。

下滑过程中速度表达式为

$$V = \sqrt{V_{e0}^2 + 2gh(1 - f_1\cot\alpha)} \tag{8-1-33}$$

计算结果如图 8-1-4 所示。

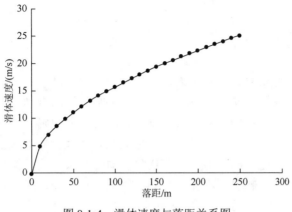

图 8-1-4　滑体速度与落距关系图

3）滑坡堵江危险性分析

将上述计算结果代入堵江危险性判别式（8-1-34）进行计算，其结果如表 8-1-26 所示。

$$K = 0.42 \cdot \frac{V_c}{V_{Min}} + 0.2 \cdot \frac{v_c}{v_w} + 0.29 \cdot \frac{R_c - L}{B} + 0.03 \cdot \frac{\gamma_c}{\gamma_w} + 0.04(1 - \cos\theta) + 0.03 \cdot \frac{J_c}{J_w} \quad (8\text{-}1\text{-}34)$$

式中：K 为危险性判别值；v_c，V_{Min} 分别为滑坡体积与堵江阈值；v_c，v_w 分别为滑坡体入汇速度与水流速度；R_c 为沟谷型滑坡未受河流阻隔的运动距离；L，B 分别代表滑坡后缘至河流距离与入汇区河道宽度；θ 为入汇角；γ_c，γ_w 分别为滑坡体和水流重度；J_c，J_w 分别为入汇坡脚坡度与主河水力坡降。

表 8-1-26　拉月滑坡堆积体再次堵江判别模型应用[60]

案例	堵江阈值/10⁴m³	入汇方量/10⁴ m³	滑坡入汇速度/(m/s)	主河流速/(m/s)	河宽/m	滑距/m	入汇物质容重/(10⁴N/m)	主河坡降/‰	入汇坡度/(°)	入汇角/(°)	K
拉月滑坡	181.07	112.5	25.24	5	45	1333.9	20.1	58.2	30	90	0.23

由表 8-1-26 可见，计算结果 K 为 0.23，参照表 8-1-27 沟谷滑坡堵江危险性等级划分，该滑坡堆积体再次滑动完全堵江的危险性低，仅会造成部分堵江，属于堵塞型滑坡，且堵塞程度较低。结合滑坡灾害链式风险评价方法，判定该滑坡复活并完全堵江的综合风险等级为中度风险。

表 8-1-27　沟谷滑坡堵江危险性等级划分[60]

等级	极高	高	中	低	极低
堵江危险性	1～0.8	0.8～0.6	0.6～0.4	0.4～0.2	0.2～0

8.2　巨型滑坡治理设计原则

根据上述典型巨型滑坡案例分析、机制模式及防治工程与滑坡机制的关系研究成果，提出巨型滑坡治理设计的以下 7 方面的原则。

8.2.1　机制分析为本原则

　　滑坡的治理设计首先应查明其成因机制，特别是巨型滑坡，对其成因机制的把握往往是治理成败与否的关键，设计人员对滑坡成因机制认识的合理程度和深刻程度往往会在很大程度上影响治理工程的成效。具体来讲，治理方案的确定要基于对整个滑坡体变形演化趋势的正确认识和潜在变形破坏模式的判断，治理措施布设的位置、强弱应结合滑坡具体的地质条件、变形破坏特征、演化阶段与趋势来确定，撇开滑坡的形成演化机制和具体部位的变形破坏趋势，不加区分和比选地盲目治理，通常难以保证巨型滑坡的治理效果。

　　在对巨型滑坡成因机制深刻认识和理解的基础上开展的治理工程有不少成功的案例，同样疏于对成因机制的深入理解而出现的治理工程失败的教训也不少。八渡滑坡由于查明了其变形的分级特性和分级蠕滑-拉裂-剪断机制，对滑坡进行了分级支挡，整治工程取得了既经济又安全的效果，有效地控制了滑坡变形，保证了南昆铁路的安全运营。川藏公路榛子林滑坡在成因上属于人类工程活动堆载引发的老滑坡复活，根据变形破坏程度将复活滑坡区分为主滑区和牵引区，其复活机制为分区蠕滑-拉裂-剪断，相应采取了不同强度的治理措施对其进行分区治理，即在主滑区设双排锚索桩支挡，而在牵引区仅设置一排普通抗滑桩，最终治理取得极大成功。四川宣汉天台乡滑坡的机制模式为滑移-拉裂-平推型，其滑动原因主要是暴雨作用下滑坡体中圈闭高水头地下水推动近水平岩层产生向临空方向的破坏性运动。因此，治理此类滑坡首先考虑排除滑体中的地下水。该滑坡的治理工程中，在滑坡体滑床中开掘两条横向排水廊道排除坡体中地下水，使滑坡在以后历次暴雨中都没有再产生大的滑动。攀枝花机场 12 号滑坡为整体推移式蠕滑-拉裂-剪断型滑坡，对其治理应先对后部填筑体进行支挡和锚固，阻止其继续滑动变形对下部老滑坡的推挤，然后对下部受推挤的老滑坡进行抗滑治理。这样才能从根本上消除整个滑坡的滑动变形。

　　可见，进行深入的滑坡成因机制分析，在获得对巨型滑坡变形演化和发展破坏趋势正确认识的基础上设置针对性的治理工程措施，是巨型滑坡成功治理的前提和关键。因此，对巨型滑坡的整治设计必须遵循机制分析为本的原则。

8.2.2　风险评估超前原则

　　巨型滑坡具有规模大、滑带深、成因机理复杂、治理难度大等特征。大量工程实践表明，对这类滑坡的治理工程设计稍有不慎就会导致整治工程难以达到目的或工程失效，对重大工程建设带来经济、工期、环保等诸方面的损失。因此，在巨型滑坡治理设计前，应对滑坡开展风险评估，并根据风险水平采取相应的对策进行处治。

　　（1）对于极高风险的巨型滑坡，工程建设最好采用绕避的方案，否则，必须不惜代价采用治理工程措施将滑坡风险至少降低到不期望的程度。

　　（2）对于高风险的巨型滑坡，必须采取治理措施将风险至少降低到可接受的程度，并加强滑坡监测。同时，要考虑且满足降低风险的成本不高于风险发生后的损失。

（3）对于中等风险的巨型滑坡，一般不需采取重大工程措施降低风险，但需要结合工程情况对滑坡开展必要的排水和监测，掌握滑坡的动态。

（4）对于低风险的巨型滑坡，不需采取风险处理措施和监测。

8.2.3　排水优先原则

巨型滑坡体内的地下水分布和活动规律极其复杂多变，往往具有其独特的运移规律。地下水与滑坡岩土介质之间存在着复杂的相互作用，一方面地下水改变着岩土体的物理性质、化学性质及力学性质，另一方面岩土体也改变着地下水自身的物理性质、力学性质及化学组分。其赋存状态和活动特征往往在滑坡变形演化过程和稳定状态分析中扮演着非常重要的角色。

总体来看，巨型滑坡体内的地下水对边坡表现为多种途径的弱化和降低其稳定性效应，包括静水压力效应、浮托力效应、渗透压力（或动水压力）效应、滑体充水增重效应和滑带土饱水软化效应等。

前述八渡滑坡设置排水工程前后的二维、三维流固耦合对比分析表明：对于巨型滑坡，对坡体内地下水和坡表水体的合理处治往往对其治理有着重大的意义。大量国内外巨型滑坡的治理工程实例表明：适当的排水工程措施和合理布置往往对巨型滑坡治理工程效果具有非同寻常的意义。一方面从应急角度，排水，可以改善滑坡的地质环境，延缓边坡向滑坡的变形演化进程，往往能迅速缓解巨型滑坡稳定恶化趋势，至少能改善和不恶化滑坡的稳定性现状，为后期治理赢得宝贵时间。另一方面，作为综合治理工程方案中的一种有效辅助措施，往往能通过排水实现巨大的工程经济效益，大量减少治理工程费用，达到事半功倍之功效。

因此，对于巨型滑坡的治理，条件允许时，应优先考虑实施坡表、坡体内的综合系统排水措施。

8.2.4　分级与分区治理原则

一般而言，巨型滑坡由于其规模大通常都表现出分级和分区的特征，治理工程设计中应充分依据滑坡的分级和分区特征，有针对性地开展设计工作，以便达到事半功倍的效果。

巨型滑坡在运动过程中由于上下不同部位的滑体的滑面形态不同、受力不同、运动阶段不同、下滑速度不同，会在不同滑块之间产生错落、次级滑动和分层滑动等。在剖面上，往往呈现出滑面高低成级，分成若干滑段。这种分级滑块往往上下牵连，上部推挤下部或下部牵引上部，产生联动效应。此外，受地形和滑面形态影响，有的巨型老滑坡的复活也会表现出上下分级滑动联动性不强的特点。如果不针对巨型滑坡的分级特点，按常规方法计算推力后在滑坡前缘布设支挡措施，所计算出的支挡工程规模要远超出现实技术水平要求，也不符合滑体变形的特点。同时，单一的前缘支挡对于阻止具有分级特点的滑坡中后部的变形也起不到很好的作用。因此，对巨型滑坡，特别是具有分级机制的巨型滑坡，除了前缘支挡外，还应将中部分为若干级进行分级支挡和分段治理。这样对滑坡的整体变形能做到整体控制，可以有效遏制滑体中后部的不断发展的变形。例如，由于查明了八渡滑坡变形的分级特性，在两级滑块的剪出口处，对滑坡分别进行了分级支挡和锚固，即在坡面相对平缓的下级滑块中使用锚索桩对滑坡进行支挡，在上级滑块使用锚索对较陡边坡进行锚固。分级对滑坡进行加固后八渡巨型滑坡整体变形得到了彻底控制，也解决了先期采用整体滑面计算导致推力过大不能处治的难题。

巨型滑坡受地表形态、滑面形态、诱发因素和滑动机制等影响，在平面上往往也会表现出分区特征，可将整个滑坡分成若干个子滑坡区。一般而言，有以下几种情况：子滑坡区横向排列、子滑坡区纵向排列、子滑坡区错落展布。不同的滑坡区内，滑坡的变形破坏特征、影响因素不同，物质组分也有区别，下滑机理也有不同，因此，对不同子滑坡区的防治措施也不能一概而论。如果没有经过精细化的勘察、滑坡分区及其相应防治方案的拟定和措施的设计等工作，就用统一的治理方案对整个滑坡区内不同的子滑坡进行处治，就会造成针对性不强、经济损失，甚至治理失败。因此，对巨型滑坡应进行精细化勘查和分区，针对不同区域的具体情况拟定不同的防治方案。例如，滑面浅且推力小的区域可用挡土墙支挡，滑面深且推力大的区域可用多级锚索桩支挡；局部复活的滑坡区采用简单措施，整体复活的滑坡区采用综合措施；主滑区采用较强的支挡措施，牵引区采用较弱的支挡措施等。此外，对老滑坡复活型巨型滑坡而言，其复活类型众多，包括整体沿单一老滑面复活、整体沿多滑面复活、整体沿新滑面复活、部分沿单一老滑面复活、部分沿多滑面复活、部分沿新滑面复活等。针对不同的复活情况，可采取不同的防治措施。部分复活的老滑坡应论证复活滑坡与整个老滑坡体的关系。当复活区滑坡对周围其他滑体的稳定性没有影响时，就仅针对复活滑坡区进行治理；当复活区滑坡对老滑坡其他部分的稳定性有影响时，除了治理复活区外，还应对其周边受影响的滑体进行加固防滑。例如，通过精细化勘察，复活的榛子林滑坡可以分为主滑区和牵引区。针对该滑坡的分区特点，对滑坡的两个变形区域进行有区别治理。在主滑区使用两排锚索桩进行支挡，在牵引区使用一排普通桩进行支挡。实践证明，这样的分区治理措施取得了良好效果。

8.2.5 分期治理原则

根据变形剧烈程度、威胁对象和应急防治的不同要求，可分期防治巨型滑坡。对于分区型巨型滑坡，第一期应治理对人类或工程威胁最大的区域，第二期主要对威胁小的、破坏不严重的区域进行处理。当分级型滑坡为推移式机制时，可以前期治理上部主动滑块，后期治理下部被动滑块。反之，则可前期治理下部滑块。攀枝花机场12号滑坡治理工程就印证了这一点，滑坡分为上部填筑体主动滑块和下部被动滑块，滑坡治理工程首先对上部滑块进行阻滑治理，控制住上部滑块不断发展的变形和对下部的推挤作用，然后对下部被动滑块进行有针对性的治理。

根据滑坡体所处的变形阶段和演变时期的不同，进行有针对性的治理。当滑坡处在减速滑动阶段时，由于滑坡变形初期，位移量小，推力不大，还处于孕育演化的初期，对滑体实施主动支挡就可以阻止其滑动，并且治理工程的规模小；当滑坡处于等速滑动阶段时，滑坡开始启动，并以一定速率下滑，此阶段经历的时间长，这时滑坡的变形持久，且推力大，应对滑体进行综合治理，可对坡体进行排水、削方反压、抗滑支挡和锚固，把坡体的变形速率降下来，从而使滑坡渐渐稳定；当滑坡处于加速滑动阶段时，滑体处于完全运动状态，滑面贯通，变形量不断增大，变形速度加快，处于完全破坏的边缘，此时应对滑坡进行实时监测，并且采取应急阻滑措施，如前缘堆载反压、打入抗滑桩、锚索加固等措施，如果还不能制动，就应采取避让措施，避免人员伤亡。

8.2.6 重点治理原则

巨型滑坡规模大，影响范围广，对其治理不能实行一刀切，应遵循全面治理与重点治理相结合的原则和思路，尤其要根据滑坡的变形特点和威胁对象重点治理引起滑坡的主要因素或威胁大的滑坡区域。例如，对于滑移-弯曲-剪断模式的滑坡，应重点加固坡体的弯曲部位；对于滑移-拉裂-平推模式的滑坡，应重点排除地表水和坡体内的地下水；对于蠕滑-锁固-溃滑模式的滑坡，应重点加固坡体的锁固段，防止其产生累进性剪断破坏。工程实践中还应根据滑坡的威胁对象，在全面分析滑坡治理工程的技术和经济指标的基础上，重点对构成严重威胁的滑坡区域进行治理，而对不产生严重威胁的滑体部分采用一般性治理手段。例如，榛子林滑坡的后部对川藏公路构成严重威胁，治理工程要保护的对象是横穿滑坡后缘的川藏公路，因此，设计中重点在滑坡后部的公路外侧对坡体进行锚索桩加固，而公路下方的滑体由于没有威胁对象仅仅采用减载反压治理工程，没有实施支挡措施。工后监测和评估表明，这样的重点治理设计既保证了公路的安全，又使滑坡趋于稳定。

8.2.7 相互作用分析原则

前述研究表明，巨型滑坡由于自身的特点，整治工程设计中涉及的技术问题多，设计难度大，现有的基于滑坡推力作用于治理结构的设计方法已经不能满足巨型滑坡治理设计的需要。将滑坡体的推力计算与治理结构分开来独立设计的方法没有考虑滑坡与治理结构的相互作用，在巨型滑坡设计中弊端突出，容易引起治理结构产生累进性破坏，进而导致整治工程失败。攀枝花机场 12 号滑坡多排抗滑桩工程的失败就是典型实例。因此，巨型滑坡治理设计中必须考虑滑坡体与治理结构的相互作用。

根据目前岩土工程的理论和技术方法现状，建议巨型滑坡治理设计中考虑滑坡与治理结构相互作用时遵循以下原则。

（1）在传统设计计算方法的基础上，采用基于变形理论的相互作用分析法检验和校核设计的合理性和科学性，并进行调整和优化。

（2）相互作用分析法的基本理论和方法为基于有限元法和有限差分法的数值模拟法及基于离心模型试验的物理模拟法。

（3）巨型滑坡治理设计中考虑相互作用分析时，可以依据滑坡的规模和复杂程度，选择一种或多种相互作用分析方法。

（4）巨型滑坡勘察中，应获取满足滑坡与治理结构相互作用分析的力学参数。

8.3　巨型滑坡治理模式

选择合理而有效的治理措施，是巨型滑坡整治工程能否达到预期目的的关键。工程界普遍认为这是一项纯工程问题，偏向于选择各种支挡结构物来解决问题，在支挡效果、施工难易、工程造价等方面考虑的多，而对巨型滑坡这种独特的地质灾害特有的形成条件、产生原因、变形破坏机制和几何边界条件（滑动面的埋深和形状）重视不够。大量实践经验证明，对这些方面缺乏深刻了解而导致治理工程失效的事例在国内外屡见不鲜。意大利 Craco 滑坡、韩城电厂滑坡、攀枝花机场 12 号滑坡等均因为曾对滑坡机制认识不够，而出现惨痛教训。

因此，巨型滑坡的治理，特别需要在对其成因机制深刻认识的基础上，从科学、安全、有效、经济合理的角度慎重选择治理措施。下面首先阐述常用的巨型滑坡防治措施类型，然后在此基础上结合巨型滑坡的机制类型和常见特点，探讨巨型滑坡几种科学合理的治理模式[61]。

8.3.1　巨型滑坡防治措施类型

1. 绕避

在大型基础设施如铁路（公路）选线时，通过地勘报告查明是否有巨型滑坡存在，反复比选，并对路线的整体稳定性做出判断，对路线有直接危害的高风险巨型滑坡宜避开。

绕避最直接的办法就是改移线路，在选线时要以地质选线为原则和指导思想，在可研、初测和定测阶段加强地质勘察工作，详细查明所遇到的巨型滑坡的规模、性质、稳定状态、发展趋势和危害程度等情况，尽量避开高风险巨型滑坡路段。在通过巨型滑坡地段时，应尽量避免工程活动对滑坡的扰动，可以采用工程跨越，如以桥代路、用桥跨河、隧道绕避等方法。例如，成昆铁路选线曾绕避 100 余处滑坡；宝鸡至兰州的铁路二线选线时多次跨河避开不良地段，以保证铁路运输的畅通；宝天铁路在葡萄园车站东西两段均采用桥梁跨渭河，以避开滑坡群和大型滑坡[62]。

2. 局部治理和监测预警

由于巨型滑坡体积巨大、成因机制复杂、彻底治理费用巨大，代价高昂，在无法绕避或勘测阶段未查出形成既成事实的情况下，条件允许时，局部治理、长期监测往往会成为首选。通过监测预警结果来确定下一步对巨型滑坡的防治措施。具体的做法是，首先对将要形成直接危害的巨型滑坡体局部进行应急整治；然后对整个巨型滑坡进行监测预警。监测的目的是了解和掌握滑坡灾害发生与演变规律，适时捕捉滑坡灾害临近爆发成灾的特征信息，及时预报滑坡灾害的发生和发展趋势，及时准确发出预警信息，为防灾救灾赢得宝贵的时间，以便采取有效防灾避险措施，从而减轻滑坡灾害损失。滑坡灾害的时空分布规律决定了监测工作必须在不同的空间尺度上分层次进行，同时根据滑坡灾害随时间演化的阶段性规律，突出重点，进行全方位的立体监测。监测内容大致可包括地表变形监测、水文因素监测、地音监测、环境因素监测、深部变形监测、支护结构监测、巡视监测。根据滑坡体的赋存条件、形体特征和变形特征，因地制宜地进行布设。监测网由监测线（剖面）和监测点组成，要求形成点、线、面、体的立体监测网，全面监测滑坡体的变形方位、变形量、变形速率、时空动态及发展趋势，满足监测预报各方面的具体要求。贵新高速的螺丝冲滑坡体积约 $600 \times 10^4 m^3$，滑坡持续移动已历时 30 多年，是一处缓动巨型滑坡，如若彻底治理，费用将达 1.3 亿元之巨。经多方案比选，最终采用局部治理和长期监测方案，达到了既节省投资又安全的目的[63]。需要指出的是，这种治理设计思路需要对巨型滑坡的形成演化有全面的、深刻的认识。此外，这种治理设计思路也对监测预警系统的精度、风险评估和治理决策过程提出了很高要求。

3. 排水

此类措施包括将地表水引出滑体外的地表排水和降低地下水位的地下排水措施。地表排水通常包括拦截流向滑坡的地表水的后缘环状截水沟和引排滑坡范围内的地表积水及地下水露头（泉水、湿地及其他水体）的树枝状排水沟两部分，以避免地表水下渗，增加滑体重量、软化滑带土。地表排水作为一种直接而有效的措施被普遍采用。1982 年发生的四川云阳鸡扒子滑坡（近 $1300 \times 10^4 m^3$）仅通过地表排水工程就达到成功治理的目的，近 40 年该滑坡一直保持稳定[64]。地下排水措施使用较多的是排除滑坡浅层滞水的支撑渗沟、截水盲沟等，其对防止中小型土质滑坡或老滑坡的局部复活较为有效。其他深层地下排水措施如集水井、泄水洞（排水廊道）、仰斜排水孔等通常形成一套地下排水体系来大规模排除巨型滑坡滑体内的地下水，对稳定巨型滑坡有显著效果。例如，湖北巴东黄腊石滑坡采用地表排水工程和垂直钻孔群与滑动面以下的排水廊道相连的地下排水工程进行整治，此方法对稳定该滑坡起了良好的作用[64]。值得提出的是，以排水为主、综合支挡、综合治理的技术思路已被广泛运用于巨型滑坡整治工程实践中。例如，南昆铁路八渡车站巨型滑坡，采用地面（设置横 8 竖 4 共 12 条截排水沟）地下（设两条泄水洞）立体排水、锚索和锚索桩支挡、建立滑坡地质环境保护区（区内植草绿化）的综合治理措施，并取得了成功，被誉为 20 世纪 90 年代巨型滑坡治理的成功典范[65-67]。再如，四川宣汉天台乡滑坡，采用地表排水（疏通加固 4 条大冲沟，设置 16 条支沟）、地下排水（南北两条排水廊道和竖向排水井群）和滑体前缘抗滑桩工程使滑坡得以成功治理[68]。另外，日本多采用大口径集水井（直径可达 6m 以上）、水平排水洞及排水管孔组合在一起的深层降水系统，结合抗滑桩及预应力锚索等抗滑结构（抗滑桩直径可达 $6 \sim 7m$）进行巨型滑坡治理，也取得了良好效果。

4. 抗滑锚固（锚固与支挡）

1）预应力锚索

巨型滑坡滑体厚，潜在破裂面位置较深，采用施工快捷的预应力锚索加固通常是应急（抢险）整治的首选。预应力锚索采用无黏结型，内锚固段结构按受力状态可分为摩擦型和承压型两种形式，为砂浆胶结锚固。外锚固形式有承压板（钢筋混凝土垫墩或地梁）和抗滑桩，前者锚索锚固在承压板上，预加应力通过承压板传给滑坡体，后者锚固在抗滑桩上，与抗滑桩共同作用，抵抗滑坡下滑力。例如南昆铁路八渡滑坡，在线路右侧次级滑坡采用了预应力锚索，随着锚索的张拉，滑坡变形迅速得到有效抑制，效果明显。

2）抗滑桩

抗滑桩分为埋入式桩、悬臂式桩和锚拉桩三种。埋入式桩是将桩埋入地面下一定深度，减小了桩长，抗滑桩的弯矩和截面减小，节省材料和工程造价；悬臂式桩一般与其他挡土结构一起形成复合支挡结构，如桩间挡土板、桩基拖梁挡土墙、桩间挡土墙、桩间土钉墙等；锚拉桩由于在抗滑桩桩顶或上部施加横向拉力，改善了抗滑桩的受力状况，其截面较抗滑桩一般可以减小 30%～50%，节省材料和工程造价。在巨型滑坡的防治工程中，组合式或多排抗滑桩十分常见，多是分上下多级布置在坡体变形较大的不同位置。通常设置在滑坡前缘抗滑段滑体较薄处，以便充分利用抗滑段的抗滑力，减小作用在桩上的滑坡推力，减小桩的截面和埋深，降低工程造价。在推力很大情况下，采用多排桩或多排锚拉桩。其主要优点如下：①抗滑能力大，支挡效果好；②对滑坡稳定性扰动小，施工安全；③设桩位置灵活；④能及时增加滑体抗滑力，保证滑坡的稳定；⑤桩井可作为勘探井，验证滑面位置、滑带土特性以便调整设计，使之更符合实际。南昆铁路八渡滑坡、四川丹巴滑坡、张家坪滑坡等，均采用多排抗滑桩（锚拉桩）稳定了滑坡。值得指出的是，抗滑桩作为预加固手段可有效防止巨型古滑坡复活和工程滑坡的发生。

5. 减重反压

减重反压即主动改变滑坡的几何形态，通过滑坡上部削方减重、前缘压脚，达到减小了下滑力、增大了抗滑力的目的，以提高滑坡的稳定性。通常作为一种应急措施，减重反压对减缓滑坡变形，防止灾难性滑动具有明显效果，同时也为勘察设计和施工争取了时间，保证了施工安全，一定程度上减小了支挡工程量，节约了工程造价。这种方法特别适合于滑面后段较陡或者前缘较薄的巨型滑坡，但要特别注意削方是否可能引起二次滑坡。

8.3.2　抗滑锚固＋地表排水模式

这类模式以抗滑锚固为主，地表排水为辅，主要适用于人工开挖或坡体自身长期蠕变引起的崩滑堆积体巨型土体滑坡和岩质巨型滑坡。崩滑堆积体巨型滑坡，由于坡体结构脆弱，易受开挖扰动影响，导致局部或整体沿单级或多级软弱层和老滑面滑动；滑坡机制有整体型蠕滑-拉裂-剪断模式、分区型蠕滑-拉裂-剪断模式、分级型蠕滑-拉裂-剪断模式。对坡体结构为顺层或中陡倾内的岩质巨型滑坡，自身坡脚抗力不足或坡脚开挖导致坡体沿单一或多条层间软弱带发生明显滑动变形；滑坡机制主要有滑移-拉裂-剪断模式、滑移-锁固-剪断模式。上述巨型滑坡常见的滑面形态有后陡前缓型、缓长型、顺层型、多级滑面型和多剪出口型。这类治理模式中抗滑锚固结构主要采用抗滑桩、预应力锚索及其组合结构，常用的滑坡支挡结构类型包括双排抗滑桩、单排椅式桩、多排抗滑桩、单排抗滑桩＋单排椅式桩或框架桩、单排抗滑桩＋单排锚拉桩、单排抗滑桩＋单排锚拉桩＋双排埋入式抗滑桩、单排抗滑桩 + 多级锚索、单排锚拉桩 + 多级锚索、双排抗滑桩 + 多级锚索、双排锚拉桩 + 多级锚索等，详见图 8-3-1。利用"抗滑锚固 + 地表排水"模式成功治理巨型滑坡的案例较多，详见附录，例如，①焦柳铁路施溶溪 2 号滑坡，体积 $190 \times 10^4 m^3$，在铁路路基开挖扰动下沿着双层软弱面滑动，滑动机制为滑移-拉裂-剪断模式，在坡脚施作了单排椅式桩墙后，滑坡得到成功治理[69]，值得强调的是，椅式桩墙突破了嵌固地层条件差、地基岩土抗力低和一般悬臂式抗滑桩工程量过大的困难，大量节约了建筑材料。②林织铁路 ZDK52 滑坡，体积 $400 \times 10^4 m^3$，受坡体中部路基开挖扰动，坡体沿基覆界面滑动变形，滑坡机制为整体型蠕滑-拉裂-剪断模式，在坡体中部和中上部分别施作了单排框架桩和单排抗滑桩后，保证了路基的稳定[70]。③南涪铁路沙溪沟滑坡，体积 $300 \times 10^4 m^3$，受路基开挖和降水影响，老滑坡体分期、分级复活，老滑面中后部倾角较陡，坡脚附近变缓，纵向上具有三级滑动趋势，滑坡机制为分级型蠕滑-拉裂-剪断模式，采用了四排抗滑桩才稳定住了滑坡，其中，坡体中后部三排抗滑桩有效控制住了中后部次级滑体变形，坡脚单排抗滑桩稳定住了前部次级滑体[70]。④重庆云阳五峰山滑坡，体积 $150 \times 10^4 m^3$，由于坡脚抗力不足，坡体沿着一条陡倾顺层软弱面滑动变形，滑动机制为滑移-拉裂-剪断模式，通过单排抗滑桩固脚和多级锚索锁腰后滑坡获得了稳定[71]。

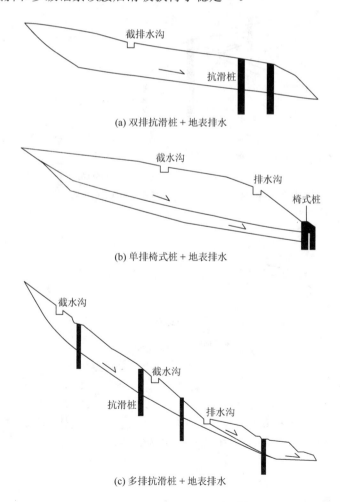

(a) 双排抗滑桩 + 地表排水

(b) 单排椅式桩 + 地表排水

(c) 多排抗滑桩 + 地表排水

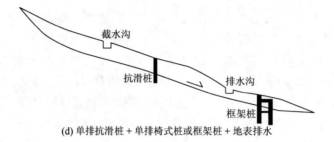

(d) 单排抗滑桩 + 单排椅式桩或框架桩 + 地表排水

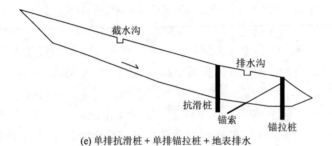

(e) 单排抗滑桩 + 单排锚拉桩 + 地表排水

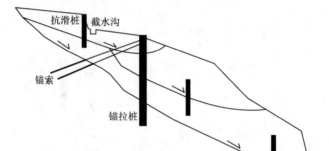

(f) 单排抗滑桩 + 单排锚拉桩 + 双排埋入式抗滑桩 + 地表排水

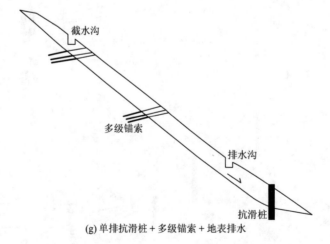

(g) 单排抗滑桩 + 多级锚索 + 地表排水

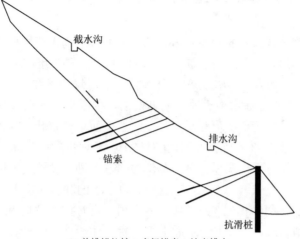

(h) 单排锚拉桩 + 多级锚索 + 地表排水

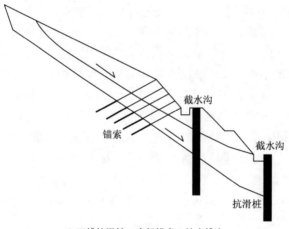

(i) 双排抗滑桩 + 多级锚索 + 地表排水

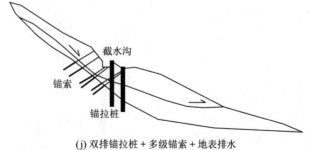

(j) 双排锚拉桩 + 多级锚索 + 地表排水

图 8-3-1　抗滑锚固 + 地表排水治理模式结构示意图

8.3.3　抗滑锚固 + 滑带排水 + 地表排水模式

这种巨型滑坡治理模式以抗滑锚固和地表、地下排水为主要措施，强调了排除滑体和滑带地下水的重要作用，主要适合于崩滑堆积体、冰水（碛）堆积体、人工填筑体巨型土体滑坡和近水平层状、顺层及切层巨型岩体滑坡。崩滑堆积体和冰水（碛）堆积体滑坡，坡体结构松散，富水性强，通常由于前缘坡脚人工开挖或水库蓄水并在暴雨联合作用下发生大规模滑动，滑面呈后陡前缓形和顺层形，前者坡面呈台阶状，有较多陡坎，前缘滑体厚，后者坡面与滑面近似平行，前缘滑体相对较薄；滑坡机制有整体型蠕滑-拉裂-剪断模式、分区型蠕滑-拉裂-剪断模式和分级型蠕滑-拉裂-剪断模式。人工填筑体巨型滑坡，往往受填筑界面、基底倾外软弱层控制，在暴雨、地下水的联合作用下发生整体失稳，滑坡机制主要有蠕滑-拉裂-剪断模式，如果填筑体中预先设有抗滑结构而又存在设计缺陷，滑坡机制可表现为蠕滑-锁固-溃滑模式。近水平层状岩体滑坡，其坡体结构为平缓软硬互层状，滑面较平缓，由暴雨引起的高孔隙水压力和扬压力作用导致滑坡启动，滑坡机制类型为滑移-拉裂-平推模式。顺层和切层岩体滑坡，坡体结构较为破碎，透水性强，坡体中具有单个或多个软弱带，形成隔水层，集水性强，地下水丰富，通常由坡脚人工开挖和暴雨的共同作用导致整体或多级滑动，滑坡机制为滑移-拉裂-剪断模式。这类巨型滑坡治理模式示意见图 8-3-2，其中，抗滑锚固结构同样主要采用抗滑桩、预应力锚索及其组合结构，有时还会用到抗滑挡墙或加筋挡土墙。地下排水主要采用排水平硐和仰斜排水孔，有时也会用到集水井。这类治理模式的典型工程案例有：①四川宣汉天台乡滑坡，在坡体中前部地下水富集区开设横向或纵向的排水隧洞进行排水，不断减小滑坡的变形速度和位移量，然后在前缘阻滑段实施抗滑桩进一步对滑坡进行加固［图 8-3-3（a）］，阻止滑坡的滑动变形，最终达到稳定滑坡的目的[68]；②南昆铁路八渡滑坡［图 8-3-3（b）］、箭丰尾滑坡［图 8-3-3（c）］、张家坪滑坡［图 8-3-3（d）］、大坪滑坡［图 8-3-3（e）］、攀枝花机场 12 号滑坡［图 8-3-3（f）］和向家坡滑坡［图 8-3-3（g）］等治理工程，使用分级治理方法，依据坡面与滑面的陡倾关系，使用锚索、抗滑桩及其组合结构进行加固，稳定住滑体，然后，针对坡内地下水积存问题，在合适的滑面附近开凿排水隧洞或相宜部位设置仰斜排水孔排除地下水。

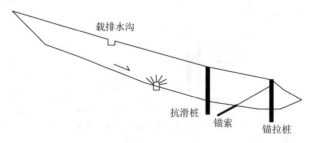

图 8-3-2　抗滑锚固 + 滑带排水 + 地表排水治理模式示意图

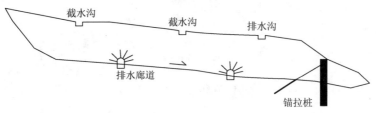

(a) 四川宣汉天台乡滑坡治理示意图[68]

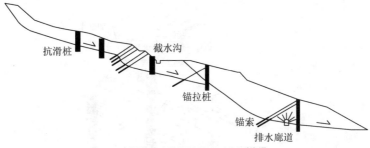

(b) 南昆铁路八渡滑坡治理示意图[65-67]

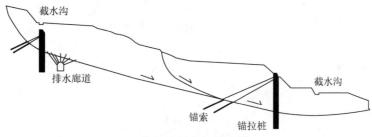

(c) 箭丰尾滑坡治理示意图[72]

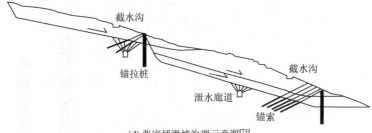

(d) 张家坪滑坡治理示意图[73]

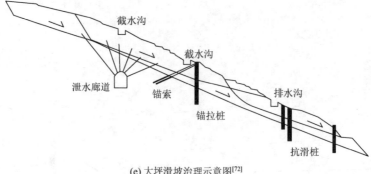

(e) 大坪滑坡治理示意图[72]

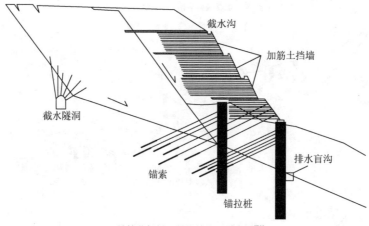

(f) 攀枝花机场12号滑坡治理示意图[72]

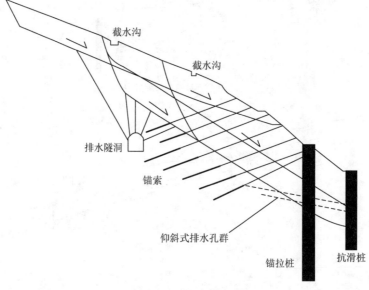

(g) 向家坡滑坡治理示意图[74]

图 8-3-3 抗滑锚固 + 滑带排水 + 地表排水治理模式典型工程应用

8.3.4　减载反压 + 抗滑锚固 + 地表排水模式

这种治理模式主要针对滑移-拉裂-剪断机制和倾倒-拉裂-剪断机制的岩体滑坡与蠕滑-拉裂-剪断机制的土体滑坡。它既适用于老滑坡复活形成的巨型滑坡，又适用于人工堆填巨型滑坡的防治。滑坡多为推移式滑坡，后缘滑体厚大，对滑坡下部产生推挤，成为滑坡滑动的主要动力。滑坡的坡面较陡，滑面后部陡于前部。治理这类滑坡首先应采用后部削方减载，前部堆载反压的思路。这样，一方面减小滑坡滑动推力，另一方面为后部锚固创造理想的施工场地和合适的锚固长度。同时，在前缘滑坡的剪出口附近进行堆载反压，并使用抗滑桩或抗滑挡墙进行加固。这类巨型滑坡治理模式示意见图 8-3-4，其中，抗滑锚固结构同样主要采用抗滑桩、预应力锚索及其组合结构，有时还会用到抗滑挡墙。减载反压可以依据地形地质条件灵活采用。这类治理模式的典型工程有：①丹巴滑坡，体积 $220×10^4 m^3$，人工开挖坡脚，导致老滑坡局部复活，滑坡机制为分区蠕滑-拉裂-剪断模式，复活滑坡滑面较陡，前缘没有明显的抗滑段，采用坡脚反压工程有效减缓了坡体变形，为永久加固工程赢得了施工时间。最后通过多级锚索锁腰和坡脚锚拉桩加固（图 8-3-5）稳定住了滑坡[62]。②成昆铁路毛头马 1 号隧道进口滑坡，隧道在坡体中部靠滑面处，坡体结构为倾坡外的软硬互层，坡体后部厚，前部较薄，由于隧道开挖，坡体发生滑移，滑坡机制为滑移-拉裂-剪断模式。利用隧道位置特点，采用减载反压 + 深埋式抗滑桩 + 地表排水工程（图 8-3-6）保证了隧道施工和运营安全[62]。③绵竹至茂县二级公路 K36 滑坡，体积 $734×10^4 m^3$，由于河水冲刷掏蚀坡脚抗滑段，滑坡在自重作用下蠕滑变形，滑坡机制为整体型蠕滑-拉裂-剪断模式，公路路基位于坡体前缘，为了保护公路安全，采用"砍头" + "压脚" + 多级锚索 + 抗滑挡墙 + 地表排水措施成功治理了滑坡（图 8-3-7）[72]。④三峡库区武隆县政府滑坡，体积 $585.5×10^4 m^3$，由于河水长期淘蚀坡脚，坡脚临空面不断加大的同时抗滑段抗力不断降低，在坡体主滑段上大量房屋的加载作用下，坡体沿着顺向软弱层面滑移变形，滑坡机制为滑移-拉裂-剪断模式。为了降低主滑段下滑力，对主滑段中后部进行了大量清方，然后施作了三排深埋式抗滑桩，同时在坡脚局部回填反压，并施作了一排斜撑桩共同承担滑坡的下滑推力（图 8-3-8），并做了相应的河岸防护措施，最终成功治理了滑坡[72]。

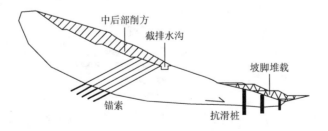

图 8-3-4　减载反压 + 抗滑锚固 + 地表排水治理模式示意图

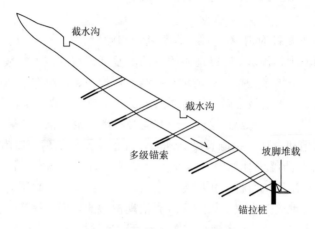

图 8-3-5　丹巴滑坡治理示意图[62]

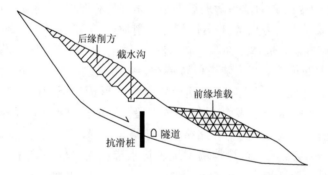

图 8-3-6　成昆铁路毛头马 1 号隧道进口滑坡治理示意图[62]

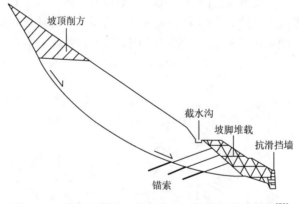

图 8-3-7　绵竹至茂县二级公路 K36 滑坡治理示意图[72]

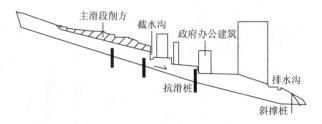

图 8-3-8　三峡库区武隆县政府滑坡治理示意图[70, 72]

8.3.5　减载反压 + 抗滑锚固 + 滑带排水 + 地表排水模式

这类治理模式强调以排除坡体内部地下水为前提，在大量削除中后部滑体、减小下滑推力后，依据滑坡与保护对象特点，辅以坡脚回填反压和抗滑锚固措施对滑坡进行综合治理。这类模式主要适用于整体型蠕滑-拉裂-剪断型崩滑堆积体巨型滑坡、滑移-拉裂-剪断型顺层巨型滑坡和倾倒-拉裂-剪断型巨型滑坡。对于某些堆积体滑坡，受地形条件和坡体结构影响，坡体内部地下水丰富，特别是在基覆界面、老滑带等附近积水多，地下水弱化作用显著；而某些顺层和切层岩体滑坡，受构造、风化等作用，岩体较为破碎，为地下水的汇集、径流、积存提供了有利条件，因而坡体中地下水丰富，地下水活动强烈。因此，排除地下水是治理该类巨型滑坡的重点。同时，对于推移式巨型滑坡而言，往往其后部滑体厚、推力大，必须在其后部进行削方减载、前缘实施反压后才能改变坡体应力状态、减小滑坡推力。因此，减载反压也是这类治理模式重要的工程措施之一。在此基础上，再依据应力状态改变后的滑坡推力设计必要的抗滑锚固结构，达到滑坡标本兼治的目的。这类巨型滑坡治理模式示意见图 8-3-9，其中，减载反压可以依据地形地质条件灵活采用，地下排水主要采用排水平硐和仰斜排水孔，有时也会用到集水井。这类治理模式的典型工程如鄂西南水布垭电站大岩淌滑坡，体积 $588 \times 10^4 m^3$，受水库蓄水和暴雨影响，滑坡在地下水动力作用下发生大规模变形，滑坡机制为整体型蠕滑-拉裂-剪断模式，通过在滑坡下部施作排水廊道排除地下水，在滑坡上部大规模清方后，滑坡变形速率明显变小，最后在坡脚施作了单排抗滑桩以后（图 8-3-10），滑坡恢复了稳定[73, 75]。

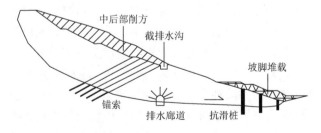

图 8-3-9　减载反压 + 抗滑锚固 + 滑带排水 + 地表排水模式治理模式示意图

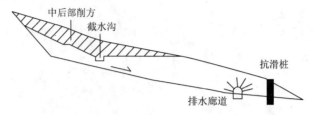

图 8-3-10　鄂西南水布垭电站大岩淌滑坡治理示意图[75]

8.4　巨型滑坡的土地利用

　　滑坡体的利用主要包括交通线路通过滑坡和居民用地选址于滑坡体之上。巨型滑坡规模大，危害严重，治理费用高昂，且通常会延误基础建设工期等，在选线选址时首先考虑的是绕避处理，包括线路绕避，以及桥梁跨越、隧道下穿滑体绕避等，然而，在土地资源宝贵的高山峡谷区，一味地避让巨型滑坡也不是最优选择，在这种情况下必须开展巨型滑坡治理，有效的滑坡治理工程才能够保证基础建设的正常运营及人、财、物安全，才能确保滑坡土体的有效利用。滑坡治理方案建立于滑坡的勘察工作之上，因此，前期勘察阶段事先认识和查明巨型滑坡及容易发生滑坡的地段尤其重要，在此基础上，必须查明巨型滑坡主控因素及机制，遵循巨型滑坡治理设计原则，采用相应的科学治理模式，尽量利用巨型滑坡有利部位，综合考虑施工难易程度、滑坡与工程建设相互影响和造价等因素来选择最佳通过方案。

8.4.1　线路工程通过巨型滑坡体选线研究

　　线路选线方案必须要通过巨型滑坡体时，应根据巨型滑坡机制的特点采取相应的治理措施。对分区、分级型蠕滑-拉裂-剪断型老滑坡，线路应在复活区外侧且有利于滑坡稳定的部位，尽可能不在复活区坡体中上部加载和坡脚开挖卸荷，若线路必须通过复活区，则开展针对性分区、分级抗滑治理。对蠕滑-锁固-溃滑型滑坡，线路应在锁固段以下合理部位，尽量避免破坏锁固段，若锁固段抗力不足需进行注浆补强处理或设置抗滑工程。对因暴雨诱发的滑移-拉裂-平推型滑坡，线路应在坡体中后部，同时在坡体内部设置排水廊道和地表排水措施，并在坡脚设置抗滑工程。对受软弱层控制的滑移-拉裂-剪断型滑坡，线路宜从坡体后部通过，但应避免中后部主滑段加载，可削方减载或设置多级锚索，也可以考虑注浆增强软弱层强度，坡脚抗力不足时应设置抗滑工程或填方反压。对顺层结构面控制的滑移-弯曲-剪断型滑坡，线路可以从坡体后部通过，应在中后部滑移段削方减载或设置多级锚索，坡脚隆起锁固段注浆补强后设置地梁锚索。对倾倒-拉裂-剪断型滑坡，线路宜从坡脚通过，应尽量削除坡体后部深厚的全强风化中陡反倾岩层，而后施加多级锚索锁住潜在变形体。对具上硬下软坡体结构的滑移-锁固-剪断型滑坡，线路宜从锁固段以上部位通过，应对坡体锁固段以下"软基"进行注浆补强或设置桩基拖梁，对坡体上部可以削方、锚固或排水。

需要注意的是，当线路穿越滑坡体等特殊地质段时，为了避免大规模开挖对滑坡造成较大扰动，一般会选择隧道方式穿越滑坡体。穿越滑坡体的隧道段的施工有可能会引发大规模坡体变形甚至诱发滑坡体复活，从而造成隧道入口段衬砌变形破坏，影响施工安全和工程建设进度。因此，未来亟须开展滑坡与隧道相互作用机理研究及其治理对策研究等方面的工作。

8.4.2　巨型滑坡土体与城镇基础设施建设一体化研究

高山峡谷区土地资源宝贵，若盲目地城镇扩张，可能会诱发巨型滑坡，如丹巴县城曾因修民房在古滑坡坡脚挖方而导致滑坡复活。将城镇基础设施建设与巨型滑坡防治相结合，开展一体化研究的趋势越来越明显。我国三峡库区就以滑坡防治和基础建设的安全稳定性为基本条件，将沿江交通建设与滑坡治理统一设计，一体治理，并充分结合滑坡防治工程和基础建设的设计，合理确定了具有承重、阻滑等多重结构功能的综合性防护结构物的形式、布置等。为了确保巨型滑坡的稳定性和巨型滑坡土体的有效利用，根据具体工程和地质环境问题的特殊性，将巨型滑坡治理工程与城镇建设的规划、设计和施工一体进行成为新的研究必要。

8.5　本 章 小 结

（1）在典型巨型滑坡实例研究的基础上，通过多种因素分析和方法集成，对巨型滑坡的危险性、易损性及风险评估进行了系统研究，建立了一套适于西南地区巨型滑坡风险评估的方法体系和工作流程。提出了巨型滑坡风险评估的思路、要点和技术路线，遴选出滑坡危险性评价的两级指标体系（其中，一级指标为滑坡的总体特征、滑坡的形态特征、坡体结构特征、变形破坏特征、诱发因素和滑坡稳定系数），建立了基于层次分析-模糊综合评判和可靠度分析的巨型滑坡危险性评价方法。在此基础上，通过对世界上的一些大型、灾难性滑坡及巨型滑坡数据库的分析，得到了单个巨型滑坡灾害的可接受风险水平（死亡率）为 10^{-6}，并建立了相关的风险等级标准及风险接受准则。最后，通过工程实例进行了成功的应用。

（2）在巨型滑坡案例分析、机制模式及防治工程与滑坡机制关系研究的基础上，首次提出巨型滑坡治理设计的 7 项原则：①机制分析为本原则；②风险评估超前原则；③排水优先原则；④分级与分区治理原则；⑤分期治理原则；⑥重点治理原则；⑦相互作用分析原则。最后根据上述原则，提出了 4 种巨型滑坡治理模式：①抗滑锚固＋地表排水模式；②抗滑锚固＋滑带排水＋地表排水模式；③减载反压＋抗滑锚固＋地表排水模式；④减载反压＋抗滑锚固＋滑带排水＋地表排水模式。

（3）阐述了巨型滑坡土地利用的前提条件，依据各类型巨型滑坡机制的特点，提出了相应的选线位置和滑坡治理建议，并指出了当前及以后亟须解决的与巨型滑坡土体利用相关的问题。

参 考 文 献

[1]　Sheko A I. Theoretical principles of regional temporal prediction of landslide activation. Bulletin of Engineering Geology and the Environment，1977，16（1）：67-69.

[2]　Hansen M J. Strategies of Classification of Landslide//Burnsden D，Prior D B. Slope Instability. New York：John Wiley &Sons Publishers，1984.

[3]　Einstein H H. Special lecture：landslide risk assessment procedure. Proc 5th International Symposium on Landslides，1988.

[4]　Carrara A，Guzzetti F，Cardinali M，et al. Use of GIS technology in the prediction and monitoring of landslide hazard. Natural Hazards，1999，20（2/3）：117-135.

[5]　Ragozin A L. Landslide hazard，vulnerability and risk assessment. Landslides in Research，Theory and Practice，2000：1-28.

[6]　殷坤龙，晏同珍. 汉江河谷旬阳段区域滑坡规律及斜坡不稳定性预测. 地球科学，1987，12（6）：631-638.

[7]　晏同珍，骆培云，王建锋，等. 滑坡灾害与滑坡学科略论. 中国地质灾害与防治学报，1996，（S1）：20-26.

[8]　张梁，张业成. 地质灾害经济损失评价方法研究. 中国地质灾害与防治学报，1999，（2）：96-102.

[9]　柳源. 中国地质灾害防治基本构想. 中国地质，2000，（2）：23-25.

[10]　Ayalew L，Yamagishi H. The application of GIS-based logistic regression for landslide susceptibility mapping in the Kakuda-Yahiko Mountains，Central Japan. Geomorphology，2005，65（1/2）：15-31.

[11]　Ayalew L，Yamagishi H，Marui H，et al. Landslides in Sado Island of Japan：Part II. GIS-based susceptibility mapping with comparisons of results from two methods and verifications. Engineering Geology，2005，81（4）：432-445.

[12]　Fall M，Azzam R，Noubactep C. A multi-method approach to study the stability of natural slopes and landslide susceptibility mapping. Engineering Geology，2006，82（4）：241-263.

[13]　Kanungo D P，Arora M K，Sarkar S，et al. A comparative study of conventional，ANN black box，fuzzy and combined neural and fuzzy weighting procedures for landslide susceptibility zonation in Darjeeling Himalayas. Engineering Geology，2006，85（3/4）：347-366.

[14]　Lee S，Lee M J. Detecting landslide location using KOMPSAT 1 and its application to landslide-susceptibility mapping at the Gangneung area，Korea. Advances in Space Research，2006，38（10）：2261-2271.

[15]　Pallàs R，Vilaplana J M，Guinau M，et al. A pragmatic approach to debris flow hazard mapping in areas affected by Hurricane Mitch：example from NW Nicaragua. Engineering Geology，2004，72（1/2）：57-72.

[16]　Chau K T，Sze Y L，Fung M K，et al. Landslide hazard analysis for Hong Kong using landslide inventory and GIS. Computers & Geosciences，2004，30（4）：429-443.

[17]　刘传正，李铁锋，温铭生，等. 三峡库区地质灾害空间评价预警研究. 水文地质工程地质，2004，（4）：9-19.

[18]　Neaupane K M，Piantanakulchai M. Analytic network process model for landslide hazard zonation. Engineering Geology，2006，85（3/4）：281-294.

[19]　Catani F，Casagli N，Ermini L，et al. Landslide hazard and risk mapping at catchment scale in the Arno River basin. Landslides，2005，2（4）：329-342.

[20]　Gómez H，Kavzoglu T. Assessment of shallow landslide susceptibility using artificial neural networks in Jabonosa River Basin，Venezuela. Engineering Geology，2005，78（1/2）：11-27.

[21]　Nath S K. An initial model of seismic microzonation of Sikkim Himalaya through thematic mapping and GIS integration of geological and strong motion features. Journal of Asian Earth Sciences，2005，25（2）：329-343.

[22]　Finlay P J，Fell R. Landslides：risk perception and acceptance. Canadian Geotechnical Journal，1997，34（2）：169-188.

[23]　Finlay P J，Mostyn G R，Fell R. Landslides risk assessment：preception of travel. Canadiandistance Geotechnical Journal，1999，36（3）：556-562.

[24]　Conor G S，Royle S A. Urban landslide hazards：incidence and causative factors in Niterói，Rio de Janeiro State，Brazil. Applied Geography，2000，20（2）：95-118.

[25]　Dai F C，Lee C F. Frequency-volume relation and prediction of rainfall-induce Landslides. Engineering Geology，2001，

59（3/4）：253-266.

[26] Guzzetti F，Carrara A，Cardinali M，et al. Landslide hazard evaluation：a review of current techniques and their application in a multi-scale study，Central Italy. Geomorphology，1999，31（1/4）：181-216.

[27] Uromeihy A，Mahdavifar M R. Landslide hazard zonation of the Khorshrostam area，Iran. Bulletin of Engineering Geology and the Environment，2000，58（3）：207-213.

[28] Carrara A，Guzzetti F. Use of GIS technology in the prediction and monitoring of landslide hazard. Natural Hazards，1999，20（2）：117-135.

[29] Rautela P，Lakhera R C. Landslide risk analysis between Giri and Tons Rivers in Himachal Himalaya（India）. International Journal of Applied Earth Observation and Geoinformation，2000，2（3/4）：153-160.

[30] Temesgen B，Mohammed M U，Korme T. Natural hazard assessment using GIS and remotesensing methods，with particular reference to the landslides in the Wondogenet area，Ethiopia. Physics and Chemistry of the Earth，Part C：Solar，Terrestrial & Planetary Science，2001，26（9）：665-675.

[31] 刘希林. 泥石流危险度判定的研究. 灾害学，1988，（3）：10-15.

[32] 苏经宇，周锡元，樊水荣. 泥石流危险等级评价的模糊数学方法. 自然灾害学报，1993，（2）：87-94.

[33] 张业成，张梁. 中国崩滑流灾害成灾特点与减灾社会化. 中国地质灾害与防治学报，1994，（S1）：408-410.

[34] 张业成，郑学信. 云南省东川市泥石流灾害灾情评估. 中国地质灾害与防治学报，1995，（2）：67-76.

[35] 刘玉恒，麻荣永，吴彰敦. 土坝滑坡风险计算方法研究. 红水河，2001，20（1）：29-32.

[36] 张志龙，李天斌，赵其华. 二郎山和平沟滑坡成因分析及稳定性评价. 华南地质与矿产，2002，（1）：23-28.

[37] 朱良峰，殷坤龙，张梁，等. 基于 GIS 技术的地质灾害风险分析系统研究. 工程地质学报，2002，10（4）：428-433.

[38] 谢全敏. 滑坡灾害风险评价及其治理决策方法研究. 武汉：武汉理工大学，2004.

[39] 刘鑫. 单体滑坡风险评价方法研究. 北京：中国地质大学，2008.

[40] 冯文凯. 库岸公路边坡稳定性风险分析. 成都：成都理工大学，2005.

[41] 王建华. 跨流域调水工程输水渠坡稳定的风险分析. 杭州：浙江大学，2005.

[42] 孟庆华. 秦岭山区地质灾害风险评估方法研究. 北京：中国地质科学院，2011.

[43] 刘东飞. 白龙江流域单体滑坡灾害风险评价方法研究. 兰州：兰州大学，2016.

[44] 毕俊擘，张茂省，朱立峰，等. 基于多元统计的甘肃永靖黑方台滑坡强度预测模型. 地质通报，2013，（6）：943-948.

[45] 何淑军，张春山，陈志华，等. 陕西省宝鸡市渭滨区夏呀河滑坡风险评估. 地质通报，2009，（8）：1064-1076.

[46] 匡星，白明洲，易迪青，等. 某深埋高地应力隧道施工安全风险评估及控制技术研究. 路基工程，2014，5：90-94.

[47] 中铁十七局中南部铁路通道 ZNTJ-5 标项目经理部. 石楼隧道风险评估报告. https://jz.docin.com/p-346690417.html [2014 年-3 月-7 日]

[48] 汪敏，刘东燕. 滑坡灾害风险分析中的易损性及破坏损失评价研究. 工程勘察，2001，（3）：7-11，34.

[49] 李章. 滑坡灾害风险分析中的易损性及破坏损失评价研究. 西部探矿工程，2010，（6）：118-122.

[50] 刘莉，余宏明，程江涛. 层次分析-模糊综合评价法在滑坡工程中的应用. 三峡大学学报（自然科学版），2008，（2）：43-47.

[51] 谢全敏，陈立文，李道明，等. 滑坡灾害危险性评价的可靠性分析方法. 武汉理工大学学报，2007，29（1）：109-112.

[52] 李岩. 重庆三峡地区易滑地层路基安全风险评估技术研究. 重庆：重庆交通大学，2012.

[53] 李平. 基于风险矩阵法的浅埋隧道施工风险评估及控制. 工程建设与设计，2018，（11）：207-209.

[54] 任文宏. 隧道工程施工风险评价与控制. 公路交通科技（应用技术版），2012，（6）：323-326.

[55] 张桂荣. 基于 WEBGIS 的滑坡灾害预测预报与风险管理. 武汉：中国地质大学，2006.

[56] 董骁. 崩滑堵江灾害链成灾模式及风险评估研究. 成都：成都理工大学，2016.

[57] 方玉树. 高位能滑坡运程探讨. 后勤工程学院学报，2007，23（4）：16-20.

[58] Fan X，Rossiter D G，Westen C J，et al. Empirical prediction of coseismic landslide dam formation. Earth Surface Processes and Landforms，2014，39（14）：1913-1926.

[59] 樊晓一，乔建平. "坡"、"场"因素对大型滑坡运动特征的影响. 岩石力学与工程学报，2010，29（11）：2337-2347.

[60] 陈语，李天斌，魏永幸，等. 沟谷型滑坡灾害链成灾机制及堵江危险性判别方法. 岩石力学与工程学报, 2016, 35 (S2)：4073-4081.

[61] 魏永幸，李天斌. 浅析巨型滑坡防治技术体系框架-理念、方法、技术与模式. 高速铁路技术, 2019, 10 (2)：1-5.

[62] 王恭先，王应先，马惠民. 滑坡防治 100 例. 北京：人民交通出版社, 2008.

[63] 莫安儒. 贵新高速公路螺丝冲缓动巨型滑坡研究. 铁道工程学报, 2003, (3)：76-80.

[64] 张倬元. 滑坡防治工程的现状与发展展望. 地质灾害与环境保护, 2000, 11 (2)：89-97.

[65] 魏永幸. 工程滑坡防治实践. 路基工程, 1999, (3)：44-46.

[66] 魏永幸. 边坡地质灾害防治技术综述. 路基工程, 2000, (6)：4-7.

[67] 魏永幸. 滑坡防治工程技术现状及其展望. 路基工程, 2001, (5)：17-19.

[68] 黄润秋，许强等. 中国典型灾难性滑坡. 北京：科学出版社, 2008：445-469.

[69] 闵顺南，徐凤鹤，袁建国. 施溶溪 2 号滑坡整治中的椅式桩墙. 路基工程, 1987, (3)：34-42.

[70] 李安洪，魏永幸，姚裕春. 山区铁路（公路）路基工程典型案例. 成都：西南交通大学出版社, 2016：391-445.

[71] 殷跃平，康宏达，杨华林，等. 三峡库区云阳五峰山滑坡防治工程方案研究. 水文地质工程地质, 2003, (6)：25-29.

[72] 王恭先. 大型复杂滑坡和高边坡变形破坏防治理论与实践. 北京：人民交通出版社, 2016.

[73] 王恭先，徐峻岭，刘光代，等. 滑坡学与滑坡防治技术. 北京：中国铁道出版社, 2004.

[74] 于贵. 向家坡大型复杂滑坡的坡体结构和变形机理. 工程勘察, 2009, (12)：49-53.

[75] 周建军，边智华，杨火平，等. 大岩淌滑坡研究与实践. 北京：中国水利水电出版社, 2011.

第9章 结论与展望

9.1 结 论

首先，通过对国内外（尤其是西南地区）巨型滑坡的有关研究文献和资料的系统分类和总结，建立了巨型滑坡相关信息查询与分析数据库系统和网络交流平台。同时，通过召开高水平的相关专题研讨会议掌握了巨型滑坡研究及治理技术的最新技术前沿。然后，选取西南地区典型巨型滑坡实例，从坡体内在结构和外在因素（如地下水、地震等）两方面着手，运用地质分析、岩土力学分析等手段，结合成都理工大学"地质过程机制分析-定量评价"的传统优势，通过数值模拟和物理模拟分析，研究总结了滑坡形成的力学机制和地质力学模式。在上述基础上结合各种可能的防治方案/措施（减、排、锚、挡）组合，采用数学仿真、物理模拟（离心机模拟）和理论分析等手段，对巨型滑坡体与治理结构间的相互作用机理和过程进行了系统分析，研究了不同成因机制类型巨型滑坡治理措施的适宜性。通过典型巨型滑坡风险分析与风险评估，分析了巨型滑坡治理措施强度与灾害风险的关系，并研究了与滑坡灾害可接受风险水平对应的最佳措施强度。最终，对不同形成演化机制类型的巨型滑坡总结了其相应的最佳治理模式。在上述基础上，参照国内外已有实践经验，从综合治理角度对巨型滑坡给出了相应的治理设计原则与要点，并形成西南地区巨型滑坡防治设计的初步原则和治理模式。

已取得的主要结论如下。

（1）全面收集了西南地区铁路、水电、公路、地矿等系统的巨型滑坡300余例，采用Access技术首次建立了西南地区巨型滑坡详细数据库，包括滑坡规模、地质背景、诱发因素、滑体结构、滑带特征、滑动机理、危害程度、设计方法、治理措施和工后效果及工程造价等多种信息。该数据库集数据查询、录入、修改、打印、同类比较等多种功能于一体，可供从事巨型滑坡设计、施工及相关科研人员参考。

（2）结合我国大型工程建设的实际，首次明确提出了巨型滑坡的定义和详细分类体系。巨型滑坡是指体积大于 $100 \times 10^4 \text{m}^3$，存在单级或多级滑面，滑面深度大于25m，成因机理复杂，工程治理难度大，需对滑坡成因机理有深刻认识以后才能根治的滑坡。采用基于滑坡的滑体特征、活动特征及诱发因素三因子的"综合分类法"，建立了一套多层次的巨型滑坡分类体系。按滑体的分区与分级特征，将巨型滑坡分为分区滑动式滑坡、分级滑动式滑坡；按滑面形态将巨型滑坡分为后陡前缓滑面型滑坡、缓长滑面型滑坡、顺层滑面型滑坡、多级滑面型滑坡、多剪出口型滑坡。这些基础研究有助于进一步澄清和统一有关巨型滑坡的认识，为巨型滑坡成因机制和防治研究奠定了良好基础。

（3）以地震诱发型巨型滑坡——东河口滑坡、暴雨诱发型巨型滑坡——攀枝花机场12号滑坡和鸡扒子滑坡、人工开挖诱发型巨型滑坡——八渡滑坡和K103滑坡为典型实例，对巨型滑坡的形成条件、形成/复活机制进行了深入分析和研究。在此基础上，采用离心模型试验和数值模拟方法，进一步深入剖析了典型巨型滑坡的形成演化过程和机制模式。这种研究途径和方法为巨型滑坡机制模式的建立奠定了坚实基础。

（4）以攀枝花机场 12 号滑坡为工程原型，借助成都理工大学地质灾害防治与地质环境保护国家重点实验室的 500g·t 大型土工离心机，开展了离心物理模型试验，对机场高填方斜坡在天然工况和降雨工况下的变形破坏特征开展模拟，成功再现了其蠕滑-累进性折断-溃滑与超覆的整个失稳过程。从斜坡变形破裂特征、抗滑桩受力、孔隙水压力变化等方面深化了对该巨型滑坡机制的认识和理解。试验揭示：

攀枝花机场预加固高填方边坡的滑动失稳受基覆界面附近的软弱层和地下水的控制，预加固桩的布置与其受力不协调，使其发生累进性破坏而不能有效阻挡坡体的变形。该边坡的滑动机制可概括为推移式蠕滑-累进性折断-溃滑与超覆。

坡体中地下水的孔隙水压力和软化作用对该填方边坡的滑动破坏具有非常重要的作用。试验表明，降水和地下水状态下，坡体中的孔隙水压力迅速增加，最大增至天然条件下的 3.7 倍。建议高填方边坡设计中应采用针对性措施排除填筑体及其与基岩接触面附近的地下水。

预加固抗滑桩承受较大的边坡变形推力，且越靠近坡体后部的桩推力越大。降水和地下水条件下最后一排桩上的土压力是天然条件下的 2～3 倍，远大于桩的设计荷载，最终预加固桩从后向前逐排产生累进性折断。

（5）结合巨型滑坡的分级、分块运动特征，针对具有该特征巨型滑坡的滑面特点，以八渡滑坡为原型，开展了巨型滑坡分级滑动机制的数值模拟和实体离心模型试验研究。模拟真实再现了滑坡在人工开挖前的古滑坡稳定性状态及在人类工程开挖扰动、降水等多时段、多工况下的分级变形发展和变形破坏特征。模拟表明：

采用 PIV 现代全场位移量测技术获得了模型的位移矢量图。图形显示，天然工况下模型的开挖平台以竖向位移为主，开挖坡面后部及平台外缘坡体的位移方向与滑面倾角相似，说明滑坡以铁路开挖平台为界形成了两级不同的变形区。

在开挖坡面后部出现明显的 3 条拉裂缝，并且开挖斜坡坡脚处存在一条长约 100mm 的剪出口，说明坡体在开挖面附近出现了分级蠕滑-拉裂-剪切变形。滑坡前部虽然形成了多条裂缝，但裂缝深度较浅，影响范围较小，坡体并无明显蠕滑迹象，也没有明显破坏特征。因此，在开挖工况下，滑坡后缘以开挖坡脚处的剪出口形成了上部复活区，与南昆铁路八渡滑坡上部复活区开挖工况下破坏相似，开挖平台处的裂缝也与八渡滑坡的下部复活区裂缝相似。

试验揭示，坡体后部因为工程开挖形成大临空面，坡体失去原有的平衡，开挖面坡脚开始出现鼓胀和剪切，坡面开始由直线型变为弧线型，随着坡体上部的裂缝逐渐增多并增大，坡面在坡顶的自重作用下由弧线型变为直线型；随着加速度的增大，降水下渗范围变广，开挖坡面后部土体软化，失去自稳，从而致使开挖坡面垮塌，形成上部复活区。滑坡前部受开挖堆载、降水及河道水位升降的影响，逐渐出现受前部老滑面控制的蠕滑-拉裂变形，形成下部复活区。但是，下部复活区的变形较上部弱。

（6）通过对各类巨型滑坡形成或复活的地质力学模式进行系统归纳和总结，提出了 6 种巨型岩质滑坡机制的典型地质-力学模式，即震动拉裂-剪切滑移模式、滑移-拉裂-平推模式、滑移-拉裂-剪断模式、滑移-弯曲-剪断模式、倾倒-拉裂-剪断模式和滑移-锁固-剪断模式，以及 5 种巨型土质滑坡机制的典型地质-力学模式，即整体型蠕滑-拉裂-剪断模式、分区型蠕滑-拉裂-剪断模式、分级型蠕滑-拉裂-剪断模式、蠕滑-锁固-溃滑模式、滑移-拉裂-剪断模式。每一类模式均归纳总结了其特定地质、地层结构特点、典型变形破坏演变过程。

（7）对巨型滑坡防治工程成功与失败典型案例进行了分析和总结，并采用数值模拟方法研究了巨型滑坡与治理工程结构的相互作用。南昆铁路八渡滑坡的滑动机制分析和成功治理，揭示出分级蠕滑-拉裂-剪断机制的巨型滑坡，防治工程应采用上下多级支挡防治。川藏公路榛子林滑坡的滑动机制分析和成功整治，揭示出分区蠕滑-拉裂-剪断机制的巨型滑坡，其整治工程应针对不同分区的变形阶段采用强弱不同的治理方案与措施。四川天台乡滑坡的滑坡机制和处治措施分析，揭示出滑移-拉裂-平推机制的巨型滑坡，其治理工程应采取疏排地下和地表水 + 前缘抗滑支挡的措施。攀枝花机场 12 号滑坡机制和治理措施分析，揭示出坡体中软弱层和地下水的致命控滑作用、多排抗滑桩设计中传统方法的不足及基于滑坡与抗滑桩相互作用分析的桩的力学行为，为巨型滑坡设计提供了可供参考的方法。

（8）地下水的赋存状态和活动特征往往在滑坡的变形演化过程和稳定状态分析中扮演着非常重要的角色。特别是对于巨型滑坡的治理，坡体内地下水和坡表水体的合理处治往往具有重大意义。从巨型滑坡体内的水文地质环境特征入手，分析了地下水活动对巨型滑坡稳定性的弱化机理，总结了滑坡体地下水力学作用的五种效应，即静水压力效应、浮托力效应、渗透压力（或动水压力）效应、滑体充水增重效应和滑带土饱水软化效应。八渡滑坡设置排水工程前后的二维、三维流固耦合对比分析表明，巨型滑坡坡体内地下水和坡表水体的合理处治往往对其治理有着重大意义，排水措施类型及其布置往往对巨型滑坡治理工程效果影响大。

（9）在对巨型滑坡防治工程成功与失败典型案例分析、滑坡与防治工程结构相互作用研究及滑坡排水措施工程效应分析的基础上，从滑坡滑面形态角度，对后陡前缓滑面型、缓长滑面型、顺层滑面型、多级滑面型、多剪出口型 5 种类型的巨型滑坡，提出了相应的防治对策和防治要点；针对 6 种巨型岩质滑坡机制的典型地质-力学模式和 5 种巨型土质滑坡机制的典型地质-力学模式特点，阐明了滑坡机制模式与防治工程的关系，指出了不同机制模式滑坡整治工程的要点。

（10）在典型巨型滑坡实例研究的基础上，通过多种因素分析和方法集成，对巨型滑坡的危险性、易损性及风险评估进行了系统研究，建立了一套适于西南地区巨型滑坡风险评估的方法体系和工作流程。提出了巨型滑坡风险评估的思路、要点和技术路线，遴选出滑坡危险性评价的两级指标体系（其中，一级指标为滑坡的总体特征、滑坡的形态特征、坡体结构特征、变形破坏特征、诱发因素和滑坡稳定系数），采用层次分析-模糊综合评判法和可靠度分析法建立了巨型滑坡危险性评价的有效方法。在此基础上，通过对世界上的一些大型、灾难性滑坡及巨型滑坡数据库的分析，得到了单个巨型滑坡灾害的可接受风险水平（死亡率）为 1×10^{-6}，并建立了相关的风险等级标准及风险接受准则。最后，通过工程实例进行了成功的应用。

（11）在巨型滑坡案例分析、机制模式及防治工程与滑坡机制关系研究的基础上，首次提出巨型滑坡治理设计的 7 大基本原则：

机制分析为本原则：进行深入的滑坡成因机制分析，在获得对巨型滑坡变形演化和发展破坏趋势正确认识的基础上设置针对性的治理工程措施，是巨型滑坡成功治理的前提和关键。

风险评估超前原则：在巨型滑坡治理设计前，应对滑坡开展风险评估，并根据风险水平采用相应的对策进行处治。对于极高风险的巨型滑坡，工程建设最好采用绕避的方案，否则，必须不惜代价采用治理工程措施将滑坡风险至少降低到不期望的程度。对于高风险的巨型滑坡，必须采取治理措施将风险至少降低到可接受的程度，并加强滑坡监测。同时，要考虑且满足降低风险的成本不高于风险发生后的损失。对于中等风险的巨型滑坡，一般不需采取重大工程措施降低风险，但需要结合工程情况对滑坡开展必要的排水和监测，掌握滑坡的动态。对于低风险的巨型滑坡，不需采取风险处理措施和监测。

排水优先原则：巨型滑坡体内的地下水对边坡表现为多种途径的弱化和降低其稳定性效应。对于巨型滑坡的治理，在条件允许时，应优先考虑实施坡表、坡体内的综合排水措施。

分级与分区治理原则：应对巨型滑坡进行精细化勘察，对具有分级机制的巨型滑坡，除了前缘支挡外，还应将中部分为若干级进行分级支挡和分段治理。对于具有分区机制的滑坡，应针对不同区域的具体情况拟定不同的防治方案。滑面浅且推力小的区域可用挡土墙支挡，滑面深且推力大的区域可用多级锚索桩支挡；局部复活的滑坡区采用简单措施，整体复活的滑坡区采用综合措施；主滑区采用较强的支挡措施，牵引区采用较弱的支挡措施。

分期治理原则：根据变形剧烈程度、威胁对象和应急防治的不同要求，可分期防治巨型滑坡。对于分区型巨型滑坡，第一期应先治理对人类或工程威胁最大的区域，第二期主要对威胁小的、破坏不严重的区域进行处理。当分级型滑坡为推移式机制时，可以前期治理上部主动滑块，后期治理下部被动滑块。反之，则可前期治理下部滑块。

重点治理原则：根据滑坡的变形特点和威胁对象重点治理引起滑坡的主要因素或威胁大的滑坡区。例如，对于滑移-弯曲-剪断模式的滑坡，应重点加固坡体的弯曲部位；对于滑移-拉裂-平推模式的滑坡，应重点排除地表水和坡体内的地下水；对于蠕滑-锁固-溃滑模式的滑坡，应重点加固坡体的锁固段，防止其产生累进性剪断破坏。工程实践中还应根据滑坡的威胁对象，在全面分析滑坡治理工程的技术和经济指标的基础上，重点对构成严重威胁的滑坡区域进行治理，而对不产生严重威胁的滑体部分采用一般性治理。

相互作用分析原则：现有的基于滑坡推力作用于治理结构的设计方法已经不能满足巨型滑坡治理设计的需要，巨型滑坡治理设计中必须考虑滑坡体与治理结构的相互作用。相互作用分析法的基本理论和方法为基于有限元法和有限差分法的数值模拟法及基于离心模型试验的物理模拟法。设计中应在传统设计计算方法的基础上，采用基于变形理论的相互作用分析法检验和校核设计的合理性和科学性，并进行调整和优化。

（12）总结归纳了 4 种巨型滑坡治理模式：①抗滑锚固 + 地表排水模式；②抗滑锚固 + 滑带排水 + 地表排水模式；③减载反压 + 抗滑锚固 + 地表排水模式；④减载反压 + 抗

滑锚固＋滑带排水＋地表排水模式。抗滑锚固，就是通过设置阻滑结构，阻止滑坡滑动，或将滑坡锚固于稳定地层。抗滑锚固以大截面抗滑桩为主，也有采用剪力榫、锚索抗滑桩、锚索框架梁的。滑带排水，主要采用泄水廊道及与泄水廊道连通的疏排滑带土体自由水的渗井、渗管。地表排水，包括截排地表水的排水系统，以及减少或防止地表水下渗的地面压实、改造、恢复植被。有条件时，在滑坡后缘清方减载，在滑坡前缘填土反压，其对减缓、抑制滑坡的变形效果明显，通常作为滑坡应急抢险措施使用。实施减载反压，可减缓、抑制滑坡变形，这对于保障后续抗滑锚固工程的施工安全十分有利。

9.2　展　　望

（1）巨型滑坡机制复杂，特别是在地震、特大暴雨、水库蓄水等单一或多因素作用下的形成/复活机制的研究方面，尚停留在定性认识上，仍需要结合具体工程实例继续深入研究，以不断丰富巨型滑坡机制模式，并据此丰富其治理模式。

（2）土地资源宝贵，为了提高巨型滑坡的利用率，未来铁路、公路选线等绕避巨型滑坡的可能性将逐渐降低，防治巨型滑坡任重而道远，除了需要不断提高治理巨型滑坡的能力外，还需研究建立新的巨型滑坡防治工程风险评估方法，尤其是用定量方法来进一步提高风险评估结果的准确度和可靠度，从而达到科学防治巨型滑坡的目的。

（3）巨型滑坡演化机制复杂，治理工程与滑坡体及周边环境的相互作用，以及对巨型滑坡整体稳定性的影响，是需要进一步开展的研究内容。要将治理工程与滑坡体及周边环境作为一个有机协调整体来考虑，在充分考虑滑坡土体与结构物间的空间协调变形规律的前提下对各种结构物进行合理的组合和优化设计，以期实现防治滑坡并节约工程成本。

（4）山区沟谷地段发生巨型滑坡，往往造成堵江、堵河，形成堰塞湖。堰塞湖回水，将淹没上游的村庄、道路，引起岸坡失稳；而堰塞湖溃坝，溃坝洪水将对下游的村庄、道路、岸坡等形成威胁，这就是滑坡堵江沟谷灾害链。研究山区沟谷地段巨型滑坡形成演化机制、形成条件及风险识别，以及巨型滑坡堵江沟谷链式灾害的范围、特征，对于山区沟谷地段铁路、公路的选线与重大工程选址与布设，具有十分重要的意义，这也是亟须进一步深入开展的巨型滑坡研究内容。

（5）在高山峡谷区，高位、远程滑坡的问题，不容忽视。高位滑坡，特别是规模较大的高位滑坡，其能量大，破坏性强；规模较大的高位滑坡，因能量大，其滑动距离长、滑坡危害范围大，即高位滑坡可能形成远程威胁，这是高山峡谷区铁路、公路、水电等建设必须予以高度重视的问题。研究高位滑坡的形成条件、滑动机制、成灾模式、灾害趋势，高位滑坡、远程滑坡风险评估方法，以及高位滑坡、远程滑坡综合防控技术体系，具有十分重要的理论与现实意义，这也是巨型滑坡研究需要延伸的重要内容之一。

附 录

巨型滑坡典型案例

附录说明

1. 本附录是在已收集的 300 余个 100 万 m^3 及以上巨型滑坡案例基础上，结合本书归纳提出的巨型滑坡机制模式和治理模式，精选了 100 个巨型滑坡代表性案例。其中，已治理的巨型滑坡案例有 78 个。

2. 附录中巨型滑坡信息包括序号、滑坡名称、位置、滑坡体积、平均厚度、滑坡主要特征、滑坡机制、处治措施、滑坡断面示意图、治理效果评价。

3. 附录中图例如下：

多排锚索　锚拉桩　抗滑桩　泄水洞　滑面

挖方　填方　挡墙　锚杆框架

序号	滑坡名称	位置	滑坡体积 /$10^4 m^3$	平均厚度/m	滑坡主要特征	滑坡机制	处治措施	滑坡断面示意图	治理效果评价
1	八渡滑坡	贵州省册亨县南盘江左岸	420	15~30	老滑坡体，滑体物质主要为块石土及碎石土，下伏中微风化石英砂岩夹泥页岩，老滑带厚反倾滑坡内；受铁路开挖、降雨影响，滑坡具有分期、分块、分级复活特征	拉裂-剪断-分级蠕滑模式；分区-剪断-蠕滑-拉裂模式，滑坡-剪断模式	分级支挡锚固工程+地表地下截排水系统	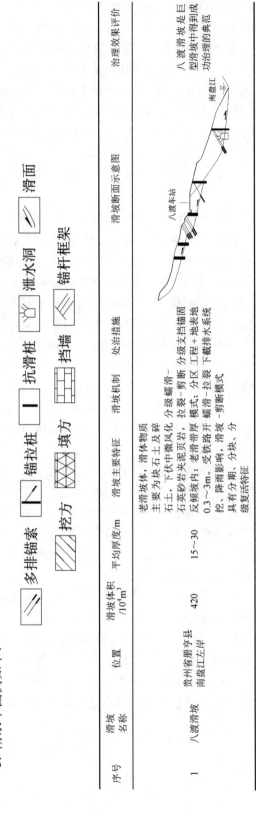	八渡滑坡是巨型滑坡中得到成功治理的典范

续表

序号	滑坡名称	位置	滑坡体积/10⁴m³	平均厚度/m	滑坡主要特征	滑坡机制	处治措施	滑坡断面示意图	治理效果评价
2	绵竹至茂县公路K36+020~K36+340段滑坡	绵竹至茂县公路K36+020~K36+340段	734	20.4	堆积层滑坡，滑体物质主要为块石土及碎石土，下伏主要为白云岩，下伏中微风化。受公路开挖影响，坡体沿基覆界面朝坡外变形	整体型蠕滑-拉裂剪断模式	后缘清方减载，前缘反压+锚索框架结构+地表截排水系统	（清水河）	
3	箭丰尾滑坡	福建省永安市文川河右岸	750	24~42	老滑坡体，含碎石坡积质黏土、残积黏土，下伏全中风化粉砂岩，碳质粉砂岩。受公路开挖影响，分级滑坡具有分块、分级复活特征	分级蠕滑-拉裂-剪断模式	分级支挡加固工程+地表地下截排水工程	（文川河）	箭丰尾滑坡治理效果显著，为已开始变形破坏的巨型滑坡治理积累了宝贵的工程经验
4	攀枝花机场12号滑坡	四川省攀枝花市金沙江南岸金江镇	260	30~40	堆积层滑坡、高填方体下伏泥岩、砂岩。在软弱层作用下发生变形破坏，移体超覆于其下的老易家坪滑坡体之上，使易家坪滑坡复活，形成整体性滑坡	推移式蠕滑-累进性滑-折断-溃滑与起覆	多级双排锚拉工程+地表地下排水工程	平台排水　加筋土挡墙　排水盲沟	攀枝花机场12号滑坡治理对山区滑坡治理具有借鉴意义，选址应尽量避开岩层顺倾地段，高填方下必须有完整的排水措施
5	大坪滑坡	重庆市奉节县白帝镇桥湾村梅溪河左岸	591	16~34	老滑坡体、滑体为碎石土、滑带为黏土含碎石，重量很高的碎石土，擦痕明显，滑床为泥灰岩。受隧道开挖影响，分级滑坡具有分期、分块、分级复活特征	分区蠕滑-拉裂-剪断模式；分级蠕滑-拉裂-剪断横式	分级支挡锚固工程+地表地下截排水工程	隧道　（梅溪河）	治理效果明显，有效控制住了滑坡变形，有效控制对滑体下方隧道的影响

续表

序号	滑坡名称	位置	滑坡体积/10⁴m³	平均厚度/m	滑坡主要特征	滑坡机制	处治措施	滑坡断面示意图	治理效果评价
6	深汕高速公路西段K101滑坡	深圳至汕头高速公路峡埠镇至骅门镇段	500~550	12~28	老滑坡体，滑体为碎石土，粉质黏土，下伏全强风化花岗岩，受高速公路开挖影响，滑坡具有分级复活特征	分级蠕滑-拉裂-剪断模式	地表地下截排水工程+锚拉桩工程		治理效果明显，为地下水特别发育的滑坡治理提供了经验
7	向家坡滑坡	渝黔高速公路K13+500~K13+960向家坡立交左侧	140	19.5	岩土质滑坡。滑体主要由粉质黏土夹碎块石及强风化砂泥岩组成，滑床为弱风化泥岩夹砂岩，受公路开挖和降雨影响，滑坡沿岩间软弱层多级层面滑动	滑移-拉裂-剪断模式	双排抗滑桩锚固工程+地表地下截排水工程	仰斜式排水孔群	治理效果明显，截水隧洞和仰斜式排水孔为堆积层滑坡的治理提供了经验
8	锁儿头滑坡	甘肃省舟曲县城西侧的白龙江北岸	7285	65	岩土质滑坡。受坪定至甘断层带影响，滑坡多级破碎滑带滑动	分级蠕滑-拉裂-剪断模式	"品"字形抗滑桩支挡工程+地表截排水工程		治理效果明显，"品"字形抗滑桩的设计可为类似滑坡治理提供设计参考
9	海石湾滑坡	甘肃省兰州市	600	20~40	老黄土滑坡体，下伏泥岩、砂质泥岩。由上部堆载造成老滑坡体局部复活	分区蠕滑-拉裂-剪断模式	支挡加固工程+地表截排水工程	沉管桩　抗滑键	治理效果明显

续表

序号	滑坡名称	位置	滑坡体积/10⁴m³	平均厚度/m	滑坡主要特征	滑坡机制	处治措施	滑坡断面示意图	治理效果评价
10	施溶溪2号滑坡	焦柳铁路K622+650~K623+430施溶溪车站	190	30~70	堆积层滑坡，滑体为砂质亚黏土夹碎石、冰碛含砾泥岩，滑床为长石、石英砂岩，在焦柳铁路路基开挖影响下发生变形破坏	滑移-拉裂-剪断模式	椅式桩挡墙+地表截排水工程	椅式桩挡墙	滑坡治理是成功的，采用突破了嵌固地层条件差、地基低和一般抗力抗滑桩过大的悬臂式抗滑桩的难题，大量节约了建筑材料
11	赵家塘滑坡	陕西安康以西20km的汉江北岸	200	10~50	老滑坡体，滑体为碎块石夹亚黏土，滑床为片岩，受工程开挖影响，老滑坡整体复活	蠕滑-拉裂-剪断模式	多级抗滑桩+挡墙+地表截排水工程		采用人工挖孔抗滑桩，工程量较大，但治理效果良好
12	鸡扒子滑坡	四川省云阳县长江北岸	1500	20	滑坡为宝塔老滑坡在降雨影响下产生的局部复活体	分区蠕滑-拉裂-剪断模式	抗滑桩工程+地表地下截排水工程		治理效果良好，尤其是截排水工程起到了很大的作用
13	白衣庵滑坡	四川省奉节县城以西1km处长江北岸	2100	30~80	土质滑坡，滑体为紫红色泥岩洪积物，滑带为灰白色泥岩，厚约10cm	蠕滑-拉裂-剪断模式	后缘削坡减载+前缘填方反压+地表排水		

续表

序号	滑坡名称	位置	滑坡体积/10⁴m³	平均厚度/m	滑坡主要特征	滑坡机制	处治措施	滑坡断面示意图	治理效果评价
14	天宝滑坡	四川省云阳县天宝村	700	25	老滑坡体，滑体为砂质黏土夹块石，滑床为灰白色块状长石砂岩。在暴雨作用下发生局部复活	分区蠕滑-拉裂-剪断模式	抗滑桩+仰斜排水孔+挡土墙+截水沟	（仰斜排水孔）	
15	吕合露天矿滑坡	云南省楚雄市西北30km	300	15	顺层岩质滑坡。滑带土均厚15cm，主要为亚黏土，滑面擦痕明显。在矿坑的开挖和构造影响下发生失稳	滑移-拉裂-剪断模式			
16	前河滑坡	陕西省铜川市西北37km处	300	20	牵引式土质滑坡，滑体为亚黏土，滑床为平缓砂岩、泥岩。随着前河露天矿的开发，裂缝和局部滑动的发育，进一步形成贯通滑面，从而发生整体性滑动	蠕滑-拉裂-剪断模式	抗滑桩工程+地表截排水工程		治理效果明显，保证了煤矿的正常运营
17	查纳滑坡	青海省共和盆地东部边缘	12500	100	岩土质滑坡，在自重作用下，坡体下部沿近水平或缓倾坡外（内）结构面蠕滑，后缘拉裂、中部锁固段剪断	滑移-拉裂-剪断模式		（后缘拉裂段／中部锁固段／前缘蠕滑段）	

续表

序号	滑坡名称	位置	滑坡体积/10⁴m³	平均厚度/m	滑坡主要特征	滑坡机制	处治措施	滑坡断面示意图	治理效果评价
18	韩城电厂滑坡	陕西省韩城西北的涺水河东岸	500	20~80	岩土质滑坡。滑体为黄土、砾石层和粉砂岩，黏土岩组成，下伏滑床为厚层砂岩。由于地下采空和斜坡卸荷等发生多级变形破坏	分级蠕滑-拉裂-剪断模式	抗滑桩工程+地表截断水工程		
19	李家峡Ⅰ号滑坡	李家峡电站	692	35~70	岩质滑坡。全强风化板岩，陡倾坡内，在自重作用下发生倾倒变形	倾倒-拉裂变形			
20	新滩滑坡	长江西陵峡上段兵书宝剑峡出口	3000	25~50	土质滑坡。滑坡体后缘崩塌加载，促使滑坡上段堆积体滑移堆动，但由于坡体后部存在一横滑"支撑拱"，随着其上部加载的增大，最终突破"支撑拱锁固段"的阻力而下滑	蠕滑-锁固-溃滑模式			
21	三道岭露天矿非工作帮滑坡	新疆哈密西84km三道岭露天煤矿	2163	40	顺层岩质滑坡。基岩为砂岩、钙质泥岩及煤层。受煤层开采和地下水影响，滑坡沿着层面滑动	滑移-拉裂-剪断横式	抗滑桩工程+地表地下截排水工程		坡体稳定

续表

序号	滑坡名称	位置	滑坡体积/10^4m^3	平均厚度/m	滑坡主要特征	滑坡机制	处治措施	滑坡断面示意图	治理效果评价
22	攀钢石灰石矿H2滑坡	四川省渡口市	500	15	岩土质滑坡。受采矿开挖影响，坡体沿着倾向坡外的层间破碎带滑动	滑移-拉裂-剪断模式		滑前地形线 设计开挖线	
23	铁西滑坡	成昆铁路铁西站	220	25~50	老滑坡体。滑体为块碎石土、假基岩（岩性及产状与母岩一致；下伏顺层砂岩、页岩及泥岩等。受采石场开挖和降雨影响，老滑坡体整体复活	整体型蠕滑-拉裂剪断模式	后缘大清方	采石场 原地面线	坡体稳定
24	东河口滑坡	广元市青川县红光乡东河口村	1500	40~60	岩质滑坡。岩性为近水平缓倾坡外的强风化碳酸盐质板岩、碳质绢云母石英岩、白云质灰岩等。受强震影响，斜坡后缘首先产生深大拉裂向深大拉裂面的竖向裂隙倾顺层外侧的岩体在后续强震动力作用下滑出。因滑缘区整体滑出，滑体越过陡坎临空飞跃，具有水平抛射的特点	震动拉裂-剪切滑移模式		滑坡堆 原地面线	

续表

序号	滑坡名称	位置	滑坡体积/10⁴m³	平均厚度/m	滑坡主要特征	滑坡机制	处治措施	滑坡断面示意图	治理效果评价
25	铜街子新华乡南区滑坡	大渡河下游铜街子电站	3000	20~50	老滑坡体。滑体为碎块石土，下伏基岩为峨眉山玄武岩及沙湾组砂岩、泥岩。受江水淘蚀和地下水软化等影响，老滑坡前部复活，并往后牵引形成两个次级滑坡体	分级蠕滑-拉裂-剪断模式	抗滑桩工程		空
26	嘿杜滑坡	贵州西部盘县	810	18~30	老滑坡体。滑体为黏土、碎块石土，下伏顺倾坡外的全强风化砂、泥岩及石灰岩。受降雨和人工灌溉等影响，滑坡具有分期、分块、分级复活特征	分级蠕滑-拉裂-剪断模式；分区蠕滑-拉裂-剪断模式	抗滑桩工程+地表地下截排水工程		
27	马头嘴滑坡	四川省龙泉山南段马鞍山附近的马头嘴崖下	500	20	老滑坡体。滑体为块碎石土，下伏倾坡外的砂质黏土岩夹中薄层粉状砂岩。受降雨影响，老滑体沿老滑带整体复活	整体型蠕滑-拉裂模式	锚索抗滑桩工程+地表地下截排水工程		
28	白灰厂滑坡	包头石拐矿区召沟河河床西侧	500	25	岩质滑坡。基岩为缓倾坡外砂砾岩、油页岩及砂质页岩等。岩体节理裂隙发育，受暴雨影响，滑坡平推式滑动	滑移-拉裂-平推模式	抗滑桩工程+地下截排水工程		滑坡趋于稳定状态

续表

序号	滑坡名称	位置	滑坡体积/10^4m³	平均厚度/m	滑坡主要特征	滑坡机制	处治措施	滑坡断面示意图	治理效果评价
29	沙岭滑坡	四川省东部石柱县	300	20~40	堆积层滑坡。受暴雨影响，堆积体沿着基覆界面朝坡外蠕滑变形	蠕滑-拉裂-剪断模式	锚索抗滑桩工程+地表截排水工程	（龙河）	
30	千工坪滑坡	湖北秭归沙溪镇千将坪村	1500	20~25	老滑坡。滑体为碎块石土，下伏全强风化顺倾砂、泥岩等。暴雨和洪水影响，老滑坡中右侧块体沿着老滑带局部复活滑动后堵江	分区蠕滑-拉裂-剪断模式		（长江）	
31	戒台寺滑坡	北京市门头沟区的马鞍山北麓马鞍山背斜N翼近SN向的山梁上	920	60~100	岩质滑坡。滑体内岩层为顺向煤系地层，软硬相间，滑坡具有多条、多级及多滑面特点	滑移-拉裂-剪断模式	抗滑桩锚固工程+裂缝注浆+地表截排水工程		巨型滑坡中得到成功治理的典范
32	岩口滑坡	贵州省印江县城以东4.1km，印江河左岸	210	20~100	岩质滑坡。基岩为斜顺倾泥页岩，灰岩等组成，随着底部软岩如泥岩、岩页等的不断蠕变，上部硬岩体逐渐失去支撑，促使大体积的滑体沿滑面发生突然滑动	滑移-拉裂-剪断模式	锚杆+地表排水工程+对滑坡上部和岩体表面进行灌浆处理	（推测滑前地面线）	

续表

序号	滑坡名称	位置	滑坡体积/10⁴m³	平均厚度/m	滑坡主要特征	滑坡机制	处治措施	滑坡断面示意图	治理效果评价
33	帮村东滑坡	西藏樟木口岸	2700	40~80	古滑坡。滑体为块碎石土。滑带为厚数厘米至数米不等粉质黏土或夹碎块角砾。滑床为碎块石土、片麻岩、片岩等，强风化。节理裂隙发育，受降雨和河谷陶蚀作用，古滑坡分期、分块复活变形	分区蠕滑-拉裂-剪断模式；分级蠕滑-拉裂-剪断模式			
34	甘肃兰州皋兰山12滑坡	甘肃省兰州市皋兰山北坡	500	29	土质滑坡。滑体为黄土状亚砂土，含砾亚黏土，夹泥岩碎块等。上部滑块体积较小，下部滑块体积较大，受降雨影响，滑体沿夹层软弱夹层变形	分区蠕滑-拉裂-剪断模式；分级蠕滑-拉裂-剪断模式	抗滑桩+锚杆格构+裂缝落水洞夯填	推测滑面	
35	五峰山滑坡	重庆市云阳旧县城西部后山	150	10~35	顺层岩质滑坡，基岩为不等厚互层的石英砂岩和砂质粉砂岩。夹薄层钙质粉泥岩。受坡脚开挖和降雨影响，滑体沿岩层同软弱面滑动变形	滑移-拉裂-剪切横式	抗滑桩锚固工程+地表截排水工程		

续表

序号	滑坡名称	位置	滑坡体积/10⁴m³	平均厚度/m	滑坡主要特征	滑坡机制	处治措施	滑坡断面示意图	治理效果评价
36	张桓侯庙滑坡	三峡库区云阳县长江南岸盘石镇龙安村秦家院子一带	624	27	老滑坡体。滑体含碎块石的粉质黏土,局部为碎块石。滑床为粉质黏土、泥岩。滑带土为黏性土,厚度为3~20cm。受开挖和降雨影响,老滑体沿着老滑带分期、分区、分级滑复活	分级蠕滑-拉裂-剪断模式 蠕滑-拉裂-剪断模式复合	中后缘消方减载+滑坡前缘回填反压护坡及分级抗滑桩 地表截排水工程		
37	林织铁路ZDK52滑坡	林织铁路ZDK52+513~ZDK53+376段	400	22	堆积层滑坡。滑体为粉质黏土和碎石土组成。下伏基岩为页岩、碳质页岩夹砂岩,岩层倾角10°~31°,倾向于坡外。滑体沿着基覆界面蠕滑变形	蠕滑-拉裂-剪断模式	(框架式)多排抗滑桩工程+地表截排水工程 框架式抗滑桩		
38	南昆铁路平中2号隧道出口滑坡	南昆铁路百威段广西田林县镜内	200	12~29	堆积层滑坡。滑体为砂黏土、碎石土,下伏砂岩、泥岩。在碎石土与基岩交界面处分布2~3m厚软弱带,并有地下水渗出。滑体沿着软弱滑带顺层滑动	滑移-拉裂-剪断模式	抗滑桩锚固工程+地表截排水工程 隧道		

续表

序号	滑坡名称	位置	滑坡体积/10⁴m³	平均厚度/m	滑坡主要特征	滑坡机制	处治措施	滑坡断面示意图	治理效果评价
39	南涪铁路沙溪沟滑坡	涪陵车站进站附近酒店和沙溪沟大桥之间	300	10~28	老滑坡体。滑体为块石土、碎石土及粉质黏土。滑床为泥岩夹砂岩。受开挖和降雨影响，滑坡具有分期、分级复活特征	分级蠕滑-拉裂-剪断模式	多抗滑桩工程+地表截排水系统		
40	武广高铁清远车站滑坡	广东省东北部武广高铁清远车站	220	18	老滑坡体。滑体为人工弃土层，粉质黏土含砂砾、泥岩角砾等。下伏基岩为薄～中厚层状泥岩、砂岩、页岩。受路基暂开挖和降雨影响，滑坡具有分期、分区、分级复活特征	分区蠕滑-拉裂-剪断模式；分级蠕滑-拉裂-剪断模式	多排抗滑桩锚固工程+钢管桩工程+地表截排水系统	钢管桩	
41	六沾铁路丁家村滑坡	六沾铁路背开柱车站内	125	5~50	老滑坡体。滑体为人工填黏土，粗角砾土、黏土。下伏基岩角砾岩、玄武岩。受路堑暂开挖、降雨影响，滑坡具有分期、分块、分级复活特征	分级蠕滑-拉裂-剪断模式；多排蠕滑-拉裂-剪断模式	多排抗滑桩锚固工程+埋入式抗滑桩工程+地表截排水系统		
42	棉广高速公路YK230滑坡	茅店1#大桥广元端	200	6~20	堆积层滑坡。滑体为黏土及块石，下伏基岩为反倾坡内泥岩与砂岩互层。受公路开挖影响，滑坡沿土体内软弱面滑动	分级蠕滑-拉裂-剪断模式	清方减载+双排抗滑桩工程+地表截排水系统		

续表

序号	滑坡名称	位置	滑坡体积/10⁴m³	平均厚度/m	滑坡主要特征	滑坡机制	处治措施	滑坡断面示意图	治理效果评价
43	兰渝铁路童家溪滑坡	重庆市北碚区同心镇	195.3	6~29	古滑坡。滑体主要由泥岩块（块石土）组成，滑带为粉质黏土，下伏基岩为泥岩夹砂岩	分级蠕滑-拉裂-剪断模式	多排抗滑桩工程+边坡防护+桩间挡土墙+地表截排水工程		治理效果良好
44	云南元磨高速公路滑坡	元磨高速公路K333 K333+300~K333+445	500	10~45	老滑坡体。上部为碎石土，下部为坡外砂岩、泥岩。受公路开挖和降雨影响，老滑坡体上部局部复活	分区、分级蠕滑-拉裂-剪断模式	双排抗滑桩+锚固工程+地表截排水工程		
45	襄渝铁路安康至重庆增建二线工程姚家湾大桥地段滑坡	襄渝铁路安康至重庆增建二线工程姚家湾大桥	110	13~20	堆积层滑坡。滑体以粉质黏土和块石土为主，下伏基岩为砂岩、泥岩等。受铁路开挖和降雨影响，滑体沿着基覆界面蠕滑变形	蠕滑-拉裂-剪断模式	桩板墙工程+双排抗滑桩工程+坡面浆砌片石护坡防护+桥墩钻孔桩+地表截排水工程		
46	牛晶坪滑坡	太焦铁路牛晶坪村	400	15~45	顺层岩质滑坡。滑体以破碎岩块和假基岩为主，母岩为砂岩和泥岩，下部接近完整基岩。软弱夹层（泥化夹层）为滑带，受铁路开挖影响，滑体沿着软弱层顺层滑动	滑移-拉裂-剪断模式	抗滑桩工程+抗滑水隧洞+渗水钻孔+抗滑挡墙		彻底根治

续表

序号	滑坡名称	位置	滑坡体积/10⁴m³	平均厚度/m	滑坡主要特征	滑坡机制	处治措施	滑坡断面示意图	治理效果评价
47	内昆铁路滩头车站滑坡	云南盐津县滩头乡	1000	10~55	顺层古滑坡。滑体为块石土、巨石夹块，滑带为碎石土和砂黏土夹角砾，潮湿饱和。受开挖和前缘横江淘蚀影响，古滑坡沿老滑带整体复活	整体型蠕滑-拉裂-剪断模式	抗滑（键）工程+地面截排水系统		
48	张家坪滑坡	重庆市万州区分水镇和梁平县曲水乡境内	1000	20~40	老滑体。滑体为块碎石土，下伏岩层为破碎、强风化的砂岩、泥质砂岩夹页岩。受降雨及前缘开挖坡胸影响，滑坡具有分期、分区，分级复活特征	分级蠕滑-拉裂-剪断模式、分区蠕滑-拉裂-剪断模式	抗滑桩锚固工程+反压+地表截排水工程+地下泄水洞工程+支撑渗沟及挂网锚喷		滑坡稳定
49	川藏公路102滑坡群2号滑坡	川藏公路西藏境内林芝地区波密县通麦村以东约10km处、原川藏公路102道班附近	240	30	堆积体滑坡。滑体为残积、坡积物冲、洪积及古冰碛堆积物。基岩为花岗岩、花岗片麻岩、混合岩、黑云角闪石英片岩等，岩体节理裂隙发育。受公路开挖影响，堆积体蠕滑，基覆界面蠕滑变形	蠕滑-拉裂-剪断模式	消方减载+泄水隧洞工程+抗滑桩锚固工程+河岸挡墙防护工程+仰斜排水孔		
50	三峡库区巴东县城红石包滑坡	三峡库区巴东县城迁建新址规划区	176	25~35	岩土质滑坡。基岩为厚层至中厚层泥岩、泥灰岩。滑体沿深部软弱岩蠕滑变形	蠕滑-剪断模式	抗滑桩锚固工程+挡土墙工程+地表截排水工程		

续表

序号	滑坡名称	位置	滑坡体积/10⁴m³	平均厚度/m	滑坡主要特征	滑坡机制	处治清施	滑坡断面示意图	治理效果评价
51	丹巴滑坡	四川省甘孜藏族自治州丹巴县	220	30	老滑坡体。滑体为块碎石土，基岩主要为片岩。受坡脚挖方削坡影响，老滑坡具有分区分期、分区复活特征	分区蠕滑-拉裂-剪断模式	地表截排水工程+多级锚索工程+锚拉抗滑桩工程+坡脚堆载反压		
52	渝怀铁路武隆纸厂滑坡	重庆市武隆县土坎镇武隆纸厂西北侧	360	5~45	堆积层滑坡。滑体为砂碎石土、角砾土、块石土、坡残积砂黏土。基岩为倾坡内泥岩、砂岩。居民引水灌溉和降雨，后缘山体不断崩塌加载和前缘乌江水冲刷等共同作用导致滑坡	蠕滑-拉裂-剪断模式	地表截排水工程+锚杆格构+抗滑挡土墙		
53	同三高速福建福鼎八尺门滑坡	福建省福鼎市白琳镇白岩村	200	5~25	堆积层滑坡。滑体为残坡积亚黏碎石土。下伏基岩为凝灰岩，路堑开挖和降雨，引起滑坡变形破坏	分级蠕滑-拉裂-剪断模式	局部清方+抗滑桩锚固工程+仰斜孔排水工程+抗滑挡墙工程	仰斜排水孔	

续表

序号	滑坡名称	位置	滑坡体积/10⁴m³	平均厚度/m	滑坡主要特征	滑坡机制	处治措施	滑坡断面示意图	治理效果评价
54	鸳鸯崖滑坡	二郎山东坡	150	10～50	老滑坡体。地下水作用和路基填筑,导致老滑坡中前部复活,形成两个次级滑坡	分区蠕滑-拉裂蠕滑模式、分级蠕滑-拉裂-剪断模式	地表地下排水工程+抗滑桩工程+抗滑挡墙工程	老滑面(稳定)	
55	川藏公路二郎山1号滑坡(K2730滑坡)	四川省天全县两路乡二郎山东翼	600	30～64	岩质滑坡。滑带由断层泥、软化泥构成,滑坡具有多层、多级复活滑动特征	滑移-拉裂-剪段模式	抗滑桩锚固工程+仰斜排水孔+坡脚防冲墙		
56	重庆奉节至云阳高速公路K99滑坡	重庆市奉节县朱衣镇黄井乡杏花村六社	155	3～14	古滑坡。滑体由碎石土、角砾土及黏性土组成。滑带主要物质为角砾土层,下伏基岩为泥质灰岩。滑坡具有较大的汇水面积和人工开挖路堑边坡,引起滑坡复活	分级蠕滑-拉裂-剪断模式	锚索抗滑桩工程+挡墙+地下截排水工程		
57	宝塔滑坡	重庆市云阳县宝塔乡	10400	16～120	岩质滑坡。软硬相间的砂岩、泥岩互层,层间有泥化夹层。坡体部位沿泥化夹层产生顺层滑移,而坡脚岩层为锁固段,在后部滑块挤压下不断地"弯曲-隆起",直至被剪断而导致滑坡	滑移-弯曲-剪断模式	地表地下排水工程+抗滑桩工程	仰斜排水孔	

续表

序号	滑坡名称	位置	滑坡体积/10⁴m³	平均厚度/m	滑坡主要特征	滑坡机制	处治措施	滑坡断面示意图	治理效果评价
58	三峡库区武隆县政府滑坡	重庆市武隆县新县城乌江北岸巷口镇	585.5	15~35	岩土质滑坡。滑体为粉质黏土、块碎石土。岩块、黏土以粉质黏土、碎石土为主，滑床为长石石英砂岩、页岩，岩体裂隙板为发育	滑移-拉裂-剪断模式	斜撑桩+抗滑桩+抗滑键+锚杆框架梁+河岸防护+地表截排水工程+清方减载+局部回填反压	斜撑桩	
59	叶家坡滑坡	甘肃省定西市岷县叶家坡村以南约100m处	250	13~35	堆积层滑坡。滑体为碎石土，滑带以粉质黏土为主。滑床为强风化板岩、卵砾石层。受降雨影响，滑体沿滑带蠕滑变形	蠕滑-拉裂-剪断模式	抗滑桩工程+削方减载工程	岷县隧道入口	
60	茂县梯子槽滑坡	茂县	1388.2	39~55	岩土质滑坡。滑体为粉土夹块石或碎裂岩块。滑带土为粉质黏土夹角砾、碎块石，具有一定的成层性，密实状，为破碎岩石及风化产物。滑床为中风化~弱风化碳质千枚岩	滑移-弯曲-剪断模式	多级锚索框架+埋入式小口径组合桩群+地表截排水工程		
61	广西南宁人工堆填体滑坡	广西南宁南宁城区	153	7~12	土质滑坡。滑体为素填土，基岩为粉砂岩、泥岩与泥质粉砂岩互层。滑带主要发生于素填土中，地下水较发育	蠕滑-拉裂-剪断模式	削坡减载+水泥搅拌桩+坡面截坡水沟及护脚挡墙+坡面绿化	格构　深层水泥搅拌桩	

续表

序号	滑坡名称	位置	滑坡体积/10⁴m³	平均厚度/m	滑坡主要特征	滑坡机制	处治措施	滑坡断面示意图	治理效果评价
62	小河沟2号滑坡	甘肃省庆阳市正宁县昌罗川乡北2km处	125	15~25	土质滑坡。滑体为粉土和粉质黏土，滑床为黄土。受人工灌溉和降雨等影响，滑体沿着土层分界面蠕滑变形	分级蠕滑-拉裂-剪断模式	滑坡南侧：抗滑桩+地表截水工程，滑坡北侧：填方反压+地表截排水工程	滑坡南侧 滑坡北侧	
63	古树包滑坡	鄂西清江	221	10~30	堆积层滑坡。滑体为碎块石土。基岩为薄层至中厚层粉砂岩与砂质页岩、页岩互层，节理、裂隙发育，层间挤压，揉皱现象普遍。受水库蓄水和降雨影响，堆积体沿着层间破碎带等蠕滑变形	蠕滑-拉裂-剪断模式	抗滑桩工程+挡墙护岸工程		
64	榛子林滑坡	川藏公路二郎山隧道	106	25	老滑坡滑体。滑体为块碎石土，滑体内可见多层滑带，滑带定向性明显，擦痕、镜面发育。受后缘加载、沟谷切割等影响，老滑坡滑体分区、分级复活	分区蠕滑-拉裂-剪断模式；分级蠕滑-拉裂-剪断模式	抗滑桩工程+削方压脚+地表截排水工程	和平沟	滑坡稳定

续表

序号	滑坡名称	位置	滑坡体积/10⁴m³	平均厚度/m	滑坡主要特征	滑坡机制	处治措施	滑坡断面示意图	治理效果评价
65	螺丝冲滑坡	贵新高速公路K91+430~920	600	50	老滑坡复活。滑体为碎块石土，基岩为倾坡外灰岩夹页岩及煤线、碳质页岩夹页岩及砂岩，上硬下软及软硬相间地层，受公路开挖和降雨影响，滑坡具有分期、分块、分级复活特征	分级蠕滑-拉裂-剪断模式；分区蠕滑具蠕滑-拉裂-剪断、分级	监测		滑坡监测结果表明螺丝冲滑坡仍在缓慢滑动
66	洒勒山滑坡	甘肃省东乡族自治县果园乡洒勒村北侧	3100	最大厚度80m	岩土质滑坡。斜坡坡体结构为120m厚上软下硬的黄土，下硬基岩为缓倾坡内泥岩。在自重作用下，坡体首先沿着下部缓倾基岩面蠕滑，后缘深部拉裂，中间形成锁固段，最终锁固段被剪断，形成滑坡	滑移-拉裂-剪断模式	搬迁	 巴谢河	
67	溪口滑坡	四川省华蓥市溪口镇	150	15	岩质滑坡。滑源区坡体结构上硬下软，上部为白云岩、灰质白云岩及厚度不大的白云质灰岩、泥质灰岩；下部基岩为页岩、泥岩及泥质粉砂岩。坡体中部发育有一断层，下伏软弱泥岩层，在特大暴雨的附加荷载下，锁固段突发脆性破坏，形成高速滑坡，并转化为泥石流	滑移-锁固-剪断模式			

续表

序号	滑坡名称	位置	滑坡体积/10⁴m³	平均厚度/m	滑坡主要特征	滑坡机制	处治措施	滑坡断面示意图	治理效果评价
68	高家嘴滑坡	四川省云阳县故陵镇	18900	35~120	顺层岩质滑坡。基岩为砂岩、泥岩互层，上陡下缓，砂岩为碎块石、泥岩碎裂岩体或完整性好的假层状基岩。滑坡前部碎裂岩体褶曲，剪切，泥岩错动严重，砂、泥岩相互穿插，挤入，甚至反倾。在自重作用和特大洪水影响下，沿软弱泥岩层面长期缓慢滑移变形而引起顺层滑坡	滑移-弯曲-剪断模式			
69	白水河滑坡	三峡库区沙溪镇白水河村	645	30	顺层岩质滑坡。基岩为中厚层状砂岩夹薄层状泥岩。受暴雨影响，滑体沿着泥岩面顺层滑移变形	滑移-拉裂-剪断模式	双排钢管桩		
70	高焦炉滑坡	重庆市朝天门以西的长江北岸重庆钢铁厂厂区	1420	15~40	岩质滑坡。基岩为近水平层状泥岩、砂质泥岩、长石石英砂岩及泥质砂岩，倾角小于5°。滑坡发育在岩层产状状受暴雨和地下水影响的区域，滑体发生平推式滑动	滑移-拉裂-平推模式			

续表

序号	滑坡名称	位置	滑坡体积/10^4m³	平均厚度/m	滑坡主要特征	滑坡机制	处治措施	滑坡断面示意图	治理效果评价
71	泄流坡滑坡	甘肃省舟曲县白龙江北岸	6000	48	老滑坡。滑体为黄土、碎石土，基岩为千枚岩、板岩等，结构杂乱，劈理等发育。滑坡具有分期、分区、复活特征	分区型蠕滑-拉裂-剪断模式；分级型蠕滑-拉裂-剪断模式			
72	三穗-凯里高速公路平溪特大桥滑坡	贵州省三穗-凯里高速公路平溪特大桥3#墩附近	200	25	顺层岩质滑坡。基岩为砂岩、板岩。受公路开挖和降雨影响，砂岩沿着软弱面蠕滑变形	滑移-拉裂-剪断模式	(1) 桥墩外移+抗滑桩工程；(2) 削方+挡墙防护+地表截排水工程		
73	天水锻机床厂滑坡	甘肃省天水市麦积区天水锻机床厂北侧	180	5~30	黄土滑坡。在自重作用下，长期蠕变的结果	蠕滑-拉裂-剪断模式			
74	红土坡滑坡	甘肃省武都城北7km处	433	20	岩土质滑坡。基岩为砂砾岩、砂砾岩与砂岩互层，夹粉砂质泥岩、泥岩，岩层倾角化，泥岩遇水易软坡外，受降雨影响，滑坡具有分级滑动特征	分级蠕滑-拉裂模式；分区蠕滑-拉裂-剪断模式			

续表

序号	滑坡名称	位置	滑坡体积/10⁴m³	平均厚度/m	滑坡主要特征	滑坡机制	处治措施	滑坡断面示意图	治理效果评价
75	南统浦铁路路冷泉滑坡	汾河南岸，冷泉车站西侧	200	最大厚度62.4m	古滑坡。滑体为块碎石土，基岩以石灰岩为主，夹泥灰岩和石膏，石灰岩之上为页岩。由于地下水作用，河流切割，地质活动和工程活动，滑坡具有分期、分块、分级复活特征	分级蠕滑-拉裂-剪断模式；分区蠕滑-拉裂-剪断模式	清方减载+抗滑挡墙+地表截排水工程		
76	成昆铁路毛头马1号隧道进口滑坡	成昆线乌斯河至尼日区间	540	70~80	顺层滑坡。滑体主要为变质页砂岩夹片岩及千枚岩，软硬相间。受隧道开挖影响，滑体沿着软弱结构面端滑变形	滑移-拉裂-剪断模式	清方减载+堆载反压+埋入式抗滑桩工程+地表截排水工程		
77	黄泥包滑坡	重庆市万州主城区北东的长江左岸岸坡	600	18	老滑坡。滑体为粉质黏土夹碎块石，碎块石土。人工填土。滑带土为塑状黏土为主，厚度0.3~1m。滑床由砂、泥岩组成，受降雨和人类工程活动影响，滑坡局部复活	分区蠕滑-拉裂-剪断模式	地表截排水工程+（锚拉）抗滑桩工程		
78	鲁布革水电站发耐滑坡	云南、贵州两省的界河黄泥河上的鲁布革水电站	4300	20~30	古滑坡。水库蓄水之后，库水对古滑坡物质产生软化作用，使滑坡前缘发生破坏，并逐步向后发展，为牵引式破坏	蠕滑-拉裂-剪断模式	削坡减载+地表裂缝封堵+地表排水系统+监测		

续表

序号	滑坡名称	位置	滑坡体积/10⁴m³	平均厚度/m	滑坡主要特征	滑坡机制	处治措施	滑坡断面示意图	治理效果评价
79	天台乡滑坡	四川省达州市宣汉县天台乡	2500	23~49	岩质滑坡。滑体为黏土夹块碎石土、砂泥岩碎裂岩块，为粉质黏土夹泥岩块。基岩为近平缓层砂岩、粉质砂岩，岩体节理裂隙发育，完整性较差。在暴雨和地下水作用下，滑体沿着软弱面多级平推式滑动	滑移-拉裂-平推式模式	坡面平整工程+地表地下排水工程+抗滑桩工程+桩板墙工程		
80	田家坝滑坡	四川省巴中市巴州区北部的枣林镇田家	176	15	顺层岩质滑坡。基岩性为缓倾坡外砂、泥岩、砾岩、含角砾粉质黏土。由于公路开挖，滑体沿倾坡外的软弱层蠕滑变形	滑移-拉裂-剪断模式	抗滑桩工程+挡土墙+地表截排水工程+裂缝夯填	巴河	
81	石榴树包滑坡	湖北省巴东县下游1.5km处的长江北岸	1720	10~102	岩质滑坡。滑体为碎裂岩体、碎块石土。三峡库区蓄水后可能发生失稳	倾倒-拉裂-剪断模式	减载反压+地表截排水工程+裂缝处理+植被护坡	长江	
82	头道河III号滑坡	湖北省秭归县郭家坝镇头道河村	220	5~24.8	堆积层滑坡。滑体为碎石土、碎石，滑带为可塑状软塑状黏土、粉质黏土夹碎石。基岩为砂岩夹泥岩。受水库蓄水及坡脚公路开挖等影响，滑坡变形	蠕滑-拉裂-剪断模式	抗滑桩工程+地表截排水工程+监测	长江	

续表

序号	滑坡名称	位置	滑坡体积/10⁴m³	平均厚度/m	滑坡主要特征	滑坡机制	处治措施	滑坡断面示意图	治理效果评价
83	风岭沟滑坡	山西省太原市风岭沟源头北面	190	5~30	古滑坡。滑体为块碎石土，滑带土为黏土。基岩为煤系地层，受地下采动影响滑坡复活	分级-蠕滑-拉裂剪断模式	(锚拉)抗滑桩工程+坡面截排水工程+监测		
84	赤级1#滑坡	四川省甘孜藏族自治州康定县	650	11~40	顺层岩质滑坡。基岩为页岩，岩体破碎，完整性较差。由于坡体自身蠕滑，滑体沿层间软弱面向坡外蠕滑变形	滑移-拉裂-剪断模式	抗滑工程+坡面截排水工程		
85	凤凰山滑坡	四川省北川县	1080	52	堆积层滑坡。滑体主要由粉质黏土夹碎岩块石、滑动的破碎岩层组成，滑带土夹碎石、黏土夹角砾，滑床为灰岩、页岩。受暴雨作用，滑床着滑面蠕滑变形	蠕滑-拉裂-剪断模式	削坡减载+回填压脚+护脚墙		
86	开关站滑坡	四川省美姑县拉马阿觉乡瓦尼村境内	255	20	古滑坡。滑体为含碎石、块右粉质黏土，滑带土为粉质黏土，滑床为强风化泥岩、砂岩。受降雨、开挖、建筑加载等影响滑坡复活	分级蠕滑-拉裂-剪断模式	前缘挡护+抗滑桩工程+地下水工程+截流封闭	截水溢沟	治理效果良好
87	义子头滑坡	甘肃省庆阳市正宁县义子头村	250	10~30	土质滑坡。滑体为黄土，滑带土为厚1m的粉质黏土，滑床为黄土。降雨和地下水作用诱发滑坡	蠕滑-拉裂-剪断模式	双排抗滑桩工程+消方减压+地表截排水工程		

续表

序号	滑坡名称	位置	滑坡体积/10⁴m³	平均厚度/m	滑坡主要特征	滑坡机制	处治措施	滑坡断面示意图	治理效果评价
88	千台山滑坡	抚顺市区南部	10000	50	顺层岩质滑坡。岩性为凝灰岩、玄武岩及层间软弱夹层，滑床为片麻岩。坡体沿层间软弱夹层蠕滑变形	滑移-拉裂-剪断模式	削坡卸荷+压脚措施	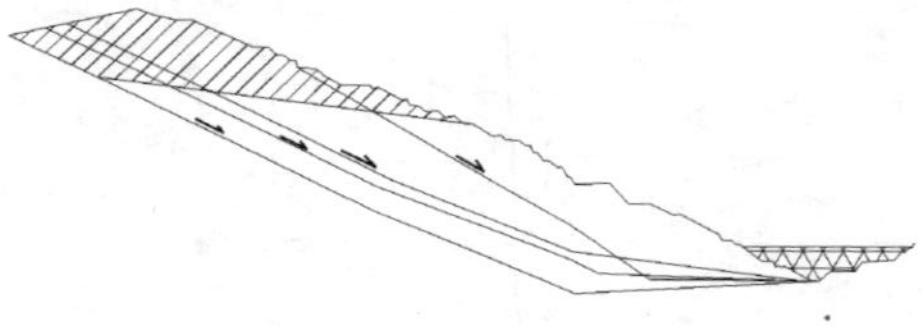	
89	大岩淌滑坡	鄂西南水布垭电站大坝下游左岸	588	25~40	堆积层滑坡。滑体为黏土夹碎石，碎块石土。滑带位于基覆界面，厚0.2~3.15m。受暴雨影响，滑体沿潜在滑带蠕滑变形	蠕滑-拉裂-剪断模式	抗滑桩工程+削方减重+地下截排水工程	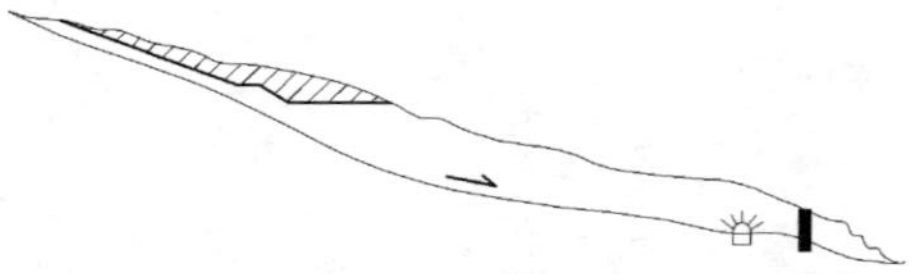	
90	贵州毕威高速公路K103滑坡	贵州省毕节市赫章县县域	190	30~40	顺层岩土质滑坡。基岩为强风化玄武岩，发育两条顺坡外由黏土充填的软弱夹层，受公路开挖影响，边坡沿软弱夹层蠕滑变形	滑移-拉裂-剪断模式	抗滑锚固工程+地表截排水工程	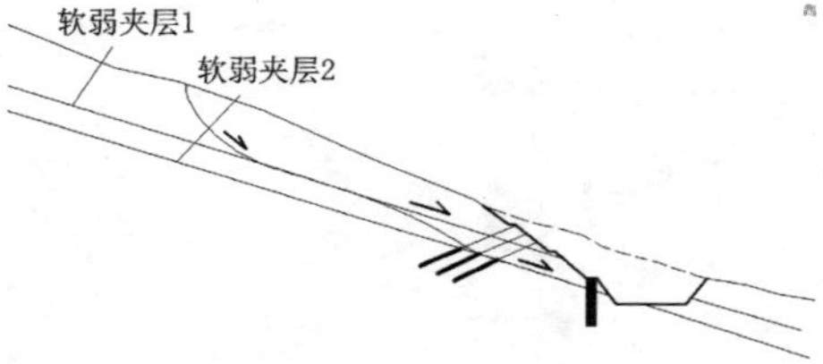	
91	马家沟I号滑坡	湖北省秭归县归州镇彭家坡村8组	135.7	12.7	老滑坡。滑体为粉质黏土夹碎块石组成，滑带土由黏土夹碎石组成。受暴雨影响，老滑坡体局部复活形成I号滑坡	分区滑-拉裂-剪断模式	抗滑桩工程+地表截排水工程	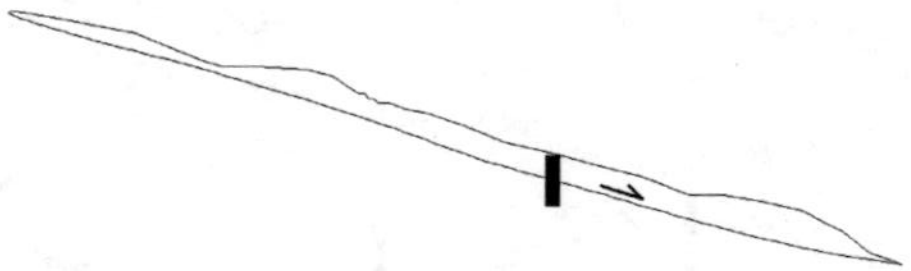	
92	深圳光明新区滑坡	广东市深圳光明新区	275	40	土质滑坡。滑体为城市固体废弃物，后缘加载和降雨影响，不断加载和降雨影响，导致远程流态化滑坡	蠕滑-拉裂-剪断模式		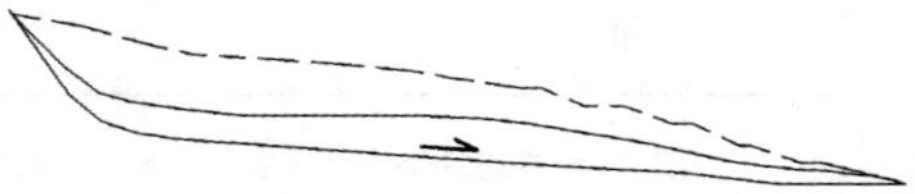	

软弱夹层1　软弱夹层2

续表

序号	滑坡名称	位置	滑坡体积/10⁴m³	平均厚度/m	滑坡主要特征	滑坡机制	处治措施	滑坡断面示意图	治理效果评价
93	甘洛1号顺层老滑坡	成昆铁路甘洛车站成都端	630	18~50	顺层老滑坡。滑体为破碎岩体,为透水层,滑带是泥页岩破碎物夹粉砂岩碎块,厚2~4m,滑动擦痕明显。基岩为倾斜外的泥岩、粉砂岩及页岩等。铁路开挖和暴雨影响可能引起滑坡整体复活	滑移-弯曲-剪断模式	挡墙+地下排水工程	牛日河　垂直排水孔	成功防治老滑坡复活
94	桃树坪滑坡	阿坝藏族羌族自治州理县通化乡岷江一级支流杂谷脑河左岸	1700	50	古滑坡。滑体为碎石、块石。基岩为陡倾坡内的千枚岩。通化1号隧道从滑坡体下部通过,隧道施工可能导致古滑坡局部复活	分区蠕滑-拉裂-剪断模式		杂谷脑河　隧道	滑坡稳定
95	悦来场滑坡	四川省成都市金堂县悦来乡九龙镇长江村1组	330	26~35	古滑坡。滑体上部为碎石,下部为塑状砂岩块体。滑带为5~10cm的可塑状砂黏土,滑床为砂岩、泥岩。受铁路开挖,暴雨、洪水陶蚀等影响,古滑坡具有分期、分级复活特征	分级蠕滑-拉裂-剪断模式	抗滑桩工程+挡土端防护工程+地表截排水工程	沱江	
96	大保高速公路K401滑坡	云南省大保高速公路K401+000~K401+250段	442	16~39	古滑坡。滑体为块石土、碎石土。基岩为强风化泥岩夹砂岩。滑体土为泥砂黏土,软塑-硬塑。弃土加载和地下水、弱化滑带土导致滑坡局部复活	分级蠕滑-拉裂-剪断模式	抗滑桩工程+抗滑桩基承台衡重式挡土端工程+地下截地表排水工程		

续表

序号	滑坡名称	位置	滑坡体积/10⁴m³	平均厚度/m	滑坡主要特征	滑坡机制	处治措施	滑坡断面示意图	治理效果评价
97	陆家嘴滑坡	重庆市涪陵区白涛镇三门子村十社	3460	20~78	土质滑坡。滑体为块石土、粉质黏土、碎块石。基岩为泥质灰岩夹页岩。滑带土为软塑-硬塑状粉质黏土。受江水下切陶蚀、降雨等影响，在不利的构造、岩性等条件下形成滑坡	分区蠕滑-拉裂-剪断模式	抗滑桩工程+地表截排水工程+监测工程		滑坡稳定
98	红溪沟滑坡	重庆万州区红溪沟港区	105	10.8~17.9	堆积层滑坡。滑体为粉质黏土夹碎块石。滑带土厚0.1~1.2m，可塑状粉质黏土。基岩为砂、泥岩。后缘弃渣堆载，前缘开挖，水利库蓄水和降雨等作用下，土坡沿着滑带蠕变滑移	分级蠕滑-拉裂-剪断模式	抗滑桩工程+前缘堆载反压+挡土墙工程+截排水工程		
99	大路沟滑坡	陕西省吴起县薛岔乡	1100	65	堆积层滑坡。滑带为泥化黏土。滑床为黏土岩。工程开挖坡脚，长时间持续降雨和地下水，坡体上部车辆动荷载等因素作用下引起滑坡整体复活	整体型端滑-拉裂剪断模式	削方减载+挡土墙工程+抗滑桩工程+地表地下截水工程+监测		
100	昭君村滑坡	湖北省兴山县昭君村	129	37	堆积层滑坡。滑体为碎石土、碎块石，反倾变位岩体。滑带土为含碎石粉质黏土。滑床为角砾岩、页岩，粉砂质泥岩与粉砂岩等。受自重与水库蓄水等影响，滑坡持续蠕变式滑移	分级蠕滑-拉裂-剪断模式	村民搬迁+地表截排水工程+监测		